Wagenhofer

•

Bilanzierung und Bilanzanalyse

Bilanzierung und Bilanzanalyse

Eine Einführung für Manager

8., aktualisierte Auflage

von

o. Univ.-Prof. Dr. Alfred Wagenhofer

Linde

Bibliografische Information Der Deutschen Bibliothek

Die Deutsche Bibliothek verzeichnet diese Publikation in der Deutschen Nationalbibliografie; detaillierte bibliografische Daten sind im Internet über http://dnb.ddb.de abrufbar.

ISBN 3-7073-0790-5

© LINDE VERLAG WIEN Ges.m.b.H., Wien 2005
1210 Wien, Scheydgasse 24, Tel.: 01 / 24 630
www.lindeverlag.at

Druck: Hans Jentzsch & Co. GmbH., 1210 Wien, Scheydgasse 31

Vorwort zur 8. Auflage

In den drei Jahren seit der letzten Auflage dieses Buches hat sich die Rechnungslegungslandschaft in Österreich maßgeblich verändert. Die Bilanzierung richtet sich zunehmend international aus. Seit 2005 müssen börsennotierte Unternehmen in Österreich wie in der gesamten EU Konzernabschlüsse nach internationalen Rechnungslegungsgrundsätzen, den International Financial Reporting Standards (IFRS), aufstellen. Allerdings sind weiterhin Einzelabschlüsse nach dem österreichischen HGB – das künftig Unternehmensgesetzbuch (UGB) heißen wird – aufzustellen. Die Weiterentwicklung der nationalen Rechnungslegungsvorschriften tritt damit immer mehr in den Hintergrund, obwohl eine Reihe von Änderungen des Gesellschaftsrechts durchgeführt wurde oder ansteht.

Als weiterer Schritt zur Internationalisierung richtete Österreich im Jahr 2005 einen Beirat für Rechnungslegung und Abschlussprüfung (AFRAC) ein. Seine Aufgaben liegen in der Weiterentwicklung der Rechnungslegung und Abschlussprüfung in Österreich unter Berücksichtigung der internationalen und europäischen Entwicklung und der österreichischen Interessen.

Die vorliegende Auflage nimmt die neuen Entwicklungen im Bereich des Rechts auf und aktualisiert die gesamten Darstellungen im Buch.

Für die Unterstützung bei der Erstellung der Neuauflage danke ich Frau Dr. *Sabine Jakopovic*.

Graz, im Juli 2005 *Alfred Wagenhofer*

Vorwort zur 1. Auflage

Für Studierende und Praktiker, die mit Bilanzen konfrontiert sind, aber sich nicht mit Detailproblemen der Bilanzierung auseinander setzen möchten, ist es nicht einfach, einen umfassenden und doch knappen Überblick zu bekommen. Einen solchen Überblick zu verschaffen ist Ziel dieses Lehrbuches zur Bilanzierung und Bilanzanalyse. Es basiert auf Unterlagen, die für Lehrveranstaltungen zur Betriebswirtschaftslehre an der Technischen Universität Wien erarbeitet wurden.

Vor allem möchte ich Herrn o Univ.-Prof. Dr. *Adolf Stepan* für die Initiative zum Schreiben des Buches und die gewährte Unterstützung danken. Mein Dank gilt weiters Herrn ao Univ.-Prof. Dr. *Michael Tanzer* für die Durchsicht des Manuskripts und wertvolle Anregungen und nicht zuletzt dem Linde Verlag für sein Entgegenkommen.

Wien, im Juni 1986   *Alfred Wagenhofer*

Inhaltsverzeichnis

Abkürzungsverzeichnis

Abb	Abbildung
Abs	Absatz
Abschn	Abschnitt
AfA	Absetzung für Abnutzung
AFRAC	Austrian Financial Reporting and Auditing Committee (Beirat für Rechnungslegung und Abschlussprüfung)
AG	Aktiengesellschaft
AktG	Aktiengesetz
ARA	Aktive Rechnungsabgrenzung
Art	Artikel
BAO	Bundesabgabenordnung
BewG	Bewertungsgesetz
BMVG	Betriebliches Mitarbeitervorsorgegesetz
BörseG	Börsegesetz
BSC	Balanced Scorecard
CFROI	Cash Flow Return on Investment
CSR	Corporate Social Responsibility
CVA	Cash Value Added
DCF	Discounted Cash Flow
dHGB	Deutsches Handelsgesetzbuch
dKonTraG	Deutsches Gesetz zur Kontrolle und Transparenz im Unternehmensbereich
DPR	Deutsche Prüfstelle für Rechnungslegung
DRS	Deutscher Rechnungslegungsstandard
DRSC	Deutsches Rechnungslegungs Standards Committee
DSR	Deutscher Standardisierungsrat
DVFA	Deutsche Vereinigung für Finanzanalyse
EASDAQ	European Association of Securities Dealers Automated Quotation (Wachstumsbörse in Brüssel)
EBIT	Earnings before interest and tax
EBITA	Earnings before interest, tax and amortization
EBITDA	Earnings before interest, tax, depreciation and amortization
EBK	Eröffnungsbilanzkonto
EDGAR	Electronic Data Gathering and Retrieval System
EDI	Electronic Data Interchange
EEG	Eingetragene Erwerbsgesellschaft
EGG	Erwerbsgesellschaftengesetz
EGT	Ergebnis der gewöhnlichen Geschäftstätigkeit
EP	Economic Profit

EPS	Earnings per share
ESt	Einkommensteuer
EStG	Einkommensteuergesetz
EStR	Einkommensteuerrichtlinien
EU	Europäische Union
EU-GesRÄG	EU-Gesellschaftsrechtsänderungsgesetz
EVA	Economic Value Added
FASB	(US-amerikanisches) Financial Accounting Standards Board
FBG	Firmenbuchgesetz
FCF	Free Cash Flow
FIFO	First in first out
GesbR	Gesellschaft bürgerlichen Rechts
GesRÄG	Gesellschaftsrechtsänderungsgesetz
GKV	Gesamtkostenverfahren
GmbH	Gesellschaft mit beschränkter Haftung
GmbHG	Gesetz über Gesellschaften mit beschränkter Haftung
GoB	Grundsätze ordnungsmäßiger Buchführung
GuV	Gewinn- und Verlustrechnung
HaRÄG	Handelsrechts-Änderungsgesetz
HB II	Handelsbilanz II (Basis für die Konsolidierung)
HGB	Handelsgesetzbuch
HIFO	Highest in first out
Hrsg	Herausgeber
IAS	International Accounting Standard
IASB	International Accounting Standards Board
IASC	International Accounting Standards Committee
IASCF	International Accounting Standards Committee Foundation
IFAC	International Federation of Accountants
IFB	Investitionsfreibetrag
IFRIC	International Financial Reporting Interpretations Committee
IFRS	International Financial Reporting Standard
IKR	Industrie-Kontenrahmen
IKS	Internes Kontrollsystem
IR	Investor Relations
ISA	International Standard on Auditing
IWP	Institut Österreichischer Wirtschaftsprüfer
KEG	Kommandit-Erwerbsgesellschaft
KESt	Kapitalertragsteuer
KFS	Fachsenat des Instituts für Betriebswirtschaft, Steuerrecht und Organisation der Kammer der Wirtschaftstreuhänder
KG	Kommanditgesellschaft
KGV	Kurs-Gewinn-Verhältnis

KIFO	Konzern in first out
KonzaG	Konzernabschlussgesetz
KSt	Körperschaftsteuer
KStG	Körperschaftsteuergesetz
KWG	Kreditwesengesetz
KWT	Kammer der Wirtschaftstreuhänder
LIFO	Last in first out
LL	Lieferungen und Leistungen
LOFO	Lowest in first out
MD&A	Management Discussion and Analysis
MVA	Market Value Added
MWR	Mehr-Weniger-Rechnung
MWSt	Mehrwertsteuer (Umsatzsteuer)
NOPAT	Net operating profit after taxes
OECD	Organisation for Economic Cooperation and Development
OEG	Offene Erwerbsgesellschaft
OeNB	Oesterreichische Nationalbank
OHG	Offene Handelsgesellschaft
ÖPWZ	Österreichisches Produktivitäts- und Wirtschaftlichkeitszentrum
ÖSTAT	Österreichisches Statistisches Zentralamt
ÖVFA	Österreichische Vereinigung für Finanzanalyse und Anlageberatung
PRA	Passive Rechnungsabgrenzung
RKW	Reichskuratorium für Wirtschaftlichkeit
RLG	Rechnungslegungsgesetz
ROA	Return on Assets
ROCE	Return on Capital Employed
ROI	Return on Investment
ROIC	Return on Invested Capital
RONA	Return on Net Assets
ROS	Return on Sales
S	Seite
SBK	Schlussbilanzkonto
SE	Europäische Gesellschaft (Société Européenne)
SEC	Securities and Exchange Commission
SFAC	Statement of Financial Accounting Concepts
SFAS	Statement of Financial Accounting Standards
SG	Schmalenbach-Gesellschaft
SIC	Standing Interpretations Committee
Sp	Spalte

13

Tab	Tabelle
Tz	Textzahl
UGB	Unternehmensgesetzbuch
UKV	Umsatzkostenverfahren
URG	Unternehmensreorganisationsgesetz
US-GAAP	US-amerikanische Generally Accepted Accounting Principles
USt	Umsatzsteuer
UStG	Umsatzsteuergesetz
UVA	Umsatzsteuervoranmeldung
VAG	Versicherungsaufsichtsgesetz
VaR	Value at Risk
VfGH	Verfassungsgerichtshof
VwGH	Verwaltungsgerichtshof
WACC	Weighted Average Cost of Capital
XBRL	Extensible Business Reporting Language
XML	Extensible Markup Language
Z	Ziffer
ZVEI	Zentralverband der Elektrotechnischen Industrie

Der Autor

O. Univ.-Prof. Dr. *Alfred Wagenhofer* ist seit 1991 Lehrstuhlinhaber und Vorstand des Instituts für Controlling und Unternehmensführung an der Karl-Franzens-Universität Graz. Nach dem Studium und der Promotion an der Universität Wien habilitierte er sich 1990 an der Technischen Universität Wien. Er war Gastprofessor an folgenden Institutionen: 1989 University of British Columbia, Vancouver; 1996/97 Universität Wien; 1999 London School of Economics and Political Science; 2002 University of Sydney. Seit 1998 ist er auch Professor am European Institute for Advanced Studies in Management (EIASM) in Brüssel. 1997/98 war er Präsident der European Accounting Association (EAA), seit 2004 Vice President-Finance der International Association for Accounting Education and Research (IAAER) und seit 2005 Vice President-International der American Accounting Association (AAA).

Professor *Wagenhofer* ist Mitherausgeber der Zeitschrift für betriebswirtschaftliche Forschung/Schmalenbach Business Review und Mitglied der Editorial Boards mehrerer internationaler Fachzeitschriften. Er ist Mitglied des Beirats für Rechnungslegung und Abschlussprüfung, des Österreichischen Arbeitskreises für Corporate Governance, der Arbeitsgruppe IAS des Instituts Österreichischer Wirtschaftsprüfer, des Redaktionskomitees der offiziellen deutschen Übersetzung der IFRS und des Financial Reporting Standards Committee der EAA. Weiter ist er Mitglied des Vorstands der Schmalenbach-Gesellschaft für Betriebswirtschaft und des Arbeitskreises Finanzierungsrechnung dieser Gesellschaft.

Seine Forschungsinteressen liegen in der internen und externen Unternehmensrechnung (*accounting*), der internationalen Rechnungslegung, im Controlling, in der Informationsökonomie und im Management. Professor *Wagenhofer* ist Autor bzw Co-Autor von fünf weiteren Büchern und zahlreichen Aufsätzen im Bereich Unternehmensrechnung, Controlling und internationale Rechnungslegung.

1. Kapitel

Jahresabschlüsse und institutionelle Rahmenbedingungen

1.1 Einleitung

Auf der Suche nach wirtschaftlichen Informationen über ein Unternehmen stößt man sehr rasch auf **Jahresabschlüsse.** Jahresabschlüsse großer Aktiengesellschaften werden in der *Wiener Zeitung* veröffentlicht, bei kleineren Gesellschaften sind Jahresabschlussinformationen am Firmenbuchgericht erhältlich. Auch die Investor-Relations-Seiten der Websites börsennotierter Gesellschaften im Internet enthalten vielfach Finanzinformationen, darunter insbesondere auch die Jahresabschlüsse. Wesentliche Bestandteile eines Jahresabschlusses sind die Bilanz und die Gewinn- und Verlustrechnung. Auf den nächsten Seiten findet sich ein Beispiel eines österreichischen Konzernabschlusses, wie er sich nach den derzeit geltenden gesetzlichen Bestimmungen ergibt (Zahlen gerundet).

In der **Bilanz** sind Vermögen und Kapital nebeneinander aufgezeichnet. Es zeigen sich darin viele einzelne Positionen, die in Zwischensummen zusammengefasst sind. In der **Gewinn- und Verlustrechnung** finden sich Umsätze und die wesentlichen Aufwandskategorien, aus deren Differenzen jeweils bestimmte Ergebnisse ermittelt werden, bis schließlich als letzte Zeile der Bilanzgewinn bzw Bilanzverlust ausgewiesen wird. Diese Informationen sind in einer ganz bestimmten Art und Reihenfolge gegliedert. Neben den Zahlen für das betreffende Geschäftsjahr werden auch die Zahlen des Vorjahres dargestellt, um die zeitliche Entwicklung besser aufzuzeigen.

Bilanz

Aktiva	20X2	20X1
A. Anlagevermögen		
I. Immaterielle Vermögensgegenstände	98.333	86.774
II. Sachanlagen	2.488.455	2.599.125
III.Finanzanlagen	653.503	396.469
	3.240.291	**3.082.367**
B. Umlaufvermögen		
I. Vorräte		
1. Roh-, Hilfs- und Betriebsstoffe	111.174	168.077
2. Unfertige Erzeugnisse	72.918	68.500
3. Fertige Erzeugnisse	108.761	153.006
4. Handelswaren	51.267	52.945
5. Noch nicht abrechenbare Leistungen	7.061	4.492
6. Geleistete Anzahlungen	1.706	3.457
	352.888	450.476
II. Forderungen und sonstige Vermögensgegenstände		
1. Forderungen aus Lieferungen und Leistungen	553.457	739.412
2. Forderungen gegenüber verbundenen Unternehmen	31.873	19.151
3. Forderungen gegenüber Unternehmen, mit denen ein Beteiligungsverhältnis besteht	42.903	22.704
4. Sonstige Forderungen und Vermögensgegenstände	70.904	66.841
	699.138	848.107
III. Wertpapiere und Anteile	70.772	96.103
IV. Kassenbestand, Schecks, Guthaben bei Kreditinstituten	247.674	307.313
	1.370.472	**1.701.999**
C. Rechnungsabgrenzungsposten	**203.353**	**209.895**
Summe Aktiva	**4.814.116**	**4.994.261**

Passiva	20X2	20X1
A. Eigenkapital		
I. Grundkapital	196.217	196.217
II. Kapitalrücklagen	417.663	417.663
III. Gewinnrücklagen	850.481	768.124
IV. Ausgleichsposten für Anteile anderer Gesellschafter	23.359	22.007
V. Bilanzgewinn	60.846	54.959
	1.548.565	**1.458.970**
B. Rückstellungen		
1. Rückstellungen für Abfertigungen	102.996	101.125
2. Rückstellungen für Pensionen	718.819	754.051
3. Steuerrückstellungen	15.490	20.784
4. Sonstige Rückstellungen	835.868	933.338
	1.673.173	**1.809.298**
C. Verbindlichkeiten		
1. Anleihen	339.872	369.934
2. Verbindlichkeiten gegenüber Kreditinstituten	571.038	622.475
3. Erhaltene Anzahlungen auf Bestellungen	4.287	4.153
4. Verbindlichkeiten aus Lieferungen und Leistungen	260.246	324.699
5. Verbindlichkeiten aus der Annahme gezogener Wechsel und der Ausstellung eigener Wechsel	4.910	1.030
6. Verbindlichkeiten gegenüber verbundenen Unternehmen	10.049	12.808
7. Verbindlichkeiten gegenüber Unternehmen, mit denen ein Beteiligungsverhältnis besteht	19.312	1.546
8. Sonstige Verbindlichkeiten	284.363	290.311
	1.494.077	**1.626.956**
D. Rechnungsabgrenzungsposten	**98.301**	**99.037**
Summe Passiva	**4.814.116**	**4.994.261**
Eventualverbindlichkeiten	37.943	33.703

Gewinn- und Verlustrechnung	20X2	20X1
1. Umsatzerlöse	5.220.088	5.034.128
2. Veränderung des Bestandes an fertigen und unfertigen Erzeugnissen sowie an noch nicht abrechenbaren Leistungen	5.598	–9.385
3. Andere aktivierte Eigenleistungen	15.748	21.067
4. Sonstige betriebliche Erträge	78.750	69.359
5. Aufwendungen für Material und sonstige bezogene Herstellungsleistungen	–3.784.116	–3.187.082
6a. Personalaufwand	–422.757	–495.489
6b. Aufwendungen für Abfertigungen und Altersversorgung	–97.787	–82.122
7. Abschreibungen	–263.275	–291.950
8. Sonstige betriebliche Aufwendungen	–531.825	–639.682
9. Zwischensumme Z 1 bis 8	**220.423**	**418.843**
10. Erträge aus Beteiligungen	29.345	5.926
11. Erträge aus anderen Wertpapieren und Ausleihungen des Finanzanlagevermögens	13.772	21.861
12. Sonstige Zinsen und ähnliche Erträge	53.886	39.069
13. Erträge aus dem Abgang von und der Zuschreibung zu Finanzanlagen und Wertpapieren des Umlaufvermögens	3.610	4.177
14. Aufwendungen aus Finanzanlagen und aus Wertpapieren des Umlaufvermögens	–4.468	–7.126
15. Zinsen und ähnliche Aufwendungen	–93.679	–93.930
16. Zwischensumme Z 10 bis 15	**2.464**	**–30.023**
17. Ergebnis der gewöhnlichen Geschäftstätigkeit	**222.888**	**388.821**
18. Außerordentliche Erträge	2.630	257.042
19. Außerordentliche Aufwendungen	–8.385	–383.954
20. Außerordentliches Ergebnis	**–5.755**	**–126.912**
21. Steuern vom Einkommen und vom Ertrag	–47.824	–96.940
22. Jahresüberschuss	**169.309**	**164.968**
23. Zuweisungen zu Gewinnrücklagen	–106.374	–107.645
24. Anderen Gesellschaftern zustehender Gewinn	–2.107	–2.377
25. Gewinnvortrag Vorjahr	18	13
26. Bilanzgewinn	**60.846**	**54.959**

Im Wirtschaftsleben werden **Finanzinformationen** häufig verwendet. Folgende Beispiele belegen dies:

- Wenn im Wirtschaftsteil von Tageszeitungen oder in Wirtschaftsmagazinen über ein Unternehmen geschrieben wird, sind Größen wie der Umsatz, der Gewinn und die Finanzierung durch Eigenkapital typische Bestandteile dieser Berichterstattung.

- Durch bestimmte Kennzahlen, die aus diesen Daten ermittelt werden, lässt sich vielfach die bisherige und künftig geplante Entwicklung der Lage eines Unternehmens aufzeigen oder beurteilen.

- Statistiken über die größten oder „besten" Unternehmen verwenden Umsatz und Gewinn als Kriterium.

- Im Börsenteil sind für börsennotierte Unternehmen vielfach Kennzahlen angegeben, wie zB die Eigenkapitalrentabilität oder das Kurs-Gewinn-Verhältnis. Die Dividendenansprüche auf Grund des Haltens von Aktien werden auf Basis der Daten im Jahresabschluss bestimmt.

- Will jemand ein Unternehmen kaufen, sind Jahresabschlüsse eine wesentliche Basis für die Einschätzung des Wertes des Unternehmens und für Kaufpreisverhandlungen.

- Banken verwenden Jahresabschlussinformationen, um die Kreditwürdigkeit eines Unternehmens zu beurteilen.

- Lieferanten und Kunden schauen sich Jahresabschlüsse des Unternehmens an, bevor sie mit diesem längerfristige Verträge abschließen. Lohn- und Gehaltsforderungen orientieren sich vielfach an dem im Jahresabschluss ausgewiesenen Erfolg.

- Unternehmen nutzen derartige Informationen auch selbst, um Ziele zu vereinbaren (zB Erhöhung des Jahresgewinnes um 10%) und die Zielerreichung zu messen.

1.2 Überblick über den Aufbau des Buches

Um Finanzinformationen richtig zu nutzen, ist es erforderlich, sich mit der Erstellung dieser Informationen, der **Bilanzierung**, und mit der Interpretation, der **Bilanzanalyse**, auseinander zu setzen. Ziel des vorliegenden Lehrbuches ist es, eine managementorientierte Einführung in die Bilanzierung und Bilanzanalyse zu bieten. Der Leser findet die grundlegenden Informationen, um das Zustandekommen von Jahresabschlüssen zu verstehen und deren Inhalt interpretieren zu können. **Zielgruppe** sind Manager und Studierende, die sich einen Überblick über die Bilanzierung und Bilanzanalyse verschaffen möchten, ohne gleich Spezialisten in der Erstellung oder Analyse von Jahresabschlüssen werden zu wollen.

Die Bilanzierung und die Bilanzanalyse haben in der Betriebswirtschaftslehre eine lange Tradition. Es ist deshalb nicht verwunderlich, dass zahlreiche Lehrbücher und andere Publikationen darüber existieren. Die meisten einführenden Lehrbücher sind sehr umfangreich und beschäftigen sich detailliert mit der oft recht kasuistischen Materie. Im Gegensatz dazu wird hier auf die Darstellung von Einzelheiten weit gehend verzichtet. Statt dessen werden die **Zusammenhänge** von der theoretischen Basis bis zur eigentlichen Verwertbarkeit der Bilanzen hervorgehoben, und es wird besonderer Wert auf eine umfassende, aber möglichst knappe Darstellung gelegt.

Das Buch ist in acht Kapitel gegliedert, die folgende Inhalte haben:

- **Kapitel 1: Jahresabschlüsse und institutionelle Rahmenbedingungen.** Es gibt einen Überblick, warum überhaupt Aufzeichnungen gemacht werden, die zu einer Bilanz führen. Es enthält auch Grundbegriffe, mit denen später operiert wird, und zeigt grundlegende Zusammenhänge im Rechnungswesen auf.

- **Kapitel 2: Bilanztheorien.** Die Bilanztheorien liefern eine theoretisch fundierte Grundlage für eine Gewinnermittlung. Die gesetzlichen Regelungen und die Grundsätze ordnungsmäßiger Buchführung schöpfen daraus ihre Begründungen. Der eilige oder an theoretischen Ausführungen weniger interessierte Leser kann jedoch Teile dieses Kapitels überspringen, ohne das Verständnis der folgenden Kapitel wesentlich zu mindern.

- **Kapitel 3: Grundsätze ordnungsmäßiger Buchführung und die Aufzeichnung der laufenden Geschäftstätigkeit.** Das dritte Kapitel enthält die Grundzüge für die Erstellung von Jahresabschlüssen nach geltendem Recht. In diesem Kapitel werden zunächst die Grundsätze ordnungsmäßiger Buchführung dargestellt, die die Grundlage der weiteren Kapitel bilden. Daran schließen sich die Vorgangsweise bei der Konteneröffnung am Beginn eines Geschäftsjahres und die Verbuchung der laufenden Geschäftsfälle.

- **Kapitel 4: Bilanzierung, Bewertung und Erstellung des Jahresabschlusses.** Darin werden die Bewertungsgrundsätze für das Vermögen und die Schulden sowie die Vorgehensweise bei Ermittlung des Gewinnes behandelt. Themen wie Leasing, latente Steuern und Rückstellungen werden erörtert. Es zeigt auch die Abschlussbuchungen, die für die Erstellung der Bilanz erforderlich sind.

- **Kapitel 5: Konzernabschluss.** Es enthält die Besonderheiten bei der Aufstellung eines Konzernabschlusses sowie die Vorgehensweise bei der Konsolidierung. In diesem Kapitel werden auch die wesentlichsten

Unterschiede zwischen den österreichischen und internationalen Rechnungslegungsvorschriften dargestellt.

- **Kapitel 6: Informationsvorschriften.** Hier werden die Gliederung der Bilanz, der Gewinn- und Verlustrechnung sowie die Angaben im Anhang und im Lagebericht dargestellt. Die Geldflussrechnung und die Segmentberichterstattung werden besprochen. Aufstellungsfristen, die Prüfung von Abschlüssen und ihre Offenlegung beschließen die Arbeit des Erstellers von Jahresabschlüssen.

- **Kapitel 7: Bilanzanalyse – Grundlagen.** In diesem Kapitel werden Grundlagen der Bilanzanalyse besprochen. Diese umfassen neben einer Diskussion der Auswertungsmöglichkeiten und der Qualität der verfügbaren Daten die Beurteilung der Vermögens- und der Ertragslage, der Cashflows und der Liquiditätslage. Definition und Aussagekraft der bekanntesten Kennzahlen in diesen Bereichen werden dargestellt.

- **Kapitel 8: Bilanzanalyse – Erweiterungen.** Dieses Kapitel ist weiteren Analysen gewidmet. Sie umfassen wertorientierte Kennzahlen und Grundzüge der Unternehmensbewertung. Es bietet im Weiteren einen Überblick über Kennzahlensysteme und Insolvenzprognosemodelle. Daran anschließend werden Zeitreihenanalysen und Kennzahlenprognosen dargestellt. Zuletzt erfolgt ein Blick auf qualitative Analysemöglichkeiten von Jahresabschlüssen.

Jedes Kapitel enthält am Ende Fragen und Beispiele mit den entsprechenden Lösungen und Literaturempfehlungen. Die **Fragen und Beispiele** sind nicht als reine Wiederholungen oder Übungsaufgaben gedacht, sondern dienen entweder der detaillierteren Diskussion einzelner, im vorangegangenen Kapitel erörterter Problembereiche oder verknüpfen bestimmte Sachverhalte. Sie enthalten manchmal auch Ausführungen zu Bereichen, die in der Darstellung nicht ausführlich behandelt worden sind. Dadurch kann es vorkommen, dass einige Fragen oder Beispiele schwer lösbar sind. Deshalb werden auch Lösungen oder Lösungsvorschläge gegeben.

Die **Literaturempfehlungen** am Ende jedes Kapitels enthalten weiterführende oder vertiefende Literatur, auf die bei näherem Interesse an bestimmten Themen zurückgegriffen werden kann. Die Auswahl ist nicht auf Vollständigkeit bedacht (dies wäre auch kaum möglich), sondern trachtet danach, einen repräsentativen, jedoch unweigerlich subjektiven Ausschnitt aus der Literatur zu geben. Zitate im Text selbst wurden auf das Notwendigste beschränkt. Das **Literaturverzeichnis** am Ende des Buches enthält alle Literaturverweise.

1.3 Bilanzadressaten und Bilanzzwecke

An den Informationen der externen Rechnungslegung haben viele verschiedene Personen und Gruppen Interesse. Sie werden als **Bilanzadressaten** bezeichnet. Jede Gruppe von Bilanzadressaten nutzt die Informationen der Rechnungslegung für unterschiedliche **Zwecke** und in unterschiedlichem Umfang. Die wichtigsten Bilanzadressaten und Zwecke werden im Folgenden besprochen.

Unternehmensinterne Bilanzadressaten	Unternehmensexterne Bilanzadressaten
Manager Eigentümer, die in die Unternehmensführung involviert sind	Investoren Banken und andere Kapitalgeber Kunden Lieferanten Konkurrenten Unternehmenserwerber Finanzbehörden Arbeitnehmer und Arbeitnehmervertreter Öffentlichkeit

Tab 1.1: Gruppen von Bilanzadressaten

Informationen für Manager

Manager benötigen für ihre **Entscheidungen** Informationen über den Geschäftsverlauf des Unternehmens. Die Aufzeichnungen über die Geschäftsfälle ermöglichen einen Überblick über die Lage und die Entwicklung des Unternehmens im Zeitablauf. Sie dienen auch der Steuerung und Kontrolle untergeordneter Entscheidungsträger, meist durch Vergleich der Istsituation mit dem Budget oder durch Planung und Analyse von Abweichungen.

Aufzeichnungen über entstandene Schuldverhältnisse können auch für Auseinandersetzungen über Leistungs-, Gewährleistungs- oder andere Pflichten, die aus der Geschäftstätigkeit erwachsen, wertvoll sein (**Dokumentation**).

Die Information der Manager, historisch meist Eigentümer-Manager (der klassische Unternehmer), war ursprünglich einer der wichtigsten Zwecke der Rechnungslegung. Durch viele detaillierte gesetzliche Regelungen, die zum Teil andere Zwecke im Auge hatten, wurde sie jedoch für Manager immer weniger brauchbar. Des Weiteren kommt der Jahres-abschluss meist zu spät, um noch entscheidungsrelevante Informationen zu enthalten. Es entwickelten sich parallel dazu die Kostenrechnung und andere Controlling-Instrumente, wie ein periodisches Reporting, die von den Daten der Rechnungslegung zum Teil erheblich abwichen, um geeig-netere Informationen über die Geschäftstätigkeit zu liefern. In der jünge-ren Zeit ist allerdings wieder ein Trend hin zu einer **Integration der Rechnungslegung** und des internen Rechnungswesens zu erkennen. Gründe dafür sind, dass eine Differenzierung international wenig üblich ist, dass sich internationale Rechnungslegungsgrundsätze durchsetzen, die aus betriebswirtschaftlicher Sicht vielfach wieder besser geeignet sind, ihren Zweck zu erfüllen, und dass Manager in dezentral organisier-ten Unternehmen in einer Eigenkapitalgeberfunktion ohne direkte Ent-scheidungsfunktion sind.

Der Gesetzgeber des Handelsrechts sah einen Zwang zur Rechenschaft des Kauf-manns gegenüber sich selbst vor. Dies hat sich seither nicht geändert (als ein Indiz dafür kann gelten, dass der Unternehmer ohne Rücksicht auf Publizitätspflichten verpflichtet wird, Bilanzen zu erstellen). Nach § 195 HGB hat der Jahresabschluss explizit den Zweck, dass sich der Unternehmer dadurch ein möglichst getreues Bild der Vermögens- und Ertragslage verschaffen soll. Gerichte sind in einem Rechtsstreit ermächtigt, die Vor-lage der Handelsbücher anzuordnen (§§ 213-215 HGB).

Information und Rechenschaft gegenüber Eigenkapitalgebern

Im Laufe der Zeit entwickelten sich immer größere Unternehmen, die entsprechend mehr Kapital benötigten. Kann auf Grund der Unterneh-mensgröße der Unternehmer das erforderliche Kapital nicht mehr alleine aufbringen, muss er andere Personen suchen, die ihm Geld zur Verfügung stellen. Damit entsteht das Phänomen der Trennung von Eigentum am Unternehmen und Dispositionsgewalt. Der Unternehmer wird zum (mög-licherweise mitbeteiligten) Manager. Die **Anteilseigner** geben eigenes Kapital in die Verfügungsgewalt eines anderen und haben daher großes Interesse daran zu erfahren, in welcher ökonomischen Lage sich das Un-ternehmen befindet und wie das Management mit dem ihm anvertrauten Kapital wirtschaftet. Denn sie haben Anspruch auf einen Anteil am Ge-winn, der mit Hilfe der Rechnungslegung ermittelt wird.

Daneben haben sie großes Interesse daran, dass das Unternehmen nicht zahlungsunfähig wird, da sie sonst ihr eingesetztes Kapital oder Tei-le davon verlieren würden. Inwieweit dies aus der Bilanz ersichtlich ge-macht werden kann, wird später noch diskutiert. Des Weiteren dient die Bilanz der Kontrolle des Managements. Gäbe es keine Kontrolle, könnte das Management eigene Ziele verfolgen, die nicht unbedingt im Interesse der Anteilseigner sind (Agency-Konflikte). Mit Hilfe des Jahresabschlusses kann eine solche Kontrolle zumindest erleichtert werden. Da Manager aber die Werte des Jahresabschlusses durch bilanzpolitische Maßnahmen beeinflussen können und dies von den Anteilseignern idR nicht oder nur schwer erkannt werden kann, entsteht ein Bedarf an Regeln, die Spielräume zu Lasten von mehr Information einzuschränken, und ein Bedarf an der Prüfung von Abschlüssen durch unabhängige Prüfer.

Information und Rechenschaft gegenüber Fremdkapitalgebern

Mit der Größe der Unternehmen wächst auch die Notwendigkeit, **Fremdkapitalgeber** dazu zu bringen, dem Unternehmen Geld zur Verfügung zu stellen, sei es durch langfristige Kredite, zB von Banken, oder durch kurzfristige Verbindlichkeiten, indem das Unternehmen Waren bezieht, den Preis vom Lieferanten aber gestundet erhält. Fremdkapitalgeber sind daher ebenfalls sehr an Informationen über die Unternehmen interessiert, sie wollen Zinsen und ihr Kapital termingerecht zurückerhalten. Sie wollen sich deshalb insbesondere davor schützen, dass die Eigenkapitalgeber dem Unternehmen zuviel Kapital entziehen. Dazu werden gesetzlich und/oder vertraglich **Kapitalerhaltungsgrundsätze** formuliert.

Ebenso wie die Eigentümer haben Fremdkapitalgeber Interesse daran, dass der Jahresabschluss von unabhängigen Prüfern überprüft wird. Zunächst kamen freiwillige Prüfungen der Bücher auf. Wenn sich eine Aktiengesellschaft freiwillig prüfen ließ, konnten die Anteilseigner und Kreditgeber erwarten, dass sie nichts zu verbergen hatte, und dass die gemachten Angaben den Tatsachen entsprachen. Seit der Mitte des 19. Jahrhunderts besteht die Verpflichtung zur Prüfung der Jahresabschlüsse von Aktiengesellschaften durch unabhängige sachkundige Personen, die Wirtschaftsprüfer.

Steuerbemessung

Bereits sehr früh kamen Aspekte der Steuerbemessung hinzu. Die Aufzeichnungen der Geschäftsfälle werden als Grundlage für die Festsetzung verschiedener Steuern (vor allem Umsatzsteuer, Ertragsteuern, Vermögensteuern) herangezogen. Unternehmer wurden auch sehr früh durch Gesetze gezwungen, lückenlos Aufzeichnungen für steuerliche Belange zu tätigen.

Aus Wirtschaftlichkeitserwägungen schien es unzweckmäßig, Aufzeichnungen für die Steuerbemessung und für andere Zwecke oder für verschiedene Bilanzadressaten nach unterschiedlichen gesetzlichen Regeln zu machen. Deshalb entstand mit dem Maßgeblichkeitsprinzip bereits Ende des 19. Jahrhunderts eine Verknüpfung in der Form, dass sich die Vorschriften für die Ermittlung von Steuerbemessungsgrundlagen inhaltlich an den handelsrechtlichen Regelungen orientieren. Als Folge dieser Verknüpfung kommt es zu einem Einfließen steuerlicher Erwägungen in die handelsrechtliche Rechnungslegung. Ein Maßgeblichkeitsprinzip gibt es auch in Deutschland und in einigen anderen Staaten, viele Länder kennen ein solches jedoch – jedenfalls formal – nicht.

Weitere Bilanzadressaten

Auch die im Unternehmen beschäftigten Arbeitnehmer und deren Vertreter sind an den Finanzinformationen interessiert. Sie streben hauptsächlich nach Sicherheit ihrer Arbeitsplätze, die an den Bestand des Unternehmens gebunden ist. Sie wollen Lohnzahlungen in angemessener Höhe erhalten und diese auch für die Zukunft gesichert sehen. Kunden und Lieferanten interessieren sich ebenfalls für die Zahlungsfähigkeit und die künftige Vertragstreue des Unternehmens. Weitere Interessenten sind etwa Gerichte, wirtschaftspolitische Organisationen, potenzielle Investoren, die Konkurrenz und viele andere.

Alle diese Interessenten an der Bilanz (Bilanzadressaten) haben idR **unterschiedliche Ziele** in Bezug auf das Unternehmen. Wollen die Anteilseigner beispielsweise möglichst hohe Gewinne erhalten, so schwächen sie damit die Haftungsbasis des Unternehmens für Außenstände, etwas, auf das gerade Gläubiger ihr Hauptaugenmerk legen. Oft bestehen aber auch innerhalb einer Gruppe von Bilanzadressaten Interessenkonflikte, wenn zB Minderheitsaktionäre Gewinnausschüttungen wünschen, während die Geschäftsführung und Mehrheitsaktionäre die Gewinne im Unternehmen einbehalten wollen. Die Bilanz hat daher vielen Zwecken zu dienen, und das ist bei konkurrierenden Zielen besonders schwer zu erreichen.

Konkurrenz zwischen Bilanzzwecken

Zusammengefasst lassen sich die verschiedenen **Bilanzzwecke** in zwei großen Gruppen darstellen:

- **Bereitstellung von entscheidungsnützlichen Informationen:** Durch die Aufzeichnungen werden Informationen als Grundlage für Entscheidungen der verschiedenen Bilanzadressaten gewonnen. Solche sind neben operativen Entscheidungen im Unternehmen beispielsweise der Kauf oder Verkauf von Anteilen am Unternehmen, Kreditgewährung oder Aufnahme einer Handelsbeziehung. Der Nutzbarmachung der Jahresabschlussinformation dient vor allem die Bilanzanalyse.

- **Anspruchsbemessung und Vertragsgestaltung:** Die lückenlose Dokumentation vergangener Ereignisse dient auch der Ermittlung gesetzlicher und vertraglicher Anknüpfungspunkte verschiedener Rechtsfolgen. Diese bestehen zumeist in Zahlungen. Etwa: Wie viel Gewinn kann ausgeschüttet oder verteilt werden und steht im Unternehmen damit nicht mehr zur Verfügung? Wie viel Steuern muss das Unternehmen bezahlen? Welchen Bonusanspruch haben Manager? Aber auch: Wann können Kredite fällig gestellt werden, oder wann muss ein Vertrag neu verhandelt werden?

Es ist offensichtlich, dass die Erfüllung der unterschiedlichen Zwecke zu einer verschiedenen Ausgestaltung von Bilanzierungsregeln führen kann. So wird für Informationszwecke vielfach eine möglichst unverzerrte Schätzung künftiger Ereignisse (etwa im Bereich von Rückstellungen) sinnvoll sein, während eine „vorsichtige" Schätzung zu hohe Ertragsteuerzahlungen verhindern kann. Für bestimmte Entscheidungen ist der Marktwert von Wertpapieren relevant, die Verhinderung der Ausschüttung noch nicht „realisierter" Kursgewinne und damit die potenzielle Verringerung des haftenden Eigenkapitals kann aber ebenfalls bedeutsam sein. Diese Überlegungen sind Basis für die **Bilanzpolitik**.

Soll die Rechnungslegung gleichzeitig **mehreren dieser Zwecke** dienen, sind **Kompromisse** notwendig, die zu Abstrichen bei der Erfüllung der einzelnen Zwecke führen. Kompromisse erfordern ein Abwägen der Folgewirkungen der Bilanzierungsregeln, welche die Rechnungslegung definieren. Die gesetzlichen Vorschriften in Österreich haben die Funktion eines **Interessenausgleichs** zwischen den Bilanzadressaten, die sehr unterschiedliche Anforderungen an den Jahresabschluss stellen.

Man könnte sich zwar vorstellen, dass die Bilanzadressaten ihre Rechte und Pflichten im Rahmen von Individualverträgen mit dem Unternehmen selbst festlegen. Dies ist aber aus mindestens zwei Gründen problematisch: Zum einen herrscht eine ungleiche Verteilung der Verhandlungsmacht insbesondere bei Großunternehmen, und zum anderen ist das ein Weg, der hohe (Transaktions-)Kosten verursacht. Rechnungslegungsvorschriften mit ihren genauen Abbildungsregeln von Geschäftsfällen haben daher den Vorteil, dass die Informationen einheitlich verstanden werden und untereinander vergleichbar sind. Darüber hinaus werden die Kosten der Informationserstellung auf die Unternehmen geschoben, die Informationen sicher günstiger erstellen können als externe Bilanzadressaten. Dies ist mit der Normung von Steckdosen und Steckern vergleichbar (vgl *Busse von Colbe* 1987). Wer kennt nicht die Probleme, wenn man in ein Land reist, das eine andere Norm verwendet? Ähnlich schlimm ist es, wenn es mehrere Normen gibt, wie zB bei DVD-Formaten.

1.4 Institutionelle Rahmenbedingungen

In Österreich sind die Rechnungslegungsvorschriften im Wesentlichen durch Gesetze bestimmt. Schwerpunktmäßig handelt es sich um Gesetze im Bereich des Handels- und Gesellschaftsrechts, zum Teil auch im Bereich des Steuerrechts. Neuerdings gibt es auch einige Regelungen im Wertpapierrecht. Seit 2005 gibt es den Beirat für Rechnungslegung und Abschlussprüfung, zu dessen Aufgaben auch Fachgutachten, Stellungnahmen und Empfehlungen zählen. Daneben gibt es Fachgutachten und Stellungnahmen von der Berufsgruppe der Wirtschaftstreuhänder sowie umfangreiche Literatur, insbesondere Kommentare, welche die gesetzlichen Regelungen auslegen und auf Einzelfragen anwenden.

Handelsrechtliche Regelungen

Gesetzliche Regelungen über Bilanzaufbau und Bilanzinhalt entwickelten sich bereits sehr früh. Die erste dieser Art war die französische Ordonnance de Commerce aus dem Jahre 1673. Sie war insbesondere auf die Verhinderung der stark in Mode gekommenen betrügerischen Bankrotte ausgerichtet. Es folgten 1794 das Allgemeine Preußische Landrecht und vier Jahre später die ersten österreichischen Regelungen. Viele Jahre lang versuchte man sich auf neue Regelungen zu einigen, die schließlich 1860 in einem Allgemeinen Handelsgesetzbuch mündeten, das in Österreich von 1863 bis 1939 rechtsgültig war. Danach übernahm Österreich das in Deutschland geltende Handelsgesetzbuch (HGB) von 1897. Die darin enthaltenen rudimentären Rechnungslegungsvorschriften besaßen mit einigen kleineren Änderungen bis zum Jahr 1991 Gültigkeit.

Das Handelsgesetzbuch (HGB) enthält folgende **grundlegende Vorschrift** über die Rechnungslegungspflicht, die am Kaufmannsbegriff anknüpft:

„Der Kaufmann hat Bücher zu führen und in diesen seine Handelsgeschäfte und die Lage seines Vermögens nach den Grundsätzen ordnungsmäßiger Buchführung ersichtlich zu machen." (§ 189 Abs 1 HGB)

Mit dem **Handelsrechts-Änderungsgesetz** (HaRÄG) 2005 wird das HGB grundlegend reformiert. Insbesondere werden ein einheitlicher Unternehmerbegriff geschaffen, das Firmenrecht liberalisiert und eine Rechtsbereinigung im Sachen- und Schuldrecht durchgeführt. Sichtbar werden wird diese grundlegende Reform durch eine Umbenennung des HGB in **Unternehmensgesetzbuch (UGB)**.

Die Bestimmungen des UGB sind danach auf Personen anzuwenden, die ein Unternehmen betreiben, ausgenommen land- und forstwirtschaftliche Unternehmen und freie Berufe. Als **Unternehmen** wird jede auf

Dauer angelegte Organisation selbständiger wirtschaftlicher Tätigkeit definiert, unabhängig davon, ob sie auf Gewinn gerichtet ist oder nicht.

Eine **Buchführungspflicht** besteht für alle Kapitalgesellschaften (einschließlich Personengesellschaften, bei welchen keine natürliche Person persönlich haftender Gesellschafter mit Vertretungsbefugnis ist) sowie für alle anderen Unternehmer, die mindestens eines der folgenden beiden Merkmale überschreiten (§ 188a UGB-Entwurf):

- € 600.000 Umsatzerlöse im Geschäftsjahr oder
- Beschäftigung von fünf Arbeitnehmern (Vollzeitäquivalente) im Jahresdurchschnitt.

Diese Merkmale müssen in mindestens zwei aufeinander folgenden Geschäftsjahren erfüllt sein; für Umgründungen bestehen Sonderregeln. Ausgenommen von der Rechnungslegungspflicht sind auch freie Berufe und Land- und Forstwirte.

Jahr	Gesetzliche Grundlagen der Rechnungslegung
1863	Allgemeines Handelsgesetzbuch (ADHGB)
1937	Handelsgesetzbuch (HGB)
	Aktiengesetz (AktG)
1965	Änderung des Aktiengesetzes (AktG)
1990	Rechnungslegungsgesetz (RLG)
1996	EU-Gesellschaftsrechtsänderungsgesetz (EU-GesRÄG)
1999	Konzernabschlussgesetz (KonzaG)
2004	Rechnungslegungsänderungsgesetz (RelÄG)
2005	Handelsrechts-Änderungsgesetz (HaRÄG)
	Gesellschaftsrechtsänderungsgesetz (GesRÄG)

Tab 1.2: Entwicklung handelsrechtlicher Regelungen

Im Jahr 1990 wurde das **Rechnungslegungsgesetz** (RLG) beschlossen, das detaillierte Rechnungslegungsvorschriften in das HGB, nämlich in die §§ 189 bis 283, einbaute. Dadurch wurden die Rechnungslegungsvorschriften in Spezialgesetzen, wie zB dem Aktiengesetz, unnötig. Den Anstoß für die Neuregelung gaben zwei Ereignisse. Einmal war man allgemein mit der früheren Rechtslage unzufrieden, weil viele **Insolvenzen** zu spät erkannt wurden. Die Jahresabschlüsse ließen bis kurz vor der

Insolvenz vielfach keinerlei Anzeichen für eine Verschlechterung der Lage der Unternehmen erkennen, weil die gesetzlichen Regelungen viele Wahlrechte enthielten, die für eine Bilanzverschönerung verwendet werden konnten, und weil der Informationsgehalt der publizierten Jahresabschlüsse gering war. Das zweite Ereignis war die **europäische Entwicklung** einer gemeinsamen Basis für die nationalen Rechnungslegungsvorschriften in der **Europäischen Union** (EU), vor der sich Österreich schon damals nicht verschließen wollte. Die EU beschloss bereits im Jahr 1978 die 4. Richtlinie (Bilanzrichtlinie), die den Einzelabschluss betraf. Es folgten 1983 die 7. Richtlinie (Konzernrichtlinie) mit Regelungen zum Konzernabschluss und 1984 die 8. Richtlinie mit einer Vereinheitlichung der Anforderungen an Personen, die Jahresabschlüsse prüfen dürfen. Diese Regelungen betreffen nur Kapitalgesellschaften. Durch den Beitritt Österreichs zur EU im Jahr 1995 mussten die Rechnungslegungsvorschriften an die Richtlinien der EU angepasst werden. Die notwendige **Transformation der Richtlinien** in österreichisches Recht erfolgte zum Teil bereits mit dem RLG und schließlich 1996 mit dem EU-Gesellschaftsrechtsänderungsgesetz, das viele Detailänderungen mit sich brachte. Die Einführung des Euro wurde 1998 gesetzlich umgesetzt.

Die Rechnungslegungsvorschriften des HGB gliedern sich seither in Vorschriften, die für alle Unternehmen gelten, in ergänzende Vorschriften für Kapitalgesellschaften, in Vorschriften über die Konzernrechnungslegung und in Vorschriften über die Abschlussprüfung und Veröffentlichung. Die Vorschriften über die **Konzernrechnungslegung** traten mit Verzögerung erst 1994 in Kraft.

Ziel der Richtlinien der EU ist die **Harmonisierung der Rechnungslegung** in den Mitgliedstaaten. Harmonisierung bedeutet die Vergleichbarmachung und Herstellung der Gleichwertigkeit von Abschlüssen, unter Wahrung der nationalen Besonderheiten. Sie ist nicht gleichbedeutend mit Standardisierung, in deren Rahmen eine Vereinheitlichung der Bilanzierungs- und Bewertungsvorschriften angestrebt wird. Trotz dieses an sich moderaten Ziels dauerte es über zehn Jahre, bis die 4. Richtlinie 1978 endlich beschlossen werden konnte. Das Einstimmigkeitsprinzip bei der Entscheidungsfindung in den EU-Gremien bremste die Entwicklung auch in weiterer Folge. Die Richtlinien enthalten deshalb eine Fülle von **Wahlrechten**, die sich als Kompromisse unter den Mitgliedstaaten deuten lassen. Es gibt Staatenwahlrechte (zB Vereinfachungen für kleine Kapitalgesellschaften), abgeleitete Unternehmenswahlrechte (Wahlrechte, die der Staat bei der Transformation ausüben oder an die Unternehmen weitergeben kann) und originäre Unternehmenswahlrechte (zB Aktivierung von Fremdkapitalzinsen in den Herstellungskosten). Neuerdings wird auch eine Marktbewertung von Finanzinstrumenten als Wahlrecht ermöglicht. Durch die eingeräumten Wahlrechte variieren die Rechnungslegungsvorschriften in den Mitgliedstaaten zum Teil erheblich und sind deshalb nur bedingt vergleichbar.

Im Jahr 1999 wurde für Konzernabschlüsse eine weitere Zäsur beschlossen: Das **Konzernabschlussgesetz** (KonzaG) ermöglichte österreichischen Konzernen, Konzernabschlüsse nach international anerkannten Rechnungslegungsgrundsätzen aufzustellen; in diesem Fall ist der Konzern von der Aufstellung eines Konzernabschlusses nach österreichischem Recht befreit. Als international anerkannte Rechnungslegungsgrundsätze gelten die **International Financial Reporting Standards (IFRS)** und die **US-amerikanischen Generally Accepted Accounting Principles** (US-GAAP). Diese sind stark auf Investoren und Kapitalmärkte ausgerichtet und enthalten viele sehr detaillierte Bilanzierungs- und Bewertungsregeln sowie umfangreiche Ausweisregeln. Sie unterscheiden sich inhaltlich in einigen Punkten erheblich von den österreichischen Regeln, vor allem auf Grund des geringeren Stellenwertes des Vorsichtsprinzips (siehe dazu genauer Kapitel 5.6).

Im Juni 2002 wurde von der EU die so genannte **IAS-Verordnung** beschlossen, die bestimmt, dass kapitalmarktorientierte Unternehmen in den EU-Mitgliedstaaten ab 2005 (in Ausnahmefällen erst ab 2007) ihre Konzernabschlüsse nach internationalen Rechnungslegungsstandards, den IFRS, aufstellen *müssen*. Diese Verordnung gilt unmittelbar in den Mitgliedstaaten, so dass keine Transformation in österreichisches Recht erforderlich ist. Während diese Pflicht für alle Unternehmen gilt, deren Wertpapiere (insbesondere Aktien, aber auch Schuldscheine) zum Handel in einem geregelten Markt zugelassen sind, enthält die Verordnung auch ein Wahlrecht, dass die Mitgliedstaaten vorschreiben oder gestatten können, dass auch andere Unternehmen ihre Konzernabschlüsse oder dass Unternehmen auch ihre Einzelabschlüsse nach internationalen Rechnungslegungsstandards aufstellen.

Die IAS-Verordnung ist Teil einer seit einigen Jahren von der EU verfolgten Strategie, einen effizienten europäischen Kapitalmarkt sicherzustellen. Sie möchte mit der Übernahme der IFRS einen hohen Grad an Transparenz und Vergleichbarkeit der Konzernabschlüsse erreichen. Die Verordnung sieht einen Anerkennungsmechanismus der IFRS durch die EU vor, der sicherstellen soll, dass die internationalen Rechnungslegungsstandards den Richtlinien der EU entsprechen und dass die Meinung der EU bei der Entwicklung von Standards ausreichend berücksichtigt wird.

Im Gegensatz zur österreichischen Praxis werden diese internationalen Rechnungslegungsgrundsätze oder Standards von „privaten" Vereinigungen erarbeitet. Die IFRS werden vom International Accounting Standards Board (IASB) mit Sitz in London erstellt, die US-GAAP vom Financial Accounting Standards Board (FASB). Der **Prozess der Erstellung** von Rechnungslegungsstandards (*due process*) bezieht die interessierte Öffentlichkeit mit ein, indem Entwürfe zur Stellungnahme veröffentlicht werden. Die Stellungnahmen werden dann bei der endgültigen Textierung des Standards berücksichtigt.

Mit dem **Rechnungslegungsänderungsgesetz** (RelÄG) 2004 nutzte der österreichische Gesetzgeber das Wahlrecht in der IAS-Verordnung und schuf eine **Befreiungsvorschrift**, wonach Unternehmen mit der Aufstellung eines Konzernabschlusses nach den in der EU anerkannten IFRS von der Verpflichtung zur Aufstellung eines Konzernabschlusses nach österreichischem Recht befreit sind. Damit wurde die durch das KonzaG bestehende Befreiungsvorschrift weitergeführt, allerdings nur für IFRS-, nicht mehr für US-GAAP-Konzernabschlüsse. **Einzelabschlüsse** müssen in Österreich allerdings weiter nach den handelsrechtlichen Vorschriften aufgestellt werden.

Neben dem Handelsrecht enthält das **Börsegesetz** (BörseG) spezifische Regelungen für börsennotierte Unternehmen über die Börsenzulassung, den Prospekt, **Zwischenabschlüsse** zu den Quartalen sowie über die so genannte Ad-hoc-Publizität. Die **Ad-hoc-Publizität** verpflichtet börsennotierte Unternehmen, jene Informationen sofort zu veröffentlichen, von denen ein Einfluss auf den Börsenkurs erwartet wird. Dies betrifft meist die Veröffentlichung von Rechnungslegungsinformationen, von Abschlüssen, von Akquisitionen und Betriebsveräußerungen. Materielle Bilanzierungsregelungen sind im BörseG jedoch nicht enthalten.

Beirat für Rechnungslegung und Abschlussprüfung

Im Jahr 2005 richtete Österreich den **Beirat für Rechnungslegung und Abschlussprüfung** (Austrian Financial Reporting and Auditing Committee, **AFRAC**) ein. Trägerverein ist das „Österreichische Rechnungslegungskomitee", zu dessen Mitgliedern einige Bundesministerien, die Kammer der Wirtschaftstreuhänder, Finanzmarktaufsicht, Industriellenvereinigung und weitere österreichische Institutionen zählen. Der Beirat besteht aus 18 Mitgliedern (und 18 Ersatzmitgliedern) mit qualifizierten Kenntnissen der Rechnungslegung aus folgenden Kategorien: rechnungslegungspflichtige Unternehmen (4 Mitglieder), universitäre Lehre (3), Wirtschaftstreuhänder (4), genossenschaftliches Revisionswesen (1), Sparkassen-Prüfungsverband (1), Finanzanalysten (1), Investoren (1), Versicherungsmathematiker (1), Aufsichtsbehörden der börsennotierten Unternehmen (1) und des Verbandes der Versicherungsunternehmen Österreichs (1). Mindestens zwei Mitglieder müssen auch bei oder für Klein- und Mittelunternehmen tätig sein. Damit soll eine breite Beteiligung an der Rechnungslegung interessierter Gruppen gewährleistet werden.

Die **Aufgaben des Beirats** liegen in der Weiterentwicklung der Rechnungslegung und Abschlussprüfung in Österreich unter Berücksichtigung der internationalen und europäischen Entwicklung und der österreichischen Interessen. Dazu gehören zB die Erstellung von Informationen und Stellungnahmen zu regulativen Vorhaben auf nationaler, europäischer und internationaler Ebene, die Unterstützung österreichischer Vertreter in internationalen Arbeitsgruppen, die fachliche Beratung bei Gesetzesvorschlägen, Veröffentlichungen und die Erstellung von Fachgutachten. Die Arbeit des Beirats hat allerdings keine unmittelbare verbindliche Wirkung.

In Deutschland wurde 1998 mit dem **Deutschen Rechnungslegungs Standards Committee (DRSC)** als Träger des Deutschen Standardisierungsrats (DSR) ebenfalls ein nationaler Standardsetter eingerichtet. Die Standards, die Deutschen Rechnungslegungsstandards (DRS), erhalten mit ihrer Veröffentlichung durch das deutsche Justizministerium den Status der Vermutung von Grundsätzen ordnungsmäßiger Buchführung.

Richtlinien der Kammer der Wirtschaftstreuhänder

Die österreichische Kammer der Wirtschaftstreuhänder, die gesetzliche Interessenvertretung des Berufsstandes der Wirtschaftstreuhänder (Steuerberater, Buchprüfer, Wirtschaftsprüfer), deren Fachsenate sowie das Institut Österreichischer Wirtschaftsprüfer (IWP) (freiwillige Vereinigung der Wirtschaftsprüfer) erarbeiten Fachgutachten, Richtlinien und Stellungnahmen zu Fragen der Rechnungslegung. Darin werden Interpretationen und Empfehlungen zur Anwendung gesetzlicher Regelungen gegeben. Veröffentlichungen liegen beispielsweise zu folgenden Themen vor:

- Bewertungsstetigkeit,
- Pensions- und Abfertigungsverpflichtungen,
- Darstellung des Eigenkapitals der GmbH & Co KG,
- Optionen,
- Einheitliche Bewertung im Konzernabschluss,
- Genussrechte,
- Steuerabgrenzung (latente Steuern),
- Geldflussrechnung (Kapitalflussrechnung),
- Ordnungsmäßigkeit von EDV-Buchführungen.

Diese Veröffentlichungen haben zwar, formal betrachtet, keinen normativen Charakter, im Interesse einer einheitlichen Vorgehensweise wie auch zur Absicherung des Wirtschaftstreuhänders im Falle einer Rechtsstreitigkeit kommt ihnen jedoch großer praktischer Einfluss zu. Typischerweise wird man also für ein Abweichen davon gute Gründe benötigen.

Rechtsformen

Die Rechnungslegungsvorschriften knüpfen mit einer Vielzahl von Bestimmungen an die Rechtsform an, sei es durch Gliederungs- und Bewertungsvorschriften, Prüfungs- oder Publikationspflichten. Die Rechtsform ist auch für die steuerliche Behandlung wesentlich.

In Gesetzen werden die grundlegenden Typen von **Rechtsformen** vorgesehen, aus denen eine geeignete Rechtsform mit gewissen Einschränkungen frei gewählt werden kann. Für bestimmte Unternehmenszwecke (zB Bankgeschäfte) sind die Wahlmöglichkeiten eingeschränkt, für andere Unternehmenszwecke (zB Versicherungsgeschäfte) hingegen erweitert. Die Gesetze regeln einige Sachverhalte zwingend (obligatorisch), andere können auf Grund der Vertragsfreiheit von den Parteien geregelt werden. Nur wenn eine Regelung durch die Beteiligten unterbleibt, existieren Bestimmungen (dispositives Recht).

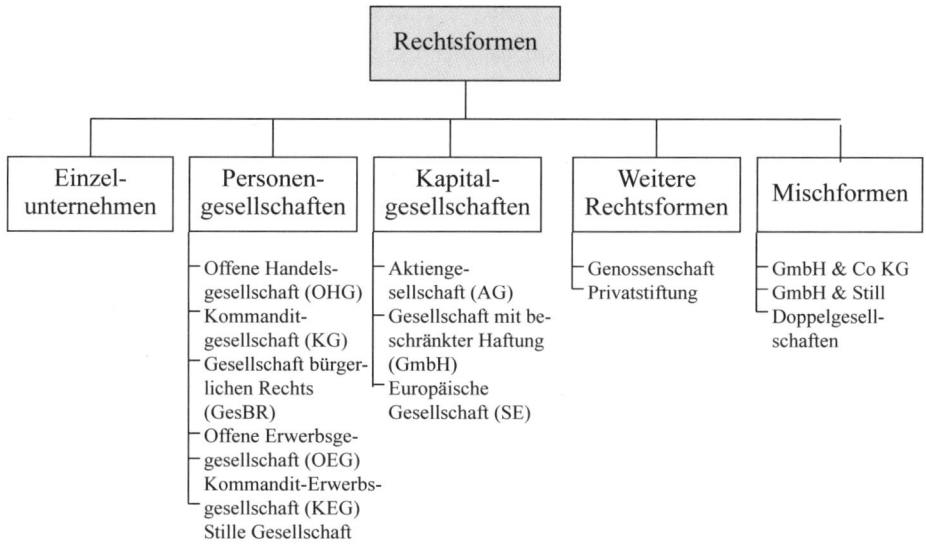

Abb 1.1: Rechtsformen

Ein wichtiges Kriterium ist die **Haftungsregelung**. Einzelunternehmer, Gesellschafter einer Offenen Handelsgesellschaft (künftig Offene Personengesellschaft) und Offenen Erwerbsgesellschaft sowie die Komplementäre einer Kommanditgesellschaft oder Kommandit-Erwerbsgesellschaft haften unbeschränkt, dh mit ihrem gesamten Vermögen. Kommanditisten und Gesellschafter von Kapitalgesellschaften haften dagegen idR nur in Höhe ihrer Einlage. Nur bei beschränkter Haftung sind Ausschüttungsregelungen wichtig, weil Gläubiger nicht auf das außerhalb der Gesellschaft gehaltene Vermögen (grundsätzlich) zurückgreifen können. Für Rechtsformen, bei denen keine natürliche Person unbeschränkt haftet, greift eine Vielzahl von Rechnungslegungsvorschriften und Ausweisvorschriften. So gelten die Richtlinien der EU nur für Kapitalgesellschaften, und das HGB differenziert die Ausweisvorschriften nach der Rechtsform. Auch eine Konzernrechnungslegungspflicht besteht nur für Konzerne, deren Muttergesellschaft eine Kapitalgesellschaft ist.

In der Praxis gibt es manche **Mischformen**, die so gestaltet sind, dass sie die Vorteile einer Personengesellschaft mit den Vorteilen einer Kapitalgesellschaft verbinden. Ein

Beispiel dafür ist die GmbH & Co KG, bei der eine GmbH der Komplementär, also unbeschränkt haftender Gesellschafter, und die übrigen Gesellschafter Kommanditisten und im Regelfall auch Gesellschafter der Komplementär-GmbH sind. Diese Rechtskonstruktion führt zu einer vollständigen Haftungsbeschränkung bei gleichzeitigen gewissen steuerlichen Vorteilen, wie zB einem sofortigen Verlustausgleich. Früher waren die Steuervorteile zT gravierend, so dass Mischformen in der Praxis sehr beliebt waren. Nach § 221 Abs 5 HGB unterliegen solche Mischformen denselben Rechnungslegungsvorschriften wie die Kapitalgesellschaft, die Komplementär ist.

Informationen über die buchführungspflichtigen Unternehmen werden im **Firmenbuchgericht** gesammelt und sind öffentlich zugänglich. Das **Firmenbuch** besteht aus dem Hauptbuch (auf EDV) und der Urkundensammlung und ersetzt das früher händisch geführte Handelsregister und Genossenschaftsregister. Informationen betreffen im Wesentlichen den Gegenstand des Unternehmens, die Geschäftsanschrift, die Namen und Einlagen der Gesellschafter (außer bei der AG) sowie die Namen der Geschäftsführer und der Aufsichtsräte (§§ 3–9 FBG). Im Firmenbuch sind auch die Jahresabschlüsse einzureichen.

Die gesellschaftsrechtlichen Regelungen legen auch die grundlegenden Rechte und Pflichten der Eigentümer und der Organe der Gesellschaft fest. Dies wird als Unternehmensverfassung oder **Corporate Governance** bezeichnet und umfasst den rechtlichen und faktischen Ordnungsrahmen für die Unternehmensführung und Unternehmensüberwachung. Die Rechnungslegung ist ein wichtiger Bestandteil der Corporate Governance. Sie bestimmt den Umfang und Inhalt der Informationen, auf den die einzelnen internen Organe und externen Adressaten zurückgreifen können, um ihren Aufgaben nachzukommen. Ein Mangel an Information verhindert, dass möglicherweise bestehende Rechte nicht effizient ausgeübt werden können.

Gerade bei börsennotierten Aktiengesellschaften wird der Umfang der gesetzlichen Regelungen als nicht ausreichend betrachtet, und es gibt international etliche Corporate-Governance-Kodizes oder -Richtlinien. In Österreich wurde 2002 vom Österreichischem Arbeitskreis für Corporate Governance der **Österreichische Corporate Governance Kodex** erarbeitet. Dieser Kodex sieht detaillierte Regelungen über die Rechte von Aktionären und der Hauptversammlung, das Zusammenwirken von Vorstand und Aufsichtsrat, die Aufgaben, Zusammensetzung und Vergütung des Vorstands und des Aufsichtsrats, Transparenz und Rechnungslegung sowie Abschlussprüfung vor. Es handelt sich dabei um eine **Selbstregulierung** (*„soft law"*): Unternehmen verpflichten sich von sich aus, den Kodex zu beachten und über dessen Einhaltung zu berichten. Im Prime Market notierte Unternehmen müssen sich zur Berichterstattung über die Einhaltung des Kodex verpflichten. Der Kodex wird laufend an internationale Entwicklungen angepasst. Er differenziert nach L-Regeln, die gesetzliche Vorschriften wiedergeben, C-Regeln (*comply or explain*), deren Nichteinhaltung begründet werden soll, und R-Regeln (*recommendations*), die zusätzliche Empfehlungen formulieren.

Steuerrechtliche Regelungen

Rechnungslegungsvorschriften sind auch in Steuergesetzen enthalten, insbesondere in der Bundesabgabenordnung (BAO) und im Einkommensteuergesetz (EStG). Für Steuerpflichtige, die nicht ohnedies nach Handelsrecht oder anderen Vorschriften zur Buchführung verpflichtet sind, enthalten die §§ 125–132 BAO für Zwecke der Steuerbemessung eine eigenständige Verpflichtung zur Buchführung und Vorschriften über die formelle Ordnungsmäßigkeit der Buchführung. Eine Verpflichtung zur Buchführung besteht bei Überschreiten von bestimmten **Buchführungsgrenzen** (§ 125 Abs 1 BAO):

- Überschreiten einer Umsatzgrenze von € 400.000 (bei Lebensmitteleinzel- und Gemischtwarenhändlern € 600.000) in zwei aufeinander folgenden Kalenderjahren, oder

- Überschreiten einer Vermögenswertgrenze von € 150.000 bei land- und forstwirtschaftlichen Betrieben.

Jedes gewerbliche Unternehmen hat ein Wareneingangsbuch zu führen, in welchem die Ware, der Preis, der Lieferant, der Tag des Wareneingangs bzw der Rechnung aufscheinen. Zusätzlich sind Aufzeichnungen zu führen, die der Erfassung steuerpflichtiger Tatbestände dienen.

Das EStG kennt vier Arten der **Gewinnermittlung:**

- Nach § 5 EStG bilden bei protokollierten Gewerbebetrieben die **handelsrechtlichen Bücher** auch die Basis für die steuerliche Gewinnermittlung; Änderungen sind nur dort zulässig, wo zwingende steuerliche Vorschriften dies erfordern („**Maßgeblichkeit**").

- Ansonsten erfolgt die Gewinnermittlung grundsätzlich nach § 4 Abs 1 EStG (**Betriebsvermögensvergleich**). Der Gewinn entspricht der Differenz zwischen dem Betriebsvermögen am Schluss des Wirtschaftsjahres und dem des vorangegangenen Geschäftsjahres. Dabei sind Einlagen und Entnahmen der Eigentümer nicht zu berücksichtigen.

- Besteht keine Buchführungspflicht und werden Bücher auch nicht freiwillig geführt, kann die Gewinnermittlung vereinfacht nach § 4 Abs 3 EStG (**Einnahmen-Ausgaben-Rechnung**) erfolgen. Dabei werden die Geschäftsfälle bei Zahlung erfasst (Kassabuch); Ausnahmen gibt es bei Auszahlungen für Anlagevermögen, die im Wege von Abschreibungen über die Jahre der Nutzungsdauer gewinnmindernd erfasst werden.

- § 17 EStG kennt zwei Arten von **Pauschalierung,** die Ausgabenpauschalierung und die Vollpauschalierung. Bei der Ausgabenpauschalierung werden die Betriebsausgaben vereinfacht als Prozentsatz der

Umsätze ermittelt, und zusätzlich können Ausgaben für Vorräte und Löhne abgezogen werden. Eine Voraussetzung sind Umsätze unter € 220.000. Für bestimmte Gruppen von Steuerpflichtigen (zB Land- und Forstwirte) besteht die Möglichkeit einer Pauschalierung des Reingewinns nach bestimmten Kennzahlen, für bestimmte Branchen auch eine Branchenpauschalierung.

Das EStG enthält in den §§ 4–14 eine Reihe von materiellen **Gewinn-ermittlungsvorschriften**. Diese gelten zunächst für solche Buchführungspflichtige, die nicht (auch) unter die Vorschriften des HGB fallen. Sie haben aber auch Bedeutung für Unternehmen, die ihren Gewinn nach § 5 Abs 1 ermitteln, weil das EStG zum Teil vom HGB abweichende Regelungen wie auch Begünstigungsvorschriften (zB für Investitionen oder Forschung) enthält. Für Unternehmen bildet dies den Standardfall. Das Zusammenspiel von handels- und steuerrechtlichen Bilanzierungs- und Bewertungsvorschriften wird durch das so genannte Maßgeblichkeitsprinzip bestimmt.

Nach dem **Maßgeblichkeitsprinzip** bildet der handelsrechtliche Jahresabschluss (Handelsbilanz) die Basis für die steuerliche Gewinnermittlung („Steuerbilanz"). Ist der Wertansatz in der Handelsbilanz nach steuerlichen Vorschriften zulässig, so bleibt er auch steuerlich bestehen. Ist der Wertansatz allerdings steuerlich unzulässig, weil die steuerrechtlichen Vorschriften eine andere Regelung vorsehen, so muss für steuerliche Zwecke der steuerlich zulässige Wert angesetzt werden. Die Korrekturen erfolgen in einer **Mehr-Weniger-Rechnung** (MWR), die zusammen mit der Handelsbilanz die Steuerbilanz ergibt.

Beispiel: Steuerlich ist gemäß § 7 Abs 1 EStG eine lineare Abschreibung zwingend vorgesehen. Handelsrechtlich kann dagegen eine andere Abschreibungsmethode gewählt werden. Angenommen, ein Unternehmen wählt eine degressive Abschreibungsmethode, so ist diese für die steuerliche Gewinnermittlung in eine lineare Abschreibung umzurechnen.

Das Maßgeblichkeitsprinzip entwickelte sich ursprünglich aus der Forderung der Kaufleute, nicht zwei verschiedene Bilanzen aufstellen zu müssen. In der nunmehrigen Praxis ist dieses Vereinfachungsargument allerdings weit gehend überholt, weil es viele steuerliche Sondervorschriften gibt, die ein Abweichen von der Handelsbilanz erforderlich machen. In vielen anderen Staaten ist ein Maßgeblichkeitsprinzip unbekannt.

Formal erfolgt also die **Wirkung des Maßgeblichkeitsprinzips** nur von der Handelsbilanz zur Steuerbilanz, die Handelsbilanz ist von steuerlichen Vorschriften unbeeinflusst. Materiell bestehen jedoch Wechselwirkungen, wenn sowohl das Handelsrecht als auch das Steuerrecht Wahlrechte eröffnen. In diesem Fall determiniert die Ausübung des Wahlrechts im Handelsrecht die steuerliche Gewinnermittlung, soweit der handelsrechtliche Ansatz steuerlich ebenfalls zulässig ist. Umgekehrt formuliert: Möchte ein Unternehmen ein steuerliches Wahlrecht in einer bestimmten Weise ausüben, muss es – gewissermaßen vorweg – diese Methode bereits im handelsrechtlichen Abschluss wählen (soweit diese zulässig ist). Nun gibt es steuerliche Begünstigungsvorschriften, die es ermöglichen, einen Betrag gewinnmindernd als Aufwand zu verrechnen (um weniger Ertragsteuern zu leisten), vorausgesetzt, dass in der Handelsbilanz ebenso verfahren wird. Damit wirkt praktisch die steuerliche Rechtslage auf die Handelsbilanz. Man bezeichnet dies als **Umkehrung der Maßgeblichkeit**.

Zur Rechtfertigung wird unter anderem ins Treffen geführt, dass der Steuergesetzgeber die sich als Folge des handelsrechtlichen Ansatzes ergebende Ausschüttungssperre (bei Kapitalgesellschaften) gewollt hätte, um damit die Eigenkapitalbasis des die Begünstigung in Anspruch nehmenden Unternehmens zu stärken.

Von praktischer Bedeutung sind auch **Richtlinien** und **Erlässe** der Finanzverwaltung, die vor allem dem Zweck einer einheitlichen Vorgehensweise der Finanzverwaltung dienen. (In der Einleitung heißt es meist: „Über die gesetzlichen Bestimmungen hinausgehende Rechte und Pflichten werden dadurch nicht begründet.") Besondere praktische Bedeutung für die Bilanzierung haben die Einkommensteuerrichtlinien (EStR) sowie Erlässe zu spezifischen Fragen des EStG.

1.5 Grundbegriffe und Grundlagen

Die **externe Unternehmensrechnung (finanzielles Rechnungswesen,** *financial accounting*) ist Bestandteil der Unternehmensrechnung bzw des betrieblichen Rechnungswesens. Die **Unternehmensrechnung** beschäftigt sich mit der konzeptionellen Gestaltung und den Einsatzbedingungen von Informationssystemen im Unternehmen. Die externe Unternehmensrechnung ist vorwiegend an Unternehmensexterne gerichtet. Sie umfasst die Buchführung und die Bilanzierung sowie die Ausweis- und Offenlegungsregelungen. Zweck der **Buchführung** ist es, sämtliche Geschäftsfälle des Unternehmens zu erfassen und abzubilden, und zwar sowohl im Realgüter- und Leistungsbereich als auch im Finanzbereich. Sie ist damit das laufende Informationsinstrument des Unternehmensgeschehens schlechthin. Die **Bilanzierung** verarbeitet diese Informationen und fasst sie in einem Jahresabschluss zusammen. Weiter gehende Auswertungen als Grundlage für Entscheidungen erfolgen durch die **Bilanzanalyse**.

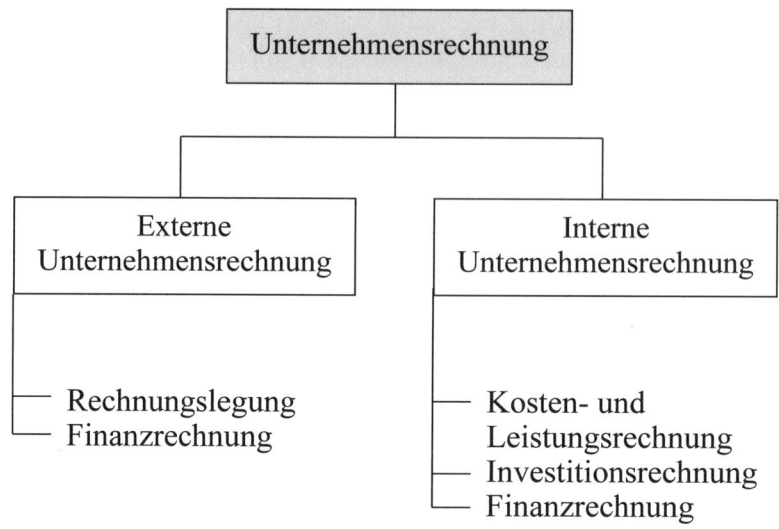

Abb 1.2: Gliederung der Unternehmensrechnung

Zur Unternehmensrechnung gehört des Weiteren die Finanzrechnung, die Kosten- und Leistungsrechnung und die Investitionsrechnung. Mit der **Finanzrechnung** werden Liquidität und Finanzierung des Unternehmens dargestellt und geplant. Die Sicherung der Liquidität ist eine der Existenzbedingungen des Unternehmens; andauernde Zahlungsunfähigkeit ist ein Insolvenzauslöser. Die Finanzrechnung kann sowohl Funktionen innerhalb der externen als auch innerhalb der internen Unternehmensrechnung wahrnehmen. Für den externen Bilanzadressaten sind Geld- oder Kapitalflussrechnungen verfügbar, welche die Zu- und Abflüsse liquider Mittel darstellen. In einem kurzfristigen Finanzplan werden dazu die (erwarteten) Einzahlungen und Auszahlungen einer bestimmten Periode gegenübergestellt und aufeinander abgestimmt. Längerfristige Finanzierungsrechnungen verwenden dagegen Einnahmen und Ausgaben, weil diese besser planbar sind.

Die **interne Unternehmensrechnung** (*management accounting*) umfasst die Kosten- und Leistungsrechnung und die Investitionsrechnung. Sie dienen überwiegend internen Zwecken, wie der Entscheidung, der Koordination und der Kontrolle des Betriebsgeschehens. Zu den Aufgaben der **Kosten- und Leistungsrechnung** (kurz: Kostenrechnung) zählen die Unterstützung sowie die Kontrolle und Koordination unternehmensinterner Entscheidungen, vor allem im kurzfristigen Bereich. Typische Beispiele sind die Kalkulation von Produkten und sonstigen Leistungen des Unternehmens,

Produktionsprogrammentscheidungen, die kurzfristige Erfolgsrechnung sowie die Planung und Kontrolle der Kosten und Erlöse. Die **Investitionsrechnung** schließlich hat längerfristige Entscheidungen bezüglich der Beschaffung von Produktionsmitteln und Kapazitäten zum Inhalt. Basis sind die durch eine Entscheidung ausgelösten (Änderungen von) Einzahlungen und Auszahlungen, die mit Hilfe von Investitionsrechenverfahren zu einer Größe zusammengefasst werden (zB Kapitalwert oder Annuität).

Die interne Unternehmensrechnung kann vom Management frei gestaltet werden, so dass sie die ihr zugedachten Aufgaben bestmöglich erfüllt. Die externe Unternehmensrechnung wiederum ist stark durch gesetzliche Regelungen eingeschränkt, Gestaltungsentscheidungen sind nur in deren Rahmen möglich.

Die verschiedenen Formen von Rechnungen bedienen sich dabei zum Teil unterschiedlicher **Rechengrößen**. Die Abgrenzung der verschiedenen Rechengrößen erfordert die Definition eines Fonds. Ein Fonds ist die Zusammenfassung von Positionen mit ähnlichen Inhalten. Die Bestandsrechnung eines Fonds ergibt sich aus der folgenden Rechnung:

Anfangsbestand des Fonds
+ Zugänge in der Periode
– Abgänge in der Periode
= Endbestand des Fonds

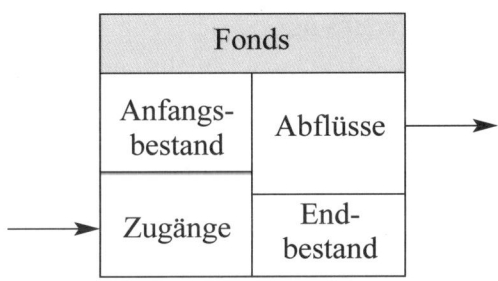

Abb 1.3: Fonds

Besteht der Fonds aus mehreren Positionen, etwa vorhandenes Bargeld (Kassa) und Bankkonto, so ist eine Transaktion, in der Bargeld vom Bankkonto abgehoben wird, eine Veränderung innerhalb des Fonds und daher weder ein Zugang noch ein Abgang. Zugänge sind Erhöhungen des Fonds aus fondsexternen Quellen, Abgänge sind Verminderungen des Fonds. Die Rechengrößen der verschiedenen Rechensysteme sind die Folgenden:

Finanzrechnungen:

- **Einzahlungen und Auszahlungen** sind die Zu- und Abgänge des Fonds „Liquide Mittel". Dazu gehören im Wesentlichen Bargeldbestände, Schecks sowie Bank- und Postscheckguthaben. Der Fonds ist sehr liquid und kann als kurzfristig verfügbares Finanzmittel gedeutet werden.

- **Einnahmen und Ausgaben** sind die Zu- und Abgänge des Fonds „Geldvermögen", der aus den liquiden Mitteln, dem Finanzvermögen und den Forderungen abzüglich der Verbindlichkeiten (uU auch der Rückstellungen) besteht. Es handelt sich um einen Nettofonds, weil er auch „negatives Vermögen", nämlich die Verbindlichkeiten, enthält. Wenn also etwa eine Lieferverbindlichkeit durch eine Banküberweisung beglichen wird, führt dies zu keiner Fondsveränderung, auch wenn es einen Abgang von den liquiden Mitteln gab.

Rechnungslegung:

- **Aufwendungen und Erträge** sind die Rechengrößen in der Bilanzierung. Der dazugehörige Fonds ist das „Nettovermögen" (Gesamtvermögen abzüglich des Fremdkapitals) bzw das „Eigenkapital". Die Differenz zwischen Erträgen und Aufwendungen ist der Gewinn (Verlust) der betreffenden Periode. Erträge (bzw Aufwendungen) sind jener Teil der Einnahmen (bzw Ausgaben), welcher der jeweiligen Periode zurechenbar ist.

Kosten- und Leistungsrechnung:

- **Kosten und Leistungen** lassen sich nicht immer über einen Fonds definieren. Nach der Standarddefinition sind Kosten der bewertete, sachzielbezogene Güterverzehr einer Periode und Leistungen die bewerteten, sachzielbezogenen Gütererstellungen einer Periode. Von den Erträgen und Aufwendungen unterscheiden sie sich durch die Sachzielbezogenheit und zum Teil durch eine andere Bewertung (zB Wiederbeschaffungswerte) für bestimmte Entscheidungszwecke. Pagatorische Kosten und Erlöse basieren auf den Ausgaben bzw Einnahmen und periodisieren diese möglicherweise nur anders als Aufwendungen und Erträge. Wertmäßige Kosten sind dagegen nutzenorientiert und lassen sich nicht so einfach über Periodisierungen von Ausgaben deuten.

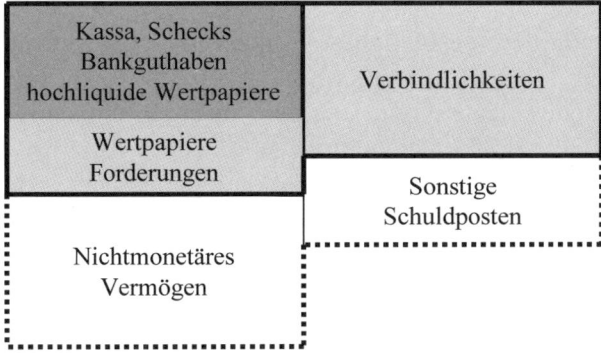

Abb 1.4: Fondsdefinitionen

1.6 Konten und Bilanzen

Unter einem **Konto** versteht man eine zahlenmäßige zweiseitige Gegenüberstellung von Geschäftsvorgängen. Die linke Seite wird üblicherweise Sollseite, die rechte Habenseite genannt. Ein Konto kann als kleinster Bestandteil eines Fonds angesehen werden. In verkürzter Form kann ein Konto als so genanntes **T-Konto** dargestellt werden. Diese Darstellung wird auch für spätere Beispiele gewählt.

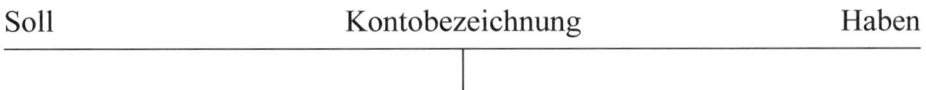

Soll   Kontobezeichnung   Haben

Wie die Bezeichnungen „Soll" und „Haben" zu Stande gekommen sind, ist ungeklärt. Vielleicht ergaben sie sich aus den italienischen Bezeichnungen „deve dare" (soll geben) und „deve avere" (soll haben). In der weiteren Entwicklung soll in Italien jeweils das „deve" weggefallen sein (daher: Geben / Haben), in Deutschland soll links das „dare", rechts das „deve" abhanden gekommen sein.

Inhaltlich treffendere Bezeichnungen für die beiden Seiten eines Kontos wären „**Mittelherkunft**" für die Habenseite und „**Mittelverwendung**" für die Sollseite. Inhaltlich gliedern sich Konten in Bestands- und Erfolgskonten. **Bestandskonten** nehmen die Werte von Vermögensgegenständen bzw Wirtschaftsgütern auf. Das sind einerseits aktive Positionen, wie Gebäude, Maschinen oder Kassenbestände, andererseits passive Positionen wie etwa die Verbindlichkeiten. Deshalb findet man auch oft die Bezeichnung „Aktiva" für Soll und „**Passiva**" für Haben. Die **Erfolgskonten** werden mit Aufwendungen im Soll belastet und mit Erträgen im Haben erkannt.

Formen der Buchhaltung

Entsprechend den gesetzlichen Vorschriften über die Führung von Büchern genügt für die Einnahmen-Ausgaben-Rechnung idR die Führung eines Kassabuches (Kassakonto), in dem alle Zahlungsvorgänge in chronologischer Reihenfolge verzeichnet sind, eines Anlagenverzeichnisses und (bei Gewerbebetrieben) eines Wareneingangsbuches. Für Unternehmen, die der Buchführungspflicht unterliegen, ist dies jedoch nicht ausreichend. Dafür (wie auch nach § 4 Abs 1 EStG) ist die **doppelte Buchhaltung (Doppik)** erforderlich.

Aufzeichnungen über Geschäftsvorfälle gab es nachweislich schon rudimentär bei den Ägyptern und den Babyloniern. Eine erste Blüte erlebte die Buchhaltungskunst zu Beginn der Neuzeit in Norditalien: in Genua, Venedig und Florenz. Die Form der Buchführung lässt bereits eine Ähnlichkeit mit der heutigen Bilanzierung erkennen. Als einer der Ersten stellte *Luca Pacioli* die doppelte Buchhaltung in einer Abhandlung aus dem Jahre 1494 dar. Danach wurden bereits damals ein Inventar (eine Aufstellung des bewerteten Vermögens und der Schulden an einem bestimmten Stichtag) und ein Verzeichnis der im Abrechnungszeitraum angefallenen Geschäftsfälle aufgestellt.

Gegenüber der später darzustellenden Form waren Aufzeichnungen zur damaligen Zeit noch recht ausgeschmückt. So zeigte *Luca Pacioli* (1494, S 91, 119) die Eintragungen zunächst in das Inventar und dann ins Journal beispielsweise in folgender Form:

„Zuerst besitze ich Bargeld alles in allem, Gold und sonstiges Geld, soundso viel Dukaten. Davon sind soundso viel venezianische und soundso viel ungarische Golddukaten, ferner soundso viel breite Gulden, darunter Päpstliche, Sieneser und Florentiner. Der Rest besteht aus Silber- und Kupfermünzen verschiedener Sorten, nämlich Troni, Marcelli, königlichen und päpstlichen Carlini, florentiner Groschen und mailändischen Testoni usw."

„An Kasse und Ziel, am Tage soundso. Ich habe an besagtem Tage von Herrn Johann Antonio von Messina Palermozucker gekauft, soundso viel Brote, sie wiegen netto soviel Pfund, zu soundso viel Dukaten pro Zentner, im ganzen soviel Dukaten. Ich ziehe für seinen Anteil an der Umsatzsteuer in Höhe von soundso viel Prozent soviel Dukaten ab. Vom Gesamtbetrag habe ich ihm bis jetzt nur soviel Dukaten bezahlt, für den Rest habe ich Ziel bis Ende des nächsten August. Makler war Herr Johann von Gagliardi. Wert …"

Das Charakteristische an der doppelten Buchhaltung ist folgende Vorgehensweise: Jeder **Geschäftsfall** (Betrag) wird **zweifach** aufgezeichnet, und zwar auf einem **Konto** auf der Sollseite, auf einem anderen Konto auf der Habenseite. Dadurch ist eine jederzeitige formale Kontrolle der Buchhaltung durch Aufsummierung der Sollseiten und der Habenseiten sämtlicher Konten und Überprüfung der Soll-Haben-Gleichheit möglich.

Eine ältere Form ist die **einfache Buchhaltung,** in der Veränderungen des Vermögens und der Schulden aufgezeichnet werden. Die **Kameralistik** dagegen wird überwiegend von Gebietskörperschaften des öffentlichen Rechts angewandt. Sie ist eigentlich ein formales Budgetsystem mit einer Kompetenzzuweisung. Eine Abwandlung davon ist die so genannte Betriebskameralistik. Diese versucht, die Vorteile der Kameralistik, vor allem die Kontrollmöglichkeit durch Gegenüberstellung von Budgetdaten mit tatsächlichen Werten, mit den Erfordernissen der Finanzbuchhaltung wie der periodengerechten Gewinnermittlung zu vereinen. Beide Buchhaltungstechniken sind in Betrieben wenig verbreitet und werden deshalb hier nicht genauer besprochen. Alle folgenden Ausführungen beziehen sich auf die doppelte Buchhaltung.

Ein **Buchungssatz** ist die komprimierte Darstellung von Informationen, die zu einer Eintragung in die betroffenen Konten führen. Er besteht zumindest aus folgenden Daten:

● Datum,

● Sollkonto,

● Habenkonto,

● Betrag,

● Belegnummer,

● Buchungstext.

Buchungssätze werden in diesem Buch verkürzt in folgender Form geschrieben:

Datum   Sollkonto an Habenkonto   Betrag

Beim **Saldieren** eines Kontos wird die Differenz der Summen beider Seiten ermittelt. Durch Übertragung dieses Saldos auf ein anderes Konto wird das saldierte Konto „abgeschlossen". Diese Vorgänge werden im Folgenden an einem einfachen Beispiel illustriert.

Beispiel: Ein Unternehmer kauft am 4.12.20X1 8 Schaufeln auf Ziel um 100. Am 15.12.20X1 bezahlt er den Lieferanten mittels Überweisung. Als Verkaufspreis für eine Schaufel setzt er 15 an (Umsatzsteuer wird nicht berücksichtigt). Am 16.12.20X1 verkauft er 2 Schaufeln, am 22.12.20X1 nochmals 3 Schaufeln. Mit 31.12.20X1 schließt er das Konto Handelswaren (Schaufeln) ab.

Die ersten beiden Vorgänge betreffen alleine Bestandskonten.

4.2. Handelswaren (Schaufeln) an Verbindlichkeiten aus Lieferungen
und Leistungen   100

15.12. Verbindlichkeiten aus Lieferungen und Leistungen an Bank   100

Die beiden Verkaufstransaktionen lösen folgende Vorgänge aus: Es kommt Geld in die Kassa, der Vorrat an Schaufeln nimmt ab, und es bleibt pro Schaufel ein (Brutto-)Gewinn von 15 – 12,50 = 2,50 im Unternehmen. Dies wird jedoch nicht in dieser Form verbucht, sondern es erfolgt eine Trennung in einen erfolgserhöhenden und einen erfolgsvermindernden Teil. Der Verkauf erhöht zunächst den Erfolg.

16.12. Kassa an Erlöse auf Grund von Lieferungen und Leistungen (2 × 15)   30

22.12. Kassa an Erlöse auf Grund von Lieferungen und Leistungen (3 × 15)   45

Mit dem Abschluss des Kontos Handelswaren (Schaufeln) am 31.12.20X1 wird der korrespondierende Aufwand verbucht:

31.12. Verbrauch von Handelswaren an Handelswaren (Schaufeln) (5 × 12,50) 62,50

Eine Gegenüberstellung der Erfolgskonten Erlöse auf Grund von Lieferungen und Leistungen mit dem Verbrauch von Handelswaren ergibt einen erzielten (Brutto-)Gewinn von (30 + 45) − 62,50 = 12,50. Zur Demonstration wird das Konto Handelswaren (Schaufeln) saldiert; da auch für Saldierungen eine Buchung erforderlich ist, wird als Gegenkonto ein Abschlusskonto, das Schlussbilanzkonto, mit dem Endbestand an Schaufeln erkannt.

31.12. Schlussbilanzkonto an Handelswaren (Schaufeln)   37,50

In T-Kontenform sieht dies folgendermaßen aus (Anfangsbestände werden nicht berücksichtigt):

Handelswaren (Schaufeln)				Verbindlichkeiten auf Grund von Lieferungen und Leistungen			
4.12.	100,00	31.12.	62,50	15.12.	100,00	4.12	100,00
		31.12. Saldo	37,50				
	100,00		100,00				

Bank				Kassa		
		15.12.	100,00	16.12.	30,00	
				22.12.	45,00	

Erlöse auf Grund von Lieferungen und Leistungen				Verbrauch von Handelswaren		
		16.12.	30,00	31.12.	62,50	
		22.12.	45,00			

Schlussbilanzkonto		
31.12. Saldo	37,50	

Jahresabschluss

Am **Abschluss** eines jeden Geschäftsjahres werden die Konten routinemäßig abgeschlossen und in einer Bilanz zusammengefasst. Die **Bilanz** ist ein Konto zur wertmäßigen Gegenüberstellung von Vermögen und Kapital an einem bestimmten Stichtag, dem Abschluss- bzw Bilanzstichtag. Auf der Aktivseite (Sollseite) befinden sich das Anlage- und das Umlaufvermögen, auf der Passivseite (Habenseite) das Fremdkapital; das Eigenkapital ergibt sich als Saldogröße. Es wird auch als Nettovermögen bezeichnet.

Ein **Geschäftsjahr** (Wirtschaftsjahr) beträgt idR genau ein Jahr, der Beginn muss jedoch nicht mit dem Kalenderjahr zusammenfallen, sondern kann grundsätzlich vom Unternehmen nach seinen Bedürfnissen festgelegt werden. Ein Grund für ein vom Kalenderjahr abweichendes Geschäftsjahr ist etwa ein saisonaler Zyklus, auf Grund dessen am Abschlussstichtag geringe Vorratsbestände vorhanden sind, oder der Mangel an Zeit, gerade zu Silvester einen Abschluss aufzustellen. Börsennotierte Gesellschaften sind verpflichtet, Quartalsabschlüsse zu legen, womit diese Gründe nicht mehr so wichtig sind. Bei einer Änderung des Geschäftsjahres kommt es zu einem Rumpfgeschäftsjahr mit einer Dauer von weniger als zwölf Monaten.

Bilanz	
Anlage-vermögen	Eigen-kapital
Umlauf-vermögen	Fremd-kapital

Abb 1.5: Bilanz

Vielfach versteht man unter Bilanz im weiteren Sinne auch den **Jahresabschluss**, der aus der Jahresbilanz, der Gewinn- und Verlustrechnung und (bei Kapitalgesellschaften) aus dem Anhang besteht.

In der **Gewinn- und Verlustrechnung (GuV)** werden Aufwands- und Ertragskonten zusammengefasst. Die GuV kann als Unterkonto der Eigenkapitalkonten betrachtet werden, in dem die erfolgswirksamen Eigenkapitalbewegungen einzeln aufgezeichnet werden. Sind die Aufwendungen geringer als die Erträge, so entsteht ein Gewinn (im Soll), andernfalls ein Verlust (im Haben). In T-Kontenform ergeben sich daher zwei Möglichkeiten der GuV.

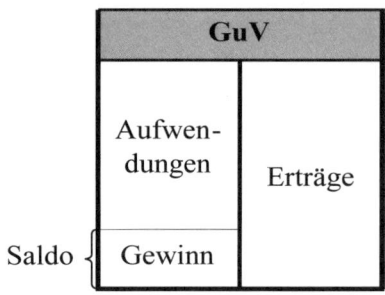 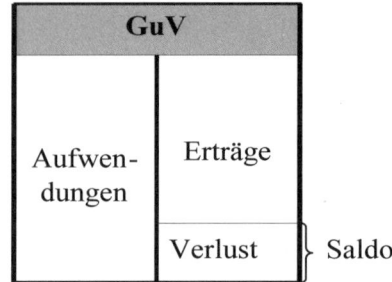

Abb 1.6: Gewinn- und Verlustrechnung

In veröffentlichten Jahresabschlüssen wird die GuV in der so genannten **Staffelform** dargestellt. Dabei werden die Erträge und Aufwendungen in einer bestimmten Reihenfolge gruppiert und in Teilergebnisse geordnet, bis schließlich der Gewinn oder Verlust verbleibt. Dies wird im Kapitel 6.2 im Detail dargestellt.

Weitere Abschlüsse

Große Konzerne, das sind wirtschaftliche Einheiten, die aus mehreren rechtlich selbständigen Unternehmen (Rechtsformen) bestehen, müssen **Konzernabschlüsse (konsolidierte Abschlüsse)** legen. Konzernabschlüsse sind zusammengefasste Jahresabschlüsse von Konzernunternehmen, so als ob die verbundenen Unternehmen auch rechtlich ein einheitliches Unternehmen wären (siehe Kapitel 5).

Daneben gibt es eine Vielzahl von Anlässen für die Aufstellung von so genannten **Sonderbilanzen.** Sie ergeben sich bei der Unternehmensgründung, bei Rechtsformänderungen, Zusammenschlüssen mehrerer Unternehmen, Sanierungen und bei der Liquidation (freiwillige und planmäßige Beendigung) eines Unternehmens. Die Bilanzen sind dann zB Konkursbilanzen, Ausgleichsbilanzen, Auseinandersetzungsbilanzen oder Liquidationsbilanzen. Für Sonderbilanzen gelten besondere Gliederungs- und Bewertungsvorschriften, auf die hier nicht eingegangen wird. Im Folgenden stehen die periodischen Jahresabschlüsse im Mittelpunkt.

Von den Sonderbilanzen zu unterscheiden sind **Sozialbilanzen.** Die Sozialbilanz entsteht aus dem Bedürfnis mancher Unternehmen, ihre soziale Verantwortung und ihren gesellschaftlichen Bezug zu dokumentieren. Ein Unternehmen kann den gesetzlich vorgeschriebenen Jahresabschluss dadurch ergänzen, dass es soziale Aufwendungen (zB Kosten des Umweltschutzes oder der Schadensvermeidung, freiwillige Leistungen für die Belegschaft) veröffentlicht. Die EU fördert die Sozialberichterstattung unter dem Schlagwort **Corporate Social Responsibility** (CSR).

Fragen und Beispiele

1. Warum besteht neben der Finanzbuchhaltung auch eine Kostenrechnung?

2. Wie kann es geschehen, dass unter den Zwecken „Information" und „Ermittlung des ausschüttungsfähigen Gewinns" ein Zielkonflikt besteht?

3. Was spricht dafür, dass die Entlohnung von Managern an den ermittelten Bilanzgewinn geknüpft wird, was dagegen?

4. In welche der folgenden Kategorien fallen die folgenden Ereignisse? Auszahlung/Einzahlung, Ausgabe/Einnahme, Aufwand/Ertrag.

   a) Barzahlung der laufenden Miete für einen Lagerraum.

   b) Aufnahme eines Kredites.

   c) Warenverkauf auf Ziel.

   d) Bezahlung einer Tilgungsrate eines Kredites.

   e) Die neu angeschaffte Maschine wird bei einer Explosion zerstört.

   f) Ein Kunde wird zahlungsunfähig. Die entsprechenden offenen Forderungen werden wertberichtigt.

   g) Ein Gerichtsverfahren endet günstig. Die Prozesskostenrückstellung wird aufgelöst.

   h) Zinsen werden auf dem Bankkonto gutgeschrieben.

Lösungen

1. Ursprünglich erfüllte die Finanzbuchhaltung den Zweck der Selbstinformation des Kaufmannes hinreichend, so dass für ihn kein Bedürfnis bestand, eine zusätzliche Rechnung anzustellen. Später kamen immer mehr verschiedene Zwecke für die Bilanz hinzu, insbesondere entstanden gesetzliche Vorschriften darüber, wie Sachverhalte in der Bilanz zu berücksichtigen sind. Die Finanzbuchhaltung wird auch durch steuerliche Überlegungen (umgekehrte Maßgeblichkeit) beeinflusst. Dadurch ist die Brauchbarkeit der Finanzbuchhaltung für den Kaufmann selbst stark eingeschränkt. Die Aufgabe der Selbstinformation des Kaufmannes übernimmt die Kostenrechnung, die von ihm frei gestaltet werden kann.

   Der Nachteil ist, dass plötzlich zwei verschiedene Rechensysteme im Unternehmen zum Einsatz kommen. Dies verursacht Kosten, zB für die Datenpflege, die Unsicherheit über die Interpretierbarkeit und mangelnde Akzeptanz. Neuerdings ist der Trend spürbar, die Finanzbuchhaltung und die laufende Kostenrechnung wieder stärker zu integrieren. Eine Ursache dafür ist auch das stärkere Hinwenden zu internationalen Rechnungslegungsgrundsätzen, die sich nicht nur von der steuerlichen Gewinnermittlung lösen, sondern auch verstärkt betriebswirtschaftlich sinnvolle Abbildungen der Geschäftsfälle bewirken.

2. Ein Zielkonflikt kann sich insbesondere dann ergeben, wenn gewinnerhöhende Sachverhalte unter dem Informationszweck gleich und unter dem Zweck der Ermittlung des ausschüttungsfähigen Gewinns anders zu behandeln wären als verlusterhöhende Sachverhalte. Beispiele dafür sind künftige Gewinne oder Verluste aus laufenden Prozessen, aus Termingeschäften oder aus Wertänderungen beim Vermögen des Un-

ternehmens. Verluste können oder müssen sogar berücksichtigt werden, um diese Beträge vor der Ausschüttung an die Eigentümer zu bewahren und um die Haftungsbasis des Unternehmens im Interesse der Gläubiger nicht zu verringern. Andererseits dürfen (nicht realisierte) Gewinne nicht angesetzt werden, da sie sonst ausgeschüttet werden könnten, obwohl nicht (hinreichend) sicher ist, dass künftig wirklich ein Gewinn eintritt. Zum Zweck der Information sind beide Arten von Sachverhalten gleich relevant, insbesondere wenn sich erwartete Verluste und erwartete Gewinne aus verschiedenen Geschäften gegenüberstehen. (Eine Möglichkeit, diesem Zielkonflikt zu begegnen, bestünde darin, die betreffenden Sachverhalte zwar gleichmäßig auszuweisen, Gewinne aber in eine Rücklage einzustellen und sie so vor einer Ausschüttung zu sperren.)

3. Die Anteilseigner wollen idR möglichst hohe Gewinne aus ihrer Anlage erzielen. Im Regelfall können sie aber nur beschränkt die Entscheidungen im Unternehmen beeinflussen oder gezielt überwachen. Durch die Entlohnung des Managers anhand der Gewinne koppeln sie ihr Ziel mit dem des Managers (von dem auch angenommen werden kann, dass er seine Entlohnung maximieren will). Sie motivieren dadurch den Manager, die Entscheidungen zu treffen, die ihrem Ziel dienen. § 77 AktG sieht explizit vor, dass „den Vorstandsmitgliedern … für ihre Tätigkeit eine Beteiligung am Gewinn gewährt werden [kann], die in einem Anteil am Jahresüberschuß zu bestehen hat".

    Andererseits kann der Manager den Bilanzgewinn beeinflussen, so dass er die Höhe seiner Entlohnung zumindest zum Teil selbst steuern kann. Möglicherweise trifft er Entscheidungen, die sich zwar kurzfristig in hohen Gewinnen niederschlagen, jedoch längerfristig zum Schaden der Gesellschaft sind. Es ist auch fraglich, ob der hohe Gewinnausweis eine in Bezug auf Steuerzahlungen optimale Strategie für die Eigentümer ist. Ist der Manager risikoscheu und sind die Eigentümer (zB weil sie Anteile an vielen verschiedenen Unternehmen halten und auf diese Art diversifizieren) risikoneutral, führt eine gewinnabhängige Entlohnung zu keiner optimalen Risikoteilung (dh sowohl Manager als auch Eigentümer würden es vorziehen, dass der Manager mit einem fixen Gehalt entlohnt wird).

4. a) Auszahlung, Ausgabe, Aufwand.
    b) Einzahlung (keine Einnahme, da sich der Fonds „Geldvermögen" per saldo nicht geändert hat).
    c) Einnahme, Ertrag.
    d) Auszahlung.
    e) Aufwand.
    f) Ausgabe, Aufwand.
    g) Ertrag.
    h) Einzahlung (falls das Bankkonto liquide Mittel darstellt), Einnahme, Ertrag.

Literaturempfehlungen zum 1. Kapitel

Umfassende Darstellungen und Analysen der geschichtlichen Entwicklung finden sich in *Seicht* (1970) sowie in *Schneider* (1997), der auch kritisch – und damit sehr anregend – zu den Zwecken der externen Rechnungslegung Stellung bezieht. Ökonomische Grundlagen der Rechnungslegung werden in *Christensen/Demski* (2003) und in *Wagenhofer/Ewert* (2003) diskutiert. Die grundlegende Technik der doppelten Buchhaltung wird zB in *Bertl/Deutsch/Hirschler* (2004) und *Grohmann-Steiger/Schneider/Eberhartinger* (2004) dargestellt. Eine Einführung in das Steuerrecht geben *Doralt/Ruppe* (2003).

2. Kapitel

Bilanztheorien

2.1 Grundlagen

Bilanztheorien (bzw Bilanzauffassungen, wenn man an den Begriff Theorie strenge Anforderungen stellt) bilden in sich **geschlossene Konzeptionen** des Inhalts einer Bilanz und der Gewinnermittlung. Sie haben in der Betriebswirtschaftslehre eine sehr lange Tradition. Der überwiegende Teil der bilanztheoretischen Diskussion fand bereits Anfang des 20. Jahrhunderts statt. In weiterer Folge flaute das Interesse ab, was wohl darin begründet sein mag, dass die sich immer mehr in den Vordergrund drängenden gesetzlichen Regelungen etwas Stabilisierendes an sich haben und kaum radikale Änderungen zulassen. Die Diskussion zur Bilanztheorie in der zweiten Hälfte des 20. Jahrhunderts versuchte daher eher, auf Basis des geltenden Rechts kleinere Anpassungen einfließen zu lassen. In jüngerer Zeit haben empirische Untersuchungen und die zunehmende Internationalisierung und Konvergenz von Rechnungslegungssystemen eine Belebung der wissenschaftlichen Beschäftigung mit der Rechnungslegung gebracht.

Bilanztheorien werden vielfach als verstaubte historische Relikte der guten alten Zeit betrachtet. Dennoch ist es nicht unwichtig, sich mit ihren Grundlagen vertraut zu machen. Denn sie klären Fragen, deren Beantwortung gar nicht so trivial ist. Nur als Test: Der Leser möge kurz innehalten und sich fragen, was denn eigentlich ein **Gewinn** ist. Dafür gibt es viele Anworten.

Die Diskussion der Bilanztheorien erscheint auch im Lichte der **geltenden Rechtslage** von Interesse. Diese präsentiert sich als bunte Mischung verschiedener Bilanztheorien und lässt ein einheitliches Bild vermissen. Für die Auslegung strittiger Gesetzesstellen wird einmal auf diese, einmal auf jene Auffassung zurückgegriffen. Die Grundlage für die Handelsbilanz bildet sicher die statische Bilanztheorie (siehe beispielsweise die Vorschriften zum Inventar in § 191 HGB). Daneben finden sich der dynamischen Bilanztheorie entlehnte Vorschriften, wie etwa die Abschreibungen vom Anlagevermögen oder die Rechnungsabgrenzungsposten. Substanzerhaltungskonzeptionen sind in der geltenden österreichischen Rechtslage nicht vertreten. Sie finden sich aber in der Bilanzrichtlinie der EU, in mehreren europäischen Staaten und in den IFRS in Regelungen zur Neubewertung. Internationale Rechnungslegungsgrundsätze formulieren **Rahmengrundsätze** (zB das Rahmenkonzept des IASB und die *Statements of Financial Accounting Concepts* des FASB), welche die Standardentwicklung auf eine theoretisch fundierte Basis stellen wollen und damit auf Bilanztheorien zurückgreifen.

Die **Einflüsse verschiedener Bilanztheorien** erklären sich hauptsächlich aus der historischen Betrachtung: Gesetze und Bilanztheorien entwickelten sich unter gegenseitigem Einwirken aufeinander, meist waren wirtschaftliche Ereignisse für das Entstehen sowohl von Gesetzen als auch von Bilanztheorien ausschlaggebend. Viele Bilanztheorien und Diskussionen um die Berücksichtigung der Inflation in der Buchführung entstanden beispielsweise unter dem Eindruck der hohen Inflationsraten in den 20er und 30er Jahren.

Andererseits behaupten etwa *Watts/Zimmerman* (1979), dass Bilanztheorien im Nachhinein als **Rechtfertigung** vorgeschlagener oder durchgesetzter Gesetzesänderungen auf dem Gebiet der Bilanzierung dienen. Sie erklären das Vorliegen mehrerer kontroverser Bilanztheorien dadurch, dass sowohl Befürworter als auch Gegner solcher Regelungen Bilanztheorien zur Stärkung ihrer Positionen benötigen. *Watts/Zimmerman* folgern daraus, dass es deshalb nie (nur) eine allgemein anerkannte Bilanztheorie geben wird.

Bilanztheorien können nach mehreren Kriterien eingeteilt werden. Sie unterscheiden sich danach, ob sie den Inhalt der Bilanz erklären (**formelle Bilanztheorien**) oder Empfehlungen für bestimmte Gestaltungsformen im Hinblick auf die Bilanzzwecke geben (**materielle Bilanztheorien**). Die meisten Bilanztheorien nehmen jedoch keine klare Trennung zwischen diesen beiden Bereichen vor. Als anderes Gliederungskriterium bietet sich der Hauptzweck an, der mit der Bilanz verfolgt werden soll (**monistische Bilanztheorien**). Beispielsweise sieht die statische Bilanztheorie die Aufstellung des Vermögens und der Schulden als ihren wichtigsten Zweck an, die dynamische Bilanztheorie möchte dagegen den möglichst vergleichbaren Periodengewinn ermitteln. Manche Bilanztheorien machen sich die Technik der doppelten Buchhaltung, die den Gewinn auf zwei Arten errechnet, zunutze und wollen diese beiden (oder auch noch weitere) Zwecke gleichzeitig verfolgen (**dualistische Bilanztheorien**).

2.2 Konzeptionen der Gewinnermittlung

Die Ermittlung des Gewinns ist eine der **zentralen Aufgaben** der Rechnungslegung. Gewinn und Verlust bezeichnen den in einer bestimmten Periode erzielten Erfolg des Unternehmens. Gewinn ist ein positiver Erfolg, Verlust ein negativer Erfolg. Formal gibt es **zwei Möglichkeiten**, den Gewinn (bzw Verlust) zu ermitteln:

- Bestandsorientierte Gewinnermittlung,
- stromgrößenorientierte Gewinnermittlung.

Bestandsorientierte Gewinnermittlung

Gewinn ist die **Erhöhung des Nettovermögens** (Bruttovermögen abzüglich Schulden; Eigenkapital) in einer Periode, Verlust dessen Verminderung. Das Nettovermögen erhöht sich, wenn Geschäfte getätigt werden, die das Vermögen erhöhen oder die Schulden verringern. Das Nettovermögen erhöht sich allerdings auch, wenn die Eigentümer auf Grund ihres Gesellschafterverhältnisses dem Unternehmen Kapital zuführen (zB Einlagen, Kapitalerhöhung), und es verringert sich, wenn die Eigentümer Vermögen entnehmen (zB Dividenden, Privatentnahmen). Diese Eigenkapitalveränderungen entstehen nicht aus der Geschäftstätigkeit des Unternehmens und sind bei der Gewinnermittlung auszuscheiden. Formal ergibt sich daher:

   (Netto-)Vermögen am Ende der Periode
− (Netto-)Vermögen am Beginn der Periode
+ Privatentnahmen
− Privateinlagen
_____

= Gewinn bzw Verlust

Stromgrößenorientierte Gewinnermittlung

Der Gewinn bzw Verlust kann auch durch die **Gegenüberstellung der Aufwendungen und der Erträge** (in der Gewinn- und Verlustrechnung) ermittelt werden:

   Erträge
− Aufwendungen
_____
= Gewinn bzw Verlust

Definiert man als Erträge alle Erhöhungen des Eigenkapitals und als Aufwendungen alle Verminderungen des Eigenkapitals in der Periode, ergibt sich derselbe Gewinn bzw Verlust wie bei der bestandsorientierten Gewinnermittlung.

Dies muss jedoch nicht unbedingt so gemacht werden. Nach IFRS und US-GAAP gibt es eine Reihe von Vorgängen, die zwar das Vermögen und das Eigenkapital erhöhen, jedoch nicht gewinnwirksam verbucht werden. Ein Beispiel ist die Marktbewertung bestimmter Wertpapiere. Erhöht sich der Wert der Wertpapiere, so wird die Vermögenserhöhung direkt im Eigenkapital angesetzt. Der Gewinn entsteht jedoch erst bei der Veräußerung des Wertpapiers. Die gesamten **Eigenkapitalveränderungen** (*comprehensive income*) werden in einen erfolgswirksamen Teil (Gewinn bzw Verlust) und einen erfolgsneutralen Teil differenziert.

Beide Arten der Gewinnermittlung sind **inhaltsleer**: Es wird nicht gesagt, wann ein Ertrag oder ein Aufwand entsteht und mit welchem Wert Vermögensgegenstände und Schuldposten bewertet werden. Dies wird durch die **Bilanzierungs- und Bewertungsregeln** festgelegt. Diese wiederum richten sich nach dem Zweck der Rechnungslegung.

Illustration

Bevor auf die verschiedenen Konzeptionen der Gewinnermittlung eingegangen wird, soll das folgende einfache Beispiel die wesentlichen dahinter stehenden Überlegungen aufzeigen.

Beispiel: Ein Kunde bestellt bei einem Unternehmen eine Ware um 120. Das Unternehmen kauft die Ware bar bei einem Großhändler um 100 und liefert sie an den Kunden, der die 120 sofort bezahlt. Wie hoch ist der Gewinn aus diesen Transaktionen?

In diesem Fall ist die Gewinnermittlung ziemlich einfach: Der Gewinn beträgt $120 - 100 = 20$. Er entspricht der Erhöhung der liquiden Mittel (Cashflow, Zahlungsüberschuss).

Beispiel: Ein Unternehmen kauft zu Beginn der Periode 1 Ware bar bei einem Großhändler um 100 und legt sie auf das Lager. Am Ende von Periode 2 verkauft es die Ware an einen Kunden, der dafür 120 bezahlt. Die Transaktionen sind in Abbildung 2.1 dargestellt. Wie hoch ist der Gewinn?

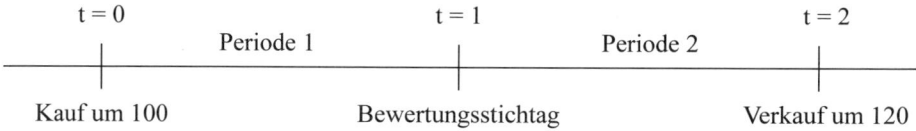

Abb 2.1: Zeitlicher Verlauf der Transaktionen

Über beide Perioden hinweg wird ein Cashflow von $120 - 100 = 20$ erzielt. Eine Cashflow-Rechnung in den Perioden ergibt Folgendes:

Cashflow-Periode 1	Cashflow-Periode 2	Summe
–100	120	20

Es ist ziemlich offensichtlich, dass die periodischen Cashflows für viele Rechnungszwecke keinen geeigneten Maßstab abgeben. Sie zeigen weder die Wirtschaftlichkeit in den beiden Perioden, noch ist ein sinnvoller Periodenvergleich möglich.

Aus diesem Grund werden Gewinne und Verluste an Stelle der Cashflows verwendet. Geht man zunächst davon aus, dass der Gesamtgewinn über beide Perioden wiederum $120 - 100 = 20$ beträgt, erhebt sich die Frage, wie sich dieser Gewinn auf die beiden Perioden verteilt. Dazu wird am Ende von Periode 1 eine Bewertung des auf Lager liegenden Warenbestandes vorgenommen. Folgende Fälle zeigen die Möglichkeiten:

	Bewertung zu t = 1	Gewinn Periode 1	Gewinn Periode 2	Summe
Fall 1	100	0	20	20
Fall 2	80	-20	40	20
Fall 3	110	10	10	20
Fall 4	120	20	0	20
Fall 5	150	50	-30	20

Fall 1 zeigt die Situation, in der die Ware mit ihren Anschaffungskosten von 100 bewertet wird. Die Nettovermögensänderung ist daher null, weil der Vermögensminderung durch die Zahlung eine gleich hohe Vermögenserhöhung durch den Warenbestand gegenübersteht. In Periode 2 kommt es infolge der Bezahlung durch den Kunden zu einer Vermögenserhöhung um 120, der eine Vermögensminderung von 100 wegen des Abgangs der Ware gegenübersteht. Der Gewinn beträgt daher null in Periode 1 und 20 in Periode 2. Dieser Fall entspricht dem **Anschaffungswertprinzip**, das die Grundlage der geltenden Rechtslage ist.

Fall 2 zeigt eine Situation, in der die Ware am Ende von Periode 1 mit nur 80 bewertet wird. Daraus entsteht ein Verlust von 20 in Periode 1 und bei erfolgtem Verkauf um 120 ein Gewinn von 40 in Periode 2. Ein Grund für diese Abwertung in Periode 1 könnte ein Sinken des Einkaufspreises der Ware auf eben diese 80 sein. Dadurch, dass das Unternehmen die Ware früher um 100 gekauft hat, zeigt es den Wertverlust als Verlust in Periode 1. Diese Situation ist die Konsequenz eines **Niederstwertprinzips**, wonach die Ware am Abschlussstichtag mit dem niedrigeren Wert aus Anschaffungskosten und Zeitwert bewertet wird.

Im **Fall 3** wird der gesamte erzielte Gewinn in zwei gleich hohe Periodengewinne von jeweils 10 aufgeteilt. Grundidee könnte etwa sein, dass beide Perioden gleichmäßig zum gesamten Gewinn beitragen. Ein Beispiel wäre eine Situation, in der an Stelle der Ware ein Rohstoff, zB Wein, gekauft wird, der zwei Perioden lang reifen muss, um anschließend an die Kunden verkauft werden zu können. In diesem Fall erscheint es nicht abwegig, jeder Periode einen gleich hohen Gewinn zuzurechnen. Die entsprechende Bewertung des Gegenstandes ist 110. Eine solche Bewertung ist für Waren nach der geltenden Rechtslage nicht zulässig, weil sie zum Ausweis noch nicht realisierter Gewinne führt.

Im **Fall 4** wird der gesamte Gewinn bereits in Periode 1 ausgewiesen. Da am Ende von Periode 1 noch gar nicht bekannt ist, wie hoch dieser Gewinn sein wird, bestehen zu Recht Bedenken gegen eine solche Bewertung. Schon weniger offensichtlich ist dies in einer Situation, in welcher der Kunde in Periode 1 einen bindenden **Auftrag** erteilt hat, der am Ende von Periode 2 erfüllt wird. Dennoch ist auch dafür diese Bewertung nach geltender Rechtslage unzulässig.

Fall 5 schließlich zeigt eine Situation, in der die Ware auf 150 aufgewertet wird und damit in Periode 1 ein Gewinn von 50 ausgewiesen wird, der höher ist als der Gesamtgewinn, der durch die Transaktion entsteht. Dementsprechend ergibt sich in Periode 2 ein Verlust von 30.

Wie immer die Ware bewertet wird, in keinem Fall wird in beiden Perioden insgesamt mehr oder weniger Gewinn als 20 ermittelt. Die Bewertung hat nur einen Einfluss auf die Aufteilung des Gewinns auf die Perioden. Bewertungsdifferenzen gleichen sich daher grundsätzlich wieder aus (so genannte **Zweischneidigkeit der Bewertung**).

Bisher wurde davon ausgegangen, dass der Gesamtgewinn 20 beträgt. Dies ist keineswegs so selbstverständlich, wie es zunächst den Eindruck erweckt. Ein Faktor, der bisher unberücksichtigt blieb, ist die **Inflation**. Angenommen, die Inflationsrate beträgt 3% pro Jahr. Das bedeutet, dass die Kaufkraft des Geldes im Zeitablauf sinkt. Für Ware, die am Periodenbeginn um 100 gekauft wurde, müsste am Ende von Periode 1 ein Betrag von $100 \cdot (1 + 0{,}03) = 103$ und am Ende von Periode 2 ein Betrag von $103 \cdot (1 + 0{,}03) = 106{,}09$ bezahlt werden. Umgekehrt ist der Erhalt eines Betrages von 120 am Ende von Periode 2 in der Kaufkraft weniger wert als derselbe Geldbetrag am Ende von Periode 1 oder gar zu Beginn von Periode 1, wenn die Ware eingekauft wird. Der Gewinn, der sich bei einem Vergleich der nominalen Zahlungen ergibt, entspricht nicht dem realen Gewinn; dieser ist geringer.

Vergleichbare Überlegungen gelten für den Fall, dass die **Preissteigerungen** direkt bei der betreffenden Ware berücksichtigt werden. Angenommen, die Ware kostet am Ende von Periode 1 104 und am Ende von Periode 2 109, wie hoch ist der gesamte erzielte Gewinn dann wirklich? Ist er weiterhin 20 oder doch nur 11 (= 120 − 109)? Diese Effekte werden durch verschiedene Konzeptionen der Gewinnermittlung gleich anschließend besprochen.

Zuvor soll aber noch ein anderer Fall betrachtet werden. Angenommen, das Unternehmen kann an Stelle des Kaufs der Ware das Geld auch auf der Bank anlegen und erhält dafür 5% Zinsen. Wenn es die Ware am Beginn von Periode 1 erwirbt, kann es das Geld nicht auf die Bank tragen und „verliert" deshalb Zinserträge (Opportunitätskosten). Auch hier zeigt sich, dass Geld, das eine Periode später zufließt, wirtschaftlich weniger wert ist als derselbe Geldbetrag, wenn er sofort zufließt. Das heißt, der wirtschaftliche Gewinn oder die Wertsteigerung durch die Transaktion beträgt (zum Stichtag Ende Periode 2) $120 - 100 \cdot (1+0{,}05)^2 = 9{,}75$. **Opportunitätskosten** werden allerdings von keiner der Konzeptionen der Gewinnermittlung berücksichtigt.

Das illustrative Beispiel zeigt einige wesentliche Grundgedanken, die für die Gewinnermittlung Bedeutung haben. Zunächst ist erkennbar, dass **Bilanzierungs- und Bewertungsfragen** immer dann auftauchen, wenn zusammenhängende Geschäftsfälle Zahlungswirkungen in **mehreren Abrechnungsperioden** auslösen. An jedem dazwischen liegenden Stichtag besitzt das Unternehmen nicht nur monetäre Gegenstände, sondern auch Sachwerte wie Gebäude, Maschinen und Rohstoffe. Um einen Gewinn ermitteln zu können, bedarf es der **Bewertung** dieser Gegenstände in Geld. Nur so können die Gegenstände in einem gemeinsamen Maßstab ausgedrückt werden, und nur so sind einfache arithmetische Operationen wie Additionen und Subtraktionen möglich. Dies ist notwendig, um das Nettovermögen bzw das Eigenkapital zu einem Stichtag ermitteln zu können.

Die wohl wichtigste Einsicht besteht darin, dass es den „richtigen" Gewinn nicht gibt. Je nach Zweck der Gewinnermittlung kann die eine oder andere Variante günstiger sein.

Man kann natürlich „richtige" Gewinnermittlung so interpretieren, dass es jene Gewinnermittlung ist, die sich aus der Rechtslage ergibt. Dies ist eine normativ-rechtliche Sichtweise. Allerdings gibt es viele Sachverhalte, die im Gesetz gar nicht explizit geregelt sind oder für die ein Wahlrecht besteht. Zumindest dafür herrscht dann eine Ambivalenz hinsichtlich der „richtigen" Gewinnermittlung. Von Zeit zu Zeit ändert sich auch die Rechtslage, wodurch plötzlich eine neue „richtige" Gewinnermittlung erforderlich wird. Und schließlich gibt es international zum Teil erheblich andere Gewinnermittlungsvorschriften. Sind diese also „unrichtig"? Und was geschieht, wenn plötzlich gesetzlich die Verwendung internationaler Rechnungslegungsvorschriften für zulässig erachtet wird? So landet man also wieder bei dem Ergebnis, dass es den „richtigen" Gewinn nicht gibt.

Eine weitere Einsicht besteht darin, dass die Bewertung der am Abschlussstichtag vorhandenen Gegenstände eine bestimmte Gewinnverteilung zur Folge hat (so etwa im Fall 1 des Beispiels), während eine gewünschte Gewinnverteilung über die Perioden eine ganz bestimmte Bewertung mit sich bringt (beispielsweise im Fall 3). Auch Fragen der Zuverlässigkeit der Bewertung oder Verteilung über Perioden stellen sich in unterschiedlichem Ausmaß. Obwohl die bestand- und die stromgrößenorientierte Gewinnermittlung formal zum selben Gewinn führen, macht es inhaltlich doch einen großen Unterschied, ob eine **zweckentsprechende Bestandsbewertung** oder eine **zweckentsprechende Gewinnverteilung** im Vordergrund steht. Ersteres wird mit der statischen Bilanztheorie, Zweiteres mit der dynamischen Bilanztheorie erreicht. Offensichtlich ist es wieder die Vielfalt der Bilanzzwecke, welche die Ursache dafür bildet.

2.3 Postulate der Unternehmenserhaltung

Ein im Beispiel mit der Inflation und Preissteigerungen schon angesprochener Punkt betrifft die Frage, was überhaupt der Gewinn ist. In der Rechnungslegung gilt folgendes Postulat: **Gewinn** einer Periode ist jener **Betrag**, der aus dem Unternehmen (für verschiedene Zwecke) **entnommen** werden kann, ohne dass das Unternehmen und seine künftige Gewinnerzielungsfähigkeit gefährdet werden.

Diese **Erhaltung der Leistungsfähigkeit des Unternehmens** ist etwa zur Wahrung der Ansprüche der Gläubiger, aber auch als Anknüpfungspunkt für Ertragsteuern wesentlich. Die Frage, wie die Leistungsfähigkeit des Unternehmens gemessen wird, kann verschieden beantwortet werden. Es gibt im Wesentlichen drei Konzeptionen:

- Kapitalerhaltung,
- Substanzerhaltung,
- Ertragswerterhaltung.

Kapitalerhaltung

Bei der **Kapitalerhaltung** werden zwei Konzeptionen unterschieden, die Nominalkapitalerhaltung und die reale Kapitalerhaltung. Bei der **Nominalkapitalerhaltung** wird davon ausgegangen, dass das nominell gemessene Eigenkapital zu Periodenbeginn am Periodenende erhalten werden soll. Es wird auf Basis des ursprünglich gegebenen Geldmaßstabs gemessen, inflationsbedingte und sonstige Preisänderungen finden keine Berücksichtigung. Dieses offenbare Ignorieren von Geldwertschwankungen hat einen großen Vorzug gegenüber anderen Erhaltungskonzeptionen: Es führt zu gut nachvollziehbaren und überprüfbaren Werten, Bewertungsspielräume werden stark eingeschränkt.

Die **Gewinnermittlung nach Handels- und Steuerrecht** sowie weit gehend auch nach internationalen Rechnungslegungsgrundsätzen basiert auf der Nominalkapitalerhaltung. Mit der Nominalkapitalerhaltung wird häufig das **Anschaffungswertprinzip** in Verbindung gebracht. Es besagt, dass Vermögen nicht höher als zu Anschaffungswerten angesetzt werden darf. Damit werden zB inflationsbedingte Werterhöhungen verhindert.

Bei der **realen Kapitalerhaltung** wird das Eigenkapital zu Periodenbeginn um Geldwertänderungen bis zum Periodenende bereinigt. Diese Bereinigung erfolgt mit einem **allgemeinen Preisindex**, der die Kaufkraftänderung des Geldes ausdrückt. Das bereinigte Eigenkapital wird dem Eigenkapital am Ende der Periode gegenübergestellt. Herrschte während der Periode Inflation, so ist das bereinigte Eigenkapital entsprechend höher und der Gewinn geringer als bei Nominalkapitalerhaltung. Die Differenz ist materiell eine Schwankung im Maßstab „Geld" und wird als **Scheingewinn** (und bei Deflation Scheinverlust) bezeichnet. Nur die verbleibende Differenz ist auf die Geschäftstätigkeit des Unternehmens zurückzuführen. In den meisten Rechnungslegungssystemen ist eine reale Kapitalerhaltung nicht vorgesehen. Dies ist in Zeiten geringer Inflationsraten unproblematisch. Allerdings wird in Hochinflationsländern, wie zB Brasilien, diese Erhaltungskonzeption der Bilanzierung zugrunde gelegt.

Angenommen, der nominelle Gewinn beträgt 1.000, wovon 800 Scheingewinn auf Grund von Inflation sind. Beträgt der Ertragsteuersatz auf den nominellen Gewinn 25%, so muss das Unternehmen 250 an Steuer zahlen. Da der reale Gewinn nur 200 beträgt, führt dies zu einem realen Verlust in Höhe von 50. In Österreich entschied allerdings der Verfassungsgerichtshof (VfGH), dass eine Besteuerung des Scheingewinnes *nicht* verfassungswidrig ist (VfGH 13. 12. 1982, B 193/77, G 58/77). Der Beschwerde lag die Nichtanerkennung eines Absetzbetrages für den Scheingewinn auf Grund einer Indexpreissteigerung des gesamten Warenlagers um 10 Prozent seitens der Finanzbehörde zugrunde. Eine Verletzung des Gleichheitsgrundsatzes wegen der Gleichbehandlung von echten Gewinnen und Scheingewinnen wurde vom VfGH nicht gesehen. Rechtspolitische Erwägungen des Steuergesetzgebers unterliegen – außer im Falle eines Exzesses – nicht der Kontrolle durch den VfGH.

Das Problem der realen Kapitalerhaltung besteht in der Wahl des Kaufkraftindex. Jeder mögliche Index (soferne er sich nicht auf ein einziges Gut bezieht) beinhaltet eine Durchschnittsbildung über die Preissteigerungen der einbezogenen Güter. Ein Index wird daher mit zunehmender Allgemeinheit der Gültigkeit ungenauer. So ist etwa der Verbraucherpreisindex beispielsweise für Spezialmaschinen kaum geeignet.

Substanzerhaltung

Die **Substanzerhaltung** geht von der Erhaltung der Gütermengen an Stelle des vorhandenen Kapitals aus. Es kommt also nicht auf das Eigenkapital (Nettovermögen), sondern auf die Vermögensgegenstände an. Nur Erträge, welche die Werte der wieder zu beschaffenden eingesetzten Güter übersteigen, sind danach Gewinn. Die Differenz zum Gewinn nach nomineller Rechnung ist ein Scheingewinn und wird nicht in der Gewinn- und Verlustrechnung ausgewiesen. Der praktische Unterschied zur realen Kapitalerhaltung ist das Abstellen auf die Zeitwerte des Vermögens, die zum Teil durch spezifische Preisindizes ermittelt werden, anstatt auf einen allgemeinen Preisindex.

Die Substanzerhaltung wird vielfach mit dem **Tageswertprinzip** in Verbindung gebracht. Dies drückt aus, dass Wertänderungen infolge Substanzerhaltung keinen Gewinn darstellen. In der österreichischen Rechtslage ist eine Substanzerhaltung nicht vorgesehen. **International** gibt es jedoch eine Substanzerhaltung für bestimmte Gruppen von Gegenständen mit der so genannten **Neubewertung**, die auch nach der Bilanzrichtlinie der EU zulässig ist. Dabei werden Gegenstände des Anlagevermögens am Abschlussstichtag mit ihrem Zeitwert angesetzt, und die dafür notwendige Werterhöhung wird direkt in eine Rücklage, die Neubewertungsrücklage, eingestellt. Die Werterhöhung ist damit nicht gewinnwirksam. Sie wird auch später bei Veräußerung des Gegenstandes nicht gewinnwirksam, sondern wird einfach in eine Gewinnrücklage umgebucht. Der Gewinn aus der Veräußerung ist nur jener Betrag, um den der Veräußerungserlös den (Substanz-)Wert zu Beginn der Periode übersteigt, in der die Veräußerung erfolgt.

Die **reproduktive Substanzerhaltung** nimmt die Wiederbeschaffung von eingesetzten Gütern gleicher Menge und gleicher Qualität an. Dies ist aber oft nicht möglich oder erwünscht, etwa wenn technisch fortgeschrittene Gegenstände an Stelle der eingesetzten erworben werden sollen oder der Betriebsprozess verändert werden soll. Diese Überlegungen gehen in die **leistungsmäßige (qualifizierte) Substanzerhaltung** ein, wenn auf die wirtschaftliche Leistungsfähigkeit der zu Periodenbeginn vorhandenen Vermögensgegenstände abgestellt wird. Die Einbeziehung des technischen Fortschritts oder des volkswirtschaftlichen Wachstums stößt jedoch auf Schwierigkeiten. (Inwieweit lässt sich zB bei Einführung einer neuartigen Anlage der Einfluss des technischen Fortschritts von einer damit oft Hand in Hand gehenden Kapazitätserweiterung trennen?)

Ertragswerterhaltung

Bei der **Ertragswerterhaltung** wird nur jener Betrag als Gewinn ermittelt, der dem Unternehmen entziehbar ist, ohne dessen Ertragswert zu verringern. Der Ertragswert *EW* eines Unternehmens ist der Barwert der künftig vom Unternehmen erzielten Einzahlungsüberschüsse, das heißt

$$EW_t = \sum_{\tau=t+1}^{T} Q_\tau \cdot (1+i)^{-(\tau-t)}$$

EW	Ertragswert zum Zeitpunkt *t*,
T	Betrachtungszeitraum,
Q_t	Zahlungsüberschuss in Periode t, am Ende von Periode t anfallend, wobei Q_T den Restwert mit einschließt,
i	Kalkulationszinssatz,
t, *τ*	Zeitindizes.

Der **ökonomische** bzw **kapitaltheoretische Gewinn** ist der Zahlungsüberschuss Q_t abzüglich der (ökonomischen) Abschreibung auf den Ertragswert. Das entspricht den Zinsen auf den Ertragswert zu Periodenbeginn, also $i \cdot EW_{t-1}$, vorausgesetzt, es kommt in der Periode zu keinen Änderungen der Erwartungen über die künftigen Einzahlungsüberschüsse.

Die Ertragswerterhaltung weist eine gewisse Ähnlichkeit mit der leistungsmäßigen Substanzerhaltung auf. Sie löst sich allerdings von den einzelnen Vermögensgegenständen, die im Unternehmen vorhanden sind, und deren Einzelbewertung und entspricht einer Gesamtbewertung auf Basis der von den Vermögensgegenständen erwirtschafteten Zahlungsüberschüssen. Das Problem bei diesem Konzept besteht vor allem darin, dass es vollständig auf Schätzungen künftiger Zahlungsströme beruht und insofern sehr subjektiv ist.

Brutto- und Nettomethode

Die Erhaltungskonzeptionen können des Weiteren nach **Brutto- und nach Nettomethode** differenziert werden. Dabei wird die Finanzierung der Vermögensgegenstände berücksichtigt. Die **Bruttomethode** kürzt den Erfolg des Unternehmens um den vollen Scheingewinn bzw Scheinverlust, der sich nach den Methoden ergibt, die oben kurz erläutert wurden. Die Erhaltung geht damit voll zu Lasten der Eigentümer. Bei der **Netto-**

methode wird der Erfolg nur um jenen Teil des Scheingewinnes bzw Scheinverlustes berichtigt, der sich auf das mit Eigenkapital finanzierte Vermögen bezieht. Jenem Teil des Scheingewinnes bzw Scheinverlustes, der auf fremdfinanzierte Vermögensgegenstände entfällt, steht ein kompensierender Effekt der Inflation bei den Verbindlichkeiten gegenüber. Die Schwierigkeiten dieser Methode liegen in der Entscheidung, welches Vermögen wie finanziert wurde (zum Teil wurden Zuordnungsfiktionen entwickelt).

2.4 Klassische Bilanztheorien

Die Bilanztheorien bieten eine theoretische Grundlage für Ansatz und Bewertung der Vermögensgegenstände eines Unternehmens. Im Folgenden werden die bekanntesten davon, nämlich die statische, dynamische, organische und die kapitaltheoretische Bilanztheorie, erklärt. Darin finden sich die oben angeführten Konzepte wieder.

Statische Bilanztheorie

Nach der **statischen Bilanztheorie** hat die Bilanz die Aufgabe, das Vermögen des Unternehmens zu einem bestimmten Stichtag zu ermitteln und zweckmäßig darzustellen. Sie folgt dabei der Konzeption der Nominalkapitalerhaltung. Der Gewinn bzw Verlust der Periode ergibt sich aus der Gegenüberstellung des Nettovermögens aus den Bilanzen zweier Stichtage. Eine Gewinn- und Verlustrechnung ist hier nicht notwendig, kann aber gute Dienste leisten, wenn man die Ursachen und Quellen der Gewinne oder Verluste darstellen will.

Die verschiedenen statischen Bilanzen unterscheiden sich im Hinblick auf die Bewertung der Vermögensgegenstände. Gemäß der **älteren statischen Bilanzauffassung,** die vorwiegend von Juristen vertreten wurde, dominiert die gläubigerschutzorientierte Rechnungslegung (bekanntester Vertreter dieser Richtung *Jean Jacques Savary,* 17. Jahrhundert). Das Interesse der Gläubiger am Unternehmen geht dahin, die Rückzahlung gegebener Kredite zu sichern. Werden im schlimmsten Fall alle Schulden als sofort fällig angenommen, muss das sofort realisierbare Vermögen ausreichend sein, um diese zu tilgen. Dies unterstellt den Ansatz des Vermögens zu Einzelveräußerungspreisen. Diese Form der Bewertung besitzt aus theoretischer Sicht dann Gültigkeit, wenn die zu Grunde liegende Hypothese der tatsächlichen Einzelveräußerung des Vermögens zutrifft. Einen solchen Fall gibt es auch heute noch: Liquidations- oder Konkursbilanzen stellen das Vermögen auf diese Art dar. In allen anderen Fällen führt diese Bewertung tendenziell zu einer zu niedrigen Bewertung des vorhandenen Vermögens. Es gibt nur sehr wenige betrieblich genutzte Gegenstände, deren Wert im Zeitablauf steigt.

Für Gegenstände, die dem Unternehmen auf längere Zeit dienen (Anlagevermögen), entwickelte man bald einen **Gebrauchswert,** der nicht mehr unbedingt mit dem Veräußerungspreis übereinstimmen musste. Eine bekannte Richtung geht von *Walter le Coutre* aus: Danach ist die Bilanz eher eine Art Kapitalrechnung (Nachweis und Verwendung des Kapitals) in Form einer Nominalwertrechnung. Damit wurde dem Anschaffungswertprinzip zum Durchbruch verholfen. Dieses bildet einen Kompromiss zwischen einem (unbestimmten) wahren Wert und dem Veräußerungswert. Die Anschaffungs- oder Herstellungskosten sind reichlich genau determiniert, so dass Manipulationen seitens des Kaufmannes nicht leicht möglich sind. Für die Kapitalrechnung wurde eine Klassifizierung erarbeitet, die imstande ist, diesen Zweck zu erfüllen. Die Bilanzlehre wandelt sich zu einer Gliederungslehre (**totale Bilanzlehre**).

Beispiel: Das Unternehmen erwirbt zu Beginn des Jahres 20X1 ein Auto um 50.000. An den darauf folgenden Abschlussstichtagen ist der Veräußerungspreis gemäß Eurotax-Liste unten angegeben. Die betriebsgewöhnliche Nutzungsdauer des Autos beträgt 8 Jahre, der Restwert beträgt dann 6.000. Ende 20X5 wird das Auto um 18.000 verkauft. Wie hoch ist die Abschreibung in jedem Jahr?

Jahr	20X1	20X2	20X3	20X4	20X5
Veräußerungspreis	39.000	32.000	24.000	20.000	18.000
Wertverlust	11.000	7.000	8.000	4.000	2.000

Daraus ist zu ersehen, dass der Wertansatz in der Bilanz mit dem Veräußerungspreis erfolgt. Der Wertverlust ergibt sich einfach aus der Differenz der Veräußerungspreise am Beginn und am Ende des betreffenden Jahres. Die erwartete Nutzungsdauer des Autos im Unternehmen spielt keine Rolle. Es kommt in den frühen Jahren der Nutzung zu einer relativ hohen Aufwandsbelastung im Vergleich zu späteren Jahren. Beispielsweise beträgt die Abschreibung im Jahr 20X3 deshalb 8.000, weil in diesem Jahr ein neues Modell eingeführt wird. Dies ist an sich für die Nutzung des im Unternehmen vorhandenen Autos nicht relevant.

Dynamische Bilanztheorie

Bei der **dynamischen Bilanztheorie** *(Eugen Schmalenbach)* steht die Periodenerfolgsrechnung im Vordergrund der Betrachtung. Auch sie basiert auf der Nominalkapitalerhaltung. Hauptzweck der dynamischen Bilanz ist die Ermittlung eines **Periodenerfolges**, der Aussagen über die Wirtschaftlichkeit der Betriebsführung zulässt. Diese Aussagen erhält man durch Periodenvergleich beim selben Unternehmen und auch durch Vergleich mit anderen Unternehmen.

Die Grundidee ist, dass nur der Totalerfolg einer Unternehmung richtig ermittelt werden kann. Er ergibt sich aus der Gegenüberstellung des Geldeinsatzes bei Gründung des Unternehmens und des Geldwertes bei Auflösung des Unternehmens unter Einbeziehung derjenigen Geldbeträge, die währenddessen entnommen und eingelegt wurden. Der Totalerfolg kann allerdings erst nach Beendigung des Unternehmens festgestellt werden. Zur Führung und Wirtschaftlichkeitskontrolle sind aber Periodenerfolge erforderlich, die möglichst aussagekräftig und vergleichbar sind. Sie werden aus den Erträgen abzüglich der Aufwendungen ermittelt, die sich aus der Zurechnung der Einzahlungen und Auszahlungen auf die jeweilige Periode ergeben. Die Periodisierung der Zahlungen steht damit im Vordergrund.

Die **Gewinn- und Verlustrechnung** übernimmt alle Auszahlungen und Einzahlungen, welche die Abrechnungsperiode betreffen und erfolgswirksam werden. Die darüber hinausgehenden Teile der Auszahlungen und Einzahlungen werden in die Bilanz gestellt. Die **Bilanz** dient daher der Evidenz noch nicht erfolgswirksam gewordener Posten („Kräftespeicher"). Die Aktivseite kann als Vorleistungen, die Passivseite als Nachleistungen bezeichnet werden. Die Bilanz wird zum Hilfsmittel oder Anhängsel der dominierenden Gewinn- und Verlustrechnung. Die dynamische Bilanz hat damit folgendes Aussehen:

Bilanz

1. Liquide Mittel	1. Kapital
2. Auszahlung noch nicht Aufwand (zB länger nutzbare Maschinen)	2. Aufwand noch nicht Auszahlung (zB Lieferverbindlichkeiten)
3. Auszahlung noch nicht Einzahlung (zB gewährte Darlehen)	3. Einzahlung noch nicht Auszahlung (zB aufgenommene Darlehen)
4. Ertrag noch nicht Aufwand (zB selbsterstellte Anlagen, die später genutzt werden)	4. Aufwand noch nicht Ertrag (zB aufgeschobene Reparaturen durch den eigenen Betrieb)
5. Ertrag noch nicht Einzahlung (zB Lieferforderungen)	5. Einzahlung noch nicht Ertrag (zB Vorauszahlungen von Kunden)

Problematisch erscheint die Tatsache, dass nicht alle Bilanzpositionen durch Stromgrößen erklärt werden können. Insbesondere bei den Positionen „liquide Mittel" und „Kapital" ist das der Fall, sie können nur bei Erweiterung des Inhaltes in „Einzahlung noch nicht Auszahlung" eingegliedert werden.

Beispiel: Das Unternehmen erwirbt zu Beginn des Jahres 20X1 ein Auto um 50.000. An den darauf folgenden Abschlussstichtagen ist der Veräußerungspreis gemäß Eurotax-Liste unten angegeben. Die betriebsgewöhnliche Nutzungsdauer des Autos beträgt 8 Jahre, der Restwert beträgt dann 6.000. Ende 20X5 wird das Auto um 18.000 verkauft. Wie hoch ist die Abschreibung in jedem Jahr?

Jahr	20X1	20X2	20X3	20X4	20X5
Veräußerungspreis	39.000	32.000	24.000	20.000	18.000
Abschreibung	5.500	5.500	5.500	5.500	5.500
Veräußerungsverlust					4.500
Bilanzansatz	44.500	39.000	33.500	28.000	(22.500)

Wenn das Auto in jedem Jahr gleichermaßen genutzt werden kann, ist für eine wirtschaftlich sinnvolle Gewinnermittlung eine gleichmäßige Periodenbelastung mit Aufwand herzustellen (mögliche höhere Reparaturaufwendungen seien hier nicht beachtet). Die jährliche Abschreibung ergibt sich daher aus dem gesamten erwarteten Wertverlust über die betriebsgewöhnliche Nutzungsdauer, nämlich 50.000 – 6.000 = 44.000, verteilt auf die Nutzungsdauer von 8 Jahren, dh 44.000/8 = 5.500.

Im Jahr 20X5 sind 5 · 5.500 abgeschrieben, und der Buchwert beträgt 22.500. Da das Auto um 18.000 verkauft wird, entsteht ein einmaliger Veräußerungsverlust von 4.500, der den Periodengewinn zusätzlich zur Abschreibung von 5.500 belastet.

Gemäß der dynamischen Bilanztheorie wird hier jede Periode mit einem gleich hohen Aufwand aus der Nutzung des Autos belastet. Damit ergibt sich eine bessere Vergleichbarkeit von Aufwendungen und Gewinnen über die Perioden. Der Bilanzansatz ist allerdings wenig aussagekräftig im Hinblick auf den Wert, den das Auto zum betreffenden Abschlussstichtag tatsächlich hat. In diesem Beispiel ist der Bilanzansatz regelmäßig höher als der Veräußerungspreis. Dies liegt darin begründet, dass Autos erfahrungsgemäß in den ersten beiden Jahren einem relativ hohen Wertverlust unterliegen.

Dieses Grundkonzept der dynamischen Bilanz ist mehrfach weiterentwickelt worden. Die **finanzwirtschaftliche Bilanz** *(Ernst Walb)* gliedert die Konten in eine Zahlungsreihe (Zahlungseingänge und Zahlungsausgänge) und in eine Leistungsreihe (Leistungseingänge und Leistungsausgänge). Durch Rückverrechnungen und Nachverrechnungen wird der Periodenerfolg ermittelt.

Die **pagatorische Bilanz** *(Erich Kosiol)* führt alle Geschäftsfälle und Bilanzpositionen auf Zahlungsvorgänge zurück. Gütereingänge, Güterausgänge, Güterabsätze und Güterverzehr werden durch die Erfassung der Einzahlungen und Auszahlungen ersetzt. So sind etwa Forderungen Einzahlungsvorgriffe und Schulden Auszahlungsvorgriffe. Die Periodisierung der erfolgswirksamen Einzahlungen und Auszahlungen erfolgt durch entsprechende Verrechnungszahlungen (zB Abschreibungen sind Verrechnungsausgaben, nämlich Nachausgaben).

Eudynamische Bilanztheorie

Die **eudynamische Bilanz** *(Heinrich Sommerfeld)* hat mit der dynamischen Bilanz die Ausrichtung auf die Erfolgsermittlung gemeinsam. Ihr inhaltliches Hauptgewicht liegt allerdings auf der Sicherung der **leistungsmäßigen Substanzerhaltung** durch drei Beschränkungen des bilanziellen Gewinnausweises. Als ausschüttbarer Bilanzgewinn gilt nur jener Betrag, der nach (1) der Erhaltung des **Nominalkapitals**, (2) der Erhaltung der **Sachsubstanz** und (3) der Erhöhung des **Leistungspotenzials** der Unternehmung entsprechend der volkswirtschaftlichen Gesamtentwicklung verbleibt. Diese Auffassung geht im Erhaltungsgedanken so weit, dass die Erhaltung der Substanz sogar noch einen Rückschritt bedeutet, wenn sie nicht an der technisch-organisatorischen Fortentwicklung und der volkswirtschaftlichen Wachstumsrate ausgerichtet ist. Wie diese Größen bestimmt werden sollen, ist das Hauptproblem dieser Bilanztheorie.

Zur Erreichung der **erweiterten Substanzerhaltung** dienen der besonders vorsichtige Ansatz der Vermögensgegenstände mit einem Wert, der sich bei Bilanzerstellung realisieren ließe, und die Bildung spezieller Rücklagen. **Substanzsicherungsrücklagen** sollen Beträge aufnehmen, die sich aus dem Ausgleich von **Sachwertschwankungen** ergeben und Vorsorgen für eine Krisensicherung ermöglichen. Eine **Wachstumssicherungsrücklage** soll jene Beträge im Unternehmen binden, die für ein Wachstum des Unternehmens verwendet werden können. Eine **Dividendenausgleichsrücklage** soll die gleichmäßige Verzinsung des Eigenkapitals sichern. Diese Maßnahmen sollen verhindern, dass ein zu hoher Gewinn („Scheingewinn" im weiteren Sinn) ausgewiesen und dem Unternehmen entzogen wird.

Organische Bilanztheorie

Die **organische Bilanztheorie** *(Fritz Schmidt)* versucht, den organischen Zusammenhang zwischen dem einzelnen Unternehmen und der Volkswirtschaft besser zu berücksichtigen. Neben dem Ausweis eines Gewinnes, der die Leistungskraft des Unternehmens in Bezug auf die gesamtwirtschaftliche Entwicklung aufzeigen soll, werden auch konjunkturelle Überlegungen ins Spiel gebracht. Danach beruht ein wesentlicher Teil von **Konjunkturschwankungen** auf der nominellen Kapitalerhaltungsrechnung. In Zeiten steigender (Input-)Preise wird ein hoher Scheingewinn ermittelt, der zum Konsum und zu Investitionen verwendet wird. Da es sich aber nur scheinbar um Gewinn handelt, würde daraufhin ein Liquiditätsengpass im Unternehmen entstehen, der über eine Zinssatzerhöhung einen

Konjunkturabschwung verursacht. Dann ermittelt das Unternehmen Schein-
verluste, die wiederum zu einem Aufschwung führen und so fort.

Diese Folgen können umgangen werden, wenn die Vermögensgegenstände mit dem jeweiligen **Zeitwert zum Umsatztag** bewertet werden.
Mit dem Ansatz der Vermögensgegenstände zum Zeitwert wird gleichzeitig beabsichtigt, die leistungsmäßige Substanzerhaltung zu sichern. Wenn
die Bewertung zum Umsatztag nicht praktikabel erscheint, genügt eine
Näherungslösung in Form einer Durchschnittsbildung. Probleme ergeben
sich unter anderem bei Abschreibungen. Die Summe der so ermittelten
jährlich angesetzten Abschreibungen ergibt bei laufenden Preissteigerungen nicht den Wiederbeschaffungswert. Um diesen zu erhalten, müssen
die Abschreibungen vom Wiederbeschaffungswert nach der letzten Periode der Nutzung vorgenommen werden.

Die organische wie auch die eudynamische Bilanztheorie stammen
aus Zeiten sehr hoher Inflation, und das mag die oft übertrieben erschei-
nende Vorsicht der Ansätze erklären.

Kapitaltheoretische Bilanztheorie

Die Bilanz in ihrer ursprünglichen Form stellt eine Vergangenheits-
rechnung dar, weil sie am Ende einer Periode über stattgefundene Leis-
tungsprozesse berichtet. Für die Unternehmensführung und die Abschätzung ihres Bestandes sind aber Informationen über künftige Ereignisse
viel wichtiger. Der Wert eines Vermögensgegenstandes ergibt sich nach
dieser Auffassung aus dem künftig erwarteten Nutzen des Einsatzes des
zu bewertenden Gegenstandes, der in dem von ihm erzeugten Zahlungsstrom abgebildet wird. Der **Ertragswert** aus diesem Zahlungsstrom ergibt den anzusetzenden Wert.

$$EW = \sum_{t=1}^{T} Q_t \cdot (1 + i)^{-t}$$

EW Ertragswert zum Zeitpunkt 0,
T Betrachtungszeitraum,
Q_t Zahlungsüberschuss in Periode t, am Ende von Periode t anfallend,
i Kalkulationszinssatz.

Dies ist grundsätzlich ein der dynamischen Investitionsrechnung entlehntes Konzept.
Dort gilt der Kapitalwert als ein günstiges Kriterium für den Vergleich von Investitions-
alternativen. Der Ertragswert ist die Summe aus Anschaffungswert und Kapitalwert.

Die verschiedenen Formen der kapitaltheoretischen Bilanztheorie unterscheiden sich primär darin, welcher Kalkulationszinssatz der Rechnung zu Grunde gelegt und wie das Eigenkapital ermittelt wird.

Bilanz	
Barwert künftiger Einnahmen (Vermögen)	Barwert künftiger Ausgaben (Fremdkapital)
	Barwert künftiger Eigenkapital-rückzahlungen = noch nicht getilgte Anschaffungsausgaben (Eigenkapital)

Bei der reinen **ökonomischen Gewinnkonzeption** (*Palle Hansen, Jaakko Honko)* werden alle Vermögensgegenstände unabhängig von ihrem Anschaffungswert mit dem Ertragswert angesetzt. Das Eigenkapital erhält man weiterhin als Saldogröße des Bruttovermögens abzüglich der Schulden. Dadurch ergibt sich abhängig vom Zinssatz ein unterschiedlich hohes Eigenkapital, so dass es nicht mit dem tatsächlich eingesetzten Nominalkapital übereinstimmen muss. Eine positive Differenz (Firmenwert, Goodwill) wäre bereits vorweggenommener Gewinn auf Grund künftig erwarteter Einzahlungsüberschüsse. Deshalb ist die Bestimmung des Kalkulationszinssatzes von besonderer Bedeutung.

Diesem Problem kann man formal ausweichen, wenn man den **internen Zinssatz** als Kalkulationszinssatz wählt. Der interne Zinssatz ergibt sich durch Nullsetzen der Differenz zwischen Ertragswert gemäß obiger Gleichung und Investition (Anschaffungsauszahlung) und der Auflösung nach dem Zinssatz *i*, dh

$$EW - AW = \sum_{t=1}^{T} Q_t \cdot (1 + i^*)^{-t} - AW = 0$$

AW Anschaffungsauszahlung zum Zeitpunkt 0,
i^* interner Zinssatz.

Die **synthetische Bilanztheorie** *(Horst Albach)* stellt in der Bilanz die vergangenen Zahlungen dem Barwert der künftigen Zahlungen gegenüber. Der Gewinn entspricht genau der Verzinsung des zu Beginn der Periode gebundenen Kapitals mit dem internen Zinssatz. Die Bewertung des Vermögens erfolgt zu Anschaffungspreisen, das Eigenkapital ist der Barwert der künftigen Überschüsse.

Eine andere Möglichkeit zeigt die **kapitaltheoretische Bilanz** im engeren Sinne *(Gerhard Seicht)*, bei welcher der interne Zinssatz der Unternehmung verwendet wird. Gerade umgekehrt wie bei der synthetischen Bilanztheorie werden hier das Vermögen und die Schulden mit den Barwerten zum internen Zinssatz bewertet, wodurch das Eigenkapital als Saldo mit dessen Anschaffungswert übereinstimmt.

Die Probleme zukunftsbezogener Bilanztheorien bestehen neben der Wahl des Kalkulationszinssatzes auch in der Einbeziehung der Zukunft: Wie können die künftigen Zahlungsgrößen abgeschätzt werden? Oft weiß man ja nicht einmal, was im folgenden Jahr geschehen wird. Und wie sollen die künftigen Zahlungen den zu bewertenden Vermögensgegenständen zugerechnet werden? Für eine praktische Verwendung im Rahmen des Zwecks der Anspruchsbemessung sind die zukunftsbezogenen Bilanztheorien mangels Überprüfbarkeit der Bilanzansätze nur wenig geeignet.

Spätere Entwicklungen

Die spätere Bilanzdiskussion im deutschsprachigen Raum wandte sich von der Entwicklung neuer, vollständiger Konzeptionen ab und versuchte stattdessen, Vorschläge unter Bedachtnahme auf geltendes Recht zu erarbeiten.

Eine solche Entwicklung geht in die Richtung der Erstellung von **Mehrzweckbilanzen** *(Edmund Heinen)*. Der Zweckkonkurrenz kann durch die Aufstellung mehrerer Bilanzen begegnet werden. Für nicht kompatible Zwecke wird je eine Bilanz mit entsprechenden Ansatz- und Bewertungsvorschriften erstellt. Rudimentär existiert dies bereits bei der Handelsbilanz und der Steuerbilanz, die zwar durch das Maßgeblichkeitsprinzip miteinander verknüpft sind. Diese Verknüpfung wird jedoch durch viele Sondervorschriften durchbrochen.

Eine andere Möglichkeit sieht die Kombination von Bilanz gemäß geltender Rechtslage und Substanz- oder Ertragswertbilanz mit dem Ziel der Inflationsberücksichtigung vor. Nur der niedrigere der beiden ermittelten Gewinne soll als verteilungsfähiger Gewinn ausgewiesen werden. Dies ist ein **Prinzip des doppelten Minimums** *(Karl Hax)*. Damit kann im ungünstigsten Fall der derzeitige Zustand erhalten werden, weil nie mehr als der Bilanzgewinn ausgeschüttet werden darf. Andererseits kann die Ertragswerterhaltungskonzeption Berücksichtigung finden, da auch nicht mehr als der (ökonomische) Gewinn der Ertragswertbilanz dem Unternehmen entzogen werden darf. Ist der Gewinn der kapitaltheoretischen Bilanz geringer als der Bilanzgewinn bei Anwendung des geltenden Rechts, müsste die Differenz in eine so genannte unternehmenserhaltende Rücklage eingestellt und mit einer Ausschüttungssperre versehen werden.

Die am wenigsten radikale Lösung bieten **Nebenrechnungen** als Zusatz zur Bilanz. Als solche kommen besonders Erweiterungen des Glie-

derungsschemas und Finanzpläne in Betracht. Zusätzlich sind Nebenrechnungen zur Berücksichtigung der Auswirkungen der Inflation denkbar. Als in den 70er Jahren die Inflation eine spürbare Höhe erreichte,
wurden Vorschläge in diese Richtung gemacht. So gab etwa das deutsche
Institut der Wirtschaftsprüfer 1975 eine Empfehlung zur Ermittlung einer
Bilanz auf Grund der Substanzerhaltung (Nettomethode) einschließlich
detaillierter Hinweise für eine praktische Durchführung heraus. Das
IASB, die USA und Kanada schafften ähnliche Angabepflichten über In-
flationswirkungen, wobei diese mit einem allgemeinen Verbraucherpreisindex oder mit speziellen Indizes gerechnet werden konnten. In den 80er
Jahren wurden diese idR wieder aufgehoben. Es gab keinen internationalen Konsens über die Methode wie auch den Nutzen dieser Informationen, und auch die Unternehmen hielten sich meist nicht an solche Verpflichtungen.

Neuerdings ist international der Trend zu beobachten, verstärkt **Zeitwerte** an Stelle von **Anschaffungswerten** in die Bewertung einfließen zu
lassen. Die Zeitbewertung erfolgt aber immer noch auf Basis der Nominalkapitalerhaltung, dh Werterhöhungen werden entweder sofort oder
später erfolgswirksam. Dieser Trend wurde zuerst bei Finanzinstrumenten erkennbar, und dabei insbesondere bei derivativen Finanzinstrumenten (zB Optionen, Forwards, Swaps). Die Anschaffungskosten solcher Finanzinstrumente sind praktisch aussagelos im Hinblick auf den aktuellen
Wert und das Risiko, das sich aus ihnen ergibt. Akzeptiert man dies, stellt
sich die Frage, warum dies nur bei Finanzinstrumenten so sein soll und
warum nicht beispielsweise auch bei Grundstücken, die als Geldanlage
gehalten werden (*investment property*), bei auf Warenbörsen gehandelten
Gegenständen (zB Edelmetalle) oder bei landwirtschaftlichen Gegenständen (zB Wald, Tiere). Schließlich ist es auch interessant, darüber nachzu-
denken, wie man etwa Umlaufvermögen interpretieren soll, wenn einige
Positionen mit Zeitwerten und andere mit Anschaffungskosten bewertet
sind. Jedenfalls rütteln die aufgeworfenen Fragen an den Grundlagen der
bestehenden Rechnungslegung.

2.5 Positive Bilanztheorie

Die traditionellen Bilanztheorien schreiben (normativ) vor, wie bilanziert werden soll. Sie postulieren einen (Haupt-)Zweck der Bilanzierung,
zB die Vermögensaufstellung zum Gläubigerschutz oder die Ermittlung
eines aussagekräftigen Gewinnes, und geben Empfehlungen, durch welche Bilanzierungsmethoden dieser Zweck am besten erreicht wird. Die
positive Bilanztheorie (*Ross Watts* und *Jerold Zimmermann)* will dage-

gen mehr der **Erklärung beobachtbarer Sachverhalte** dienen. Sie stellt eine Theorie auf, warum bestimmte Bilanzierungsnormen oder Bilanzierungsmethoden bestehen oder verwendet werden, und wer ein Interesse daran hat. Es geht also nicht (mehr) um die Ermittlung des möglichst „richtigen" Gewinns, sondern darum, zu ergründen oder zu verstehen, welche Zwecke mit dem ermittelten Gewinn in bestimmten Situationen erfüllt werden (sollen). Dabei werden explizit die Anreize und der unterschiedliche Informationsstand von Eigentümern, Managern, Fremdkapitalgebern usw berücksichtigt. Daraus leiten sich Hypothesen ab, die anhand von Beobachtungen getestet werden.

Die folgenden drei Hypothesen über die Wahl der Bilanzierungs- und Bewertungsmethoden geben die grundsätzliche Ausrichtung beispielhaft wieder:

- **Managerentlohnungs-Hypothese:** Manager von Unternehmen, deren Entlohnung vom Jahresergebnis abhängt (Bonusschema), wählen eher Bilanzierungs- und Bewertungsmethoden, die den aktuellen Jahresgewinn (zu Lasten künftiger Jahresgewinne) erhöhen. Der Grund liegt vor allem darin, dass Manager ihre Entlohnung maximieren wollen.

- **Verschuldungsgrad-Hypothese:** Je höher der Verschuldungsgrad eines Unternehmens, desto eher wählen Manager Bilanzierungs- und Bewertungsmethoden, die den aktuellen Jahresgewinn (zu Lasten künftiger Jahresgewinne) erhöhen. Der Verschuldungsgrad wird (jedenfalls in den USA) meist in Kreditverträgen nach oben begrenzt; wird die Grenze überschritten, kann der Kreditgeber den Kredit fällig stellen. Um dies zu vermeiden, haben Manager einen Anreiz zu gewinnerhöhender Bilanzpolitik, da diese auch das Eigenkapital stärkt.

- **Größenhypothese:** Je größer ein Unternehmen ist, desto eher wählen Manager Bilanzierungs- und Bewertungsmethoden, die den aktuellen Jahresgewinn (zugunsten künftiger Jahresgewinne) vermindern. Große Unternehmen sind gesellschaftlich und politisch stärker im Blickpunkt, und deshalb haben ihre Manager einen Anreiz, die Gewinnsituation eher zu untertreiben, um nicht averse Reaktionen auszulösen, wie zB die Verhängung zusätzlicher Steuern.

Zumeist werden **spezifische Ausprägungen** dieser zentralen Hypothesen getestet. Zur Illustration: Bei der Managerentlohnungs-Hypothese können Effekte von verschiedenen Varianten der Bonusermittlung untersucht werden, wie etwa ein Schema, das einen fixen Bonus bei Erreichen des Zielgewinns vorsieht; in diesem Fall ist zu vermuten, dass Manager, die den Zielgewinn bereits erreicht haben, wieder eher gewinnmindernde Bilanzpolitik betreiben (solange sie den Zielgewinn halten). Die Hypothesen können jedoch oft nur anhand sehr **vereinfachter Wirkungszusammenhänge** abgeleitet werden.

Die bisherigen **Ergebnisse** solcher empirischer Studien sind zum Teil widersprüchlich. Es finden sich zwar viele signifikante Ergebnisse, welche die jeweiligen Hypothesen stützen, es gibt aber immer wieder Studien, die zu gegenteiligen Ergebnissen gelangen. Dies liegt einmal an den verfügbaren Daten, die zum Test der Hypothesen verwendet werden können, aber auch daran, dass die Hypothesen nur einen kleinen Ausschnitt aus den tatsächlichen Beweggründen der Unternehmen oder deren Manager erfassen.

2.6 Neuere bilanztheoretische Forschung

Moderne Forschungsansätze in der Rechnungslegung versuchen Erklärungsansätze auf wissenschaftlicher Basis zu finden. Die bekanntesten Ansätze sind die ökonomische Theorie und die empirische Forschung. Die **ökonomische Theorie**, die sich idR spieltheoretischer und agency-theoretischer Modellanalysen bedient, berücksichtigt explizit die asymmetrische Informationsverteilung zwischen Manager, Unternehmen und Bilanzadressaten. Sie eignet sich gut zur Analyse von durch die Rechnungslegung ausgelösten Anreizen der handelnden Akteure und die strategischen Interaktionen unter diesen. Damit können Einsichten in ökonomische Institutionen, die Wirkung von Rechnungslegungsregeln, Vertragsgestaltungen und Ähnliches gewonnen werden.

Viele der **Ergebnisse** der ökonomischen Theorie können nur für sehr spezifische Situationen ermittelt werden, weil die Analyse leicht sehr komplex wird. So lassen sich institutionelle Regelungen auf ihre Effizienz hin vergleichen oder Rechnungslegungsinformationen für die Managemententlohnung beurteilen. Wichtig sind Ergebnisse, die intuitiv geltende Wirkungszusammenhänge widerlegen oder deren Gültigkeit einschränken. So lässt sich beispielsweise zeigen, dass ein Mehr an (sogar kostenlos verfügbarer) Information allen Beteiligten schaden kann, Rechnungslegung also negativen Wert haben kann. Ein Grund dafür besteht darin, dass sich Unternehmen und Adressaten auf die Informationssituation einstellen und andere Entscheidungen treffen als im Fall, dass die Information nicht am Markt vorhanden ist. Die sich daraus ergebende Gleichgewichtslösung kann alle Beteiligten schlechter stellen. Ein anderes Beispiel ist die Erwartung, dass strikte Bewertungsregeln die Bilanzpolitik der Unternehmen eindämmen und so eine informativere Rechnungslegung ermöglichen. Diese Vorstellung ist nicht immer richtig: Unternehmen können auf eingeschränkte Bilanzpolitik durch reale Sachverhaltsgestaltung reagieren, die mehr Kosten verursachen kann als die buchmäßige Bilanzpolitik. Die Beobachtung, wie Unternehmen Wahlrechte ausnutzen, umfasst selbst Information, anhand derer Bilanzadressaten auf die zugrunde liegende Situation besser zurückschließen können.

So wichtig solche Erkenntnisse sind, sie helfen einem Standardsetter nur insofern, als er sich mehr Gedanken über die möglichen erwünschten – und unerwünschten – Folgen von beabsichtigten Regeln macht. Empfehlungen für Regeln setzen allerdings eine Bewertung aller dieser Folgen aus Sicht aller Betroffenen voraus, und so etwas ist theoretisch schwierig zu modellieren, weil dabei implizite Werturteile offen zu Tage treten und kritisierbar werden.

Die neuere **empirische Forschung** ist in den USA weit verbreitet, weil für US-amerikanische Unternehmen seit langem Datenbanken mit Rechnungslegungsdaten und mit Aktienkursinformationen existieren. Seit einigen Jahren gibt es allerdings derartige Daten auch für die meisten hochentwickelten Länder. Ein wichtiger Zweig der empirischen Forschung sind Analysen des Zusammenhangs von Rechnungslegungsinformationen und Aktienrenditen. Eine Information ist danach wertrelevant (*value relevant*), wenn sie eine systematische Assoziation mit Marktpreisen und deren Änderungen (Renditen) aufweist. Das Abstellen auf Kapitalmarktreaktionen ermöglicht es, eine gewisse Vorstellung über die aggregierte Wirkung der Informationen zu erlangen.

Die **Ergebnisse** sind zum Teil widersprüchlich; sie hängen vor allem von der Verfügbarkeit entsprechender Daten und dem Untersuchungsdesign ab. Dennoch kann die empirische Forschungsrichtung im Gegensatz zu einer rein normativen Analyse doch objektive Anhaltspunkte über mögliche Wirkungen liefern. Beispielsweise wurden in den 1970er Jahren in mehreren Staaten Zusatzangaben über die Auswirkungen der Inflation auf den Gewinn und das Vermögen vorgeschrieben oder empfohlen. Sie wurden nach einigen Jahren der Beobachtung zumeist wieder abgeschafft, unter anderem deshalb, weil empirische Studien ergaben, dass diese Informationen nicht wertrelevant seien. Im Jahr 2001 wurde in den USA (und in der Folge auch in den IFRS) die planmäßige Abschreibung eines Firmenwerts, der beim Unternehmenserwerb entsteht, mit dem Argument abgeschafft, dass diese Abschreibung keine wertrelevante Information beinhalte. Stattdessen wurde eine jährliche Überprüfung der Werthaltigkeit des Firmenwerts und im Fall eines Wertverlusts eine außerplanmäßige Abschreibung vorgeschrieben. Die empirische Überprüfung der Wertrelevanz neuer Rechnungslegungsregeln kann allerdings nur dann erfolgen, wenn die betreffenden Informationen im Markt vorhanden sind; denn vorher gibt es keine entsprechenden Daten.

Fragen und Beispiele

1. Ein Unternehmen erhält Anfang des Jahres 20X2 von einem Kunden den Auftrag zum Bau eines Kraftwerkes. Vereinbart wird die schlüsselfertige Übergabe im Dezember 20X4 und ein Preis von 210 Mio, wovon der Kunde bei Vertragsabschluss eine Anzahlung von 90 Mio leistet. Das Unternehmen schätzt den gesamten Aufwand zur Erstellung des Kraftwerkes auf 180 Mio, der sich gleichmäßig auf die dreijährige Bauzeit verteilt. Angenommen, alle diese Annahmen treten wie geplant ein, wie hoch sollte der Gewinn in den Jahren 20X2 bis 20X4 sein? Wägen Sie die Vor- und Nachteile verschiedener Varianten gegeneinander ab!

2. Am 1.1. wird ein Handelsunternehmen mit 2.000.000 Eigenkapital gegründet. Damit werden Warenvorräte gekauft. Am Periodenende ergibt sich folgende Situation: Die Waren wurden um 2.400.000 verkauft. Eine Wiederbeschaffung, die erst im nächsten Jahr erfolgen soll, würde 2.300.000 erfordern. Der Verbraucherpreisindex ist in diesem Jahr um 10% gestiegen. Wie hoch ist der Gewinn bei nominaler und realer Kapitalerhaltung sowie bei Substanzerhaltung?

3. Anfang des Jahres 20X3 wurde eine Maschine um 650.000 angeschafft, deren Nutzungsdauer mit 5 Jahren angenommen wird. Wie hoch ist der Scheingewinn in den Jahren 20X3, 20X4 und 20X5, wenn sich der Maschinenpreisindex für die einzelnen Jahre (am Jahresbeginn) wie folgt entwickelt: 20X3: 197, 20X4: 205, 20X5: 212 und 20X6: 225?

   Wie hoch wäre der Scheingewinn nach der Brutto- und Nettomethode, wenn die Maschine nur zu 50% mit Eigenkapital finanziert wird?

4. Ein Unternehmer kaufte sehr günstig Rohöl um 1.000.000 ein. Nach Ablauf eines Jahres glaubt er, dass der günstigste Zeitpunkt für einen Verkauf gekommen sei. Er verkauft das ganze Rohöl um 1.300.000. Da das Geschäft einträglich war, entschließt er sich, wiederum die gleiche Menge an Rohöl zu erwerben. Es zeigt sich, dass der Verkaufszeitpunkt tatsächlich günstig gewählt war, er kann das Rohöl um 1.200.000 kaufen.

   Wie hoch ist der nominelle Gewinn vor und nach Steuern, wenn der Ertragsteuersatz 50% beträgt, wie hoch ist der Gewinn bei Substanzerhaltung? Was ist an den Ergebnissen interessant?

5. Eine Anleihe mit Nominale 100, Nominalzinssatz 5% und Tilgungszeitpunkt 31.12.20X7, weist am jeweiligen Jahresende folgende Marktpreise auf:

20X4: 102,5; 20X5: 98,5; 20X6: 97,1; 20X7: 100.

Unternehmen A erwirbt ein Stück der Anleihe Anfang 20X4, Unternehmen B ein Stück Anfang 20X5.

Ermitteln Sie die Buchwerte am Jahresende und die Erträge aus Anleihen für beide Unternehmen über die Halteperiode, wenn

a) beide Unternehmen die Anleihe zu (fortgeschriebenen) Anschaffungswerten oder

b) zu Zeitwerten

bewerten.

Welche Vor- und Nachteile haben die beiden Bewertungsmethoden in diesem Beispiel (adaptiert aus *Johnson/Petrone* 1995, S 5 f)?

Lösungen

1. Der gesamte Gewinn über die drei Jahre beträgt 210 – 180 = 30 Mio. Eine Variante der Gewinnermittlung besteht darin, den gesamten Gewinn erst im Jahr der Fertigstellung und Übergabe auszuweisen. Dies entspricht grundsätzlich der österreichischen Rechtslage. Es handelt sich dabei um eine eher „vorsichtige" Vorgehensweise mit dem Effekt, dass die Gewinne in den Jahren 20X2 und 20X3 wenig aussagekräftig sind.

Eine Alternative ist es, den Gesamtgewinn entsprechend dem Baufortschritt auf die einzelnen Jahre zu verteilen. Wird der Baufortschritt über die jährlichen Aufwendungen gemessen, ergibt sich eine gleichmäßige Gewinnrealisierung von jeweils 10 Mio pro Jahr. Dies entspricht grundsätzlich der Vorgehensweise nach IFRS und US-GAAP. Diese Gewinne sind für einen Periodenvergleich aussagekräftiger – solange die Annahmen tatsächlich zutreffen. Erhöht sich der Aufwand in den Jahren 20X3 und 20X4 beispielsweise um je 20 Mio, entsteht tatsächlich ein Verlust. In diesem Lichte war der in 20X2 ausgewiesene Gewinn von 10 Mio sehr voreilig. Dies kann aus Sicht der Sicherung der Eigenkapitalbasis problematisch sein.

Eine weitere Variante besteht darin, das unfertige Kraftwerk zu jedem Abschlussstichtag zu bewerten. Eine Möglichkeit ist, dafür den Preis heranzuziehen, den ein anderes Industrieanlagenbauunternehmen zahlen würde, wenn es den Vertrag übernimmt. Vermutlich ergibt sich dabei in den beiden ersten Jahren ein Verlust, weil dieser Preis wahrscheinlich unter den bereits verursachten Aufwendungen liegt. Eine andere Bewertungsmöglichkeit ist, das unfertige Kraftwerk mit den bereits verursachten Aufwendungen zu bewerten und gleichzeitig zu berücksichtigen, dass die noch geplanten Fertigstellungsaufwendungen im Gesamtertrag Deckung finden. Dies entspricht – je nach Festlegung der Aufwendungen, die in die Wertermittlung eingehen – grundsätzlich wieder der österreichischen Rechtslage; werden sämtliche Aufwendungen berücksichtigt, kommt es zur selben Gewinnverteilung wie in der ersten besprochenen Variante, nämlich dass der gesamte Gewinn in 20X4 realisiert wird.

Die Anzahlung wird in diesen Varianten nicht explizit berücksichtigt. Sie könnte dann von Bedeutung für die Bilanzierung sein, wenn das Unternehmen nicht sicher ist, ob der Kunde in der Lage ist, den vereinbarten Kaufpreis tatsächlich zu leisten.

2.

Erhaltungskonzept	Gewinndefinition	Gewinn	Scheingewinn
Nominale Kapitalerhaltung	Veräußerungserlös	2.400.000	
	Anschaffungsausgaben	−2.000.000	
		400.000	0
Reale Kapitalerhaltung	Veräußerungserlös	2.400.000	
	reale Anschaffungsausgaben	−2.200.000	
		200.000	200.000
Absolute Substanzerhaltung	Veräußerungserlös	2.400.000	
	Wiederbeschaffungswert	−2.300.000	
		100.000	300.000

3. Die nominelle Abschreibung beträgt 650.000/5 = 130.000 pro Jahr. Ihr sind die Abschreibungen auf Basis der Wiederbeschaffungswerte gegenüberzustellen.

$$\text{Scheingewinn 20X3:} \quad \frac{(205 - 197) \cdot 130.000}{197} = 5.279$$

$$\text{Scheingewinn 20X4:} \quad \frac{(212 - 197) \cdot 130.000}{197} = 9.898$$

$$\text{Scheingewinn 20X5:} \quad \frac{(225 - 197) \cdot 130.000}{197} = 18.477$$

Diese Beträge entsprechen dem Ansatz gemäß Bruttomethode. Nach der Nettomethode ist der Scheingewinn nur auf die mit Eigenkapital finanzierten Beträge zu beziehen. Der Anteil an Eigenkapitalfinanzierung beträgt 50%, also halbieren sich die obigen Scheingewinne.

4. Nomineller Gewinn:

Verkaufspreis	1.300.000
Wareneinsatz	−1.000.000
Bruttogewinn	300.000
Ertragsteuern	−150.000
Nettogewinn	150.000

Gewinn bei Substanzerhaltung:

Verkaufspreis	1.300.000
Wareneinsatz zu Wiederbeschaffungswerten	−1.200.000
Bruttogewinn bei Substanzerhaltung	100.000
Ertragsteuern	−150.000
Nettogewinn bei Substanzerhaltung	−50.000

Interessant ist, dass der Unternehmer auch bei völligem Verzicht auf Gewinnausschüttungen das neu zu beschaffende Rohöl nicht ohne weitere Finanzierungsquellen erwerben kann. Er besitzt ein Kapital von 1.000.000 und den Nettogewinn von 150.000, zusammen also 1.150.000. Das Rohöl kostet aber 1.200.000, womit er 50.000 entweder selbst beistellen oder Fremdkapital aufnehmen muss.

5. Bei der Bewertung zu (fortgeschriebenen) Anschaffungswerten müssen die Effektiv-zinssätze (interne Zinssätze) ermittelt werden und die Zinszahlungen in einen Zins-ertrag und eine Tilgung aufgeteilt werden. Der Zahlungsstrom aus der Anleihe bei A lautet: −102,5; 5; 5; 105. Daraus ergibt sich ein Effektivzinssatz von 4,10%. Der Zah-lungsstrom bei B lautet: −98,5; 5; 105, woraus ein Effektivzinssatz von 5,82% resul-tiert. Der Ertrag entspricht dem Vermögen zu Beginn der Periode multipliziert mit dem Effektivzinssatz. Die Differenz zu den Zinszahlungen von 5 je Periode ändert den Buchwert der Anleihe. Bei der Zeitwertbewertung entspricht der Ertrag der Dif-ferenz des Zeitwertes zu Ende und zu Beginn der Periode.

Bewertung zu Anschaffungskosten

31.12.	Vermögen A	Ertrag A	Vermögen B	Ertrag B
20X4	102,50			
20X5	101,70	4,20	98,50	
20X6	100,87	4,17	99,23	5,73
20X7	0,00	4,13	0,00	5,77

Bewertung zu Zeitwerten

31.12.	Vermögen A	Ertrag A	Vermögen B	Ertrag B
20X4	102,50			
20X5	98,50	− 4,00	98,50	
20X6	97,10	− 1,40	97,10	− 1,40
20X7	0,00	2,90	0,00	2,90

Auffallend ist bei der Bewertung zu Anschaffungskosten, dass sich sowohl die Wertansätze wie auch die Erträge unterscheiden, obwohl beide die gleiche Anleihe halten. Bei der Zeitwertbewertung stimmen die Wertansätze und die Erträge überein. Allerdings schwanken die Wertansätze und Erträge bei der Zeitwertbewertung im Zeitablauf stark und sind bei beabsichtigtem Halten der Anleihe über die Laufzeit nur wenig aussagekräftig für die tatsächlichen Erträge.

Literaturempfehlungen zum 2. Kapitel

Ausführlichere Darstellungen der Bilanztheorien finden sich in *Seicht* (1982), *Moxter* (1984), *Heinen* (1986) und *Kloock* (1996). Interessant ist es auch, einen Blick in die jeweiligen Originalquellen zu werfen. Eine neuere Diskussion bieten die Aufsätze in *Wagner* (1993). Neuere anglo-amerikanische Ansätze zur Theorie des externen Rechnungswesens sind in den Aufsätzen in den beiden Büchern von *Mattessich* (1984, 1991), oder in *Watts/Zimmerman* (1986) und in *Wagenhofer/Ewert* (2003) be-sprochen.

3. Kapitel

Grundsätze ordnungsmäßiger Buchführung und die Aufzeichnung der laufenden Geschäftstätigkeit

Dieses und das folgende Kapitel zeigen, wie der Inhalt des Jahresabschlusses aus den Geschäftsvorfällen entwickelt wird. Dazu ist es notwendig, die gesetzlichen Regelungen und die Grundsätze ordnungsmäßiger Buchführung zu beachten. Diese beinhalten sowohl formelle als auch materielle Aspekte. Formelle Grundsätze sollen vor allem die Vollständigkeit, Richtigkeit und Geordnetheit der Durchführung sicherstellen. Dazu gehören auch organisatorische Maßnahmen, wie zB Kontenrahmen und Buchführungsverfahren. Materielle Grundsätze beziehen sich vor allem auf die Bewertung der Vermögensgegenstände und Schulden, was im Betrieb aber meist erst im Rahmen des Jahresabschlusses (Kapitel 4) von Interesse ist. Die Eröffnung der Konten und die Buchung der laufenden Geschäftsfälle samt den Ansatzvorschriften werden daher zuerst behandelt.

3.1 Grundsätze ordnungsmäßiger Buchführung

Grundlage für die Aufzeichnung der Geschäftsfälle bilden neben gesetzlichen Vorschriften vor allem die **Grundsätze ordnungsmäßiger Buchführung (GoB)**. So bestimmt § 195 HGB grundlegend:

„Der Jahresabschluß hat den Grundsätzen ordnungsmäßiger Buchführung zu entsprechen. Er ist klar und übersichtlich aufzustellen. Er hat dem Kaufmann ein möglichst getreues Bild der Vermögens- und Ertragslage des Unternehmens zu vermitteln."

In gesetzlichen Bestimmungen wird mehrfach auf die GoB verwiesen, der Begriff wird aber **nirgends definiert**. Dies hatte ursprünglich im HGB 1897 den Sinn, das Recht flexibel zu erhalten. Im Lauf der Zeit wurden allerdings immer mehr und präzisere Vorschriften erlassen. Die Bestimmungen des HGB in der geltenden Fassung folgen diesem Trend. Sie schreiben die wesentlichen, bereits früher anerkannten Grundsätze explizit fest. Dennoch sind auch die gesetzlichen Regelungen interpretationsbedürftig, da sie nicht sämtliche wirtschaftliche Sachverhalte erfassen können (auch wenn dies gewollt wäre). Das HGB kommt nicht umhin, unbestimmte Gesetzesbegriffe (wie zB „angemessen" oder „wesentlich") zu verwenden, die im Einzelfall unter Zuhilfenahme der GoB mit Inhalt auszufüllen sind. Es gibt auch einige Grundsätze, die zwar als GoB anerkannt, aber nicht explizit gesetzlich geregelt sind.

Auch **internationale Rechnungslegungsgrundsätze** basieren auf ähnlichen Grundsätzen. In der US-amerikanischen Rechnungslegung gibt es Statements of Financial Accounting Concepts (SFAC), bei den IFRS das Rahmenkonzept (Framework), die Grundsätze der Rechnungslegung enthalten.

Früher wurden meist die induktive und die deduktive **Methode** verwendet, um GoB zu gewinnen. Bei der **induktiven Methode** wird aus dem Verhalten des ordentlichen Kaufmannes auf die GoB geschlossen. Das Problem ist freilich, dass auch ordentliche Kaufleute Eigeninteressen haben, die von den Zielen der Gesetze abweichen können. Bei der **deduktiven Methode** werden die GoB aus den Zwecken der Rechnungslegung abgeleitet. Da diese aber nicht hinreichend klar ersichtlich sind, ist auch diese Methode problematisch. Auf Grund der Tatsache, dass die meisten GoB kodifiziert sind, bietet sich als Methode die juristische Auslegung nach Maßgabe der sonstigen gesetzlichen Vorschriften an (verstehende ganzheitliche Methode; **Hermeneutik**). Die einzelnen Auslegungsmethoden gehen dabei vom Wortlaut oder Wortsinn des Gesetzes, dem Bedeutungszusammenhang, von der Absicht des Gesetzgebers, die auch aus der Entstehungsgeschichte hervorgeht, sowie letztlich auch von betriebswirtschaftlichen Gesichtspunkten aus; sie sind gemeinsam zur Interpretation der GoB heranzuziehen.

Entsprechend wird die folgende Darstellung der GoB nach **formellen und materiellen Grundsätzen** gegliedert. In der Literatur finden sich andere, zum Teil tiefer gehende Gliederungsvorschläge. Die Rahmengrundsätze des IASB enthalten vergleichbare Grundsätze, die wiederum etwas anders gegliedert sind.

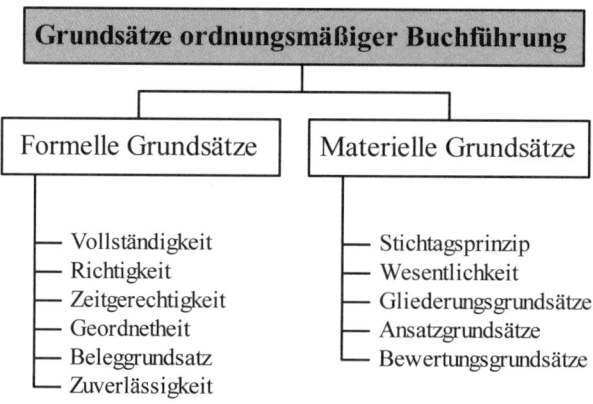

Abb 3.1: Grundsätze ordnungsmäßiger Buchführung

3.2 Formelle Grundsätze

Die formellen GoB sollen sicherstellen, dass die Aufzeichnungen in den Büchern vollständig, systematisch und zuverlässig vorgenommen werden. Dies dient vor allem Dokumentationszwecken. Die formellen GoB sind in den §§ 189, 190, 193, 194 und 212 HGB sowie für steuerliche Zwecke in den §§ 131 und 132 BAO kodifiziert.

Die Aufzeichnungen sind in einer lebenden Sprache zu führen, Abkürzungen, Zahlen, Buchstaben und Symbole müssen in ihrer Bedeutung festliegen (§ 190 Abs 1 HGB). Der Jahresabschluss ist in Euro und in deutscher Sprache aufzustellen (§ 193 Abs 4 HGB).

Grundsätzlich müssen die Bücher so geführt werden, dass sich ein **sachverständiger Dritter** innerhalb einer angemessenen Zeit einen Überblick über die Geschäftsfälle und über die Lage des Unternehmens verschaffen kann. Die Geschäftsfälle müssen sich entsprechend verfolgen lassen (§ 189 Abs 1 HGB). Die Eintragungen in die Bücher und die sonstigen erforderlichen Aufzeichnungen müssen **vollständig, richtig, zeitgerecht und geordnet** vorgenommen werden (§ 190 Abs 2 HGB).

Vollständigkeit erfordert, dass sämtliche Geschäftsfälle erfasst werden. **Richtig** sind die Eintragungen dann, wenn sie dem Gesetz entsprechen; die Forderung nach der Wahrheit der Aufzeichnungen würde zu weit gehen, da sie zumindest zweckabhängig und nicht absolut ist. Die Bewertung soll **willkürfrei** vorgenommen werden, dh es muss erkennbar sein, dass das Unternehmen seine Bilanzierung auf bestimmte Annahmen gründet. Diese müssen nachvollziehbar sein. Dies betrifft insbesondere die Nutzung von impliziten Spielräumen (zB bei der Bewertung von Rückstellungen).

Das Erfordernis **zeitgerechter** Eintragungen soll sicherstellen, dass die Bücher immer auf dem laufenden Stand der Dinge sind, es dient auch der besseren Erreichbarkeit der Vollständigkeit. Die Eintragungen sind schließlich **geordnet** vorzunehmen, sowohl was die zeitliche als auch was die sachliche Ordnung betrifft.

Beleggrundsatz

Zur Sicherstellung dieser Anforderungen kommt der **Beleggrundsatz** zum Tragen: **Keine Buchung ohne Beleg.** Grundlage jedes Geschäftsfalles ist ein Beleg oder Handelsbrief. Die Belege führen zu Eintragungen in die Bücher. Die Wichtigkeit von Belegen ist beispielsweise bei Bankgeschäften deutlich zu erkennen: Geldtransaktionen werden dort typischerweise erst *nach* der Belegerstellung durchgeführt.

Belege beurkunden die getätigten Geschäfte und dienen als Beweis im Falle rechtlicher Ansprüche auf Grund dieser Geschäfte. Solche Ansprüche können zB Rechtsstreitigkeiten auf Grund vertraglicher Gewährleistungspflichten oder Haftungen sein. Aber auch steuerliche Auswirkungen knüpfen an das Vorliegen von Belegen an. So kann etwa die Umsatzsteuer, die von anderen Unternehmen für Leistungen in Rechnung gestellt wird, nur auf Grund einer – den Vorschriften des UStG entsprechenden – Rechnung als Vorsteuer vom Finanzamt zurückgefordert werden.

Belege werden nach der Herkunft in **externe und interne Belege** geteilt. Externe Belege entstehen durch Außenbeziehungen des Unternehmens. Es sind dies Rechnungen, Quittungen, Kassenzettel oder Kontoauszüge, aber auch elektronische Belege (wie Handelsdaten auf Basis von Electronic Data Interchange, EDI); das Signaturgesetz ermöglicht einen zusätzlichen Beweis der Echtheit von elektronischen Dokumenten. Interne Belege werden vom Unternehmen selbst erstellt und verbleiben im Unternehmen. Als solche gelten zB Inventuraufzeichnungen, Buchungsanweisungen und Materialentnahmescheine.

Gemäß § 212 HGB gilt für Belege genauso wie für alle Bücher und Aufzeichnungen über Geschäftsfälle eine **Aufbewahrungsfrist** von mindestens **sieben Jahren**. Diese Frist beginnt am Ende des Kalenderjahres, für das die letzte Eintragung in die betreffenden Bücher und Aufzeichnungen vorgenommen wurde. Es ist daher notwendig, den Belegfluss und die Ablage entsprechend zu organisieren (zB Verweistechnik von Buchung und Beleg). Die **Zuverlässigkeit** des Rechnungswesens kann durch ein zur Größe des Unternehmens passendes **internes Kontrollsystem** (IKS) gewährleistet werden.

Ordnungsmäßigkeit der Buchführung

Die Verbuchung von Geschäftsfällen muss in chronologischer Reihenfolge und in systematischer Gliederung auf entsprechenden Konten erfolgen. Die chronologische Reihenfolge wird durch Eintragungen in das **Grundbuch** bzw **Journal** sichergestellt. Die systematische Gliederung erfolgt im **Hauptbuch**. Das Hauptbuch besteht aus den einzelnen notwendigen Konten und ist damit das eigentliche Kernstück der Buchführung. Ergänzt wird es durch die so genannten **Nebenbücher**. Bei diesen handelt es sich um folgende Bücher:

- Kassabuch,
- Wareneingangsbuch,
- Anlagenbücher,
- Lagerbücher,

- Kunden- und Lieferantenbücher,
- sonstige Hilfsbücher.

Ein **Buchungssatz** auf einem bestimmten Konto enthält typischerweise die folgenden Informationen: Bezeichnung der lückenlosen Blattfolge, Einzelbeträge und Summen nach Soll und Haben, Belegverweis, Buchungsdatum (Belegdatum, Journalverweis oder andere Indizierung), Buchungstext, Gegenkonto, Umsatzsteuercode, Skonto und vielfach auch eine Angabe der Kostenstelle. Bei Sammelbuchungen muss jederzeit auf die einzelnen Detailinhalte zurückgegriffen werden können.

Die Eintragungen und Aufzeichnungen müssen in ihrer Entstehung nachvollziehbar sein; eine nachträgliche Änderung darf nicht auf solche Weise erfolgen, dass der ursprüngliche Inhalt nicht mehr sichtbar ist (§ 190 Abs 3 HGB, humorvoll „Radierparagraph" genannt).

Ordnungsmäßigkeit der EDV-Buchführung

Während in früheren Zeiten physisch Bücher geführt wurden, erfolgt die Verbuchung heute praktisch ausschließlich mittels EDV. Dennoch hat sich der Begriff Buchführung gehalten. Der Einsatz der EDV für die Buchführung erfordert technische, organisatorische und dokumentarische Maßnahmen, die im Folgenden kurz dargestellt sind. Nähere Details sind auch im Fachgutachten der Kammer der Wirtschaftstreuhänder KFS/DV1, „Die Ordnungsmäßigkeit von EDV-Buchführungen" aus dem Jahr 1998 enthalten.

Für die formelle Ordnungsmäßigkeit der EDV-Buchführung genügt die jederzeitige **Ausdruckbereitschaft** innerhalb angemessener Frist (§ 189 Abs 3 HGB). Nur bei Bedarf, zB im Rahmen einer Abschluss- oder Betriebsprüfung, müssen Speicherinhalte vom Unternehmen auf seine eigenen Kosten visuell lesbar gemacht werden. Bestimmte verdichtete Daten, wie etwa Jahresbilanzen, sind aber jedenfalls auszudrucken.

Unter die **Datensicherung** fallen alle Vorkehrungen, Daten vor fehlerhafter Verarbeitung, Verlust, Zerstörung, Fälschung, missbräuchlicher Verwendung und Diebstahl zu schützen. Dies erfolgt im Regelfall durch vielschichtige organisatorische Kontrollen, insbesondere durch Duplizieren von Daten (eigentliches Sichern der Daten), durch das Vorsehen von besonders gesicherten Räumlichkeiten und durch Zutrittskontrollen. **Sicherheitseinrichtungen** bei der EDV (zB Passwords oder Verschlüsselungen) können auch dazu benutzt werden, die Verwendung bestimmter Programmteile auf einen berechtigten Personenkreis zu beschränken. Sicherheitsfunktionen sind in Zeiten der hohen Vernetzung – sowohl durch Intranet als auch über das Internet – von besonderer Bedeutung.

Wichtig für die Gewährleistung der Ordnungsmäßigkeit ist auch die **Organisation der EDV-Abteilung,** wo eine Funktionstrennung in Programmierung, Datenerfassung, Produktion und die angrenzenden Fachabteilungen zu erfolgen hat. Da der Grundgedanke der Ordnungsmäßigkeit in der Rekonstruierbarkeit der Abläufe liegt, sind die verwendeten Programme in einer zeitlichen Übersicht über ihren Einsatz zu dokumentieren (Verarbeitungsprotokolle). Die gesamte Dokumentation ist mit den Belegen oder den Datenträgern mit Belegfunktion innerhalb der gesetzlichen Frist aufzubewahren.

Während früher häufig selbst erstellte Software für die Buchhaltung verwendet wurde, ist heute fast ausschließlich Standardsoftware in Verwendung. Dadurch sind die Dokumentationserfordernisse bereits durch den Hersteller weit gehend abgedeckt. Die Verantwortung des Unternehmens beschränkt sich dann auf die geeignete Auswahl der Software und natürlich die Dokumentation ihres Einsatzes (zB bei Release-Wechsel).

Das schließt nicht aus, dass eine Buchführung etwa mit einem Tabellenkalkulationsprogramm durchgeführt wird. Es muss jedoch sichergestellt sein, dass nur berechtigte und nachträglich identifizierbare Personen Buchungen vornehmen und dass Buchungen nachträglich nicht verändert oder gelöscht werden können. Dies kann unter Umständen problematisch sein.

Die Verarbeitung selbst kann im **Dialogbetrieb** (*online*) oder im **Stapelbetrieb** (*batch*) erfolgen. Meist werden für die Verarbeitung Hilfsdateien mit den Tagesbuchungen angelegt, und die Verarbeitung wird erst bei Durchführung einer Tagesabschlussroutine beendet. Dadurch kann die Verarbeitung rascher erfolgen, und es können bestimmte Einzelbuchungen zu Sammelbuchungen zusammengefasst werden.

Die Buchführungssoftware macht üblicherweise Plausibilitätsprüfungen von Eingaben, ob ein angesprochenes Konto überhaupt existiert, ob ein Betrag in diesem Zusammenhang extrem hoch ist oder ob bei typischen Buchungen die Kontenreihenfolge stimmt. Des Weiteren können bei Vorhandensein der Nettobeträge und des Umsatzsteuersatzes die Umsatzsteuerbeträge nachgerechnet werden. Es kann auch auf offensichtliche Eingabefehler, zB bei einem Datum, hingewiesen werden. Eine weitere Funktion besteht im Suchen oder Vorschlagen von Kontonummern und anderen Detailinformationen.

Buchführungssoftware ist auch in der Lage, bestimmte Buchungen **automatisch zu generieren.** Beispielsweise kann bei Rechnungen die Umsatzsteuer oder die abzugsfähige Vorsteuer automatisch verbucht werden. Am Ende jedes Monats können die Saldierung, die Umbuchung auf das Zahllastkonto und der Ausdruck der Umsatzsteuervoranmeldung selbständig erfolgen.

Die Hilfestellung von Buchführungssoftware kann sich auf all jene Tätigkeiten erstrecken, die automatisierbar sind. Für Nicht-Routinetätigkeiten (zB Bewertungsfragen, Rückstellungsbildung, Abwertungen beim Umlaufvermögen) besteht jedoch die Möglichkeit, in begrenztem Rahmen automatisch Buchungsvorschläge zu bieten. Die EDV kann hier aber den Buchhalter nicht ersetzen.

Die Buchführung ist ein **wesentlicher Bestandteil** der im Unternehmen verfügbaren Informationen. **Integrierte Softwarelösungen** vernetzen diese Informationen mit anderen Systemen, etwa der Materialwirtschaft, der Anlagenwirtschaft, der Instandhaltung, dem Qualitätsmanagement, der Produktionsplanung und dem Controlling. Eine gemeinsame Plattform verschiedener Datenbasen im Unternehmen erfolgt etwa durch **Data-Warehouse-Konzepte**.

3.3 Materielle Grundsätze

Die materiellen GoB beziehen sich auf den Inhalt des Jahresabschlusses und damit direkt auch auf den Inhalt der Bücher insgesamt. Sie umfassen neben den nachfolgenden Rahmengrundsätzen Gliederungs-, Ansatz- und Bewertungsgrundsätze.

Rahmengrundsätze

Die Aufstellung des Jahresabschlusses unterliegt dem **Stichtagsprinzip.** Bei der Erstellung des Jahresabschlusses sind alle Informationen zu berücksichtigen, die sich auf das abgelaufene Wirtschaftsjahr beziehen, auch wenn sie erst zwischen Abschlussstichtag und Zeitpunkt der Aufstellung des Jahresabschlusses bekannt werden (**Werterhellung**). Wertgenerierende Ereignisse, die nach dem Abschlussstichtag stattfinden, sind nicht zu berücksichtigen.

Beispiel: Der Abschlussstichtag eines Unternehmens ist der 31.12.20X1. Am 20.1.20X2 wird bekannt, dass ein ausländischer Kunde völlig überraschend am 28.12.20X1 in Konkurs gegangen ist. Die betreffende Forderung ist bereits im abgelaufenen Wirtschaftsjahr abzuwerten. Wäre der Kunde erst am 5.1.20X2 in Konkurs gegangen, dürfte dies im alten Jahresabschluss nicht berücksichtigt werden (soweit bis zum 31.12.20X1 keine Insolvenzgefährdung erkennbar war). Handelt es sich dabei um einen wesentlichen Verlust, sind allerdings im Lagebericht Informationen darüber zu geben.

Ausnahmen: Eine unsystematische Ausnahme vom Stichtagsprinzip gibt es für Umlaufvermögen, von dem Abschreibungen vorgenommen werden dürfen, um zu verhindern, dass in der nächsten Zukunft der Wertansatz sinkt (§ 207 Abs 2 HGB). Nach IFRS gibt es eine andere Ausnahme: Ist auf Grund von Gegebenheiten, die nach dem Abschlussstichtag erfolgten, die Annahme des Going-concern-Prinzips (siehe gleich unten) nicht mehr gerechtfertigt, darf der alte Jahresabschluss nicht mehr unter dieser Annahme aufgestellt werden (IAS 10).

Ein Grundsatz der **Wesentlichkeit** (*Materiality*) bei der Bilanzierung und der Erstellung des Jahresabschlusses ist im HGB an sich nicht vorgesehen. Nach diesem Grundsatz ist der zusätzliche Nutzen der Erstellung einzelner Informationen gegen die dadurch verursachten zusätzlichen Kosten abzuwägen. Das Problem ist jedoch, dass sich dafür keine generellen Richtlinien angeben lassen. Während der Grundsatz in internationalen Rechnungslegungssystemen in allgemeiner Form vertreten ist – so weisen beispielsweise die IFRS regelmäßig bei jedem Standard darauf hin, dass er nur auf **wesentliche Sachverhalte** anzuwenden ist –, kommt er in Österreich (wie auch in Deutschland) nur in Einzelvorschriften, wie den Inventurvereinfachungen (§ 192 Abs 2–4 HGB) und den Bewertungsvereinfachungen (§ 209 HGB), zum Tragen.

Gliederungsgrundsätze

Aus dem allgemeinen Vollständigkeitsgrundsatz folgt die **Bilanzidentität**: Die Eröffnungsbilanz eines Geschäftsjahres muss der Schlussbilanz des vorangegangenen Geschäftsjahres entsprechen, andernfalls wären nicht alle Geschäftsfälle erfasst worden (Ausnahmen bedürfen einer besonderen gesetzlichen Regelung, wie zB das Schillingeröffnungsbilanzgesetz, das zum 1.1.1953 eine Wertanpassung ermöglichte).

Es ist nicht zulässig, Posten der Aktivseite mit solchen der Passivseite bzw Aufwendungen mit Erträgen zu saldieren (**Bruttoprinzip**; § 196 Abs 2 HGB). Eine Ausnahme ist die zulässige offene Saldierung von Vorräten mit Anzahlungen von Kunden für entsprechende Aufträge. Diese Saldierung führt zu einer Bilanzverkürzung.

Für Kapitalgesellschaften bestimmt § 223 Abs 1 HGB eine **formelle Stetigkeit (formelle Bilanzkontinuität)**. So muss die Form der Darstellung im Jahresabschluss beibehalten werden, insbesondere um die Vergleichbarkeit der Werte über die Jahre zu erlauben. Der Grund dafür ist der unterschiedliche Adressatenkreis. Allfällige Abweichungen sind zu begründen. Für alle anderen Kaufleute gilt dagegen nur, dass die Posten gesondert auszuweisen und aufzugliedern sind. Daraus lässt sich keine so umfassende formelle Stetigkeit ableiten, wie sie für Kapitalgesellschaften gilt.

Ansatzgrundsätze

Die Bücher und insbesondere auch der Jahresabschluss müssen sämtliche Vermögensgegenstände, Rückstellungen, Verbindlichkeiten, Rechnungsabgrenzungsposten, Aufwendungen und Erträge enthalten, soweit gesetzliche Vorschriften nichts anderes bestimmen (§ 196 Abs 1 HGB). Die **Bilanzierungsfähigkeit** richtet sich danach, ob mit einer Ausgabe ein aktivierungsfähiger bzw mit einer Einnahme ein passivierungsfähiger Gegenwert erworben wurde. Aus der Bilanzierungsfähigkeit folgt im Allgemeinen auch die Bilanzierungspflicht (**Vollständigkeit**).

Die Begriffe „Vermögensgegenstand" und „Verbindlichkeiten" sind handelsrechtlichen Ursprungs. „Wirtschaftsgut" entstammt der steuerrechtlichen Terminologie, wobei es aktive und passive Wirtschaftsgüter gibt. Unterscheidungen zwischen diesen Begriffen sind strittig. Im Allgemeinen kann aber von einer weit gehenden Angleichung ausgegangen werden. International wird der Begriff „*asset*" verwendet, der sich inhaltlich etwas unterscheidet; er wird deshalb nach IFRS auch sprachlich unterschieden und mit „Vermögenswert" übersetzt.

Voraussetzungen für die **Aktivierungsfähigkeit** (und idR Aktivierungspflicht) sind ein künftiger Nutzen für das Unternehmen, die tatsächliche Erfassbarkeit und die selbständige Bewertbarkeit. Letztere umfasst die Veräußerbarkeit. Die **Passivierungsfähigkeit** (und -pflicht) besteht für alle rechtlichen oder wirtschaftlichen Verpflichtungen, die künftig (zumindest mit einer gewissen Wahrscheinlichkeit) eine Vermögensminderung bewirken werden. Die Verpflichtung muss ebenfalls tatsächlich erfassbar und selbständig bewertbar sein.

Nicht für alle Sachverhalte ist diese Abgrenzung so eindeutig, wie sie vielleicht klingen mag. Ein Beispiel sind Ausgaben für die Instandhaltung von Maschinen. Bilanzierungsfähigkeit ist nur dann anzunehmen, wenn die getätigten Ausgaben das Vermögen auf irgendeine Art und Weise mehren (Herstellungsaufwand). Ist dies nicht der Fall, wie zB bei Wiedereinsetzung oder Erhaltung der Maschine in ordnungsmäßigem Zustand (Reparatur, Wartung), sind die damit verbundenen Ausgaben sofort als Aufwand und damit gewinnmindernd zu verbuchen (Erhaltungsaufwand).

Von der Sache her problematisch ist die Beurteilung der Aktivierungsfähigkeit immaterieller Vermögensgegenstände. Dieses Problem löst das HGB im § 197 Abs 2 (weit gehend analog § 4 Abs 1 EStG) für selbsterstellte immaterielle „Anlagegegenstände" durch ein **Aktivierungsverbot**. Nur entgeltlich erworbene (derivative) Posten dürfen (und müssen) aktiviert werden. Nach IAS 38 besteht die Abgrenzungsfrage jedoch weiter, weil bei Erfüllen bestimmter Voraussetzungen eine Aktivierungspflicht und andernfalls ein Aktivierungsverbot greift.

Umgekehrt können bestimmte Aktivposten in die Bilanz aufgenommen werden, auch wenn sie keine Vermögensgegenstände bilden. Dabei handelt es sich um die **Rechnungsabgrenzungsposten** (Kapitel 4.7) und um Bilanzierungshilfen. **Bilanzierungshilfen** dienen vor allem dazu, bestimmte Aufwendungen in das Geschäftsjahr zu schieben, in welches sie wirtschaftlich gehören. Kennzeichen sind im Allgemeinen ein Wahlrecht der Inanspruchnahme und ein festgelegter Abschreibungsplan. Zu den Bilanzierungshilfen werden idR aktivierte **Aufwendungen für das Ingangsetzen und Erweitern eines Betriebes** (§ 198 Abs 3 HGB), **aktive la-**

tente Steuern (§ 198 Abs 10 HGB) und ein **derivativer Firmenwert** (§ 203 Abs 5 HGB) gezählt.

Bewertungsgrundsätze

Bei der Bewertung ist von der Fortführung des Unternehmens auszugehen, solange dem nicht tatsächliche oder rechtliche Gründe entgegenstehen. Dieser Grundsatz ist das **Going-concern-Prinzip** oder **Prinzip der Unternehmensfortführung** (§ 201 Abs 1 Z 2 HGB). Die Fortführung des Unternehmens kann niemals mit Sicherheit vorhergesagt werden. Für die Bewertung ist dies aber solange nicht relevant, als nicht mit sehr hoher Wahrscheinlichkeit von einer baldigen Auflösung des Unternehmens ausgegangen werden muss.

Gemäß der **materiellen Stetigkeit** sind die auf den vorangegangenen Jahresabschluss angewandten Bewertungsmethoden beizubehalten (§ 201 Abs 1 Z 1 HGB). Damit soll die inhaltliche Übereinstimmung eines gleich bezeichneten Postens über die Jahre sichergestellt werden. Eine betragsmäßige Änderung wäre andernfalls nicht unbedingt auf eine Änderung des zu Grunde liegenden Sachverhaltes zurückführbar, sondern auch auf eine Änderung der Bewertungsmethode. Von diesem Grundsatz darf nur dann abgewichen werden, wenn besondere Umstände vorliegen, zB wenn sich die für die Bewertung maßgeblichen Verhältnisse so sehr geändert haben, dass sich andernfalls kein getreues Bild der Vermögens- oder Ertragslage ergibt (Kapitalgesellschaften haben dies im Anhang anzugeben; § 236 Z 1 HGB).

Nach dem Grundsatz der **Einzelbewertung** ist jeder Gegenstand einzeln, dh losgelöst von seinem wirtschaftlichen Zusammenhang mit anderen Gegenständen im Betrieb, zu bewerten (§ 201 Abs 1 Z 3 HGB). Ausnahmen bestehen für bestimmte Gegenstände in Form einer **Gruppenbewertung** (Sammelbewertung; § 209 Abs 2 HGB). Gleichartige (und idR auch gleichwertige) Gegenstände können zu einer Gruppe zusammengefasst und gemeinsam bewertet werden. Im Rahmen der **Festbewertung** (§ 209 Abs 1 HGB) wird für mehrere Gegenstände des Sachanlagevermögens oder der Roh-, Hilfs- und Betriebsstoffe ein gemeinsamer, gleich bleibender Wert angesetzt, wenn der Bestand der betreffenden Vermögensgegenstände in seiner Größe, seinem Wert und seiner Zusammensetzung nur geringen Veränderungen unterliegt und von untergeordneter Bedeutung ist. Zugänge werden sofort voll als Aufwand abgesetzt, Abgänge nicht berücksichtigt. Nur im Falle erheblicher Abweichungen von der Realität ist der Festwert anzupassen. Es ist jedoch mindestens alle fünf Jahre eine Inventur vorzunehmen. Alle diese Ausnahmen erklären sich vorwiegend aus Vereinfachungsgesichtspunkten.

Die strikte Form des Einzelbewertungsgrundsatzes wird neuerdings bei **Sicherungs-geschäften (Hedging)** durchbrochen, um die Bilanzierung an den wirtschaftlichen Gehalt dieser Geschäfte anzugleichen.

Beispiel: Eine Forderung in Höhe von $ 1.000 mit Stichtagskurs 1,1 wird über den Kauf einer Put-Option um 20 kursgesichert. Die Option sieht vor, dass das Unternehmen zu einem bestimmten Zeitpunkt (Ende der Laufzeit der Forderung) $ 1.000 zum Kurs von 1,07 (nach Spesen) verkaufen kann. Damit ist der materielle Wert der Forderung (einschließlich der Option) zumindest 1.070, und zwar unabhängig davon, wie tief der $-Kurs fällt. Würden die Forderung und die Option einzeln bewertet, ergäbe sich Folgendes: Angenommen, der Kurs sinkt auf 1,02. Dann müsste die Forderung von 1.100 auf 1.020 abgewertet werden. Der Wert der Option steigt vielleicht auf 30, dies könnte aber nicht berücksichtigt werden. Die gemeinsame Bewertung bewirkt in diesem Fall, dass sich als Wertuntergrenze der Forderung 1.070 abzüglich des Wertes der Option (die im Falle der Ausübung keinen Wert mehr besitzt) von 30, das sind zusammen 1.040, ergibt.

Der **Grundsatz der Vorsicht** wird in § 201 Abs 1 Z 4 HGB relativ weit definiert: er umfasst danach das

- Realisationsprinzip und das
- Imparitätsprinzip.

Beide Prinzipien enthalten eine Konvention darüber, zu welchem Zeitpunkt Aufwendungen und Erträge in die Bücher aufzunehmen sind. Das **Realisationsprinzip** regelt den Zeitpunkt der Gewinnrealisierung als den Zeitpunkt der Verwirklichung der zugrunde liegenden Leistung.

Ein **Gewinn** ist dann **realisiert**, wenn die Lieferung oder Leistung vertragsgemäß erbracht wurde und abgerechnet werden kann, wenn also ihr Risiko auf den Abnehmer übergegangen ist. Das ist im Regelfall bei der Übergabe an den Kunden der Fall. Dies schließt nicht aus, dass später noch Mängel auftauchen, die zu einer Rückgabe oder Ähnlichem führen. Abbildung 3.2 zeigt für einen Kundenauftrag die wesentlichen Ereignisse in zeitlicher Abfolge. Die Gewinnrealisierung erfolgt im Zeitpunkt der Übergabe des Gegenstandes an den Kunden, *nicht* etwa bei Fakturierung bzw Aussenden der Rechnung. Dann wird der Umsatz (zum Absatzpreis) als Ertrag verbucht. Ertragsbuchungen ergeben sich aber auch schon vorher, wenn sich der Bestand an Fertigerzeugnissen erhöht; jedoch darf dadurch kein Gewinn realisiert werden, es werden nur die zugerechneten Aufwendungen durch eine Ertragsbuchung neutralisiert.

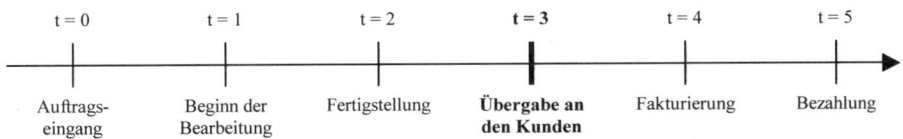

Abb 3.2: Zeitpunkt der Ertragsrealisierung

Mit dieser Festlegung des Realisationszeitpunktes sind noch nicht alle **Risiken** aus dem Geschäft für das Unternehmen beseitigt. Insbesondere bleibt das Zahlungsrisiko des Kunden weiter bestehen, solange die durch die Realisation entstandene Forderung nicht beglichen wurde. Es kann daher sein, dass ein Gewinn ermittelt wurde, der letztlich etwa infolge der Zahlungsunfähigkeit des Abnehmers wirtschaftlich gar nicht „realisiert" wird. Derartige Risiken sind durch Abwertung der Forderung zu berücksichtigen.

Die Erträge aus **Leistungen**, die über eine **gewisse Zeit erbracht** werden, sind zeitanteilig zu realisieren. Typische Beispiele sind Dauerschuldverhältnisse (zB Mietverträge) oder Zinserträge. Bei manchen Verträgen kann die Anwendung des Realisationsprinzips durchaus mit schwierigen Beurteilungen verbunden sein.

Beispiel: Ein Mobilfunknetzbetreiber verrechnet für jeden neu abgeschlossenen Vertrag eine nominale und nicht refundierbare Freischaltungsgebühr. Die Verträge haben eine Mindestlaufzeit von einem Jahr und können dann innerhalb einer bestimmten Frist monatlich gekündigt werden. Pro Monat ist eine bestimmte Grundgebühr fällig, die die Netzkosten des Netzbetreibers deckt. Wann ist der Ertrag aus der Freischaltgebühr realisiert?

Die Freischaltgebühr ist abzüglich der direkten Kosten der Freischaltung grundsätzlich über die erwartete Vertragslaufzeit (nicht unbedingt nur über die Mindestlaufzeit des Vertrags) abzugrenzen, der Ertrag wird damit über diese Zeit anteilig realisiert. Der Grund ist, dass es sich bei der Freischaltgebühr um kein Entgelt für eine eigenständige Leistung des Netzbetreibers gegenüber Kunden handelt. Die Freischaltung wird nur mit einem Einjahresvertrag gemeinsam angeboten und ist wirtschaftlich eine Vorauszahlung für künftig erbrachte Leistungen, eben das Zur-Verfügung-Stellen des Netzes.

Für **Verluste** gilt dieses Realisationsprinzip nicht. Gemäß dem so genannten **Imparitätsprinzip** sind drohende Verluste oder erkennbare Risiken bereits bei Bekanntwerden und nicht erst mit ihrer Realisation zu berücksichtigen. Dies hat eine asymmetrische Bilanzierung von Gewinnen und Verlusten zur Folge; Verluste werden relativ früher in den Büchern erfasst als Gewinne. Dadurch wird die Gewinnermittlung nach unten verzerrt. Dies soll der Kapitalerhaltung dienen: Würden erwartete Verluste nicht antizipiert, könnten eventuell in einem Wirtschaftsjahr noch Gewinne ermittelt und in der Folge ausgeschüttet werden, die eigentlich zur künftigen Verlustabdeckung erforderlich wären.

Neben dem Realisationsprinzip und dem Imparitätsprinzip gibt es ein **Vorsichtsprinzip im engeren Sinn**, dem die Vorstellung des vorsichtigen Kaufmanns zu Grunde liegt. Der Kaufmann rechnet sich nicht reicher, als er tatsächlich ist, sondern im Zweifel eher ärmer. Dies betrifft vor allem Wertansätze, die stark durch Zukunftserwartungen geprägt sind. Sind künftige Gegebenheiten weit gehend vorhersehbar, so sind sie mit diesem Wert anzusetzen, treten künftige Ereignisse häufig auf, so ist deren Durchschnittswert anzusetzen (zB bei Vorsorgen für Garantieverpflichtungen). Bei unsicheren Erwartungen in Bezug auf selten auftretende Ereignisse ist ein Wert anzusetzen, der diese mit hoher Wahrscheinlichkeit abdeckt; dadurch ergibt sich ein den Erfolg stärker mindernder Wert. Dies wird oft dazu benützt, um überhöhte Vorsicht walten zu lassen und dadurch **stille Reserven** zu bilden, indem Vermögen zu niedrig bewertet wird. Die Grenze der Vorsicht sollte jedoch durch den Grundsatz der Richtigkeit und Willkürfreiheit festgelegt sein. Das Imparitätsprinzip wird durch **Niederstwertvorschriften** für Vermögen und **Höchstwertvorschriften** für Verbindlichkeiten ergänzt und konkretisiert. Auf diese wird im Kapitel 4 näher eingegangen.

Der **Grundsatz der Periodenabgrenzung** (*accrual principle*) beinhaltet die Verpflichtung zur zeitlichen Abgrenzung von Ausgaben und Einnahmen. Nur die im jeweiligen Geschäftsjahr verursachten Teile dieser Zahlungen, nämlich die **Aufwendungen** und **Erträge**, dürfen (und müssen idR) im Jahresabschluss berücksichtigt werden (Pagatorik). Dies gilt unabhängig vom zeitlichen Anfall der Ausgaben und Einnahmen. Eine reine Cashflow-Rechnung erfüllt diesen Grundsatz nicht. Aus diesem Prinzip folgt zB der Ansatz von Abschreibungen, Rückstellungen oder von Rechnungsabgrenzungsposten, letztlich auch die Aktivierung selbst erstellter Vermögensgegenstände und die Einsatzermittlung von Vorräten (**Abgrenzung der Sache nach**). Damit sollen die Aufwendungen den dazugehörigen Erträgen gegenübergestellt werden (*matching*). Abgrenzungsprinzipien werden vom HGB nicht ausdrücklich erwähnt, sie folgen implizit aus dem Vollständigkeitsgebot (§ 196 Abs 1 HGB).

3.4 Kontenrahmen und Jahresabschlusskonten

Geht das Ausmaß der Geschäftstätigkeit über einen gewissen Umfang hinaus, ist es für die Berücksichtigung der GoB erforderlich, die geführten Konten nach bestimmten Gesichtspunkten zu ordnen. Diesem Zweck dienen **Kontenrahmen.** Sie enthalten Empfehlungen darüber, welche Konten notwendig sind, wie diese zu bezeichnen sind, um allgemein verständlich zu sein, sowie Richtlinien, wie die einzelnen Konten sinnvoll zu Gruppen zusammengefasst werden können. Ein **Kontenplan** ist die spezifische Kontenorganisation eines Betriebes (die subjektive Realisation eines empfohlenen Kontenrahmens).

Formelle Gliederungsprinzipien beschäftigen sich mit der Art des Aufbaues des Kontenrahmens. Geläufig sind vorwiegend Bezeichnungen der Konten mit Zahlen (dekadische Systeme), da sie leichter im Gedächtnis zu behalten sind. Denkbar sind aber etwa auch alphabetische Bezeichnungen. Die Gliederung selbst erfolgt durch Herstellung einer Hierarchie, wonach bestimmte Konten zu Gruppen und übergeordneten Gruppen zusammengefasst werden.

In Österreich gab es bereits 1932 einen Kontenrahmen, der 1938 von dem in Deutschland geltenden Kontenrahmen abgelöst wurde. Die Besonderheit dieses deutschen RKW-Kontenrahmens (Reichskuratorium für Wirtschaftlichkeit) bestand darin, dass er verpflichtend vorgeschrieben war. Nach Ende des Krieges wurde 1947 wieder ein österreichischer Kontenrahmen erarbeitet, der 1975 modernisiert wurde. Infolge der Änderungen der Gliederungsvorschriften durch das RLG wurde 1991 ein neuer Kontenrahmen vom ÖPWZ (Österreichisches Produktivitäts- und Wirtschaftlichkeitszentrum) gemeinsam mit der Kammer der Wirtschaftstreuhänder entwickelt. Dieser wurde 1999 vom Fachsenat für Betriebswirtschaft der Kammer der Wirtschaftstreuhänder überarbeitet.

Der **österreichische Einheitskontenrahmen** gliedert die Konten in 10 **Kontenklassen,** die weiter in je 10 **Kontengruppen** (00 = Aufwendungen für das Ingangsetzen und Erweitern eines Betriebes, 01 = Immaterielle Vermögensgegenstände …) und nach Bedarf weiter auf Dezimalbasis gegliedert werden. Er ist im Anhang zu diesem Kapitel zur Gänze abgedruckt.

Nummer	Bezeichnung
0	Anlagevermögen und Aufwendungen für das Ingangsetzen und Erweitern eines Betriebes
1	Vorräte
2	Sonstiges Umlaufvermögen, Rechnungsabgrenzungsposten
3	Rückstellungen, Verbindlichkeiten und Rechnungsabgrenzungsposten
4	Betriebliche Erträge
5	Materialaufwand und sonstige bezogene Herstellungsleistungen
6	Personalaufwand
7	Abschreibungen und sonstige betriebliche Aufwendungen
8	Finanzerträge und Finanzaufwendungen, außerordentliche Erträge und Aufwendungen, Steuern vom Einkommen und vom Ertrag, Rücklagenbewegungen
9	Eigenkapital, unversteuerte Rücklagen, Einlagen stiller Gesellschafter, Abschluss von Evidenzkonten

Tab 3.1: Kontenklassen des österreichischen Einheitskontenrahmens

Beispiel: Eine vierstellige Kontonummer könnte folgende Bedeutung haben:

Kontonummer: 2834

2	Sonstiges Umlaufvermögen, Rechnungsabgrenzungsposten
28	Schecks, Guthaben bei Kreditinstituten
283	Guthaben bei Bank X
2834	Konto bei Bank X.

Materiell basiert der österreichische Kontenrahmen auf den **Gliederungsvorschriften** der §§ 224 und 231 HGB für Kapitalgesellschaften. Er ist nicht auf einen bestimmten Wirtschaftszweig ausgerichtet, aber für manche Branchen weniger geeignet, wie zB für Versicherungen. Er enthält alle Konten der Geschäftsbuchhaltung und erfasst Aufwendungen und Erträge nach dem Bruttoprinzip (grundsätzlich keine Saldierung). Er ist durch die Art der Gliederung sehr einfach, insbesondere bei der Erstellung der Bilanz (nur wenige Umbuchungen). Bereits aus der ersten Ziffer einer Kontenbezeichnung ergibt sich, ob dieses Konto gegen das Schlussbilanzkonto oder gegen die Gewinn- und Verlustrechnung abgeschlossen wird.

Positionen der Schlussbilanz

Die **aktiven Bestandskonten** sind in den Klassen 0 bis 2 enthalten, die passiven Bestandskonten in den Klassen 3 und 9. In der Klasse 9 stehen auch die Abschlusskonten. Das **Schlussbilanzkonto** hat daher folgendes Aussehen:

Schlussbilanzkonto

Anlagevermögen (Klasse 0)
    Immaterielle Vermögens-
    gegenstände
    Sachanlagen
    Finanzanlagen
Umlaufvermögen (Klassen 1, 2)
    Vorräte
    Forderungen und sonstige
    Vermögensgegenstände
    Wertpapiere und Anteile
    Kassenbestand, Schecks,
    Guthaben bei Kreditinstituten
    Rechnungsabgrenzungsposten
	Eigenkapital (Klasse 9)
	    Gezeichnetes Kapital
	    Rücklagen
	
	Fremdkapital (Klasse 3)
	    Rückstellungen
	    Verbindlichkeiten
	    Rechnungsabgrenzungsposten

Bilanzsumme	Bilanzsumme

Das **Anlagevermögen** umfasst alle Vermögensgegenstände, die dazu bestimmt sind, dauernd dem Geschäftsbetrieb zu dienen (§ 198 Abs 2 HGB). Die anderen Vermögensgegenstände bilden das **Umlaufvermögen**. Es ist dazu bestimmt, in Umsatzakten weiterveräußert oder umgeschlagen zu werden.

Es gibt Fälle, in denen nicht bereits aus der Art des Vermögensgegenstandes entschieden werden kann, ob er Anlage- oder Umlaufvermögen bildet. Maschinen werden zB im Regelfall unter Anlagevermögen zu subsumieren sein, bei einer Unternehmung, die mit Maschinen handelt, werden sie jedoch zum Umlaufvermögen gehören. Ähnliches gilt für Wertpapiere, für die im Kontenrahmen sogar beide Ausprägungen vorgesehen sind (Kontengruppe 08, 09: Wertpapiere des Anlagevermögens; 26: Wertpapiere des Umlaufvermögens).

Die **Passivseite** der Bilanz zeigt die Mittelherkunft für die auf der Aktivseite aufgelisteten Vermögensgegenstände. Die Mittelherkunft kann in zwei große Gruppen gegliedert werden: **Eigenkapital** und **Fremdkapital.** Es gibt eine Reihe von typischen Unterschieden zwischen den beiden Finanzierungsformen, eine eindeutige Abgrenzung kann aber idR nicht vorgenommen werden, weil Zwischenstufen denkbar und auch üblich sind.

1. **Haftung:** Fremdkapital ist garantiertes Kapital und gegenüber dem Eigenkapital (bei Auflösung des Unternehmens, abgesehen von Sondervereinbarungen) bevorrechtet. Verluste können beim Fremdkapital erst dann auftreten, wenn das Eigenkapital aufgezehrt ist. Das Eigenkapital ist an diesen Verlustrisiken genauso beteiligt wie an Gewinnchancen; falls nach Beendigung des Unternehmens noch ein Liquidationsüberschuss bleibt, besteht ein Anspruch darauf nur für Eigenkapitalgeber.

2. **Fristigkeit:** Fremdkapital steht dem Unternehmen mehr oder weniger eng befristet zur Verfügung. Eine Rückzahlungsverpflichtung für Eigenkapital besteht dagegen idR nicht, es steht unbefristet zur Verfügung.

3. **Verzinsung:** Fremdkapital ist im Allgemeinen mit einem festen Zinssatz und zu vorgesehenen Zeitpunkten zu verzinsen, unabhängig davon, ob das Unternehmen Gewinne oder Verluste erzielt. Die Zinsen sind Aufwand und mindern den steuerlichen Gewinn des Unternehmens. Für Eigenkapital besteht keine Verpflichtung zu einer fixen Verzinsung. Ihm kommt aber statt dessen der zu versteuernde Gewinn, sofern einer erwirtschaftet wurde, als eine Art Verzinsung zugute. Bei Verlusten besteht kein Anspruch auf irgendeine Vergütung für die Eigenkapitalbereitstellung.

4. **Verfügungsrechte:** Eigenkapitalgebern stehen idR Leitungs-, Entscheidungs- und Vertretungsbefugnisse zu, Gläubigern grundsätzlich nicht.

Das **Eigenkapital** ergibt sich rein rechnerisch als Differenz (**Saldo**) aus dem Bruttovermögen auf der Aktivseite abzüglich des Fremdkapitals. Dadurch werden auch vereinzelte Fälle des Auftretens von negativem Eigenkapital erklärbar. Das kann sich zB bei hohen Entnahmen bzw Ausschüttungen und später erwirtschafteten hohen Verlusten ergeben.

Positionen der Gewinn- und Verlustrechnung

Die **Gewinn- und Verlustrechnung** muss nach § 231 HGB in Staffelform und nicht, wie früher üblich, in Kontoform gegliedert werden. Es besteht ein Wahlrecht zwischen dem Gesamtkostenverfahren (GKV) und dem Umsatzkostenverfahren (UKV). Beide werden vom österreichischen Kontenrahmen berücksichtigt. Bei Anwendung des **Gesamtkostenverfahrens** ergibt sich folgender Aufbau, wobei die Ziffern in Klammer die Kontenklassen bezeichnen:

Gesamtkostenverfahren

Betriebliche Erträge (Klasse 4)

– Materialaufwand und Aufwendungen für bezogene Leistungen (Klasse 5)

– Personalaufwand (Klasse 6)

– Abschreibungen und sonstige betriebliche Aufwendungen (Klasse 7)

+ Finanzerträge (– Finanzaufwendungen) (Klasse 8)

+ außerordentliche Erträge (– außerordentliche Aufwendungen) (Klasse 8)

– Steuern vom Einkommen und vom Ertrag (Klasse 8)

– Rücklagenerhöhungen (+ Rücklagenverminderung) (Klasse 8)

= Bilanzgewinn (Bilanzverlust)

Deutlich ersichtlich ist die Trennung in Betriebsergebnis (Saldo der Kontenklassen 4 bis 7) und die weiteren Teilergebnisse in Klasse 8. Das **Finanzergebnis** umfasst Erträge und Aufwendungen im Zusammenhang mit der Finanzierung des Unternehmens (zB Beteiligungserträge, Zinsen, Erlöse aus dem Verkauf von Wertpapieren). **Außerordentliche Erträge und Aufwendungen** sind solche Posten, die außerhalb der gewöhnlichen Geschäftstätigkeit des Unternehmens anfallen (§ 233 Abs 1 HGB). Beispiele sind höhere Gewalt (zB Streiks, Epidemien, Erdbeben), Betriebsstilllegungen, Enteignungen und Ähnliches. Nicht außerordentlich sind im Allgemeinen Erträge aus Anlagenverkäufen oder Ergebniswirkungen von Bewertungsänderungen.

Beim **Umsatzkostenverfahren** werden den betrieblichen Erträgen die Aufwendungen (auf Basis der abgesetzten Leistungen), gegliedert nach Kostenstellen (Aufwandsstellen), gegenübergestellt. Da weiterhin von den Aufwandsarten in den Klassen 5 bis 7 ausgegangen wird, werden Konten benötigt, die diese in die Kostenstellen überleiten. Dazu dienen so genannte Aufwandsstellenverrechnungskonten (Kontengruppen 59, 69 und 79), welche die Gegenbuchungen für die Aufwandsstellenkonten (Kontengruppe 79) aufnehmen. Die Kontenklasse 8 wird davon nicht berührt. Daraus ergibt sich folgender Aufbau:

Umsatzkostenverfahren

Betriebliche Erträge (Klasse 4)

– Herstellungskosten (Gruppe 79)

– Vertriebskosten (Gruppe 79)

– Verwaltungskosten (Gruppe 79)

– sonstige betriebliche Aufwendungen (Gruppe 79)

+ Finanzerträge (– Finanzaufwendungen) (Klasse 8)

+ außerordentliche Erträge (– außerordentliche Aufwendungen) (Klasse 8)

– Steuern vom Einkommen und vom Ertrag (Klasse 8)

– Rücklagenerhöhungen (+ Rücklagenverminderung) (Klasse 8)

= Bilanzgewinn (Bilanzverlust)

Andere Kontenrahmen

In Deutschland werden hauptsächlich zwei Kontenrahmen verwendet. Der neuere **Industrie-Kontenrahmen** (IKR) ist ähnlich wie der österreichische Kontenrahmen aufgebaut. Hauptunterschied ist die Einbeziehung der Kostenrechnung in eine eigene, allerdings getrennte Kontenklasse 9. Er ist insofern aber auch ein Zweikreissystem, weil er Finanzbuchhaltung und Kostenrechnung nicht verknüpft.

Im Gegensatz dazu verbindet der deutsche **Gemeinschafts-Kontenrahmen** (GKR) die Finanzbuchhaltung und die Kostenrechnung in einem so genannten Einkreissystem. Er verwendet das **Prozessgliederungsprinzip.** Dieses bietet einen guten Überblick über die im Betrieb ablaufenden Prozesse und den Wertefluss.

Die Kontenklassen heißen:

0	Anlagevermögen und langfristiges Kapital
1	Finanzumlaufvermögen und kurzfristige Verbindlichkeiten
2	Abgrenzungskonten (neutrale Aufwendungen und Erträge)
3	Sachumlaufvermögen (Roh-, Hilfs- und Betriebsstoffe)
4	Kostenarten
5, 6	Kostenverrechnung auf Kostenstellen
7	Bestände an fertigen und unfertigen Erzeugnissen (Kostenträger)
8	Betriebliche Erträge (Umsatzerlöse und Bestandsveränderungen)
9	Abschlusskonten

Die Klasse 2 dient der Gegenbuchung für die Überleitung der Finanzbuchhaltung in die Kosten- und Leistungsrechnung, die in den Klassen 4 bis 8 enthalten ist. Dadurch können betriebsfremde Aktivitäten und das (kalkulatorische) Betriebsergebnis innerhalb des Erfolges herausgelöst werden. Die Informationsfülle durch Integration von Buchhaltung und Kostenrechnung wird durch die schwierige und aufwendige praktische Handhabung erkauft.

3.5 Buchung laufender Geschäftsfälle

Die folgende Darstellung zeigt zunächst kurz die Eröffnungsbuchungen, die vor der laufenden Verbuchung von Geschäftsfällen durchzuführen sind. Die am Ende des Wirtschaftsjahres notwendigen Abschlussbuchungen werden in Kapitel 4 besprochen. Sie dienen zum einen der Abgrenzung der Zahlungsvorgänge auf Grund der Erfolgswirksamkeit in den Perioden und zum anderen der Durchführung der Bewertung. Die Buchungsbeispiele werden in der Regel in verkürzten Buchungssätzen (Sollkonto an Habenkonto Betrag) geschrieben. Zusätzlich wird beim jeweiligen Konto die Kontengruppe vermerkt.

Eröffnung der Konten

Eine periodenbezogene Buchführung muss auf irgendeine Weise zu Periodenbeginn eröffnet werden. Dabei ist zu unterscheiden, ob ein neues Unternehmen entsteht oder ob das Unternehmen schon länger existiert. Wird ein neues Unternehmen eröffnet, so wird man ein Eröffnungsinventar erstellen, das die Grundlage für die Eröffnung der Konten bildet. Dazu werden alle dem künftigen Unternehmen dienenden Vermögensgegenstände und Schulden aufgeschrieben. Als Gegenbuchung der eröffneten Bestandskonten dient ein eigenes Konto, das **Eröffnungsbilanzkonto** (EBK). Es sieht – verglichen mit den auf der jeweils richtigen Seite eröffneten Konten – recht ungewohnt aus:

Eröffnungsbilanzkonto

Eigenkapital	Anlagevermögen
Fremdkapital	Umlaufvermögen
Bilanzsumme	Bilanzsumme

Es ist seitenverkehrt zum Schlussbilanzkonto (SBK). Die Funktion ist nur aus der Systematik der Doppik erklärbar, da man für jede Belastung eines Kontos ein Gegenkonto benötigt.

Besteht das Unternehmen zu Beginn der neuen Periode bereits, so folgt aus den Grundsätzen der Vollständigkeit und der formellen Bilanzkontinuität, dass die Bestände zwischen der Schlussbilanz der vorangegangenen Periode und den Konteneröffnungen in der unmittelbar folgenden Periode keine Bewegungen erfahren haben können. Daraus ergibt sich eine Gleichheit zwischen Schlussbilanz und Eröffnungsbilanz der unmittelbar folgenden Periode. Die Eröffnungsbilanz ist einfach die seitenverkehrte Schlussbilanz der vorangegangenen Periode. Die Konten werden entsprechend durch Vervollständigung der Buchungssätze aus dem Eröffnungsbilanzkonto eröffnet.

Umsatzsteuer

Bei der **Verbuchung laufender Geschäftsfälle** ist zu beachten, dass diese im Regelfall umsatzsteuerpflichtig sind. Der **Umsatzsteuer** (USt) bzw **Mehrwertsteuer** (MWSt) unterliegen folgende Umsätze (§ 1 UStG):

- Lieferungen und sonstige Leistungen, die ein Unternehmer im Inland gegen Entgelt im Rahmen seines Unternehmens ausführt,

- der Eigenverbrauch im Inland; dieser umfasst im Wesentlichen den Wert entnommener Gegenstände, die Kosten von Leistungen und bestimmte Aufwendungen für Zwecke, die außerhalb des Unternehmens liegen, durch den Unternehmer,

- die Einfuhr von Gegenständen aus einem Drittland (das ist ein Staat, der nicht der EU angehört) ins Inland (Einfuhrumsatzsteuer).

Auf Grund der Ausgestaltung als **Nettoumsatzsteuer** kann der Unternehmer die ihm von anderen Unternehmern für Lieferungen oder Leistungen in Rechnung gestellte Umsatzsteuer und ebenso die Einfuhrumsatzsteuer als **Vorsteuer** vom Finanzamt zurückfordern.

Beispiel: Ein Unternehmer bezieht von einem anderen Unternehmer Waren zu einem Bruttopreis von 12.000 und verkauft sie um 14.400 an einen Kunden weiter. Auf Grund dieses Verkaufs hat er die im Rechnungsbetrag enthaltene USt von 14.400 – (20/120) = 2.400 an das Finanzamt abzuführen. Doch kann er die 2.000 vom Einkauf als Vorsteuer von seiner Steuerschuld abziehen, seine Zahllast gegenüber dem Finanzamt beträgt daher 2.400 – 2.000 = 400. Im Prinzip hat er damit nur USt von seiner Wertschöpfung (dem „Mehrwert") bezahlt, also von 12.000 – 10.000. Es kommt zu keiner Kumulativwirkung der Umsatzsteuer, da keine Umsatzsteuer auf eine frühere Umsatzsteuer geleistet wird.

	Einkauf	Verkauf	Steuerschuld	
Nettobetrag	10.000	12.000	Geschuldete Umsatzsteuer	2.400
Umsatzsteuer	+ 2.000	+ 2.400	Abziehbare Vorsteuer	−2.000
Bruttobetrag	12.000	14.400	**Zahllast**	**400**

Der **Steuersatz** der österreichischen Umsatzsteuer beträgt im Regelfall 20% des Entgelts, bei bestimmten Lieferungen und Leistungen gibt es geringere Steuersätze, so zB bei Grundnahrungsmitteln, Büchern und Leistungen der Beherbergung, Theater, Beförderung und bei bestimmten Restaurationsumsätzen 10%. **Echte Befreiungen** gibt es zur Einhaltung des Inlandsprinzips (bzw Binnenmarktprinzips), so werden Ausfuhrlieferungen und -leistungen sowie grenzüberschreitende Beförderungen völlig von der Umsatzsteuer entlastet. **Unechte Befreiungen** gibt es zB für Geldverkehr und Kreditgeschäfte, Grundstücksverpachtung und jene Umsätze, die Spezialsteuern unterliegen. Unecht heißt diese Befreiung deshalb, weil für damit zusammenhängende Einkäufe *keine* Vorsteuer abgezogen werden darf; somit kann es unter Umständen zu einer Kumulativwirkung kommen. Umsätze von Kleinunternehmern (Umsätze nicht höher als € 22.000 im Jahr) sind ebenfalls unecht steuerbefreit; es besteht jedoch eine Option auf Regelbesteuerung.

Die **Verrechnung** der Umsatzsteuerbeträge und der Vorsteuern mit dem Finanzamt erfolgt für jeden Voranmeldungszeitraum (idR ein Monat, für Kleinunternehmer ein Quartal) im Rahmen von **Umsatzsteuervoranmeldungen** (UVA). Darin berechnet der Unternehmer die abzuführende Umsatzsteuer selbst und führt sie innerhalb eines Monats und 15 Tagen nach Ablauf des Voranmeldungszeitraumes ab. Für das gesamte Jahr hat er schließlich eine Umsatzsteuererklärung zu legen.

Die **Verbuchung** der Umsatzsteuer erfolgt (im Normalfall) erfolgsneutral auf speziellen Konten. Anhand des oben angeführten Beispiels werden Netto- und Bruttomethode gezeigt.

Beispiel: Kauf von Waren um 10.000 + 20% USt bar:

a) **Nettomethode**: Der Rechnungsbetrag wird bei jedem Geschäftsfall sofort aufgeteilt und auf die entsprechenden Konten gebucht.

Waren (16) an Kassa (27)	10.000
Vorsteuer (25) an Kassa (27)	2.000

Man kann diese beiden Buchungssätze auch als einen **gemischten Buchungssatz** darstellen, weil tatsächlich auf einmal 12.000 aus der Kassa fließen und die Aufteilung erst im Anschluss erfolgt.

Waren (16)	10.000
Vorsteuer (25)	2.000
an Kassa (27)	12.000

Im Weiteren werden immer nur einzelne Buchungssätze verwendet.

b) **Bruttomethode**: Der Rechnungsbetrag wird zunächst brutto auf dem jeweiligen Konto erfasst. Dazu ist es nötig, die vorhandenen Konten in Unterkonten mit verschiedenen Steuersätzen aufzuteilen. Am Monatsende wird der Umsatzsteuerbetrag gesammelt herausgerechnet.

Waren 20% USt (16) an Kassa (27)	12.000
Am Monatsende:	
Vorsteuer (25) an Waren 20% USt (16)	2.000

Beispiel: Verkauf der Waren um 12.000 + 20% USt bar:

a) **Nettomethode**:

Kassa (27) an Erlöse aus Lieferungen und Leistungen (40)	12.000
Kassa (27) an Umsatzsteuer (35)	2.400

b) **Bruttomethode**:

Kassa (27) an Erlöse aus Lieferungen und Leistungen 20% USt (40)	14.400
Am Monatsende:	
Erlöse aus Lieferungen und Leistungen 20% USt (40) an Umsatzsteuer (35)	2.400

Nach Ende des Voranmeldungszeitraumes werden die Konten Umsatzsteuer und Vorsteuer saldiert und gegen das Konto Zahllast (Finanzamt) abgeschlossen:

Zahllast (35) an Vorsteuer (25)	2.000
Umsatzsteuer (35) an Zahllast (35)	2.400

Die Schuld wird innerhalb der Frist beglichen:

Zahllast (35) an Kassa (27)	400

Im Folgenden wird die Umsatzsteuer aus Vereinfachungsgründen nicht mehr berücksichtigt. In der praktischen Buchhaltung wird sie meist automatisch gebucht.

Buchungsbeispiele: Erfolgsneutrale Geschäftsfälle

Geschäftsfälle können erfolgsneutral oder erfolgswirksam sein. Dies hängt mit der Bilanzierungsfähigkeit des jeweiligen Geschäftsfalles zusammen. Bei den erfolgsneutralen Geschäftsfällen werden nur Bestandskonten belastet bzw erkannt. Der Erfolg der Periode wird dadurch nicht beeinflusst. Es gibt vier verschiedene Typen von erfolgsneutralen Buchungen.

Diese Typenbildung ist für illustrative Zwecke gut geeignet, formal aber verhältnismäßig unergiebig. Sie hat etwa dann einen Sinn, wenn das Schwergewicht auf einer Bilanzkosmetik liegt und nach Instrumenten dafür gesucht wird (strebt ein Unternehmen zB eine große Bilanzsumme an, kann dies durch kurzfristige Bilanzverlängerungsgeschäftsfälle erreicht werden).

- **Aktivtausch:** Die Vermögensstruktur auf der Aktivseite wird verändert. Ein Aktivkonto wird erhöht und ein anderes entsprechend vermindert. Die Bilanzsumme ändert sich nicht.

   Beispiele:
   a) Kauf einer Maschine in bar:
   Maschine (04) an Kassa (27)   117.850
   b) Kauf von Vorräten gegen Banküberweisung:
   Waren (16) an Bankguthaben (28)   8.899

- **Passivtausch:** Die Finanzierungsstruktur auf der Passivseite wird verändert. Ein Passivkonto wird erhöht und ein anderes entsprechend vermindert. Die Bilanzsumme ändert sich nicht.

   Beispiele:
   a) Auflösung einer Rückstellung für Beratungskosten, weil die Rechnung gekommen ist. Den Betrag bleibt man schuldig:
   Rückstellung (30) an sonstige Verbindlichkeiten (36)   8.000
   b) Verwandlung einer kurzfristigen Schuld in eine langfristige:
   Kurzfristige Verbindlichkeiten (32) an langfristige Verbindlichkeiten (32)   500.000

- **Bilanzverlängerung:** Ein Aktivkonto und ein Passivkonto werden um denselben Betrag erhöht. Dadurch erhöht sich auch die Bilanzsumme.

   Beispiele:
   a) Kauf von Waren auf Ziel:
   Waren (16) an Verbindlichkeiten auf Grund von Lieferungen und
   Leistungen (33)   14.350
   b) Aufnahme eines langfristigen Kredites:
   Kassa (27) an langfristige Verbindlichkeiten (32)   200.000

- **Bilanzverkürzung:** Ein Aktivkonto und ein Passivkonto werden um denselben Betrag vermindert. Die Bilanzsumme vermindert sich dadurch ebenfalls.

Beispiele:

a) Bezahlung einer fälligen Verbindlichkeit gegen Banküberweisung:
Verbindlichkeiten auf Grund von Lieferungen und Leistungen (33) an
Bankguthaben (28)   48.000

b) Bezahlung von Steuerschulden:
Abgabenverbindlichkeiten (35) an Kassa (27)   83.500

Buchungsbeispiele: Erfolgswirksame Geschäftsfälle

Bei diesen erfolgt die Buchung einmal auf einem Bestandskonto und einmal auf einem Erfolgskonto. Diese Geschäftsfälle beeinflussen den Gewinn bzw Verlust der betreffenden Periode.

Beispiele:

a) Bezahlung von Gehältern durch Banküberweisung:
Gehälter (62) an Bankguthaben (28)   19.000

b) Bezahlung von Zinsen bar:
Zinsaufwand (81) an Kassa (27)   8.700

c) Wareneinsatz für Verkäufe:
Verbrauch von Handelswaren (53) an Waren (16)   12.000

d) Barverkauf von Handelswaren:
Kassa (27) an Erlöse auf Grund von Lieferungen und Leistungen (40) 18.500

e) Auflösung einer Rückstellung mangels Eintrittes der Verpflichtung:
Rückstellung (30) an Erträge aus der Auflösung von Rückstellungen (47) 5.300

Diese Beispiele sind aus Sicht der Verbuchung relativ unproblematisch. Die Verbuchung anderer Geschäftsfälle ist weniger einfach. Geschäftsfälle können mehrere Konten ansprechen, wobei die Beträge erst errechnet werden müssen. Beispiele wären die Wechselverbuchung, bei der idR auch Spesen und Zinsen abgerechnet werden, oder der gesamte Komplex der Personalaufwandsverrechnung, bei der lohn- und gehaltsabhängige Abgaben und Steuern ermittelt werden müssen. Manche Geschäftsfälle sind in die einzelnen Bestandteile zu zerlegen, wofür Berechnungen notwendig sind und vielfach auch Methodenwahlrechte bestehen. Ein Beispiel ist die Verbuchung einer Leasingrate bei der Aktivierung des Leasinggutes, die in die Bestandteile Kreditrückzahlung und Zinsaufwand zerlegt werden muss. Bei anderen Geschäftsfällen bestehen mehrere Möglichkeiten der Verbuchung, von denen die eine oder andere aus theoretischen oder praktischen Gründen bevorzugt wird. Ein Beispiel dafür ist die Verbuchung von **Skonti**, dh Preisnachlässen auf Grund der Zahlung innerhalb einer bestimmten, kurzen Frist.

Beispiel: Das Unternehmen kauft Waren. Die Rechnung in Höhe von 25.000 (ohne Berücksichtigung von USt) ist innerhalb eines Monats nach Erhalt fällig. Wird sie bereits innerhalb von 10 Tagen beglichen, kann ein Skonto von 2% abgezogen werden.

Buchung bei Kauf:

Waren (16) an Verbindlichkeiten auf Grund von Lieferungen und Leistungen (33)	24.500
Zinsaufwand (80) an Verbindlichkeiten auf Grund von Lieferungen und Leistungen (33)	500

Bezahlung bei Ausnutzung des Skontos:

Verbindlichkeiten auf Grund von Lieferungen und Leistungen (33) an Kassa (27)	24.500
Verbindlichkeiten auf Grund von Lieferungen und Leistungen (33) an Zinsaufwand (80)	500

Bezahlung bei Nichtausnutzung des Skontos:

Verbindlichkeiten auf Grund von Lieferungen und Leistungen (33) an Kassa (27)	25.000

Vielfach wird in der Praxis jedoch anders gebucht. Bei Kauf wird der Rechnungsbetrag nicht aufgeteilt:

Waren (16) an Verbindlichkeiten auf Grund von Lieferungen und Leistungen (33)	25.000

Bei Nichtausnutzen des Skontos ergibt sich dieselbe Buchung wie oben. Bei Bezahlung und Ausnutzung des Skontos folgt dagegen:

Verbindlichkeiten auf Grund von Lieferungen und Leistungen (33) an Kassa (27)	24.500
Verbindlichkeiten auf Grund von Lieferungen und Leistungen (33) an Skontoerträge (58)	500

Diese Variante erfordert zwar weniger Buchungen, führt jedoch bei Ausnutzung des Skontos zu einem zu hohen Anschaffungswert der Waren, so dass anstelle von Skontoerträgen eher das Konto Waren betroffen wäre.

Buchungen, die nicht aus laufenden Geschäftsfällen, sondern aus Abschlussbuchungen entstehen, werden im 4. Kapitel besprochen.

Fragen und Beispiele

1. Ein etwas exzentrischer Kaufmann hat Anfang Mai sein Geschäft eröffnet, seine erste Bilanz weist eine Reihe von Merkwürdigkeiten auf. Liegen Bilanzfehler vor (adaptiert aus *Moxter* 1976, 49 f)?

   a) Um *Luca Pacioli* zu ehren, bedient er sich der lateinischen Sprache. (Der Franziskanermönch *Luca Pacioli* war ein bekannter Mathematiker des 15. Jahrhunderts; er stellte das System der doppelten Buchhaltung zum ersten Mal umfassend in seinem Werk „Summa de arithmetica, geometria, proportioni et proportionalita", Venedig 1494, dar.)

   b) Zu Ehren von *Jacques Savary* rechnet er in französischen Francs. (*Jacques Savary* gilt als der Schöpfer der „Ordonnance de Commerce" von 1673; er verfasste mit dem 1675 in Paris erschienenen „Parfait Negociant" den wichtigsten Kommentar zu jenem frühen

Handelsgesetzbuch; *Savary* hat mit diesem in vielen Auflagen und vielen Sprachen erschienenen Werk die Vorstellungen von „ordnungsmäßiger Rechnungslegung" für Jahrhunderte geprägt.)

c) Um *Napoleon* zu ehren, wurde die Bilanz zum 15. August (Napoleons Geburtstag) erstellt. (*Napoleons* Energie verdankt der „Code de Commerce" von 1807 seine Entstehung. Es ist dies ein Handelsgesetz, dessen Rechnungslegungsvorschriften Vorbild für alle späteren Kodifikationen auf dem Kontinent geworden sind.)

d) Zur besseren Übersicht bedient sich der Kaufmann eines Vielfarbenstiftes: Schulden trägt er in seiner Bilanz in roter Farbe ein, Forderungen grün, schwebende Posten mit einem besonders weichen Bleistift.

e) Um keine Geheimniskrämerei aufkommen zu lassen, trägt die Bilanz folgende Unterschriften: die des Prokuristen, die des Bilanzbuchhalters und die des Betriebsratsvorsitzenden.

2. In einem Unternehmen ist es üblich, große Teile der Anwendersoftware für die Finanzbuchhaltung selbst mit einer Assemblersprache zu erstellen. Diese Maschinensprache wurde beibehalten, weil die schon älteren Programme damit kodiert wurden und so die Struktur vorgegeben ist. Niemand wagt, sie abzuändern oder anzupassen. Der Grund dafür liegt in der Tatsache, dass die Programmierer, die diese Programme einst erstellt hatten, das Unternehmen bereits verlassen haben und die Nachfolger sich nicht genau damit beschäftigt haben, weil es sehr viel Zeit in Anspruch genommen hätte. Im Großen und Ganzen sind die Programme auch in Ordnung, warum sollte etwas geändert werden? Die kleinen Fehler, die auftreten, sind bekannt und werden manuell ausgebessert. Wie verhält es sich mit der formellen Ordnungsmäßigkeit?

3. Welcher Grundsatz ordnungsmäßiger Buchführung ist mit den folgenden Aussagen angesprochen?

a) Die Schlussbilanz einer Periode muss der Eröffnungsbilanz der folgenden Periode entsprechen.

b) Der Betrag, mit dem eine dubiose Forderung bilanziert wird, soll im Zweifel über die Einbringlichkeit eher niedrig sein.

c) Jede Maschine einer Produktionsanlage ist einzeln zu bewerten.

d) Der Inhalt und die Bewertungsmethode einer Bilanzposition sollen in verschiedenen Perioden nicht geändert werden.

e) Für einen drohenden Verlust aus einem Prozess ist eine Rückstellung zu bilden.

f) Für ein erhöhtes Insolvenzrisiko ist allgemein keine Rückstellung zu bilden.

4. Ein Einzelunternehmer eröffnet am 4.3.20X2 sein Unternehmen. Die dem Unternehmen gewidmeten Vermögensgegenstände sind in folgendem Inventar zusammengefasst:

Bebautes Grundstück	125.000
Geschäftslokal	517.000
Geschäftsausstattung	83.000
Darlehen	600.000
Bargeld	132.000

Wie lauten die Eröffnungsbuchungen, und wie sieht das EBK in T-Kontenform aus?

5. Sind die folgenden Geschäftsfälle erfolgswirksam oder erfolgsneutral zu buchen? Handelt es sich bei den erfolgswirksamen Buchungen um gewinnerhöhende oder um gewinnmindernde Geschäftsfälle? Handelt es sich bei den erfolgsneutralen Buchungen um Aktivtausch, Passivtausch, Bilanzverlängerung oder Bilanzverkürzung?

a) Ein Gesellschafter tritt aus, gewährt aber ein Darlehen in Höhe seines Kapitalanteils.

b) Abschreibung von Vorräten.

c) Auflösung einer freien versteuerten Rücklage.

d) Umbuchung von Wertpapieren des Umlaufvermögens auf solche des Anlagevermögens.

e) Auszahlung von Dividenden.

f) Verkauf von Forderungen an eine Factoring-Gesellschaft.

g) Bezahlung von Tilgungsraten eines Kredites.

h) Zuschreibung auf nicht abnutzbares Anlagevermögen.

i) Kauf eines Grundstückes bei gleichzeitiger Gewährung eines Darlehens seitens des Verkäufers.

6. Ein Unternehmen lässt eine ursprünglich geschotterte Werksgeländezufahrt asphaltieren. Die Ausgaben dafür betragen 100.000.

a) Sind diese Ausgaben eher Herstellungs- oder Erhaltungsaufwand?

b) Welche Auswirkungen ergeben sich auf den Gewinn je nachdem, ob es sich um Herstellungs- oder Erhaltungsaufwand handelt? Dabei sei angenommen, dass die Asphaltdecke zehn Jahre hält, bevor sie erneuert werden muss.

Lösungen

1. a) Die Bilanz ist nicht in deutscher Sprache abgefasst (§ 193 Abs 4 HGB).

   b) Die Bilanz ist nicht in Euro aufgestellt (§ 193 Abs 4 HGB).

   c) Es handelt sich, wie es im ersten Satz der Aufgabe heißt, um die Eröffnungsbilanz des Kaufmanns. Da sein Geschäft Anfang Mai gegründet wurde, hätte er für Anfang Mai eine Eröffnungsbilanz aufstellen müssen (§ 193 Abs 1). Im Übrigen spricht nichts dagegen, das Geschäftsjahr am 15.8. enden zu lassen; Geschäftsjahr und Kalenderjahr müssen nicht übereinstimmen.

   d) Vielfarbstifte sind dann nicht zu beanstanden, wenn Radierungen hierdurch nicht erleichtert werden: Der „besonders weiche Bleistift" ist wohl unzulässig. Das Gesetz verbietet zwar nicht ausdrücklich den Gebrauch von Bleistiften und ähnlichen, zu leicht tilgbaren Eintragungen führenden Schreibgeräten; doch kann aus dem Verbot von Radierungen (§ 190 Abs 3 HGB) auf ein Verbot solcher Schreibgeräte rückgeschlossen werden.

   e) Die Bilanz ist vom Kaufmann zu unterzeichnen (§ 194 HGB).

2. Problematisch ist in diesem Fall zunächst, dass die zu fordernde Nachprüfbarkeit der Programme innerhalb angemessener Zeit kaum gegeben ist. Insbesondere Assemblerprogramme sind sehr schwer nachzuvollziehen, was sich offenbar auch darin zeigt, dass es keiner der Programmierer versucht hat. Es scheint auch aus demselben Grund an einer ordentlichen Dokumentation zu fehlen. Es ist außerdem bekannt, dass Fehler in der Verarbeitung auftreten. Dabei ist ohne eine genaue Überprüfung schwer abzuschätzen, ob die bekannten und manuell berichtigten Fehler schon alle Fehler sind. Zusammenfassend bestehen große Zweifel an der formellen Ordnungsmäßigkeit.

3. a) Bilanzidentität.

   b) Vorsichtsprinzip.

   c) Grundsatz der Einzelbewertung.

   d) Materielle Stetigkeit.

   e) Imparitätsprinzip.

   f) Going-concern-Prinzip.

4. Bebautes Grundstück (02) an EBK (98)   125.000

   Gebäude (02) an EBK (98)   517.000

   Geschäftsausstattung (06) an EBK (98)   83.000

   EBK (98) an Darlehen (32)   600.000

   Kassa (27) an EBK (98)   132.000

   EBK (98) an Eigenkapital (90)   257.000

Eröffnungsbilanzkonto (EBK)

Darlehen	600.000	Bebautes Grundstück	125.000
Eigenkapital	257.000	Gebäude	517.000
		Geschäftsausstattung	83.000
		Kassa	132.000
	857.000		857.000

5. a) Erfolgsneutral. Passivtausch.

   b) Erfolgswirksam. Gewinnmindernd.

   c) Erfolgswirksam. Gewinnerhöhend.

   d) Erfolgsneutral. Aktivtausch.

   e) Erfolgsneutral. Bilanzverkürzung bei Bezahlung von einem Guthabenkonto; Passivtausch bei Erhöhung der Verbindlichkeiten.

   f) Erfolgsneutral. Aktivtausch. Die Factoringgebühr ist erfolgswirksam und gewinnmindernd.

   g) Erfolgsneutral. Bilanzverkürzung bei Bezahlung von einem Guthabenkonto; Passivtausch bei Erhöhung der Verbindlichkeiten.

   h) Erfolgswirksam. Gewinnerhöhend.

   i) Erfolgsneutral. Bilanzverlängerung.

6. a) Herstellungsaufwand ist dann anzunehmen, wenn sich die Wesensart des Wirtschaftsgutes verändert hat. Dies ist insbesondere dann der Fall, wenn das Wirtschaftsgut in seiner Substanz vermehrt wird, wenn die Gebrauchsmöglichkeit wesentlich geändert wird oder wenn sich die Lebensdauer erheblich ändert. Nach diesen Grundsätzen wird eher Herstellungsaufwand anzunehmen sein. Doch ist die Einordnung strittig (der VwGH hat in diesem Fall auf Erhaltungsaufwand entschieden; VwGH vom 8. 3. 1963, 1963/62).

   b) Wenn Herstellungsaufwand vorliegt, so müssen die 100.000 aktiviert und auf die Nutzungsdauer verteilt werden. Man wird mangels anderer Angaben von einer linearen Abschreibung ausgehen können, dh der Gewinn vor Berücksichtigung der Ausgaben wird für die nächsten zehn Jahre um jeweils 10.000 gemindert. Wird Erhaltungsaufwand angenommen, so sind die Ausgaben noch im selben Jahr vollständig als Aufwand geltend zu machen, der Gewinn wird also in demselben Jahr um 100.000 gemindert, später treten keine Gewinnminderungen mehr ein. Der Unterschied beträgt also im ersten Jahr 90.000 weniger Gewinn bei Einstufung als Erhaltungsaufwand, dafür aber die nächsten neun Jahre um jeweils 10.000 mehr Gewinn.

Literaturempfehlungen zum 3. Kapitel

Systematische Darstellungen der GoB finden sich in *Leffson* (1987), das lange als das Standardwerk für die GoB galt; *Baetge/Kirsch/Thiele* (2003) ist wohl der Nachfolger. Zur Ordnungsmäßigkeit der EDV-Buchführung ist etwa *Schuppenhauer* (1998) empfehlenswert. Die Beschreibung des Kontenrahmens und der Verbuchung laufender Geschäftsfälle wird im Detail bei *Auer* (2000), *Bertl/Deutsch/Hirschler* (2004) oder *Seicht* (2002) beschrieben, für Deutschland *Eisele* (2002) oder *Möller/Hüfner* (2004).

0 — Anlagevermögen und Aufwendungen für das Ingangsetzen und Erweitern eines Betriebes	1 — Vorräte	2 — Sonstiges Umlaufvermögen, Rechnungsabgrenzungsposten	3 — Rückstellungen, Verbindlichkeiten und Rechnungsabgrenzungsposten	4 — Betriebliche Erträge	5 — Materialaufwand und sonstige bezogene Herstellungsleistungen	6 — Personalaufwand	7 — Abschreibungen und sonstige betriebliche Aufwendungen	8 — Finanzerträge und Finanzaufwendungen, a.o. Erträge und a.o. Aufwendungen, Steuern vom Einkommen und vom Ertrag, Rücklagenbewegung	9 — Eigenkapital, unversteuerte Rücklagen, Einlagen Stiller Gesellschafter, Abschluss von Evidenzkonten
00 Aufwendungen für das Ingangsetzen und Erweitern eines Betriebes	10 Bezugsverrechnung	20 Forderungen aus 21 Lieferungen und Leistungen	30 Rückstellungen	40 Brutto- 41 Umsatzerlöse 42 und Erlös- 43 schmälerun- 44 gen	50 Wareneinsatz	60 Löhne 61	70 Abschreibungen	80 Finanzerträge und 81 Finanzaufwendungen 82 83	90 Gezeichnetes bzw. 91 gewidmetes Kapital, nicht eingeforderte ausstehende Einlagen
01 Immaterielle Vermögensgegenstände	11 Rohstoffe		31 Anleihen, Verbindlichkeiten gegenüber Kreditinstituten und Finanzinstituten		51 Verbrauch von Rohstoffen		71 Sonstige Steuern		
02 Grundstücke, 03 grundstücksgleiche Rechte, einschließlich der Bauten auf fremdem Grund	12 Bezogene Teile	22 Forderungen gegenüber verbundenen Unternehmen und Unternehmen, mit denen ein Beteiligungsverhältnis besteht	32 Erhaltene Anzahlungen auf Bestellungen		52 Verbrauch von bezogenen Fertig- und Einzelteilen	62 Gehälter 63	72 Instandhaltung und Reinigung durch Dritte, Entsorgung, Beleuchtung		92 Kapitalrücklagen
	13 Hilfsstoffe, Betriebsstoffe	23 Sonstige Forderungen 24 und Vermögensgegenstände	33 Verbindlichkeiten aus Lieferungen und Leistungen, Verbindlichkeiten aus der Annahme gezogener und der Ausstellung eigener Wechsel		53 Verbrauch von Hilfsstoffen		73 Transport-, Reise- und Fahrtaufwand, Nachrichtenaufwand		93 Gewinnrücklagen, Bilanzgewinn, Bilanzverlust
04 Technische Anlagen und Maschinen 05	14 Unfertige Erzeugnisse		34 Verbindlichkeiten gegenüber verbundenen Unternehmen, mit denen an Beteiligungsverhältnis besteht und gegenüber Gesellschaftern	45 Bestandsveränderungen und aktivierte Eigenleistungen	54 Verbrauch von Betriebsstoffen	64 Aufwendungen für Abfertigungen, Aufwendungen für Altersversorgung	74 Miet-, Pacht-, Leasing- und Lizenzaufwand	84 Außerordentliche Erträge und außerordentliche Aufwendungen	94 Bewertungsreserven und sonstige 95 unversteuerte Rücklagen
	15 Fertige Erzeugnisse	25 Forderungen aus der Abgabenverrechnung	35 Verbindlichkeiten aus Steuern	46 Sonstige 47 betriebliche 48 Erträge 49	55 Verbrauch von Werkzeugen und anderen Erzeugungshilfsmitteln	65 Gesetzlicher Sozialaufwand Arbeiter und Angestellte	75 Aufwendungen für beigestelltes Personal, Provisionen an Dritte, Aufsichtsratsvergütungen	85 Steuern vom Einkommen und vom Ertrag	
06 Andere Anlagen, Betriebs- und Geschäftsausstattung	16 Waren	26 Wertpapiere und Anteile	36 Verbindlichkeiten im Rahmen der sozialen Sicherheit		56 Verbrauch von Brenn- und Treibstoffen, Energie und Wasser	66 Lohn- und gehaltsabhängige Abgaben und Pflichtbeiträge	76 Büro-, Werbe- und Repräsentationsaufwand	86 Rücklagenbewegung, 87 Ergebnisüberrechnung 88 89	96 Privat- und Verrechnungskonten bei Einzelunternehmen und Personengesellschaften
07 Geleistete Anzahlungen und Anlagen in Bau	17 Noch nicht abrechenbare Leistungen	27 Kassenbestand, 28 Schecks, Guthaben bei Kreditinstituten	37 Übrige sonstige 38 Verbindlichkeiten		57 Sonstige bezogene Herstellungsleistungen	67 Sonstige 68 Sozialaufwendungen	77 Versicherungen, 78 Übrige Aufwendungen		97 Einlagen Stiller Gesellschafter
08 Finanzanlagen 09	18 Geleistete Anzahlungen		39 Rechnungsabgrenzungsposten		58 Skontoerträge auf Materialaufwand sowie auf sonstige bezogene Leistungen	69 Aufwandsstellenrechnung			98 Eröffnungsbilanz, Schlussbilanz, Gewinn- und Verlustrechnung
	19 Wertberichtigungen	29 Rechnungsabgrenzungsposten			59 Aufwandsstellenrechnung		79 Konten für das Umsatzkostenverfahren		99 Evidenzkonten

105

4. Kapitel

Bilanzierung, Bewertung und Erstellung des Jahresabschlusses

Dieses Kapitel stellt die wichtigsten Bilanzierungs- und Bewertungsbestimmungen dar. Die meisten davon werden typischerweise erst im Rahmen der Erstellung des Jahresabschlusses relevant. Zunächst werden im Rahmen der Inventur die Gegenstände, die am Abschlussstichtag im Unternehmen vorhanden sind, erfasst und anschließend bewertet. Hierauf werden Wertmaßstäbe für die Erst- und die Folgebewertung vorgestellt. Die Bilanzierung und Bewertung des Anlagevermögens, des Umlaufvermögens sowie der Schulden bildet den Schwerpunkt dieses Kapitels. Das Eigenkapital des Unternehmens ergibt sich rechnerisch als Differenz des Bruttovermögens und der Schulden. Insoweit haftet ihm kein Bewertungsproblem an. Aus Dokumentationsgründen werden die einzelnen Positionen des Eigenkapitals (zB Grundkapital, Rücklagen) jedoch getrennt ausgewiesen. Zuletzt werden noch die Rücklagen und der Abschluss der Konten samt der Gewinnverteilung dargestellt.

4.1 Inventur

Gemäß dem Grundsatz der Vollständigkeit sind alle Vermögensgegenstände und Schulden in die Bilanz aufzunehmen. Dazu werden im Rahmen der **Inventur** für jeden Bilanzstichtag die Bestände aufgenommen (§ 191 HGB). Die Liste, in der die Vermögensgegenstände verzeichnet werden, heißt **Inventar**. Gesetzlich ist als grundsätzliches Verfahren die körperliche Bestandsaufnahme festgelegt (§ 192 Abs 1 HGB), dh durch Zählen, Wiegen und Messen. Organisatorische Probleme schafft dies in der Praxis meist beim Vorratsvermögen, weil es in dessen Natur liegt, dass Differenzen zwischen den in den Büchern verzeichneten Posten und den tatsächlich vorhandenen Posten auftreten, zB durch Verderben oder Diebstahl. Dies ist für Anlagevermögen weniger der Fall. Forderungen und Verbindlichkeiten können nicht körperlich erfasst werden, diese Bestände werden anhand von Belegen oder stichprobenartig anhand von Saldenbestätigungen erfasst. Praktische Probleme ergeben sich hier eher auf Grund von zeitlichen Differenzen zwischen der Verbuchung im Unternehmen und der korrespondierenden Buchung beim Geschäftspartner.

Körperliche Bestandsaufnahme heißt aber nicht, dass sämtliche Gegenstände erfasst werden müssen. Das Gesetz lässt die Möglichkeit der Durchführung einer **Stichprobeninventur** zu (§ 192 Abs 4 HGB). Dabei wird nach einer mathematisch-statistischen Methode nur ein Teil der Vermögensgegenstände körperlich erfasst, die Erfassung des gesamten Bestandes erfolgt durch Hochrechnung. Steuerlich gibt es für die Stichprobeninventur gewisse Voraussetzungen (Abschn 6.1.2.4 EStR 2000).

Grundsätzlich ist das Inventar am Bilanzstichtag selbst oder knapp davor bzw danach zu erstellen (**Stichtagsinventur**). Diese Forderung kann aber oft nicht erfüllt werden, darum gibt es verschiedene Inventurerleichterungen. So kann die Inventur innerhalb von drei Monaten vor oder zwei Monaten nach dem Bilanzstichtag durchgeführt werden (**vor- und nachgelagerte Stichtagsinventur**). Bei der **permanenten Inventur** werden die Vermögensgegenstände nicht auf einmal, sondern zu verschiedenen Zeitpunkten während des Geschäftsjahres aufgenommen. Durch beide Vereinfachungen können längere Stillstandzeiten des Betriebes wegen der Erfassung der Gegenstände verschoben (etwa bei starkem Weihnachtsgeschäft) oder vermieden werden (etwa bei saisonbedingten Lagerschwankungen, zB Zuckerrüben). Der Bestand am Bilanzstichtag muss dann über laufende Aufzeichnungen der Zu- und Abgänge (**Lagerbuchführung**, Lagerkartei) ermittelt werden.

Das Inventar liefert die Information über die Menge der am Bilanzstichtag vorhandenen Vermögensgegenstände. Der **Bilanzansatz** ergibt sich aber erst nach der Bewertung dieser Gegenstände. Dafür existieren unterschiedliche Vorschriften je nachdem, um welche Art des Vermögens es sich handelt.

4.2 Wertmaßstäbe

Grundlagen der Bewertung wurden bereits in Kapitel 2 diskutiert. Dabei wurde ersichtlich, dass die Bewertungsfrage nicht trivial ist. Die geltenden Bewertungsgrundsätze in Österreich verfolgen mehrere Zwecke, wobei die Anspruchsbemessungsfunktion meist der Informationsfunktion vorgeht. Sie basieren auf verschiedenen Konzepten, verfolgen jedoch ausschließlich die Nominalkapitalerhaltung und bleiben damit dem Anschaffungswertprinzip treu. In der Folge werden die wichtigsten **Wertmaßstäbe** näher erläutert. Sie spielen sowohl bei erstmaliger Bilanzierung eines Gegenstandes als auch bei der Folgebewertung zu einem späteren Abschlussstichtag eine Rolle.

Anschaffungskosten

Anschaffungskosten (§ 203 Abs 2 HGB) sind alle Ausgaben, die erforderlich sind, um einen Gegenstand zu erwerben und betriebsbereit zu machen. Sie umfassen folgende Komponenten:

   Anschaffungspreis
+ Anschaffungsnebenkosten
+ nachträgliche Anschaffungskosten
− Anschaffungspreisminderungen

= Anschaffungskosten

Die **Anschaffungsnebenkosten** umfassen jene Ausgaben, die erforderlich sind, um den Gegenstand zu erwerben und nutzbar zu machen. Dazu zählen zB Transportkosten, Montagekosten, Provisionen, Zölle, Gebühren und Steuern, nicht aber die Umsatzsteuer, soweit sie als Vorsteuer abgezogen werden kann. **Nachträgliche Anschaffungskosten** sind Änderungen des Anschaffungspreises oder der Anschaffungsnebenkosten, die sich erst später ergeben, aber inhaltlich zum Erwerb zu rechnen sind, wie zB im Vertrag vorgesehene nachträgliche Änderungen des Kaufpreises oder Abbrucharbeiten, die im Kaufpreis berücksichtigt wurden. Anschaffungskosten sind nur der Betrag, den der Betrieb tatsächlich aufwenden musste. **Anschaffungspreisminderungen**, wie zB Rabatte oder in Anspruch genommene Skonti, zählen daher nicht zu den Anschaffungskosten.

Herstellungskosten

Die Herstellungskosten (§ 203 Abs 3 HGB) sind für die Bewertung der betrieblich hergestellten und am Abschlussstichtag im Betrieb befindlichen Vermögensgegenstände (unfertige und fertige Erzeugnisse, selbsterstellte Anlagen) und auch für Erweiterungen und wesentliche Verbesserungen vorhandener Gegenstände maßgebend. Die Ermittlung der Herstellungskosten folgt dem Schema der **Zuschlagskalkulation**. Tabelle 4.1 gibt einen Überblick über die Komponenten.

Komponenten	Herstellungskosten	
	handelsrechtlich	steuerrechtlich
Materialeinzelkosten	Pflicht	Pflicht
Fertigungseinzelkosten	Pflicht	Pflicht
Sonderkosten der Fertigung	Pflicht	Pflicht
Angemessene Teile der Materialgemeinkosten	Wahlrecht	Pflicht
Angemessene Teile der Fertigungsgemeinkosten	Wahlrecht	Pflicht
Anteilige Fremdkapitalzinsen (§ 203 Abs 4 HGB)	Wahlrecht	folgt Handelsbilanz
Anteilige Sozialaufwendungen (§ 203 Abs 3 HGB)	Wahlrecht	folgt Handelsbilanz
Verwaltungskosten	Verbot	Verbot
Vertriebskosten	Verbot	Verbot

Tab 4.1: Umfang der Herstellungskosten

Gegenüber den kalkulatorischen Herstellkosten bestehen einige wichtige Abweichungen. Zunächst dürfen nur jene Kosten berücksichtigt werden, die auch Aufwand sind (**pagatorisches Prinzip**).

Dies betrifft vor allem die Einsatzbewertung von Materialien, wofür die historischen Anschaffungs- oder Herstellungskosten anstelle von Wiederbeschaffungswerten zu wählen sind, und die Abschreibungen, die vom Anschaffungswert und nicht vom Wiederbeschaffungswert zu ermitteln sind.

Des Weiteren werden einige in der Kostenrechnung angesetzte Komponenten nicht oder anders berücksichtigt. Wie in Tabelle 4.1 ersichtlich, sind einige Komponenten zwingend anzusetzen, nämlich die Einzelkosten und allfällige Sonderkosten der Fertigung. Für echte Gemeinkosten besteht handelsrechtlich ein explizites Wahlrecht, für unechte Gemeinkosten wird dagegen von einer Ansatzpflicht ausgegangen.

Einzelkosten sind jene Kosten, die einem Vermögensgegenstand direkt zugerechnet werden können und diesem auch tatsächlich zugerechnet werden. Voraussetzung ist die verursachungsgerechte Erfassung dieser Kosten. Zu den Materialeinzelkosten zählen sämtliche von Dritten bezogenen Inputfaktoren (Fertigungsmaterial), zu den Fertigungseinzelkosten werden häufig die Fertigungslöhne gerechnet. **Sonderkosten** der Fertigung sind Einzelkosten des Auftrages, nicht des einzelnen Vermögensgegenstandes. Dazu gehören zB Ausgaben für Modelle, Entwürfe oder Spezialwerkzeuge.

Gemeinkosten sind Kosten, die dem Vermögensgegenstand nicht direkt zugerechnet werden, aber (aus finaler Sicht) notwendig für dessen Erzeugung sind. Sie gliedern sich in unechte und echte Gemeinkosten. Unechte Gemeinkosten könnten als Einzelkosten erfasst werden, dies geschieht jedoch (zB aus Wirtschaftlichkeitsgründen) nicht. Ein Beispiel wären Stromkosten einer einzelnen Maschine, weil dafür ein Stromzähler erforderlich wäre. Unechte Gemeinkosten sind jedenfalls variable Kosten. Die echten Gemeinkosten können dagegen nicht verursachungsgerecht aufgeteilt werden; sie können sowohl variable (zB Kuppelproduktion, etwa im Ölraffineriebereich) als auch fixe Kosten sein (zB Gebäudeabschreibungen, Mieten, Lizenzen).

Gemeinkosten umfassen zu einem erheblichen Teil auch **Fixkosten**. Werden diese auf die einzelnen Vermögensgegenstände verteilt, hängt der Anteil, der auf den einzelnen Gegenstand entfällt, von der Gesamtzahl der produzierten Gegenstände ab. Je weniger in einer Periode produziert wurde, desto höher ist der Anteil der Fixkosten, der auf jeden einzelnen Gegenstand entfällt, und umgekehrt. Herrscht eine offenbare Unterbeschäftigung, so muss für die Zurechnung der Fixkosten von einer durchschnittlichen Beschäftigung ausgegangen werden (§ 203 Abs 3 HGB), um einen übermäßig hohen Wertansatz zu verhindern.

Das explizite Wahlrecht für die Material- und Fertigungsgemeinkosten ist nicht unumstritten. Es geht vor allem um die variablen Gemeinkosten, die nach Meinung vieler auf jeden Fall einen Teil der Herstellungskosten bilden sollten. Durch das Nichtansetzen komme es zur Bildung stiller Reserven. Steuerrechtlich besteht kein solches Wahlrecht, es sind die (angemessenen Teile der) gesamten Material- und Fertigungsgemeinkosten zwingend anzusetzen (§ 6 Z 2 lit a EStG). Auch nach IFRS und US-GAAP sind angemessene Teile der Gemeinkosten anzusetzen.

Ein weiteres Wahlrecht gibt es für Zinsen auf das Fremdkapital, das zur Finanzierung der Herstellung verwendet wird, sowie für Sozialaufwendungen auf Grund von Sozialeinrichtungen, freiwilligen Sozialleistungen, der betrieblichen Altersversorgung und auf Grund von Abfertigungen. Da steuerlich keine besondere Vorschrift besteht, ist der in der Handelsbilanz gewählte Wert dieser Komponenten auch steuerlich maßgeblich (**Maßgeblichkeitsprinzip**).

Verwaltungs- und Vertriebskosten dürfen nicht in den Herstellungskosten berücksichtigt werden. Eine Ausnahme besteht bei **langfristiger Auftragsfertigung** gemäß § 206 Abs 3 HGB. Bei Aufträgen, deren Ausführung länger als 12 Monate dauert, besteht ein Wahlrecht zu deren Berücksichtigung in den Herstellungskosten des betreffenden Auftrags, solange aus der weiteren Auftragsdurchführung kein Verlust droht. Der Grund für diese Regelung ist die Ermöglichung einer verlustfreien Bewertung langfristiger Aufträge.

Beispiel: Angenommen, ein Unternehmen bearbeitet in einer Periode nur langfristige Aufträge, stellt aber keinen davon fertig. Damit hat es keine Umsatzerlöse, sondern nur Bestandsveränderungen an unfertigen Aufträgen. Diese sind zu Herstellungskosten zu bewerten. Gäbe es keine Möglichkeit, Verwaltungs- und Vertriebskosten in den Herstellungskosten zu aktivieren, ermittelte das Unternehmen in der betreffenden Periode einen Verlust genau in Höhe der in der Periode angefallenen Verwaltungs- und Vertriebskosten.

Nach IFRS und US-GAAP werden Aufträge grundsätzlich über die so genannte **Percentage-of-completion-Methode** bilanziert. Dabei werden der Gesamtertrag und der Gesamtaufwand auf die Perioden der Auftragsbearbeitung nach dem Fertigstellungsgrad

111

verteilt, und es kommt zu einer entsprechenden Gewinnrealisierung in den Perioden vor der Fertigstellung. Der Grund für diese Bilanzierung ist darin zu finden, dass bei einem Auftrag das Absatzrisiko erstellter Gegenstände (und Leistungen) wegfällt.

Materiell bewirkt der Ansatz von Herstellungskosten nur eine **Korrektur** von bereits buchmäßig **erfassten Aufwendungen**, die für die Erstellung der zu bewertenden Vermögensgegenstände benötigt wurden.

Beispiel: Wurde während eines Jahres von einem Bauunternehmen eine Lagerhalle für den Eigenbedarf erstellt, so konnte bei der laufenden Buchung der Aufwendungen keine Differenzierung zwischen der Lagerhalle zurechenbaren und anderen Aufwendungen durchgeführt werden. Die Ausgaben für die Lagerhalle sind in den betreffenden Aufwandskonten enthalten. Sie sind aber herauszurechnen, da sie nicht Aufwand der Periode bilden. Durch sie entsteht ein Vermögensgegenstand, der künftige Erträge bringt. Dieses Herausrechnen erfolgt aber nicht direkt aus den Aufwandskonten, sondern durch eine Erfolgsbuchung [Gebäude (02) an aktivierte Eigenleistungen (45)] in Höhe des zurechenbaren Aufwands. Da gemäß dem Realisationsprinzip kein Gewinn eintreten darf, ist der Wert in Höhe dieser Aufwendungen beschränkt. Ein höherer Wert (zB die Ausgaben, die erforderlich wären, würde ein Dritter die Lagerhalle herstellen) darf deshalb nicht angesetzt werden.

Die vorhandenen Wahlrechte bei der Bestimmung der Herstellungskosten können für **bilanzpolitische Zwecke** genutzt werden. Je mehr Aufwandskomponenten in die Herstellungskosten einbezogen werden, desto höher wird der Buchwert der in der Periode erstellten Leistungen und folglich auch der Gewinn in der Periode. In der Periode des Abgangs der Leistung dreht sich die Wirkung wieder um: Je höher der Buchwert war, desto geringer ist der Gewinn, der bei Erbringung der Leistung ermittelt wird.

Beispiel: Ein Unternehmen stellt im Jahr 20X6 eine Spezialanlage her, die es im Jahr 20X7 um 1.200 verkauft. Der handelsrechtliche Mindestansatz beträgt 250, der Höchstansatz 800. Die Verwaltungs- und Vertriebskosten betragen 140 pro Jahr. Es handelt sich um keinen langfristigen Fertigungsauftrag. Je nach Ausübung des Wahlrechts ergeben sich folgende Jahresgewinne:

	20X6	20X7	Summe
Umsatzerlöse	0	1.200	1.200
Bestandsveränderungen bei Mindestansatz	250	−250	0
Aufwendungen	−940	−140	−1.080
Gewinn/Verlust bei Mindestansatz	−690	810	120

	20X6	20X7	Summe
Umsatzerlöse	0	1.200	1.200
Bestandsveränderungen bei Höchstansatz	800	−800	0
Aufwendungen	−940	−140	−1.080
Gewinn/Verlust bei Höchstansatz	−140	260	120

4.3 Bilanzierung von Anlagevermögen

Das **Anlagevermögen** umfasst alle Vermögensgegenstände, die dazu bestimmt sind, dauernd dem Geschäftsbetrieb zu dienen (§ 198 Abs 2 HGB). Es kann in drei **Gruppen** gegliedert werden:

- Immaterielles Anlagevermögen,
- Sachanlagen (Sachanlagevermögen),
- Finanzanlagen.

Im Kapitel 3.3 wurde der Grundsatz der Bilanzierungsfähigkeit bereits angesprochen. Die praktischen Auswirkungen dieses Grundsatzes sind vor allem im Anlagevermögen sichtbar. Im Folgenden werden zwei wichtige Fälle vorgestellt.

Immaterielles Anlagevermögen

Immaterielles Vermögen umfasst Gegenstände ohne physische Substanz, wie Patente, Lizenzen, Software, Filme, Kundenlisten, Importquoten, Franchiserechte, Know-how, Innovationen und vieles mehr. Diese Gegenstände können selbst erstellt oder von Dritten erworben werden. Für selbst erstelltes immaterielles Anlagevermögen besteht in Österreich ein **Aktivierungsverbot** (§ 197 Abs 2 HGB, weit gehend analog § 4 Abs 1 EStG), auch dann, wenn die allgemeinen Aktivierungskriterien erfüllt sind.

Der Grund für das gesetzliche Aktivierungsverbot liegt vor allem in der schweren Beurteilbarkeit ihrer Aktivierungsfähigkeit, die einen großen Spielraum für die Bilanzpolitik eröffnet. Geht man davon aus, dass Unternehmen in guter wirtschaftlicher Situation eher dazu tendieren, wenig Gewinn auszuweisen, sind sie ohnehin bestrebt, dieses nicht anzusetzen. Und in einer schlechten wirtschaftlichen Lage möchte man sich dem Risiko einer unbegründeten Aktivierung noch weniger aussetzen. Es gibt allerdings legale Umgehungsmöglichkeiten des Aktivierungsverbots. Man braucht dazu nur ein zweites Unternehmen, das die immateriellen Wirtschaftsgüter erstellt und an das gegenständliche Unternehmen verkauft. Dann handelt es sich um entgeltlich erworbene Güter, die aktivierungsfähig sind.

Nach IAS 38 sind Entwicklungsausgaben nach Vorliegen bestimmter Voraussetzungen zu aktivieren. Dies gilt nach US-GAAP in ähnlicher Form für Ausgaben zur Softwareerstellung.

Der **Einzelerwerb** eines immateriellen Vermögensgegenstandes wirft im Allgemeinen keine besonderen Bilanzierungsfragen auf. Er wird mit seinen Anschaffungskosten aktiviert. Schwieriger wird es schon bei einem Erwerb zusammen mit anderen Gegenständen, etwa beim Erwerb eines ganzen Unternehmens, weil die Einzelwerte der übernommenen Gegenstände nicht bekannt sind. Hat das veräußernde Unternehmen einen immateriellen Wert nicht aktiviert, weil es ihn selbst erstellte, ist zusätzlich zu klären, ob er im Zuge des Erwerbs aktivierungspflichtig wird. Meist bezahlt der Käufer der Gegenstände mehr, als er für jeden einzelnen Gegenstand zu zahlen bereit wäre. Die Differenz zwischen dem Entgelt und der Summe der Werte der einzelnen Vermögensgegenstände wird **Firmenwert** (Goodwill) genannt. Für einen erworbenen Firmenwert **(derivativen Firmenwert)** besteht handelsrechtlich ein Aktivierungswahlrecht (§ 203 Abs 5 HGB), steuerrechtlich dagegen eine Aktivierungspflicht (§ 6 Z 1 EStG). Ein selbst erstellter (originärer) Firmenwert ist nicht aktivierungsfähig. Im Konzernabschluss entstehen Firmenwerte auch im Rahmen der Erstkonsolidierung (siehe insbesondere Kapitel 5.3).

Das Steuerrecht gibt einen Anreiz zur **Forschung und Entwicklung** durch Gewährung eines Forschungsfreibetrages (§ 4 Abs 4 Z 4, 4a und 4b EStG). Er beträgt grundsätzlich 25%, in Einzelfällen bis zu 35% der Forschungsaufwendungen. Der Umfang der förderungswürdigen Aufwendungen entspricht im Wesentlichen dem der Herstellungskosten (mit Ausnahme von Abschreibungen des Anlagevermögens). Der Forschungsfreibetrag wird als fiktive Betriebsausgabe nur in der Steuerbilanz geltend gemacht. Alternativ sieht § 108c EStG eine Forschungsprämie vor, die zu einer direkten Steuerersparnis führt.

Leasing

Ob ein Vermögensgegenstand aktivierungsfähig ist, hängt unter anderem davon ab, ob er überhaupt dem Betriebsvermögen des Unternehmens zurechenbar ist. Gemäß einer wirtschaftlichen Betrachtungsweise (*substance over form*) ist das Vorliegen des **wirtschaftlichen Eigentums** an einem Gegenstand ausschlaggebend. Wirtschaftliches Eigentum liegt vor, wenn das Unternehmen die tatsächliche Verfügungsmacht vergleichbar der eines rechtlichen Eigentümers ausübt und andere von der Verfügung ausschließen kann. Meist fallen rechtliches und wirtschaftliches Eigentum zusammen, nicht aber zB beim Finanzierungsleasing, bei Kommissionswaren oder Sicherungsübereignungen.

Leasing ist eine in der Praxis beliebte Mischform zwischen Kaufvertrag und Bestandsvertrag (idR Miete). Für die Bilanzierung sind Leasingverträge einer von zwei Kategorien zuzuordnen:
- Finanzierungsleasing,
- Operate Leasing.

Als Unterscheidungskriterium gilt das wirtschaftliche (nicht das rechtliche) Eigentum am Leasinggegenstand. Behält der Leasinggeber das wirtschaftliche Eigentum, handelt es sich um **Operate Leasing**, hat es dagegen der Leasingnehmer inne, ist es **Finanzierungsleasing**. Finanzierungsleasing ist einem Ratenkauf näher, Operate Leasing einem Mietvertrag. Das HGB enthält keine besonderen Regelungen über Leasing. Die Zuordnung muss daher durch ein Abwägen der Bestimmungen im Leasingvertrag erfolgen, wie insbesondere Höhe der Leasingraten, Dauer des Leasingverhältnisses im Vergleich zur betriebsgewöhnlichen Nutzungsdauer des Gegenstandes, Kaufoptionen, Verlängerungsoptionen und Risikotragung.

Die Finanzverwaltung hat im Abschn 2.5 EStR 2000 detaillierte **Zurechnungsregeln** für die steuerliche Beurteilung festgelegt. Danach ist der Leasinggegenstand dem Leasingnehmer unter anderem dann zuzurechnen, wenn die Leasingdauer mehr als 90% der Nutzungsdauer beträgt, wenn eine sehr günstige Kauf- oder Verlängerungsoption vorliegt oder wenn es sich um das Leasing einer Spezialanlage handelt, die im Grunde nur für den betreffenden Leasingnehmer verwendbar ist. Die Auffassung der Finanzverwaltung hat zwar formal-rechtlich keine Bindungswirkung, sie ist aber von großer praktischer Bedeutung. Um etwa eine steuerliche Nichtaktivierung beim Leasingnehmer sicherzustellen, werden Verträge vielfach so gestaltet, dass sie die entsprechenden Kriterien der EStR erfüllen. In der Handelsbilanz wird dieser Bilanzierung mangels eigener deutlicher Abgrenzungskriterien gefolgt.

Beim Operate Leasing wird der Leasinggegenstand dem Leasinggeber zugerechnet, daher bilden die Leasingraten einen **Aufwand** des Leasingnehmers. Beim Finanzierungsleasing wird er dem Leasingnehmer zugerechnet, und dieser hat ihn zu **aktivieren** und über die Nutzungsdauer **abzuschreiben**. Die Leasingraten selbst sind in (erfolgsneutrale) **Rückzahlungen** der Leasingverbindlichkeit und (erfolgswirksame) **Finanzierungskosten** aufzuteilen.

Beispiel: Ein Unternehmen least vom Leasinggeber einen Gegenstand mit Anschaffungskosten von 100.000 auf fünf Jahre. Als Leasingraten werden 23.739,64 pro Jahr fällig am Ende des Jahres vereinbart. Der Zinssatz beträgt 6%. Die Nutzungsdauer des Gegenstandes beträgt ebenfalls fünf Jahre, es wird kein wesentlicher Restwert erwartet.

Dieser Leasingvertrag stellt **Finanzierungsleasing** dar. Der Gegenstand ist daher gegen eine Leasingverbindlichkeit zu aktivieren und über die Nutzungsdauer abzuschreiben (hier wird eine lineare Abschreibung angenommen). Die Leasingraten sind in einen Zinsaufwand und eine Rückzahlung der Leasingverbindlichkeit aufzuteilen. Die Tabelle 4.2 gibt die Wertansätze wieder (Werte gerundet). Der Gesamtaufwand ist in 20X0 relativ hoch und sinkt im Lauf der Jahre ab. Grund dafür ist der sinkende Zinsaufwand infolge der sinkenden Leasingverbindlichkeit. Wäre der Vertrag als Operate Leasing zu qualifizieren, sind die Leasingraten direkt aufwandswirksam; der Gewinn wird so jedes Jahr gleichmäßig belastet.

Leasinggeschäfte haben nicht nur eine Auswirkung auf die Gewinnrealisierung in den einzelnen Jahren, sondern auch auf die Darstellung der Vermögenssituation in der Bilanz. Im Fall von Finanzierungsleasing erscheinen in der Bilanz der Gegenstand als Aktivposten und die Leasingverbindlichkeit als Passivposten. Bei Operate Leasing ist der Gegenstand nicht in der Bilanz enthalten. Auswirkungen ergeben sich auch auf die Geldflussrechnung. Während das Eingehen des Leasinggeschäftes zu keinen Cashflows führt, ist bei Finanzierungsleasing nur der Zinsanteil an den Leasingraten im Cashflow aus der Geschäftstätigkeit enthalten; beim Operate Leasing ist die gesamte Leasingrate in diesem Cashflow enthalten.

Stichtag	Leasing-raten	Zinsauf-wand	Rückzah-lung	Leasing-verbind-lichkeit	Abschrei-bung	Buchwert des Ge-genstands	Gesamt-aufwand
1.1.20X0				100.00,0		100.000,0	
31.12.20X0	23.739,6	6.000,0	17.739,6	82.260,4	20.000,0	80.000,0	26.000,0
31.12.20X1	23.739,6	4.935,6	18.804,0	63.456,3	20.000,0	60.000,0	24.935,6
31.12.20X2	23.739,6	3.807,4	19.932,3	43.524,1	20.000,0	40.000,0	23.807,4
31.12.20X3	23.739,6	2.611,4	21.128,2	22.395,9	20.000,0	20.000,0	22.611,4
31.12.20X4	23.739,6	1.343,8	22.395,9	0,0	20.000,0	0,0	21.343,8
Summe	118.698,2	18.698,2	100.000,0				118.698,2

Tab 4.2: Finanzierungsleasing

Sale and lease back ist eine Transaktion, bei der das Unternehmen einen Vermögensgegenstand an einen Dritten verkauft und unmittelbar darauf von diesem zurückleast. Sehr oft werden steuerliche Vorteilhaftigkeit oder Finanzierungsüberlegungen der Grund dafür sein. Diese Transaktion wird nach HGB grundsätzlich in zwei Geschäftsfälle zerlegt, nämlich in ein Verkaufsgeschäft (bei dem Gewinn realisiert wird) und in ein neues Leasinggeschäft, welches je nach Vertragsgestaltung als Finanzierungsleasing oder Operate Leasing zu behandeln ist.

Bewertung des Anlagevermögens

Die Bewertungsvorschriften unterscheiden beim Anlagevermögen abnutzbares und nicht abnutzbares Anlagevermögen. Zum **abnutzbaren Anlagevermögen** gehören zB Gebäude, Maschinen oder Werkzeuge, zum **nicht abnutzbaren Anlagevermögen** (unbebaute) Grundstücke, Beteiligungen oder Wertpapiere.

Problematisch ist oft die Einordnung **immaterieller Vermögensgegenstände** in abnutzbares oder nicht abnutzbares Anlagevermögen. Patente und Lizenzen gelten idR unabhängig von einer Schutzfrist als abnutzbar, Konzessionen können auch nicht abnutzbar sein. Ein (derivativer) **Firmenwert** gilt generell als abnutzbar.

Basis für die Bewertung des Anlagevermögens sind die **Anschaffungs- oder Herstellungskosten**. Abnutzbares Anlagevermögen ist durch planmäßige Abschreibungen zu vermindern. Außerplanmäßige Abschreibungen können für abnutzbares wie auch für nicht abnutzbares Anlagevermögen auf Grund des Niederstwertprinzips notwendig werden.

Planmäßige Abschreibungen

Die ursprünglichen Anschaffungs- oder Herstellungskosten des abnutzbaren Anlagevermögens sind durch laufende planmäßige Abschreibungen zu vermindern (**fortgeschriebene Anschaffungs- oder Herstellungskosten**).

Abschreibungen (in steuerlicher Terminologie Absetzung für Abnutzung bzw AfA) werden gesetzlich definiert als die **planmäßige** Verteilung der Anschaffungs- oder Herstellungskosten (unter Umständen abzüglich eines Restwertes) auf die voraussichtliche Nutzungsdauer (§ 204 Abs 1 HGB). Die Legaldefinition folgt dem Gedankengut der dynamischen Bilanztheorie, wonach die Abschreibung der in der Periode zu Aufwand gewordene Teil der ursprünglichen Ausgaben ist.

Es gibt eine Reihe von **Abschreibungsverfahren**. In der Praxis werden zumeist **lineare Abschreibungen** verrechnet, vor allem auch deshalb, weil dies steuerlich das einzig zulässige Verfahren ist (§ 7 Abs 1 EStG). Dabei werden die Anschaffungs- und Herstellungskosten gleichmäßig auf die voraussichtliche Nutzungsdauer verteilt und wird jede Periode mit dem gleichen Betrag an Abschreibung belastet. Dieses Verfahren ist recht einfach. Oft entspricht es aber nicht der tatsächlichen Entwicklung der Nutzung eines Anlagegegenstandes im Betrieb. Schwankt seine Nutzungsabgabe während der Nutzungsdauer erheblich, so müsste dies bei der (handelsrechtlichen) Abschreibung berücksichtigt werden.

Das Einkommensteuergesetz normiert im § 8 EStG widerlegbare **Abschreibungssätze für Gebäude**. So betragen die jährlichen Abschreibungen von unmittelbar der Betriebsausübung dienenden Gebäuden höchstens 3%, von Bank- und Versicherungsgebäuden 2,5% und von übrigen Gebäuden (zB Verwaltungsgebäuden) 2%, soweit nicht eine andere Nutzungsdauer nachgewiesen werden kann. Personenkraftfahrzeuge sind grundsätzlich über mindestens 8 Jahre, ein (derivativer) Firmenwert über 15 Jahre abzuschreiben.

Weitere Abschreibungsverfahren sind die Folgenden:

- **Degressive Abschreibung**: Der Abschreibungsbetrag ist am Beginn der Nutzungsdauer relativ hoch und sinkt kontinuierlich ab. Die geometrisch degressive Abschreibung (**Buchwertabschreibung**) ermittelt die Abschreibung anhand eines gleich bleibenden Prozentsatzes angewandt auf den jeweiligen Restbuchwert. Bei der arithmetisch degressiven (**digitalen**) **Abschreibung** vermindern sich die jährlichen Abschreibungsbeträge um jeweils einen konstanten Betrag.

- **Progressive Abschreibung**: Der Abschreibungsbetrag ist am Beginn der Nutzungsdauer relativ niedrig und steigt kontinuierlich an.

- **Leistungsabhängige Abschreibung**: Die Abschreibung wird an einem Leistungsmaßstab gemessen. So können beispielsweise die gefahrenen Kilometer eines Nutzfahrzeuges als Maß für die Abnutzung verwendet werden.

- **Substanzabschreibung**: Die Abschreibung wird auf Basis der abgebauten Substanz bezogen auf die geschätzte gesamte Substanz ermittelt. Dies ist im Bergbau oder bei Steinbrüchen üblich (und steuerlich gemäß § 8 Abs 5 EStG zwingend).

Allen Verfahren ist gemeinsam, dass nie mehr als die ursprünglichen Anschaffungs- oder Herstellungskosten abgeschrieben werden können. Scheidet der Anlagegegenstand später als erwartet aus dem Betrieb aus, so endet die Abschreibung, wenn die Anschaffungs- oder Herstellungskosten aufgezehrt sind.

Für so genannte **geringwertige Wirtschaftsgüter**, das sind solche abnutzbaren Anlagegegenstände, deren Anschaffungs- oder Herstellungskosten € 400 nicht überschreiten, besteht steuerlich nach § 13 EStG ein Ansatzwahlrecht. Diese Gegenstände können im Jahr der Anschaffung oder Herstellung sofort voll abgeschrieben werden (außer sie sind zur entgeltlichen Überlassung bestimmt). Die Inanspruchnahme dieses steuerlichen Wahlrechts erfordert die gleiche handelsrechtliche Bewertung (Umkehrung der Maßgeblichkeit, hier § 226 Abs 3 HGB). Handelt es sich bei den Abschreibungen um wesentliche Größenordnungen, müssen sie als **Bewertungsreserve** gebucht werden (§ 205 Abs 1 HGB). Zur Bewertungsreserve siehe weiter unten.

Steuerlich gilt, dass bei Inbetriebnahme eines Wirtschaftsgutes in der ersten Hälfte des Geschäftsjahres der gesamte Jahresbetrag, sonst der halbe Jahresbetrag, als Abschreibung anzusetzen ist (**Halbjahresabschreibung**, § 7 Abs 2 EStG). Handelsrechtlich folgen die meisten Unternehmen aus Vereinfachungsgründen dem steuerlichen Ansatz.

Die Abschreibung kann grundsätzlich **direkt oder indirekt verbucht** werden. Bei der direkten Methode wird die Abschreibung am Anlagenkonto selbst vorgenommen, bei der indirekten erfolgt sie auf einem dem Anlagenkonto zugeordneten kumulierten Abschreibungskonto (in derselben Kontengruppe).

Beispiel: Barkauf einer Maschine um 100.000 am 3.10.20X1. Die Nutzungsdauer beträgt 5 Jahre, es wird kein Restwert erwartet. Die Maschine wird am 2.4.20X4 um 60.000 verkauft.

Maschine (04) an Kassa (27)   100.000

Die lineare Abschreibung ergibt sich mit 100.000 / 5 = 20.000 jährlich. Die Inbetriebnahme erfolgt in der zweiten Jahreshälfte, die Abschreibung für 20X1 beträgt daher 10.000.

Direkte Verbuchung:
Abschreibung (70) an Maschine (04)   10.000

Indirekte Verbuchung:
Abschreibung (70) an kumulierte Abschreibung (049)   10.000

Die Auflösung des kumulierten Abschreibungskontos erfolgt bei Ausscheiden des Anlagegutes aus dem Betriebsvermögen. Die Konten lauten (unterstrichene Beträge sind Posten, die bereits am 1.1.20X4 das Konto belasteten):

Maschine (04)		Kumulierte Abschreibungen (049)	
100.000	60.000	60.000	10.000 (Abschreibung 20X1)
	40.000		20.000 (Abschreibung 20X2)
100.000	100.000		20.000 (Abschreibung 20X3)
			10.000 (Abschreibung 20X4)
		60.000	60.000

Fällig wird noch eine halbe Jahresabschreibung für 04:
Abschreibung (70) an kumulierte Abschreibungen (049)   10.000

Auflösung des Kontos:
Kumulierte Abschreibungen (049) an Maschine (04)   60.000

Der Restbuchwert der Maschine wird zu Aufwand, nämlich „Einsatz" der Anlage:
Buchwert abgegangener Anlagen (78) an Maschine (04)   40.000

Der Erlös aus dem Verkauf wird auf einem Ertragskonto „Erlöse aus Anlagenverkauf" verbucht:
Bank (28) an Erlöse aus Anlagenverkauf (46)   60.000

Erfolgswirksam wurde also ein Ertrag von insgesamt 60.000 − 40.000 = 20.000.

Der Vorteil der direkten Verbuchung liegt in der Sichtbarmachung des tatsächlich vorhandenen Wertes des abnutzbaren Anlagevermögens und einer Vereinfachung derart, dass weniger Konten notwendig sind. Nachteilig im Vergleich zur indirekten Verbuchung ist die Tatsache, dass die Anschaffungswerte in der Bilanz verschwinden und durch eine Saldogröße, die fortgeschriebenen Anschaffungswerte, ersetzt werden, die weniger aussagekräftig sind. Die Verbuchung ist vom Ausweis der Abschreibungen auseinander zu halten: Kapitalgesellschaften müssen die kumulierten Abschreibungen den historischen Anschaffungs- oder Herstellungskosten im Anlagenspiegel gegenüberstellen.

Außerplanmäßige Abschreibungen

Die (fortgeschriebenen) Anschaffungs- oder Herstellungskosten bestimmen grundsätzlich den Wertansatz von Anlagevermögen zum Abschlussstichtag. Es gilt jedoch ein so genanntes **Niederstwertprinzip**, welches besagt, dass der Anlagegegenstand bei einer dauernden Wertminderung auf den niedrigeren, am Abschlussstichtag beizulegenden Wert abgeschrieben werden muss (**außerplanmäßige Abschreibung**, § 204 Abs 2 HGB). Der Grund dafür liegt in der Natur des Anlagevermögens: Es ist dazu bestimmt, dauernd dem Geschäftsbetrieb zu dienen. Deshalb sind kurzfristige Wertschwankungen unbeachtlich und folglich nicht zu berücksichtigen. Ein Wahlrecht besteht allerdings bei **Finanzanlagen**. Diese dürfen auch dann außerplanmäßig abgeschrieben werden, wenn die Wertminderung voraussichtlich *nicht* von Dauer ist.

Steuerlich gilt für das Anlagevermögen generell ein gemildertes Niederstwertprinzip, wonach ein niedrigerer Teilwert angesetzt werden darf. Dieses Wahlrecht ist jedoch für handelsrechtlich Buchführungspflichtige wirkungslos, weil die handelsrechtliche zwingende Vorschrift vorgeht und im Wege des Maßgeblichkeitsprinzips auch steuerlich wirkt.

International geht der Trend bei der Bewertung von Finanzvermögen in die Richtung des Ansatzes zum **Zeitwert** am Abschlussstichtag. Sowohl IFRS als auch US-GAAP schreiben für gewisse Kategorien von Finanzvermögen den Ansatz zum Zeitwert vor; zum Teil müssen die Wertänderungen sogar erfolgswirksam erfasst werden. Auf diese Weise werden auch nicht „realisierte" Gewinne ausgewiesen. Die Zeitbewertung gilt ganz besonders für derivative Finanzinstrumente (zB Optionen, Futures, Swaps). Der Grund liegt darin, dass die Anschaffungskosten von derivativen Finanzinstrumenten idR keine sinnvolle Größe darstellen, anhand derer die zu Grunde liegenden Risiken und Chancen adäquat abgebildet werden. Die EU änderte 2001 die Bilanzrichtlinie, womit den Mitgliedstaaten die **Marktbewertung** (*mark to market*) von bestimmten Gruppen des Finanzvermögens ermöglicht wird. Der österreichische Gesetzgeber hat dies im **Fair-Value-Bewertungsgesetz** 2003 bewusst nicht übernommen, sondern nur zusätzliche Angaben zu Finanzinstrumenten vorgeschrieben.

Für Finanzanlagevermögen, bei dem eine Wertaufholung (beizulegender Zeitwert ist höher als der Buchwert) nicht vorgenommen wurde, sowie für derivative Finanzinstrumente ist im Anhang der beizulegende Zeitwert anzugeben (§ 237a HGB). Der **beizulegende Zeitwert** entspricht dem Marktwert; gibt es einen solchen nicht, ist er aus den Marktwerten gleichartiger Finanzinstrumente oder mit Hilfe anerkannter Bewertungsmodelle und -methoden abzuleiten.

Wie der **niedrigere beizulegende Wert** ermittelt werden soll, ist im HGB nicht näher definiert. Er soll die künftigen Nutzungsmöglichkeiten des betreffenden Gegenstandes sowohl im Unternehmen als auch am Markt berücksichtigen. Er kann etwa der Wiederbeschaffungswert sein, dh für nicht abnutzbares Anlagevermögen der Marktwert oder Börsenwert, sofern dieser existiert, und für abnutzbares Anlagevermögen der Wert eines Gegenstandes gleichen Alters und vergleichbaren Zustandes. Vielfach wird dazu der Marktwert eines neuen Gegenstandes um die fiktive Abschreibung gekürzt. Bei einem einzigartigen Gegenstand kann auch der Wert der ihm zuordenbaren künftigen Einzahlungsüberschüsse (Ertragswert) angenommen werden.

International gibt es eigene Standards, welche die Ermittlung dieses Wertes genau regeln. Nach IFRS ist der so genannte erzielbare Betrag (*recoverable amount*) der höhere Wert aus Nutzungswert und Nettoveräußerungspreis. Der Nutzungswert wird dabei als Ertragswert (*discounted cash flows*) aus der weiteren Nutzung des Gegenstandes im Unternehmen ermittelt, der Nettoveräußerungspreis ist der erzielbare Betrag bei sofortigem Ausscheiden des Gegenstandes aus dem Unternehmen. Nach US-GAAP ist der niedrigere Wert als der beizulegende Zeitwert (*fair value*) definiert, der dem Marktwert, einem Schätzwert oder dem Ertragswert entspricht.

Das **Steuerrecht** kennt mit dem Teilwert einen Wert, der dieselbe Funktion wie der beizulegende Wert hat. Der **Teilwert** ist jener Betrag, den ein Erwerber des ganzen Betriebes im Rahmen des Gesamtkaufpreises für das einzelne Wirtschaftsgut ansetzen würde, wobei davon auszugehen ist, dass der Erwerber den Betrieb fortführt (§ 6 Z 1 EStG, § 12 BewG). Der Teilwert besitzt im Vergleich zu Einzelwerten den Vorteil, dass nicht die Veräußerung des einzelnen Wirtschaftsgutes, sondern nur die des Unternehmens insgesamt fingiert wird. Dadurch sollen Verbundeffekte zwischen den einzelnen Wirtschaftsgütern im Wert Berücksichtigung finden. Aber gerade dadurch, dass ein Gesamtkaufpreis ermittelt und auf alle Wirtschaftsgüter verteilt werden muss, wird der Teilwert wenig praktikabel. In der Praxis haben sich daher widerlegbare Teilwertvermutungen herausgebildet. Sie lassen sich aber im Wesentlichen auf die Formel „Teilwert ist gleich Buchwert" reduzieren.

Fällt in einem späteren Geschäftsjahr der Grund für eine früher vorgenommene außerplanmäßige Abschreibung weg, so muss grundsätzlich wieder zugeschrieben werden (**Wertaufholungspflicht**). Die ursprünglichen Anschaffungs- oder Herstellungskosten, die bei abnutzbarem Anlagevermögen um die fortlaufenden planmäßigen Abschreibungen vermindert werden, dürfen jedoch nicht überschritten werden (§ 208 Abs 1 HGB). Es gibt aber eine Ausnahme von der Wertaufholungspflicht, die in der Praxis die Regel ist: Wenn nämlich steuerlich der niedrigere Wertansatz beibehalten werden kann, dann darf er auch handelsrechtlich beibehalten werden (**umgekehrte Maßgeblichkeit**). Da steuerlich eine Wertaufholung bei abnutzbarem Anlagevermögen (mit gewissen Ausnahmen, zB für das Rückgängigmachen von steuerlichen Sonderabschreibungen) verboten und für nicht abnutzbares Anlagevermögen wahlweise möglich ist, greift diese Vorschrift in den meisten Fällen. Daraus ergibt sich letztlich ein **De-facto-Wertaufholungswahlrecht**.

Der österreichische Gesetzgeber nahm bei dieser Regelung Anleihe beim deutschen HGB, das eine äquivalente Regelung kennt. Es tritt nicht klar zu Tage, was der Grund für diese Regelung ist. Es erscheint offensichtlich, dass der Gesetzgeber Zuschreibungen skeptisch gegenübersteht. Es besteht nämlich eine **Ausschüttungssperre** gemäß § 235 Z 1 HGB, wonach bei einer vorgenommenen Zuschreibung Beschränkungen für die Ausschüttung normiert werden.

Die **Bilanzrichtlinie** der EU sieht dagegen immer ein Wertaufholungsgebot vor. Die internationale Rechnungslegung ist in dieser Frage jedoch gespalten. Nach IFRS besteht ebenfalls (grundsätzlich) eine Wertaufholungspflicht, nach US-GAAP ein Wertaufholungsverbot. Der Grund liegt in einer unterschiedlichen Philosophie: Während IFRS eine außerplanmäßige Abschreibung als Sondersituation betrachtet, von der bei Wegfall der Gründe wieder auf die Ausgangssituation zurückzugehen ist, betrachten die US-GAAP den ermittelten niedrigeren Wert als aktuellsten Wert und damit als neue Basis für die weiteren Bewertungen.

Eine **Ausnahme** vom Grundsatz, dass bei einer Zuschreibung die historischen Anschaffungs- oder Herstellungskosten nicht überschritten werden dürfen, gilt für land- und forstwirtschaftliche Wirtschaftsgüter, die biologischem Wachstum unterliegen.

Das de facto bestehende **Wahlrecht** für Abwertung und nachfolgende Zuschreibung kann nun für die **zielorientierte Gestaltung** des Jahresabschlusses genutzt werden.

Beispiel: Ein Unternehmen erwirbt am 9.5.20X1 Aktien zum Kurswert 157. Wie hoch ist der Bilanzansatz in den nächsten Jahren nach Maßgabe der Angaben in der nachfolgenden Tabelle zu wählen, wenn entweder möglichst hoher oder möglichst niedriger Gewinn ausgewiesen werden soll?

Stichtag und Kurs	Möglichst hoher Gewinn		Möglichst niedriger Gewinn	
	Bilanz-ansatz	Gewinn-änderung	Bilanz-ansatz	Gewinn-änderung
9.5.20X1: **157**	157	0	157	0
31.12.20X1: **140**	157	0	140	– 17
31.12.20X2: **110** (vermutlich dauernde Wertminderung)	110	– 47	110	– 30
31.12.20X3: **150** (Einsetzung einer neuen Geschäftsführung)	150	+ 40	110	0
31.12.20X4: **165**	157	+ 7	110	0

Gerade beim nicht abnutzbaren Anlagevermögen tritt häufig der Fall ein, dass der Zeitwert bzw Teilwert über den ursprünglichen Anschaffungs- oder Herstellungskosten liegt. Diese Wertsteigerung darf in der Bilanz nicht ausgewiesen werden. Dadurch wird die Beurteilung der tatsächlichen Vermögenslage des Unternehmens erschwert. Die Differenz zwischen höherem tatsächlichem Wert und Buchwert nennt man **stille Reserven.** Die geltenden Rechnungslegungsvorschriften fördern die Bildung stiller Reserven, was sich aus dem offenbaren Überwiegen des Gläubigerschutzes gegenüber der Information über die Vermögenslage erklärt.

Beispiel: Wurde 1960 ein Grundstück um 200.000 gekauft, so kann der Wert heute ohne weiteres bei 1.000.000 liegen. Der Bilanzansatz kann aber höchstens 200.000 betragen. Die zwingend gebildeten stillen Reserven betragen mindestens 800.000.

International gibt es mit der Neubewertung eine Möglichkeit, Zeitwerte zu bilanzieren, welche die Anschaffungs- oder Herstellungskosten übersteigen. Dies ist nach IFRS, der Bilanzrichtlinie und in mehreren Mitgliedsstaaten der EU zulässig, nicht aber nach US-GAAP. Dabei wird die Werterhöhung erfolgsneutral direkt gegen eine Rücklage, die so genannte Neubewertungsrücklage, gebucht (wobei noch latente Steuern zu beachten sind). Die Werterhöhung wird niemals gewinnwirksam, sondern fungiert gewissermaßen als Substanzerhaltung.

Steuerliche Sondervorschriften

Das Steuerrecht sieht einige Begünstigungen vor, die wirtschaftspolitisch erwünschte Aktivitäten indirekt durch eine **steuerliche Entlastung** fördern sollen. Dem Zweck entsprechend ändern sich diese Sondervorschriften häufig. Formalrechtlich werden verschiedene Techniken verwendet. Eine davon besteht in der Geltendmachung von Betriebsausgaben **außerhalb der Handelsbilanz**, und zwar nur im Rahmen der steuerlichen Gewinnermittlung. Beispiele dafür sind der **Forschungsfreibetrag** (§ 4 Abs 4 Z 4 und 4a EStG) und der **Bildungsfreibetrag** (§ 4 Abs 4 Z 8 EStG). Ein nach diesen Sondervorschriften bestimmter Betrag mindert den steuerpflichtigen Gewinn und damit auch die Steuerbelastung, indem eine fiktive Betriebsausgabe grundsätzlich außerbücherlich angesetzt wird. Dadurch kommt es zu einer endgültigen Steuerersparnis.

Eine andere Art der steuerlichen Förderung setzt bei (wahlweiser) Inanspruchnahme der steuerlichen Sondervorschrift eine **entsprechende Buchung** auch in der Handelsbilanz voraus (**umgekehrte Maßgeblichkeit**). Gemäß § 205 HGB sind derartige steuerliche Sondervorschriften gesondert darzustellen.

Eine davon ist bei Personengesellschaften die **Übertragung stiller Reserven** (§ 12 EStG). Ihr liegt der Gedanke zugrunde, die Besteuerung von **stillen Reserven** zu vermeiden, die bei Ausscheiden von Anlagevermögen infolge höherer Gewalt aufgedeckt werden müssen (zB bei der Schadensabdeckung der Versicherung). Damit soll die finanzielle Möglichkeit einer Nachbeschaffung sichergestellt werden.

Beispiel: Der Buchwert eines Gebäudes beträgt 400.000. Brennt es ab und deckt die Feuerversicherung den Wiederbeschaffungswert von 700.000, kommt es zu einer (ungewollten) Gewinnrealisierung von 300.000. Bei einem Steuersatz von 40% wären 120.000 an Steuer zu leisten, die für die Neuerrichtung des Gebäudes fehlen.

Die Sondervorschrift erfasst auch die Auflösung stiller Reserven, die bei der Veräußerung von Anlagevermögen aufgedeckt werden, das mindestens (idR) sieben Jahre zum Betriebsvermögen gehört hat.

Liegt ein Anwendungsfall vor, können die stillen Reserven auf Anlagevermögen (mit gewissen Einschränkungen) übertragen werden, das innerhalb von 12 Monaten bzw bei Ausscheiden auf Grund höherer Gewalt innerhalb von 24 Monaten nach Ausscheiden des betreffenden Wirtschaftsgutes beschafft wird. Bei Übertragung im selben Jahr mindern die stillen Reserven die **steuerlichen Anschaffungs- oder Herstellungskosten** des Wirtschaftsgutes, auf das sie übertragen wurden. Andernfalls können sie in eine unversteuerte Rücklage eingestellt und dann von den Anschaffungs- oder Herstellungskosten abgesetzt werden, wenn entsprechende Wirtschaftsgüter beschafft wurden. Wurden die stillen Reserven innerhalb der gesetzlichen Frist nicht übertragen, ist die entsprechende Rücklage gewinnerhöhend aufzulösen.

Die Bewertungsreserve ist eine Mischposition aus Eigenkapital und latenten Steuern, die bei Auflösung bzw Verbrauch anfallen. Die Besteuerung der einstigen stillen Reserven erfolgt im Wege der nunmehr geringeren Abschreibungsbeträge. Im Regelfall ist es daher günstig, stille Reserven auf möglichst lang nutzbare Wirtschaftsgüter zu übertragen.

Handelsrechtlich ist die Anwendung einer solchen steuerlichen Sonderabschreibung keine planmäßige oder außerplanmäßige Abschreibung. Sie darf daher die Anschaffungs- oder Herstellungskosten nicht vermindern. Deshalb greift man zu folgendem Kunstgriff: Die steuerliche Abschreibung wird gegen ein Konto **Bewertungsreserve** gebucht. Dadurch wird die handelsrechtliche Bewertung nicht beeinträchtigt. Der Gegenstand ist nach den üblichen Regeln abzuschreiben. Im Gegenzug ist nun die Bewertungsreserve laufend mit dem Betrag, um den die handelsrechtlichen Abschreibungen die steuerlichen übersteigen, aufzulösen. Dadurch wird der handelsrechtlich „zu hoch" gebildete Aufwand reduziert. Die Bewertungsreserve ist auch aufzulösen, wenn der Vermögensgegenstand aus dem Betriebsvermögen ausscheidet.

Beispiel: Aus der Veräußerung einer Maschine, die sich bereits 11 Jahre im Betrieb befand und auf 10 Jahre abgeschrieben worden war, wird ein Erlös von 50.000 erzielt. Im selben Jahr wird eine andere Maschine um 350.000 neu gekauft. Deren betriebsgewöhnliche Nutzungsdauer beträgt 5 Jahre.

Übertragung stiller Reserven gemäß § 12 EStG (88)
an Bewertungsreserve (95)   50.000

Diese Aufwandsbuchung neutralisiert den Ertrag aus der Anlagenveräußerung. Während der Nutzungsdauer werden jährlich die Abschreibung und der Verbrauch der Bewertungsreserve gebucht (sofern keine besonderen Umstände eintreten):

Abschreibung (70) an Maschine (04)   70.000

Bewertungsreserve (95) an Auflösung unversteuerter Rücklagen (86)   10.000

Damit wird nur ein Aufwand von 60.000 gewinnwirksam, in der Handelsbilanz kommt es aber zu keiner Verzerrung der Darstellung durch die steuerliche Begünstigungsvorschrift. Die Mehr-Weniger-Rechnung ist daher nicht betroffen.

Eine **Bewertungsreserve** kommt auch bei anderen steuerlichen Sondervorschriften zur Anwendung. Gemäß § 8 Abs 2 EStG können idR **Ausgaben für denkmalgeschützte Betriebsgebäude** über zehn Jahre statt auf die (üblicherweise wesentlich längere) betriebsgewöhnlichen Nutzungsdauer abgeschrieben werden. Die Differenz zwischen der höheren Abschreibung und der planmäßigen handelsrechtlichen Abschreibung wird im Wege einer Bewertungsreserve erfasst.

In Österreich gab es bis zum Jahr 1988 eine allgemeine **vorzeitige Abschreibung**, die ein zeitliches Vorziehen künftig anfallender Abschreibungen bei neu investiertem abnutzbarem Anlagevermögen erlaubte. Mit dem Konjunkturbelebungsgesetz 2002 wurde befristet eine vorzeitige Abschreibung wieder eingeführt: Bei der Herstellung von Gebäuden des Anlagevermögens konnte 2002 und 2003 neben der planmäßigen Abschreibung unter bestimmten Bedingungen eine vorzeitige Abschreibung von 7% der Herstellungskosten geltend gemacht werden (§ 10a Abs 3 EStG). Da insgesamt jedoch nur 100% der Anschaffungs- oder Herstellungskosten gewinnmindernd abgeschrieben werden können, gehen gegen Ende des Abschreibungszeitraums die vorgezogenen Abschreibungen ab und führen somit zu einem entsprechend höheren zu versteuernden Gewinn. Diese Begünstigung führt daher nur zu einer temporären Steuerersparnis und wirtschaftlich betrachtet letztlich zu einem zinslosen Steuerkredit. Die vorzeitige Abschreibung entspricht keiner Wertminderung und ist in der Handelsbilanz im Wege einer **Bewertungsreserve** zu erfassen.

Eine endgültige Steuerersparnis bewirkte dagegen idR der so genannte **Investitionsfreibetrag** (IFB), der bis zum Jahr 2000 in Anspruch genommen werden konnte. Danach durfte ein bestimmter Prozentsatz der Anschaffungs- oder Herstellungskosten abnutzbaren Anlagevermögens gewinnmindernd in eine (unversteuerte) **Rücklage** gestellt werden. Nach vier Jahren konnte der IFB (abgesehen von einigen Ausnahmen) steuerfrei auf ein Kapitalkonto oder eine als versteuert geltende Rücklage übertragen werden.

4.4 Bilanzierung von Umlaufvermögen

Das **Umlaufvermögen** umfasst alle Vermögensgegenstände, die nicht dazu bestimmt sind, dauernd dem Geschäftsbetrieb zu dienen (§ 198 Abs 4 HGB), also insbesondere Vorräte, Forderungen und liquide Mittel. Diese Gegenstände kommen auf Grund des laufenden Geschäftsbetriebs in den Besitz des Unternehmens und schlagen sich regelmäßig um. Die Bindungsdauer im Unternehmen ist durch den Geschäftszyklus bedingt; dieser beginnt beim ersten Erwerb von Vorräten für die Leistungserstellung und endet, wenn die Kunden die erbrachten Leistungen bezahlen. Der Geschäftszyklus kann daher bei einigen Unternehmen recht kurz sein, bei anderen wieder mehrere Jahre dauern.

Grundsätzliche Regelung

Das **Umlaufvermögen** ist zunächst mit seinen Anschaffungs- oder Herstellungskosten zu bewerten. Dieses bildet auch die Höchstgrenze möglicher Wertansätze. Handelsrechtlich gilt für die Folgebewertung ein **strenges Niederstwertprinzip,** dh am Bilanzstichtag muss ein niedrigerer Zeitwert angesetzt werden (§ 207 Abs 1 HGB). Als Zeitwert ist zunächst jener Wert heranzuziehen, der sich aus einem Börsenkurs oder Marktpreis ergibt. Unter dem Börsenkurs wird jener Betrag verstanden, um den eine Einheit an einer Börse gehandelt wird, unter dem Marktpreis der Wert, den ein Gegenstand derselben Gattung an einem Handelsplatz erzielt. Gibt es keinen Börsenkurs oder Marktpreis, muss der beizulegende Zeitwert aus den Preisen am Absatzmarkt (Einzelveräußerungswert) oder am Beschaffungsmarkt (Wiederbeschaffungswert) abgeleitet werden.

§ 207 Abs 2 HGB ermöglicht eine **zusätzliche Abschreibung des Umlaufvermögens** unter diesen niedrigeren Wert, wenn dies nach vernünftiger kaufmännischer Beurteilung notwendig ist, um zu verhindern, dass dieser in der nächsten Zukunft auf Grund von Wertschwankungen geändert werden muss. Durch dieses Wahlrecht kann zB ein Preisverfall, der erst nach dem Bilanzstichtag bekannt wird, in der Bilanz des vorangegangenen Geschäftsjahres vorweggenommen werden. Dieses Wahlrecht führt zu einer Durchbrechung des Stichtagsprinzips, weil Sachverhalte, die erst nach dem Bilanzstichtag entstehen, bereits im früheren Abschluss berücksichtigt werden. Man wird dies mit (übertriebener) Vorsicht begründen können. Eine solche Abschreibung ist in der GuV gesondert auszuweisen.

Steuerlich gilt genauso wie für das nicht abnutzbare Anlagevermögen grundsätzlich ein gemildertes Niederstwertprinzip (§ 6 Z 2 lit a EStG). Vollkaufleute haben aber auf Grund des Maßgeblichkeitsprinzips die strengeren handelsrechtlichen Regelungen zu beachten und können das steuerlich gewährte Wahlrecht nicht ausnutzen.

Ist zu einem späteren Bilanzstichtag der niedrigere beizulegende Wert wieder angestiegen, so besteht grundsätzlich eine **Wertaufholungspflicht.** Der Gegenstand ist auf den höheren beizulegenden Wert, höchstens allerdings bis zu den ursprünglichen Anschaffungs- oder Herstellungskosten, aufzuwerten. Genauso wie beim Anlagevermögen gibt es aber eine Ausnahme von der Wertaufholungspflicht, die in der Praxis die Regel ist (§ 208 Abs 2 HGB): Wenn nämlich steuerlich der niedrigere Wertansatz beibehalten werden kann, dann darf er auch handelsrechtlich beibehalten werden (**umgekehrte Maßgeblichkeit**). Da dies regelmäßig der Fall ist, besteht handelsrechtlich auch für Umlaufvermögen ein **De-facto-Wertaufholungswahlrecht.**

Bestandsbewertung von Vorräten

Vorräte werden in die folgenden vier Kategorien gegliedert:

- Roh-, Hilfs- und Betriebsstoffe,
- unfertige Erzeugnisse,

- fertige Erzeugnisse,
- Waren.

Roh-, Hilfs- und Betriebsstoffe sowie Waren werden von Dritten bezogen, unfertige und fertige Erzeugnisse unterliegen im Unternehmen einer Bearbeitung.

Die allgemeine Bewertungsvorschrift ergibt für Vorratsvermögen folgende Vorgehensweise: Für Roh-, Hilfs- und Betriebsstoffe sowie Waren sind die **Anschaffungskosten**, für unfertige und fertige Erzeugnisse die **Herstellungskosten** die Grundlage für die Bewertung. Gemäß dem strengen Niederstwertprinzip müssen auch etwaige Wertminderungen berücksichtigt werden. Der dafür relevante Wert wird grundsätzlich aus dem **Beschaffungsmarkt** für derartige Gegenstände ermittelt und entspricht dem Wiederbeschaffungswert oder Reproduktionswert zum Bilanzstichtag.

Können die Erzeugnisse nicht fremd bezogen werden, ist der niedrigere beizulegende Wert aus jenem Wert abzuleiten, der sich ergibt, wenn vom erwarteten Verkaufs- oder Marktpreis die nicht zu den Herstellungskosten gehörenden Beträge (insbesondere Verwaltungs- und Vertriebskosten) abgezogen werden (**absatzmarktbezogene** oder **retrograde Bewertung**). Bei unfertigen Erzeugnissen sind weiter die noch bis zur Fertigstellung anfallenden (Herstellungs-)Kosten abzuziehen.

Bei **Überbeständen** wie auch bei Waren ist der niedrigere Wert aus der beschaffungsmarkt- und absatzmarktbezogenen Bewertung heranzuziehen (**doppeltes Minimum**). Diese Vorgehensweise ist wiederum Ausdruck einer besonders vorsichtigen Bewertung. Es ist nämlich unklar, weshalb für Erzeugnisse, Rohstoffe und Waren der Beschaffungsmarkt überhaupt noch relevant sein soll. Diese Gegenstände werden zur Weiterverarbeitung und Veräußerung am Absatzmarkt gehalten, und solange die tatsächlichen Einstandspreise durch die Fertigstellung und den Verkauf gedeckt sind, ist kein Verlust zu antizipieren. Dementsprechend sieht etwa IAS 2 auch eine ausschließlich absatzmarktbezogene Bewertung vor.

Eine Ausnahme von der strikten Obergrenze der Anschaffungs- oder Herstellungskosten sieht § 206 Abs 3 HGB vor. Aufträge, deren Ausführung sich über mehr als ein Jahr erstreckt, dürfen mit einem über den Herstellungskosten liegenden Wert angesetzt werden. Es dürfen angemessene Teile der Verwaltungs- und Vertriebskosten aktiviert werden. Dies gilt aber nur, soweit aus der weiteren Auftragsabwicklung keine Verluste drohen.

Der Bestand an unfertigen und fertigen Erzeugnissen am Periodenende wird dem Bestand zu Beginn der Periode gegenübergestellt. Die Differenz ist eine **Bestandsveränderung** und wird wie folgt verbucht:

a) Mehrung des Bestandes:

   unfertige und fertige Erzeugnisse (15) an Bestandsveränderungen (45)

b) Minderung des Bestandes:

   Bestandsveränderungen (45) an unfertige und fertige Erzeugnisse (15)

Das Konto „Bestandsveränderungen" entspricht dem für das Anlagevermögen verwendeten Konto „Aktivierte Eigenleistungen". Beide sind Ertragskonten, die den Gegenposten zu den schon erfassten Aufwendungen für die Erstellung dieser Gegenstände bilden. Im Gegensatz zu den aktivierten Eigenleistungen kann das Konto „Bestandsveränderungen" in einer Periode auch negativ werden. Dies geschieht dann, wenn der Bestand der unfertigen und fertigen Erzeugnisse gegenüber dem Beginn der Periode sinkt. In diesem Fall werden die Bestandsveränderungen auf der Sollseite als negativer Ertrag dargestellt.

Einsatzbewertung

Für diejenigen Vorräte, die zugekauft und nicht im Betrieb verarbeitet wurden, ist der Wert aus Anfangsbestand abzüglich des Wareneinsatzes während der Abrechnungsperiode zu ermitteln. Der **Wareneinsatz** kann dabei direkt oder indirekt ermittelt werden:

1. Direkte Einsatzermittlung:

	Anfangsbestand
+	Zukäufe
−	Retouren
−	Verbrauch laut Abfassungsscheinen
=	Soll-Endbestand
−	Ist-Endbestand laut Inventur
=	Schwund

Der Einsatz ergibt sich direkt aus Abfassungsscheinen vom Lager oder aus Ausgangsfakturen. Dadurch ist es möglich, etwaigen Schwund (zB Diebstahl, Verderben) gesondert zu ermitteln.

2. Indirekte Einsatzermittlung:

	Anfangsbestand
+	Zukäufe
−	Retouren
−	Ist-Endbestand laut Inventur
=	Einsatz

Ist keine Lagerbuchführung vorhanden, entspricht der Wareneinsatz einem Bruttosaldo, der sowohl den Verbrauch als auch den Schwund enthält.

Die Einsatzbuchungen ergeben sich wie folgt, zB bei den Handelswaren:

Verbrauch von Handelswaren (53) an Waren (16)

und bei der direkten Einsatzermittlung zusätzlich:

Schadensfälle (78) an Waren (16)

Im Regelfall werden diese Vorräte mehrmals pro Periode, meist zu unterschiedlichen Preisen, nachbeschafft. Es stellt sich dann die Frage, mit welchem Preis der **Bestand** und der **Wareneinsatz** bewertet werden sollen. Dafür gibt es **Verbrauchsfolgeverfahren**, die Annahmen treffen, welche Vorräte vom gesamten Bestand verwendet wurden. Die in der Praxis üblichen Verfahren sind die Folgenden:

- Identitätspreisverfahren,
- Durchschnittspreisverfahren,
- First-in-first-out-Verfahren (FIFO),
- Last-in-first-out-Verfahren (LIFO).

Das **Identitätspreisverfahren** beachtet den Grundsatz der Einzelbewertung der Gegenstände, ist aber nur dann anwendbar, wenn alle Vorräte mit verschiedenen Preisen auch getrennt gelagert werden. Dann ist im Voraus bekannt, von welchen Vorräten abgefasst wurde bzw wie hoch der Endbestand an den einzelnen Vorräten ist. Die getrennte Lagerung ist allerdings häufig nicht sinnvoll oder möglich (zB Öl in einem Tank). Für derartige Fälle haben sich andere Bewertungsverfahren durchgesetzt.

Die weiteren Möglichkeiten werden anhand eines Beispiels gezeigt:

Anfangsbestand eines Rohstoffes	100 kg à 500
Zukauf	60 kg à 560
Abfassung	30 kg
Zukauf	50 kg à 600
Abfassung	120 kg

Durchschnittsbewertung: Die Bewertung der Abfassungen erfolgt zum durchschnittlichen Wert des Lagerbestandes. Dabei gibt es zwei grundsätzliche Möglichkeiten, die gewogene und die gleitende Durchschnittsbewertung.

Gewogene Durchschnittsbewertung: Der Durchschnittswert wird am Bilanzstichtag vom Anfangsbestand und allen Zugängen ermittelt, und mit diesem werden sämtliche Abfassungen bewertet:

Transaktion	Bestand nach Menge und Wert	Wert
Anfangsbestand	100 kg à 500	50.000
Zukauf	60 kg à 560	33.600
Zukauf	50 kg à 600	30.000
Bestand	210 kg	113.600
Abfassung	30 kg à 540,95	16.228,5
Abfassung	120 kg à 540,95	64.914
Endbestand	**60 kg à 540,95**	**32.457**

Gleitende Durchschnittsbewertung: Nach jedem Zukauf wird ein neuer Durchschnittswert berechnet, und mit diesem werden die Abfassungen bis zum nächsten Zukauf bewertet:

Transaktion	Bestand nach Menge und Wert	Wert
Anfangsbestand	100 kg à 500	50.000
Zukauf	60 kg à 560	33.600
Bestand	160 kg	83.600
Abfassung	30 kg à 522,5	15.675
Bestand	130 kg à 522,5	67.925
Zukauf	50 kg à 600	30.000
Bestand	180 kg	97.925
Abfassung	120 kg à 544,03	65.283,6
Endbestand	**60 kg à 544,03**	**32.641,4**

FIFO (First in first out): Es wird unterstellt, dass der jeweils älteste Bestand zuerst verbraucht wird.

Transaktion	Bestand nach Menge und Wert	Wert
Anfangsbestand	100 kg à 500	50.000
Zukauf	60 kg à 560	33.600
Bestand	160 kg	83.600
Abfassung	30 kg à 500	15.000
Bestand	130 kg	68.600
Zukauf	50 kg à 600	30.000
Bestand	180 kg	98.600
Abfassung	70 kg à 500 = 35.000	
	50 kg à 560 = 28.000	
	120 kg	63.000
Endbestand	10 kg à 560 = 5.600	
	50 kg à 600 = 30.000	
	60 kg	**35.600**

LIFO (Last in first out): Dabei wird davon ausgegangen, dass die jeweils zuletzt beschafften Vorräte das Unternehmen zuerst wieder verlassen. Dieses Verfahren wird seltener angewandt, weil es steuerlich nur bei Nachweis der betreffenden Verbrauchsfolge anerkannt wird.

Transaktion	Bestand nach Menge und Wert	Wert
Anfangsbestand	100 kg à 500	50.000
Zukauf	60 kg à 560	33.600
Bestand	160 kg	83.600
Abfassung	30 kg à 560	16.800
Bestand	130 kg	66.800
Zukauf	50 kg à 600	30.000
Bestand	180 kg	96.800
Abfassung	50 kg à 600 = 30.000	
	30 kg à 560 = 16.800	
	40 kg à 500 = 20.000	
	120 kg	66.800
Endbestand	**60 kg à 500**	**30.000**

FIFO und LIFO ergeben sich aus einer Fiktion über eine bestimmte Verbrauchsfolge abhängig vom zeitlichen Eintreffen der Vorräte. Verfahren, die von einer Fiktion über die Anschaffungswerte ausgehen, sind nicht zulässig (§ 209 Abs 2 HGB). Beim **HIFO** (Highest in first out) wird unterstellt, dass die jeweils mit dem höchsten Preis erworbenen Vorräte zuerst verbraucht werden. Dies entspräche einer sehr vorsichtigen Bewertung. Umgekehrt geht das **LOFO** (Lowest in first out) von der Annahme aus, dass die Vorräte mit den niedrigsten Anschaffungspreisen zuerst verbraucht werden.

In der folgenden Tabelle ist der **aufwandswirksame Vorratseinsatz** der vier zulässigen Verfahren im Überblick dargestellt. Er schwankt je nach Methode im Beispiel zwischen 63.000 und 66.800. Damit ergibt sich ein **Unterschied im Gewinn** von bis zu 3.800. Bei tendenziell steigenden Preisen im Zeitablauf (wie im Beispiel) führt die Bewertung mit FIFO zum geringsten Periodenaufwand und somit zum höchsten Gewinn und die Bewertung mit LIFO zum höchsten Periodenaufwand und damit zum niedrigsten Gewinn. Die Formen der Durchschnittsbewertung bewegen sich innerhalb dieses Rahmens.

Verbrauchsfolgeverfahren	Periodenaufwand
Gewogene Durchschnittsbewertung	64.914
Gleitende Durchschnittsbewertung	65.283,6
FIFO	63.000
LIFO	66.800

Bewertung von Forderungen

Bei der Bewertung der Forderungen scheint zunächst die Tatsache, dass sie in Geldbeträgen ausgedrückt werden, eine Bewertungsproblematik auszuschließen. Trotzdem ergeben sich Probleme, weil zB im Wert zu berücksichtigen ist, wieweit die Forderung voraussichtlich einbringlich sein wird. Zweifelhafte Forderungen (Dubiosen) sind mit ihrem wahrscheinlichen Wert anzusetzen, uneinbringliche Forderungen sind voll abzuschreiben. Sehr niedrig oder gar nicht verzinsliche Forderungen sind mit ihrem Barwert auszuweisen, wobei ein normaler Zinssatz anzusetzen ist.

Beispiel: Ein Kunde vereinbart am 7.10.20X7 mit dem Unternehmen für dessen Leistung im Wert von 2.000.000 ein Zahlungsziel bis zum 30.9.20X8 ohne Zinsen. Der Zinssatz für vergleichbare Finanzierungen beträgt 7% pro Jahr. Mit welchem Wert ist die Forderung am 31.12.20X7 anzusetzen?

Am 31.12.20X7 beträgt die Laufzeit der Forderung noch genau 9 Monate bzw 0,75 Jahre. Der Barwert der Forderung beträgt daher $\frac{2.000.000}{1,07^{0,75}} = 1.901.044$. Die Forderung ist auf diesen Wert abzuwerten.

Ein Bewertungsproblem entsteht auch bei Forderungen in Fremdwährungen; sie sind zunächst zum Stichtagskurs bei Entstehen zu bewerten, in der Folge ist ein niedrigerer Kurs am Bilanzstichtag entsprechend zu berücksichtigen.

Beispiel: Ein Unternehmen verkauft am 18.12.20X2 Waren um $ 1.000 an einen Kunden in die USA. Der Wechselkurs beträgt zu diesem Zeitpunkt 0,956. Dieser hat ein Zahlungsziel von vier Monaten. In der folgenden Tabelle sind alternative Wechselkurse am Bilanzstichtag 31.12.20X2 und 31.3.20X3 (der Stichtag für einen Zwischenabschluss) sowie die entsprechende Bewertung der Forderung angeführt.

Die erstmalige Buchung der Forderung erfolgt mit ihren Anschaffungskosten von 956. Danach ist das strenge Niederstwertprinzip einzuhalten, wobei das oben angesprochene De-facto-Wertaufholungswahlrecht einen Spielraum eröffnet, zielgerichtet zu bewerten. Möchte das Unternehmen einen möglichst hohen Gewinn ausweisen, so wird es (bis höchstens zu den ursprünglichen Anschaffungskosten von 956) zuschreiben, möchte es einen möglichst niedrigen Gewinn ausweisen, wird es nicht zuschreiben.

Kursentwicklung		Möglichst hoher Gewinn		Möglichst niedriger Gewinn	
31.12.20X2	31.3.20X3	31.12.20X2	31.3.20X3	31.12.20X2	31.3.20X3
0,940	0,925	940	925	940	925
0,940	0,947	940	947	940	940
0,940	0,993	940	956	940	940
0,972	0,951	956	951	956	951
0,972	0,988	956	956	956	956

Der Grundsatz der Einzelbewertung gilt auch für Forderungen. Oft erscheint es aber wegen der Vielzahl von Forderungen oder wegen der kleinen Beträge sinnvoll, die **Bewertung pauschal** vorzunehmen. Dabei kann ein bestimmter Prozentsatz der pauschal bewerteten Forderungsnennbeträge nach der Erfahrung oder allgemeinen Praxis abgesetzt werden. Der Betrag der Pauschalwertberichtigung ist im Anhang anzugeben (§ 226 Abs 5 HGB). **Steuerlich** sind Pauschalwertberichtigungen für Forderungen nicht zulässig (§ 6 Z 2 lit a EStG). Müssen sie handelsrechtlich gebildet werden, erfolgt eine Hinzurechnung des Aufwands in der Mehr-Weniger-Rechnung. Eine solche Abwertung mindert die Steuerbelastung daher nicht im Jahr der Bildung der Pauschalwertberichtigung, sondern erst in der Periode, in der es tatsächlich zu einem Verlust aus einer Forderung kommt. Der Effekt besteht also in einer zeitlichen Vorverlagerung von Ertragsteuern und damit einem Zinsnachteil.

4.5 Bilanzierung von Verbindlichkeiten

Verbindlichkeiten sind in der Bilanz grundsätzlich mit dem Rückzahlungsbetrag (Erfüllungsbetrag) zum Zeitpunkt der erstmaligen Bilanzierung anzusetzen (§ 211 Abs 1 HGB). Dieser Betrag bildet gewissermaßen die Anschaffungskosten. Ist der Rückzahlungsbetrag an einem nachfolgenden Bilanzstichtag höher, so muss die Verbindlichkeit aufgewertet werden (**Höchstwertprinzip**). Dies ist ein gewinnmindernder Vorgang, ebenso wie die Abwertung einer Forderung. Sinkt der Rückzahlungsbetrag in weiterer Folge wieder, so ist auf diesen abzuwerten, wobei aber die ursprünglichen Anschaffungskosten nicht unterschritten werden dürfen. Ein Fall schwankender Wertansätze besteht idR bei Verbindlichkeiten in Fremdwährung.

Beispiel: Ein Unternehmen kauft am 18.12.20X2 Waren um $ 1.000 von einem Lieferanten in den USA. Der Wechselkurs beträgt zu diesem Zeitpunkt 0,956. Das Zahlungsziel beträgt vier Monate. In der nachfolgenden Tabelle sind alternative Wechselkurse am Bilanzstichtag 31.12.20X2 und 31.3.20X3 (der Stichtag für einen Zwischenabschluss) sowie die entsprechende Bewertung der Lieferverbindlichkeit angeführt.

Die Anschaffungskosten der Verbindlichkeit betragen 956. In weiterer Folge ist das Höchstwertprinzip anzuwenden. Ein Wahlrecht besteht nicht.

Kursentwicklung		Wertansatz	
31.12.20X2	31.3.20X3	31.12.20X2	31.3.20X3
0,940	0,925	956	956
0,940	0,993	956	993
0,972	0,951	972	956
0,972	0,968	972	968
0,972	0,988	972	988

Eine Abzinsung nicht oder sehr niedrig verzinslicher Verbindlichkeiten ist im Gegensatz zu Forderungen nicht zulässig. Dies ist wieder ein Element des Vorsichtsprinzips; die niedrige Verzinsung ist ein Vorteil für das Unternehmen, der als noch nicht realisiert betrachtet wird.

Es gibt Verbindlichkeiten, deren Rückzahlungsbetrag bereits bei erstmaliger Bilanzierung höher ist als der Ausgabebetrag. Der Differenzbetrag, ein **Disagio** oder **Damnum**, stellt wirtschaftlich meist vorgezogene Zinsen oder ein nicht näher spezifiziertes Entgelt für die Kreditgewährung dar. Für den Ansatz dieses Differenzbetrages besteht ein Wahlrecht, ihn unter Rechnungsabgrenzungsposten zu aktivieren und planmäßig auf die Laufzeit der Verbindlichkeit abzuschreiben (§ 198 Abs 7 HGB). Wird er nicht aktiviert, wirkt er sofort in voller Höhe gewinnmindernd. Steuerlich muss ein Disagio aktiviert werden (§ 6 Z 3 EStG).

4.6 Bilanzierung von Rückstellungen

Rückstellungen müssen für künftige Verpflichtungen gebildet werden, deren Grund der Sache nach zwar feststeht, deren Eintritt, Höhe oder zeitlicher Anfall jedoch noch unbestimmt sind. Diese **künftigen Verpflichtungen** müssen im laufenden oder in einem früheren Geschäftsjahr verursacht worden sein. International werden sie deshalb idR auch unter den Verbindlichkeiten subsumiert. Das HGB stellt sie traditionellerweise deutlich getrennt von den Verbindlichkeiten dar.

Es gibt drei **Kategorien** von Rückstellungen (§ 198 Abs 8 HGB):

- Rückstellungen für ungewisse Schulden,
- Rückstellungen für drohende Verluste aus schwebenden Geschäften,
- Aufwandsrückstellungen.

Für **Rückstellungen** für ungewisse Schulden und für drohende Verluste aus schwebenden Geschäften besteht eine **Ansatzpflicht** mit Ausnahme des Falles, dass der Betrag der Rückstellung von untergeordneter Bedeutung wäre (§ 198 Abs 8 HGB).

Für die Beurteilung, in **welcher Höhe** eine Rückstellung zu bilden ist, muss vom Informationsstand am Bilanzstichtag ausgegangen werden, soweit er bis zum Bilanzerstellungstag bekannt wird. Rückzustellen ist der erwartete Betrag, mit dem die künftige Belastung eintreten wird. Bei laufend auftretenden Verpflichtungen (zB Garantieverpflichtungen) werden Durchschnittswerte angesetzt (steuerlich sind pauschale Rückstellungen grundsätzlich nicht abzugsfähig). Bei schwerer Abschätzbarkeit ist im Rahmen des Vorsichtsprinzips von einer eher pessimistischen Beurteilung der künftigen Lage der Unternehmung auszugehen und ein Wert über dem **Erwartungswert** rückzustellen. Dies wird aus dem Vorsichtsprinzip abgeleitet.

Nach IAS 37 sind Rückstellungen (*provisions*) regelmäßig mit dem Erwartungswert (also der Summe der mit der Eintrittswahrscheinlichkeit gewichteten möglichen Beträge) zu bewerten. Rückstellungen sind des Weiteren abzuzinsen, sofern der Zinseffekt wesentlich ist. Nach US-GAAP wird dagegen eher ein niedrigerer Wert als der Erwartungswert angesetzt. Diese Unterschiede wirken sich auf die Vergleichbarkeit von Jahresabschlüssen nach unterschiedlichen Rechnungslegungssystemen negativ aus.

Rückstellungen für ungewisse Schulden

Zu den Rückstellungen für ungewisse Schulden gehören beispielsweise Rückstellungen für Garantieverpflichtungen, Prozesskosten, Produkthaftungsrisiken, Beratungskosten und Steuern, die noch nicht veranlagt wurden. Sozialkapital und latente Steuern werden im Folgenden gesondert besprochen.

Die **Verbuchung** von Rückstellungen geschieht erfolgswirksam auf dem betreffenden Aufwandskonto.

Beispiel: An Steuerberatungskosten werden für das Jahr 20X6 30.000 erwartet. Die Rechnung liegt noch nicht vor. Die Ursache für diesen Aufwand betrifft das Jahr 20X6, für das die Leistung des Steuerberaters in Anspruch genommen wurde. Dieses Jahr ist daher mit dem Aufwand zu belasten.

Beratungskosten (77) an Rückstellungen (30)   30.000

Die **Rückstellung** wird entweder **bei Eintritt** des die Rückstellung verursachenden Ereignisses oder bei Erlangung der Gewissheit, dass dieses Ereignis nicht eintreten wird, aufgelöst. Dies erfolgt bis zur Höhe der effektiven Schuld bzw Rückstellung erfolgsneutral. Unterschiede zwischen beiden Werten sind erfolgswirksam zu verbuchen (Aufwand bzw Ertrag aus Vorperioden).

Fortsetzung des Beispiels: Im nächsten Jahr langt die Rechnung des Steuerberaters ein. Die Bezahlung erfolgt durch Banküberweisung.

a) Rechnungsbetrag 30.000:
   Rückstellungen (30) an Bank (28)   30.000

b) Rechnungsbetrag 40.000:
   Rückstellungen (30) an Bank (28)   30.000
   Beratungsaufwand (77) an Bank (28)   10.000

c) Rechnungsbetrag 25.000:
   Rückstellungen (30) an Bank (28)   25.000
   Rückstellungen (30) an Erträge aus der Auflösung
   von Rückstellungen (47)   5.000

Bei pauschal gebildeten Rückstellungen (zB für Gewährleistungen) werden in der Praxis oft Dotierung und Auflösung nicht gesondert erfasst, sondern wird die Änderung der pauschalen Rückstellung direkt auf das betreffende Aufwandskonto gebucht.

Drohverlustrückstellungen

Rückstellungen sind des Weiteren für **drohende Verluste aus schwebenden Geschäften** zu bilden; Grund dafür ist das Imparitätsprinzip. Schwebende Geschäfte sind vertragliche Vereinbarungen, bei denen noch von keinem der Partner eine Leistung erbracht wurde. Diese Rückstellung dient dazu, erwartete Verluste vorwegzunehmen und die künftigen Wirtschaftsjahre aus diesem Geschäft verlustfrei zu halten.

Beispiel: Das Unternehmen erhält von einem ausländischen Auftraggeber am 6.10.20X1 einen Auftrag über Lieferung einer Spezialmaschine zum 4.2.20X2. Als Entgelt werden $ 2.000.000 vereinbart, der $-Kurs beträgt bei Vertragsabschluss 1,1000. Das Unternehmen erwartet, dass die Beschaffung der Spezialmaschine 2.120.000 kosten wird; weitere Kosten fallen nur in unwesentlicher Höhe an. Somit wird ein Gewinn in Höhe von 2.000.000 · 1,1 – 2.120.000 = 80.000 erwartet. Zum Bilanzstichtag am 31.12.20X1 hat das Unternehmen die Spezialmaschine noch nicht beschafft. Der $-Kurs beträgt jetzt 1,0300. Daraus ergibt sich die Verpflichtung zur Bildung einer Rückstellung für drohende Verluste aus schwebenden Geschäften in Höhe von 2.000.000 · 1,03 – 2.120.000 = 60.000.

Wurde die Spezialmaschine vom Unternehmen bereits am 15.12.20X1 um 2.110.000 gekauft, muss sie zum 31.12.20X1 um 50.000 auf den (erwarteten) Verkaufspreis von 2.060.000 abgeschrieben werden (retrograde Bewertung). Eine Rückstellung ist in diesem Fall nicht zu bilden.

Aufwandsrückstellungen

Aufwandsrückstellungen sind solche Rückstellungen, bei denen eine künftige Verpflichtung weder rechtlich noch faktisch zwingend ist, sondern der Disposition des Unternehmens unterliegt. Bekannte Beispiele für Aufwandsrückstellungen sind Rückstellungen für künftige Instandhaltungen und für unterlassene Abraumbeseitigung. Die Abgrenzung zu faktischen Verpflichtungen ist häufig unscharf: So sind etwa Kulanzrückstellungen idR keine Aufwandsrückstellungen, wenn das Unternehmen immer schon Kulanzen gewährte. Gemäß § 198 Abs 8 Z 2 HGB besteht für die Bildung von Aufwandsrückstellungen grundsätzlich ein **Wahlrecht**. Wenn die GoB eine Bildung erfordern, besteht Passivierungspflicht. Dies wird man zum Teil für unterlassene Instandhaltungen annehmen können, die innerhalb von drei Monaten nach dem Bilanzstichtag nachgeholt werden.

Beispiel: Ein regionales Bedarfsflugunternehmen betreibt ein Flugzeug, für das genaue Wartungsintervalle vorgesehen sind. Eine Wartung wäre im Dezember 20X4 erforderlich. Die Wartung wird auch von der Luftfahrtbehörde kontrolliert. Sie kann dem Unternehmen bei Überschreiten des Wartungszeitraums von mehr als 3 Monaten die Konzession entziehen. Nun gehen die Geschäfte des Bedarfsflugunternehmens gerade im Dezember blendend, so dass das Flugzeug vollständig ausgelastet ist. Die Geschäftsführung entschließt sich, die Wartung erst im Februar 20X5 durchzuführen.

Im Jahresabschluss 20X4 kann (oder muss unter Umständen) eine **Aufwandsrückstellung** in Höhe der erwarteten Kosten der Wartung gebildet werden. Sachlich ergibt sich der Zusammenhang sowohl aus der Tatsache, dass die Wartung eigentlich in 20X4 erforderlich gewesen wäre, wie auch daraus, dass in 20X4 besonders hohe Erträge erzielt wurden, denen zu geringe Aufwendungen gegenüberstehen.

Nach **IFRS und US-GAAP** ist die Bildung von Aufwandsrückstellungen **verboten**. Der Grund liegt im obigen Beispiel darin, dass am 31.12.20X4 keine Verpflichtung zur Wartungsvornahme besteht. Auch der drohende Entzug der Konzession ändert daran nichts. Das Management könnte das Flugzeug ja vielleicht im März ersetzen oder andere Maßnahmen treffen, welche die Wartung des vorhandenen Flugzeugs nicht erforderlich machen.

Steuerliche Regelungen

Steuerlich wird der Ansatz von Rückstellungen durch § 9 EStG gegenüber den handelsrechtlichen Erfordernissen beschränkt. Es können nur folgende Rückstellungen gebildet werden:

- Abfertigungsrückstellungen,
- Pensionsrückstellungen (für beide gibt es im § 14 EStG besondere Bewertungsvorschriften; siehe dazu gleich unten),
- sonstige ungewisse Verbindlichkeiten,
- Rückstellungen für drohende Verluste aus schwebenden Geschäften.

Damit ist steuerlich die Bildung von Aufwandsrückstellungen unzulässig. Es dürfen auch keine pauschalen Rückstellungen gebildet werden, sondern es sind konkrete Umstände nachzuweisen. Rückstellungen für ungewisse Verbindlichkeiten und für drohende Verluste aus schwebenden Geschäften, deren Laufzeit am Abschlussstichtag mehr als ein Jahr beträgt, dürfen nur mit 80% ihres Teilwertes angesetzt werden. Damit wird steuerlich eine Art pauschale Abzinsung vorgenommen.

Sachliche Gründe für diese restriktiven steuerlichen Regelungen sind schwer erkennbar (sieht man von budgetären Überlegungen ab). Handelsrechtlich ergibt sich dadurch keine Änderung der Ansatzpflicht von Rückstellungen. Praktisch wird es aber viele Unternehmen geben, die handelsrechtlich erforderliche Rückstellungen wegen der steuerlichen Nichtanerkennung zu vermeiden suchen.

Werden Rückstellungen oder Teile davon steuerrechtlich nicht anerkannt, erhöht ihre Bildung zwar den handelsrechtlichen Aufwand, steuerrechtlich ist dieser Betrag aber steuerpflichtiger Gewinn. Gleiches gilt auch für die Bildung von Rückstellungen für nicht abzugsfähige Steuern („Personensteuern", zB die Körperschaftsteuer).

Beispiel: Ein Unternehmen bildet in der Handelsbilanz eine Aufwandsrückstellung für eine unterlassene Wartung in Höhe von 145.000. Da diese den steuerpflichtigen Gewinn nicht mindert, sind die 145.000 in die Mehr-Weniger-Rechnung zu stellen und erhöhen den steuerpflichtigen Gewinn. Die Steuerzahlungen werden dadurch um 145.000 × 0,25 (KSt) = 36.250 erhöht. Bei Durchführung der Wartung im folgenden Geschäftsjahr wird das handelsrechtliche Ergebnis nicht gemindert, weil durch die Rückstellung vorgesorgt wurde, das steuerliche Ergebnis reduziert sich jedoch um den tatsächlichen Aufwand.

Wurde bei Bekanntwerden des Grundes eine Rückstellungsdotation unterlassen, kann sie bei Bildung in einem späteren Jahr **steuerlich** nicht gewinnmindernd berücksichtigt werden **(Nachholverbot)**. Dies wird mit einer periodengerechten Besteuerung begründet. Durch das Nachholverbot kommt es zu permanenten Unterschieden zwischen dem handelsrechtlichen und steuerlichen Gewinn und zu Steuerzahlungen, die mit dem handelsrechtlichen Ergebnis nicht mehr in Verbindung stehen.

Pensions- und Abfertigungsrückstellungen

Pensionsrückstellungen und Abfertigungsrückstellungen sind die wichtigsten Positionen des so genannten Sozialkapitals. Als **Sozialkapital** werden Rückstellungen bezeichnet, die künftige **Verpflichtungen gegenüber den Arbeitnehmern** zum Inhalt haben.

Pensionsansprüche von Arbeitnehmern entstehen durch eine **Pensionszusage** seitens des Unternehmens. Solche **Firmen- oder Betriebspensionen** können auf zwei Arten vereinbart werden:

- **Leistungsorientierte Pensionszusage**: Die Höhe der Pension hängt von einer Berechnung ab, die üblicherweise an das Gehalt und/oder die Dauer des Dienstverhältnisses gebunden ist.

- **Beitragsorientierte Pensionszusage**: Die Höhe der Pension wird durch die entrichteten Beiträge des Unternehmens und des Arbeitnehmers bestimmt. In Österreich ist dies das klassische Modell einer Pensionskasse.

Beitragsorientierte Zusagen enthalten idR keine besonderen Bilanzierungsprobleme, da die Höhe des Pensionsanspruchs gut abgeschätzt werden kann und sie meist auch extern über einen Pensionsfonds finanziert sind. Leistungsorientierte Pensionszusagen verschieben das Risiko der Höhe der Pension auf das Unternehmen. Dieses muss die erwartete Höhe der Pension schätzen und dafür über die Dienstzeit der Arbeitnehmer eine Rückstellung in entsprechender Höhe aufbauen.

Das österreichische Arbeitsrecht sah bisher vor, dass Arbeitnehmern, die gekündigt werden oder deren Arbeitsverhältnis einvernehmlich gelöst wird, eine **Abfertigung** gebührt. Ihre Höhe hängt von der Dauer des Arbeitsverhältnisses ab, beginnend mit 2 Monatsgehältern ab 3 Dienstjahren bis hin zu einem Jahresgehalt ab 25 Dienstjahren. Die Besonderheit besteht darin, dass eine Abfertigung auch dann zu zahlen ist, wenn ein Arbeitnehmer in Pension geht. Dies ist in der Praxis der weitaus häufigere Fall des Eintritts von Abfertigungsansprüchen. Insofern haben sie eine starke Ähnlichkeit mit Pensionsverpflichtungen, und zwar konkret mit leistungsorientierten Zusagen.

Mit dem Betrieblichen Mitarbeitervorsorgegesetz (BMVG) wurde die Abfertigung im Jahr 2002 neu geregelt (so genannte **Abfertigung neu**). Danach erhält jeder Arbeitnehmer einen Anspruch auf Abfertigung, gleichgültig, wie das Arbeitsverhältnis beendet wird. Die Art der Beendigung spielt nur mehr dahin gehend eine Rolle, ob die Abfertigung übertragen wird oder der Arbeitnehmer direkt darüber verfügen kann (er sich diese also zB auszahlen lässt). Die Abfertigung neu ist ein beitragsorientiertes System, das durch monatliche Beiträge der Arbeitgeber in eigene Mitarbeitervorsorgekassen (MV-Kassen) finanziert wird. Sie gilt für ab 2003 neu eingegangene Arbeitsverhältnisse sowie für bestehende Arbeitsverhältnisse, für die ein Übertritt in das neue Recht vereinbart wird. Bestehende „alte" Abfertigungsansprüche bleiben andernfalls bestehen, und für sie ist weiterhin bilanziell vorzusorgen.

Eine weitere Position des Sozialkapitals sind Jubiläumsgeldrückstellungen. **Jubiläumsgeldrückstellungen** werden für Zuwendungen anlässlich eines Dienstjubiläums gebildet. So gibt es etwa Kollektivverträge oder Betriebsvereinbarungen, auf Grund derer Arbeitnehmer nach beispielsweise 25 und 35 Jahren Dienstzeit jeweils ein Monatsgehalt bekommen. Sie fallen im Vergleich zu Pensions- und Abfertigungsrückstellungen meist relativ wenig ins Gewicht und werden deshalb im Folgenden nicht gesondert besprochen.

Rückstellungen sind gemäß § 211 Abs 2 HGB grundsätzlich mit einem Betrag anzusetzen, der sich nach **versicherungsmathematischen Grundsätzen** ergibt. Bei Pensions- und Abfertigungsrückstellungen wird zuerst der Betrag der Verpflichtung ermittelt, der bei Pensionsantritt besteht. Abfertigungen errechnen sich aus der erwarteten Höhe, wie sie sich aus gesetzlichen Regelungen ergibt, Pensionen aus dem Barwert der künftigen Pensionszahlungen. Dieser Betrag wird nun auf die aktive Dienstzeit der Arbeitnehmer verteilt. Dafür sind folgende wesentliche Annahmen zu setzen:

- **Demografische Annahmen**: Diese Annahmen umfassen Sterbewahrscheinlichkeiten, Invalidisierungsraten, Wiederverheiratungsraten und Ähnliches, die so genannten Generationentafeln oder Sterbetafeln entnommen werden können, sowie Fluktuationsraten. Eine hohe Fluktuationsrate reduziert die Rückstellung.

- **Finanzielle Annahmen**: Sie betreffen im Wesentlichen den Diskontierungszinssatz, den Lohn- und Gehaltstrend sowie den Rententrend. So steigt die Rückstellung bei einer Erhöhung des Gehaltstrends, während sie bei einer Erhöhung des Diskontierungssatzes sinkt.

Neben den versicherungsmathematischen Annahmen ist das Verfahren für die Verteilung der Verpflichtung auf die Dienstzeit festzulegen. Auf Grund der Barwertberechnung steigt die Rückstellung jedes Jahr um die Zinsen (Zinsaufwand). Die darüber hinausgehende Erhöhung heißt Dienstzeitaufwand und erfasst diejenige Erhöhung, die sich die Arbeitnehmer durch die Arbeitsleistung gewissermaßen erdient haben. Am bekanntesten sind die folgenden Verfahren:

- **Teilwertverfahren**: Dies ist das handelsrechtlich am häufigsten verwendete Verfahren. Es verteilt die erwartete künftige Verpflichtung idR so, dass der Dienstzeitaufwand in den einzelnen Perioden gleich bleibt. Erhöhungen des Anspruchs werden auf die gesamte Dienstzeit verteilt, wodurch sich eine Nachholung der Beträge ergibt, die in früheren Perioden gewissermaßen „erdient" wurden.

- **Gegenwartswertverfahren**: Dieses Verfahren ist steuerrechtlich vorgeschrieben. Es unterscheidet sich vom Teilwertverfahren dadurch, dass eine Erhöhung des Anspruchs immer nur auf die zukünftige Dienstzeit verteilt wird. Daher kommt es zu keiner sprunghaften Nachholung.

- **Anwartschaftsbarwertverfahren**: Dieses Verfahren ist nach IFRS und US-GAAP zu verwenden (***projected unit credit method***); es kann auch nach HGB angewandt werden. Dabei wird die künftige Verpflichtung durch die erwartete Dienstzeit dividiert und genau dieser Teil als in der betreffenden Periode vom Arbeitnehmer erdient betrachtet. Dieser Betrag wird dann noch abgezinst.

Die Höhe der Pensions- und Abfertigungsrückstellungen wird üblicherweise von Versicherungsmathematikern in Form von Gutachten zum Bilanzstichtag ermittelt.

Beispiel: Das Unternehmen macht einem Arbeitnehmer zu Beginn des Jahres 20X1 eine verpflichtende Pensionszusage. Es wird erwartet, dass der Arbeitnehmer nach fünf Jahren in Pension geht. Der Barwert der Pensionsverpflichtung am 31.12.20X5 wird auf 50.000 geschätzt. Das Unternehmen rechnet mit einem Diskontierungssatz von 4% und erwartet keine Gehaltssteigerungen für den Arbeitnehmer.

In der nachfolgenden Tabelle sind die **Rückstellung** und die **Dotierung** für die fünf Jahre Dienstzeit nach dem Teilwertverfahren und dem Anwartschaftsbarwertverfahren enthalten. Die Dotierung ist die aufwandswirksame Bildung der Rückstellung und errechnet sich als Differenz zwischen den Rückstellungsbeträgen in den einzelnen Jahren. Da keine Gehaltssteigerungen zu berücksichtigen sind, entspricht im Beispiel das Teilwertverfahren dem Gegenwartswertverfahren. Daraus zeigt sich, dass das Anwartschaftsbarwertverfahren bei gleichen versicherungsmathematischen Annahmen am Anfang etwas weniger Dotierung erfordert als das Teilwertverfahren; dies dreht sich in den späteren Jahren um, weil die Rückstellung am 31.12.20X5 nach jedem Verfahren insgesamt 50.000 betragen muss.

In der Praxis wird häufig ein deutlicher Anstieg der Pensions- und Abfertigungsrückstellungen nach **internationalen Rechnungslegungsgrundsätzen** gegenüber dem handelsrechtlichen und steuerrechtlichen Ansatz beobachtet. Dies ist im Wesentlichen darauf zurückzuführen, dass nach internationalen Rechnungslegungsgrundsätzen ein Gehaltstrend zu Grunde zu legen ist, der auch qualifikationsbedingte Gehaltserhöhungen berücksichtigt, was nach handels- und steuerrechtlichen Grundsätzen idR nicht gemacht wird.

Es gibt Unternehmen, die den Aufwand aus der Dotierung in den **Dienstzeitaufwand** und den **Zinsaufwand** aufteilen. Sie weisen nur den Dienstzeitaufwand im **Betriebsergebnis** aus und stellen den Zinsaufwand in das **Finanzergebnis**. Dadurch erhöht sich das Betriebsergebnis zu Lasten des Finanzergebnisses. Für bestimmte Kennzahlen kann dies ein erwünschter Effekt sein.

Abschluss-stichtag	Teilwertverfahren		Anwartschaftsbarwertverfahren	
	Rückstellung	Dotierung	Rückstellung	Dotierung
31.12.20X1	9.231	9.231	8.548	8.548
31.12.20X2	18.832	9.601	17.780	9.232
31.12.20X3	28.817	9.985	27.737	9.957
31.12.20X4	39.201	10.384	38.462	10.725
31.12.20X5	50.000	10.799	50.000	11.538

Für Abfertigungsrückstellungen enthält § 211 Abs 2 HGB eine **vereinfachte Bewertungsvorschrift**: Alternativ zum versicherungsmathematisch ermittelten Betrag können sie als Prozentsatz der fiktiven Ansprüche zum jeweiligen Bilanzstichtag angesetzt werden. Dieser Betrag darf jedoch nicht stark von dem versicherungsmathematisch ermittelten abweichen.

Das **Steuerrecht** enthält für das Sozialkapital eigene Bewertungsregelungen (§ 14 EStG), wonach solche Rückstellungen im Vergleich zum handelsrechtlichen Erfordernis typischerweise nur in begrenzter Höhe steuerlich als gewinnmindernd anerkannt werden.

Rückstellungen für Pensionsverpflichtungen dürfen nur dann steuerlich gewinnmindernd gebildet werden, wenn sie auf einer rechtsverbindlichen und unwiderruflichen Zusage beruhen. Für die Berechnung der Höhe ist, wie auch handelsrechtlich, nach versicherungsmathematischen Grundsätzen vorzugehen, es ist allerdings ein Kalkulationszinssatz von 6% anzunehmen. Steuerlich ist nur das Gegenwartsverfahren zulässig.

Für **Abfertigungsrückstellungen** gilt steuerlich eine vereinfachte Berechnung: Die steuerlich anerkannte Abfertigungsrückstellung wird als Prozentsatz der fiktiven Abfertigungsansprüche berechnet, die bei fiktiver Auflösung der Arbeitsverhältnisse am Abschlussstichtag entstünden. Der maximale Prozentsatz beträgt 45% (für ältere Arbeitnehmer bis 60%). Dieses pauschale Verfahren ist auch handelsrechtlich zulässig, wenn im Einzelfall keine erheblichen Bedenken bestehen (§ 211 Abs 2 HGB). Aufgrund der Neuregelung der Abfertigung in Österreich ab 2003 wurde auch die Möglichkeit eingeräumt, die bestehenden Abfertigungsrückstellungen steuerfrei aufzulösen und die später bezahlten „alten" Abfertigungen steuerlich über fünf Jahre verteilt dennoch steuerlich abzusetzen.

In Höhe der Hälfte des Betrags der Pensionsrückstellung (Stand des vorangegangenen Jahres) müssen durchgehend Schuldverschreibungen bestimmter inländischer Schuldner (insbesondere auch österreichische Staatsanleihen) im Betrieb gehalten werden (**Wertpapierdeckung**), andernfalls kommt es zu Strafzuschlägen beim steuerpflichtigen Gewinn. Für alte Abfertigungsrückstellungen reduziert sich die notwendige Wertpapierdeckung bis 2007 auf Null. Die Wertpapierdeckung ist zwar zunächst eine rein steuerliche Vorschrift, sie entfaltet jedoch im Insolvenzfall auch materielle Wirkung. Gemäß § 11 Betriebspensionsgesetz sind solche Wertpapiere Sondermasse für die Deckung der Ansprüche der leistungsberechtigten Arbeitnehmer.

4.7 Latente Steuern

Ertragsteuern, in Österreich insbesondere die Körperschaftsteuer (KSt), werden im Wege der Veranlagung auf Basis der vom Unternehmen eingereichten Steuererklärungen bemessen und erhoben. In der Steuererklärung ermittelt das Unternehmen den steuerpflichtigen Gewinn auf Basis des handelsrechtlichen Gewinns zuzüglich des Saldos der Mehr-Weniger-Rechnung. Die **tatsächliche Steuerschuld** ergibt sich unter Anwendung des geltenden Steuersatzes auf den steuerpflichtigen Gewinn. Da die so ermittelte Steuerschuld idR nicht mit den geleisteten Steuervorauszahlungen übereinstimmt, ergibt sich bei einer Nachzahlung eine Verpflichtung zur Bildung einer Rückstellung und bei einem Überschuss ein Ansatz einer sonstigen Forderung.

Beispiel: Dem Unternehmen wurden im Jahr 20X1 vierteljährliche Vorauszahlungen an KSt in Höhe von 120.000 vorgeschrieben. Es hat die Vorauszahlungen handelsrechtlich als Aufwand verbucht. Der Jahresgewinn 20X1 beträgt 360.000, der (vorläufige) steuerliche Differenzbetrag der Mehr-Weniger-Rechnung (MWR) infolge handelsrechtlich höherer Abschreibungen auf Gebäude beträgt 20.000 (neben dem KSt-Aufwand). Erfahrungsgemäß macht der Steuerberater die KSt-Erklärung im November 20X2, der KSt-Bescheid langt nicht vor Februar 20X3 ein, und das Unternehmen rechnet damit, die KSt (abzüglich Vorauszahlungen) im März 20X3 zu zahlen. Die unten stehende KSt-Berechnung ergibt eine Restschuld in Höhe von 50.000, für die eine Steuerrückstellung zu bilden ist.

	Jahresgewinn	360.000
+	als Aufwand verbuchte KSt-Vorauszahlungen	120.000
+	Saldo der MWR	20.000
=	KSt-pflichtiger Gewinn	500.000
	KSt (25% des steuerpflichtigen Gewinns)	125.000
−	Vorauszahlungen	120.000
=	Restschuld	5.000

Das Unternehmen bucht:

Steuern vom Einkommen und Ertrag (85) an Rückstellungen (30)	5.000

Durch diese Vorgehensweise wird sichergestellt, dass als **Steueraufwand** nicht die Steuer**zahlungen** im betreffenden Geschäftsjahr aufscheinen, sondern die tatsächliche Steuerschuld, die im Geschäftsjahr verursacht wurde, aber erst später formell entsteht.

Dennoch passen der handelsrechtliche Gewinn und der tatsächliche Steueraufwand idR weiterhin nicht zusammen. Der Grund dafür liegt in der **Mehr-Weniger-Rechnung**, welche Unterschiede zwischen dem handelsrechtlichen Gewinn (vor Steuern) und dem steuerpflichtigen Gewinn im betreffenden Geschäftsjahr enthält. Diese Unterschiede können grob in zwei Gruppen eingeteilt werden:

- **Zeitlich begrenzte Unterschiede**: Das sind Unterschiede, die sich in einem späteren Geschäftsjahr wieder umkehren. Beispiele sind verschiedene Abschreibungsverfahren, unterschiedliche Rückstellungsansätze und Ähnliches.

- **Permanente Unterschiede**: Das sind Unterschiede, die sich nicht mehr umkehren. Beispiele dafür sind steuerlich nicht abzugsfähige Aufwendungen (zB Repräsentationsaufwendungen, Spenden) und steuerfreie Erträge (zB Beteiligungserträge, die schon der KSt unterlagen).

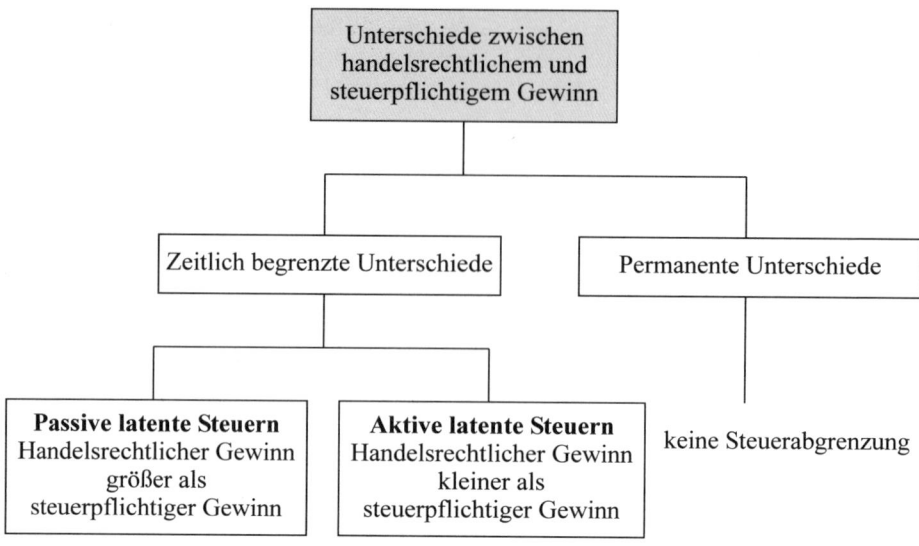

Abb 4.1: Einteilung latenter Steuern

Abbildung 4.1 zeigt die möglichen Unterschiede und das **Entstehen passiver und aktiver latenter Steuern.** Passive latente Steuern entstehen, wenn das handelsrechtliche Ergebnis zunächst höher ist als der steuerpflichtige Gewinn. Dadurch wurde im Geschäftsjahr weniger Steuer geleistet, als relativ zum handelsrechtlichen Ergebnis gerechtfertigt wäre. Die künftige Steuerbelastung führt zu einer Rückstellung. Aktive latente Steuern entstehen, wenn das handelsrechtliche Ergebnis geringer ist als der steuerpflichtige Gewinn. Es wird also relativ zum handelsrechtlichen Ergebnis zuviel an Steuer geleistet; dieser Betrag kann in der Zukunft mit künftigen Steuerzahlungen verrechnet werden. Praktisch handelt es sich um eine Art Gutschrift an Steuern. Eine Forderung gegenüber der Finanzbehörde entsteht dadurch nicht.

Beispiel: Eine im Geschäftsjahr 20X7 in der Handelsbilanz gebildete Pauschalrückstellung von 100 wird steuerlich nicht anerkannt. Im Geschäftsjahr 20X8 fällt die Verpflichtung in der erwarteten Höhe tatsächlich an. Handelsrechtlich wird die Rückstellung aufgelöst, steuerlich bildet die Verpflichtung in 20X8 eine gewinnmindernde Betriebsausgabe. Die übrigen Angaben sind in der nachfolgenden Tabelle enthalten.

Dieser Unterschied ist zeitlich begrenzt. Da der handelsrechtliche Gewinn in 20X7 geringer ist als der steuerpflichtige Gewinn, kommt es zu einer aktiven latenten Steuer in Höhe von 25. Um diesen Betrag wurde gewissermaßen in 20X7 zuviel an Steuer bezahlt.

Werden keine latenten Steuern gebildet, variiert der effektive Steuersatz (Ertragsteueraufwand dividiert durch handelsrechtliches Ergebnis vor Steuern) erheblich.

	Gewinn 20X7		Gewinn 20X8	
	HGB	Steuerlich	HGB	Steuerlich
Erträge – übrige Aufwendungen	1.000	1.000	900	900
Pauschalrückstellung	– 100	0	100	0
Ergebnis vor Steuern	900	1.000	1.000	900
Ertragsteueraufwand	– 250	– 250	– 225	– 225
Ergebnis nach Steuern	650	750	775	675
Effektiver Steuersatz	27,8%	25,0%	22,5%	25,0%

Bei der Bildung latenter Steuern entspricht der effektive Steuersatz dem gesetzlich fixierten Steuersatz von 25%. Die Aktivierung der latenten Steuer wird wie folgt gebucht:

Aktive latente Steuern (298) an Steuern vom Einkommen und vom Ertrag (85)   25

Im Jahr 20X8 kehrt sich der Unterschied wieder um. Die Buchung ist dann:
Steuern vom Einkommen und vom Ertrag (85) an Aktive latente Steuern (298)   25

	Gewinn 20X7		Gewinn 20X8	
	HGB	Steuerlich	HGB	Steuerlich
Erträge – übrige Aufwendungen	1.000	1.000	900	900
Pauschalrückstellung	– 100	0	100	0
Ergebnis vor Steuern	900	1.000	1.000	900
Ertragsteueraufwand	– 250	–250	– 225	– 225
Aktive latente Steuern	25		– 25	
Ergebnis nach Steuern	675	750	750	675
Effektiver Steuersatz	25,0%	25,0%	25,0%	25,0%

Das HGB bestimmt im § 198 Abs 9 und 10 folgende Regel für die Bilanzierung latenter Steuern: Die latenten Steuern sind als **Saldogröße** zu ermitteln, es kann daher nur eine einzige Position latente Steuern geben; diese steht entweder auf der Aktivseite (meist gesondert unter Rechnungsabgrenzungsposten dargestellt) oder auf der Passivseite (meist gesondert unter Steuerrückstellungen ausgewiesen). Für **passive latente Steuern** besteht eine **Ansatzpflicht**, für **aktive latente Steuern** dagegen ein **Ansatzwahlrecht**. Dieses wird damit begründet, dass es sich bei diesem Posten um keinen Vermögensgegenstand handelt, sondern nur um eine Abgrenzungsposition, die in Zukunft vermutlich zu einer Steuerentlastung führt. Wenn ein aktiver latenter Steuerposten nicht bilanziert wird, ist er im Anhang anzugeben. Die latenten Steuern müssen also auf jeden Fall berechnet werden. Falls ein aktiver latenter Steuerposten aktiviert wird, besteht in dessen Höhe eine **Ausschüttungssperre** (§ 226 Abs 2 HGB). Damit soll verhindert werden, dass ein bücherlicher Gewinn aus dem Ansatz dieses Aktivpostens die mögliche Ausschüttung erhöht. Für latente Steuern, die im Konzernabschluss durch Konsolidierungsvorgänge entstehen, gibt es abweichende Regeln (siehe dazu Kapitel 5.3).

Die Stellungnahme KFS/RL15 der Kammer der Wirtschaftstreuhänder nennt eine dritte Kategorie von Unterschieden, die so genannten quasi-permanenten Unterschiede. Bei diesen handelt es sich um Unterschiede, die sich erst in ferner Zukunft, unter Umständen erst bei Liquidation des Unternehmens, ausgleichen. Für diese wird ein Ansatzwahlrecht oder sogar ein Ansatzverbot empfohlen. Ebenso wird die Bildung aktiver latenter Steuern auf Grund von steuerlichen Verlustvorträgen als unzulässig erachtet. Internationale Rechnungslegungsgrundsätze sehen demgegenüber für derartige Unterschiede zwingend die Bildung latenter Steuern vor.

Die **Bewertung latenter Steuern** erfolgt grundsätzlich mit dem künftigen Steuersatz, der bei Umkehrung der zeitlich begrenzten Unterschiede gelten wird. IdR wird der am Bilanzstichtag **gültige Steuersatz** verwendet und bei einer Änderung des Steuersatzes eine neue Bewertung der Unterschiede vorgenommen. Eine Abzinsung ist nicht zulässig.

Mit dem Ansatz latenter Steuern werden die Ertragsteuern wirtschaftlich so gut wie möglich dem handelsrechtlichen Jahresergebnis **zugeordnet**. Dennoch wird in der Praxis der Effektivsteuersatz nicht genau dem gesetzlichen Steuersatz entsprechen. Die **permanenten Unterschiede**, dazu gehören auch Unterschiede auf Grund unterschiedlicher ausländischer Steuersätze, bewirken regelmäßig Abweichungen. Nach IFRS etwa muss eine gesonderte Überleitung dieser Abweichungen im Anhang erfolgen.

4.8 Abgrenzungsbuchungen

Rechnungsabgrenzungsposten im weiteren Sinn dienen der periodengerechten Erfassung von zwei Arten von Geschäftsfällen. Es gibt Geschäftsfälle, die noch nicht buchmäßig berücksichtigt wurden, aber schon in bestimmter Höhe in der Abschlussperiode erfolgswirksam sind (**antizipative Posten**). Außerdem gibt es Geschäftsfälle, die schon als Aufwand oder Ertrag angesetzt wurden, obwohl sie zum Teil eine andere Periode betreffen (**transitorische Posten**). Letztere sind die Rechnungsabgrenzungsposten im engeren Sinn.

Passive antizipative Posten (eigene Rückstände) werden für künftige Ausgaben gebildet. Es sind dies nichts anderes als dem Grund und der Höhe nach feststehende Schulden, die aber noch nicht fällig sind. Sie sind deshalb zu dem die Periode betreffenden Teil als „Sonstige Verbindlichkeiten" zu verbuchen.

146

Beispiel: Für ein am 1.10.20X4 aufgenommenes Darlehen von 200.000 sind 10% Zinsen nachschüssig zu bezahlen.

Abgrenzungsbuchung: Die auf die 3 Monate des Jahres 20X4 entfallenden Zinsen sind im Abschlussjahr als Aufwand zu berücksichtigen.

Zinsaufwand (80) an Sonstige Verbindlichkeiten (36)   5.000

Bei Überweisung im Jahr 20X5 wird gebucht:
Sonstige Verbindlichkeiten (36) an Bank (28)   5.000
Zinsaufwand (80) an Bank (28)   15.000

Ähnliche Berücksichtigung finden **aktive antizipative Posten** (fremde Rückstände). Dabei ist bereits ein bestimmter Ertrag der laufenden Periode zuzurechnen, obwohl die Einnahme erst später fällig wird. Der Ansatz als „Sonstige Forderung" macht deutlich, dass solche Posten nur dann gebucht werden können, wenn eine Forderung entstanden ist. Sonst würde man gegen das Realisationsprinzip verstoßen.

Beispiel: Wie verbucht der Darlehensgeber im obigen Beispiel die Zinsen?

Sonstige Forderung (23) an Zinserträge (80)   5.000

Im Jahr 20X5 werden die Zinsen beglichen:
Bank (28) an Sonstige Forderung (23)   5.000
Bank (28) an Zinserträge (80)   15.000

Die **transitorischen Posten** (Vorauszahlungen) sind gemäß den Buchführungsgrundsätzen als Aufwand oder Ertrag zu verbuchen. Gehören diese Beträge aber zum Teil in folgende Perioden, so ist der betreffende Teil herauszurechnen und den entsprechenden Perioden erfolgswirksam zuzurechnen. Dafür werden eigene Rechnungsabgrenzungsposten gebildet: aktive Rechnungsabgrenzungsposten (ARA) und passive Rechnungsabgrenzungsposten (PRA) (§ 198 Abs 5 und 6 HGB).

Aktive transitorische Posten liegen vor, wenn Ausgaben getätigt und als Aufwand gebucht wurden, diese aber nur zum Teil die laufende Periode betreffen.

Beispiel: Am 1.12.20X6 wird die Feuerversicherung in Höhe von 12.000 für ein halbes Jahr im voraus mittels Banküberweisung entrichtet.

Versicherungsaufwand (77) an Bank (28)   12.000

Da dieser Aufwand aber nur zum Teil das Jahr 20X6 betrifft (und keinen Vermögensgegenstand entstehen lässt), ist der zuviel verrechnete Aufwand zu korrigieren. Dies geschieht mittels eines speziellen Kontos, der ARA.

ARA (29) an Versicherungsaufwand (77)

Im Jahr 20X7 wird das Konto ARA wieder aufgelöst:
Versicherungsaufwand (77) an ARA (29)   10.000

Bei **passiven transitorischen Posten** hat das Unternehmen Einnahmen erzielt, die aber zum Teil erst später einen Ertrag bilden.

Beispiel: In Ergänzung zum Beispiel mit der Feuerversicherung: Wie verbucht der Versicherer den Geschäftsfall? Er buchte bei Zahlungseingang:

Bankguthaben (28) an Erlöse (40)   12.000

Abzugrenzen ist wie folgt:
Erlöse (40) an PRA (39)   10.000

Als Rechnungsabgrenzungsposten kommen in der Buchführung nur die **transitorischen Posten** in Betracht. Während sie entsprechend der dynamischen Bilanztheorie sehr leicht erklärbar sind, ist dies aus statischer Sicht nicht so einfach. Es wird ein Betrag aktiviert bzw passiviert, dessen Vermögensguteigenschaft (zumindest) strittig ist. Deshalb ist es auch schwierig, die Rechnungsabgrenzungsposten unter die üblichen Kategorien zu reihen. Die aktiven Rechnungsabgrenzungen sind wohl eher dem **Umlaufvermögen** zuzurechnen, da sie in der Regel kurzfristig sind. Passive Rechnungsabgrenzungsposten sind aber weder eindeutig **Eigenkapital noch Fremdkapital**. Im handelsrechtlichen Bilanzgliederungsschema werden sie daher **gesondert ausgewiesen**. Für eine Bilanzanalyse haben sie aber keine große Bedeutung, da die Beträge zumeist vergleichsweise gering sind.

4.9 Rücklagen

Das Eigenkapital ergibt sich als Saldogröße aus Vermögensgegenständen und Schulden. Dennoch wird es aus Informationsgründen tiefer gegliedert, nämlich in

- Nennkapital (Grundkapital bei der AG, Stammkapital bei der GmbH),
- Rücklagen,
- Bilanzgewinn bzw Bilanzverlust.

Des Weiteren gibt es noch die unversteuerten Rücklagen.

Rücklagen sind spezielle Positionen des Eigenkapitals. Sie werden nach ihrer Entstehung und ihrer Zweckbindung untergliedert. Rücklagen werden im Allgemeinen mit den anderen Bewertungs- und Abgrenzungsbuchungen gemeinsam behandelt, weil sie im Zuge des Abschlusses der Konten gebildet oder aufgelöst werden. Ihre Bildung ist daher Gewinnverwendung und sieht nur auf den ersten Blick so aus wie ein Aufwand. Dem entspricht die Steuerbilanz, in der eine Rücklagenzuführung grundsätzlich den steuerpflichtigen Gewinn *nicht* mindert. In der Handelsbilanz ist aber unter Bilanzgewinn (Bilanzverlust) nur jener Teil des

Ergebnisses auszuweisen, der für Ausschüttungen oder den Gewinn- bzw Verlustvortrag bleibt. Daraus ergibt sich, dass Rücklagendotationen den Jahresgewinn bzw -verlust mindern müssen und daher wie Aufwand verbucht werden.

Beispiel: Dotation einer Gewinnrücklage mit 100.000.

Zuweisung zu Gewinnrücklagen (89) an Gewinnrücklagen (93)   100.000

Da diese Buchung jedoch den steuerpflichtigen Gewinn nicht mindert, ist sie in der Mehr-Weniger-Rechnung mit +100.000 zu berücksichtigen. Ausgenommen davon sind unversteuerte Rücklagen.

Wird die Gewinnrücklage in einem späteren Geschäftsjahr aufgelöst, so wird folgendermaßen gebucht:

Gewinnrücklagen (93) an Erträge aus der Auflösung von Rücklagen (87)   100.000
(Mehr-Weniger-Rechnung: –100.000)

Nach dem Ausweis in der Bilanz unterscheidet man offene und stille Rücklagen. **Stille Rücklagen** bzw **stille Reserven** sind aus der Bilanz nicht erkennbar. Sie entstehen (freiwillig oder durch gesetzliche Vorschriften) auf Grund der Bewertung, entweder durch Unterbewertung der Aktiva (insbesondere des nicht abnutzbaren Anlagevermögens) oder durch Überbewertung der Passiva (zB Rückstellungen).

Offene Rücklagen sind in der Bilanz aus der Position Rücklagen zu ersehen. Abbildung 4.2 zeigt die wesentlichen Gruppen an Rücklagen in der Bilanz. Je nach Mittelaufbringung werden sie in zwei Kategorien geteilt:

- **Kapitalrücklagen** entstehen durch Einzahlung der Eigentümer, also durch Außenfinanzierung. Dazu gehören Gesellschafterzuschüsse, Agiobeträge bei der Ausgabe von Anteilen zu einem höheren Betrag als dem Nennbetrag, Zuzahlungen für die Gewährung von Vorzugsrechten auf Anteile und die Erträge auf Grund einer buchmäßigen Kapitalherabsetzung.

- **Gewinnrücklagen** entstehen durch Einbehaltung (Thesaurierung) von Gewinnen, dh durch Innenfinanzierung. Der verbleibende Gewinn wird als Bilanzgewinn für Ausschüttungszwecke vorgesehen.

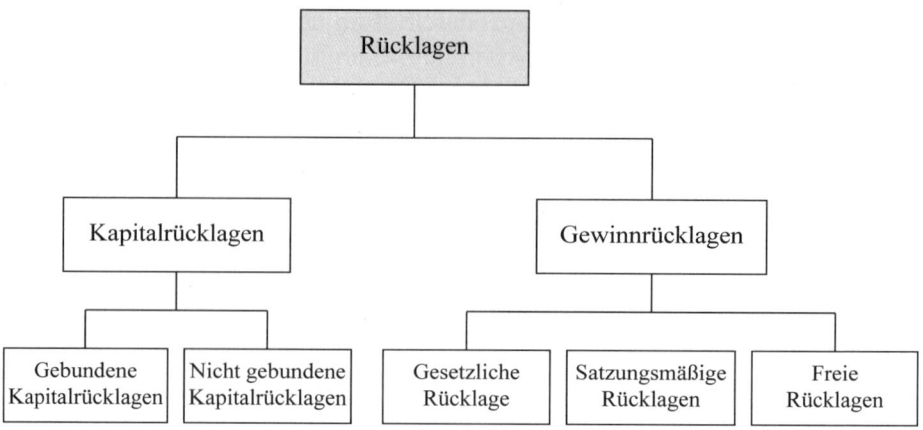

Abb 4.2: Arten von Rücklagen

Die Bildung bestimmter Rücklagen kann gesetzlich vorgesehen sein (**gebundene Rücklagen, § 130 AktG**). Bei der so genannten **gesetzlichen Rücklage** haben Aktiengesellschaften und große GmbH so lange 5% des jährlichen Reingewinns in die gesetzliche Rücklage einzustellen, bis sie mindestens 10% des Nennkapitals beträgt. Ebenfalls sind Agiobeträge bei der Ausgabe von Aktien oder Wandelschuldverschreibungen (abzüglich der damit verbundenen Kosten) in eine **gebundene Kapitalrücklage** einzustellen (§ 130 Abs 2 AktG). Gebundene Rücklagen dürfen nur zum Ausgleich von Verlusten aufgelöst werden. Die anderen Rücklagen nennt man **freie Rücklagen**, sie können beliebig verwendet werden.

Hält das Unternehmen **eigene Anteile**, Anteile an herrschenden oder mit Mehrheit beteiligten Unternehmen, so ist auf der Passivseite eine **Rücklage** für diese Anteile zu bilden und gesondert auszuweisen (§ 225 Abs 5 HGB). Die Bildung kann durch Umschichtung ausreichend vorhandener freier Rücklagen erfolgen. Damit soll verhindert werden, dass durch einen Rückkauf eigener Anteile das haftende Eigenkapital vermindert wird. Nach IAS sind eigene Anteile grundsätzlich vom Eigenkapital abzuziehen.

Rücklagen sind aus dem versteuerten Gewinn zu bilden (**versteuerte Rücklagen**), außer steuerliche Regelungen sehen explizit Ausnahmen vor (**unversteuerte Rücklagen**). Unversteuerte Rücklagen sind gemäß den steuerlichen Regelungen aufzulösen.

Anders als die Zuweisung zu Gewinnrücklagen setzt die Zuweisung zu unversteuerten Rücklagen keinen Jahresgewinn voraus, sie kann auch in einer Verlustsituation erfolgen. Der Grund liegt in der Sonderfunktion der unversteuerten Rücklagen, sie sind nicht (zur Gänze) Eigenkapital. Deshalb ist der Ausweis in der Gewinnverwendung mit gewisser Zurückhaltung zu interpretieren; auch hat die Bildung und Auflösung von unversteuerten Rücklagen idR einen Effekt auf die Ertragsteuern, die wiederum in der Gewinnerzielung aufscheinen.

4.10 Abschluss der Konten und Gewinnermittlung

Betrachtet man abschließend noch einmal die gesamten Buchungsvorgänge, so werden die Konten zu Beginn des Geschäftsjahres zunächst durch Eröffnungsbuchungen gegen das Eröffnungsbilanzkonto eröffnet und daraufhin mit laufenden Geschäftsfällen entsprechend ihrem zeitlichen Anfall belastet. Nach Durchführung der Bewertung und der Abgrenzungen, die am Jahresende weitere Buchungen auslösen, wird im Regelfall eine **Summenbilanz** erstellt, in der alle Seitensummen der Konten und damit alle Kontenbelastungen (Umschlagszahlen) stehen. Durch Saldieren erhält man die **Saldenbilanz**, die die Grundlage für die weitere Vorgangsweise bildet. Nach Berücksichtigung allfälliger Um- und Nachbuchungen werden die Konten abgeschlossen, der Gewinn ermittelt und das Schlussbilanzkonto (das dann zur Bilanz zusammengefasst wird) aufgestellt.

In der Praxis erstellt man zunächst meist einen provisorischen Abschluss (**Probeabschluss**). Anhand der Ergebnisse können dann noch Überlegungen über bilanzpolitische Maßnahmen, zB offen stehende Wahlrechte, angestellt werden. Im Kapitel 7.2 werden bilanzpolitische Möglichkeiten näher besprochen.

Zunächst werden die Salden der Erfolgskonten (Kontenklassen 4 bis 8) gegen ein besonderes Abschlusskonto, die **Gewinn- und Verlustrechnung (GuV)**, abgeschlossen. Der Saldo des GuV-Kontos ist der Erfolg, und zwar ein Gewinn, wenn die Summe der Salden der Ertragskonten die Summe der Salden der Aufwandskonten übersteigt, andernfalls ist es ein Verlust. Die aktiven und passiven Bestandskonten werden gegen das **Schlussbilanzkonto** (SBK) abgeschlossen. Gemäß dem System der doppelten Buchhaltung ergibt sich beim SBK derselbe Saldo (Gewinn oder Verlust) wie beim GuV-Konto.

Nun wird aber im Regelfall das GuV-Konto nicht direkt gegen SBK abgeschlossen, sondern es erfolgt ein differenzierter Abschluss je nach der Rechtsform des Unternehmens, durch den die unterschiedlichen Verfügungsrechte über den Gewinn berücksichtigt werden. Bei **Einzelunternehmen** wird das Jahresergebnis direkt an das Kapitalkonto gebucht. Bei **Personengesellschaften** wird der entstandene Erfolg nach einer vereinbarten (ansonsten gemäß einer dispositiv gesetzlich geregelten) Verteilungsmethode den Gesellschaftern zugerechnet. Der Erfolg erhöht oder vermindert das Kapital der Gesellschafter und wird folgerichtig direkt auf das jeweilige Kapitalkonto oder Verrechnungskonto verbucht. Das bedeutet, dass das Jahresergebnis im SBK des Unternehmens nicht mehr gesondert aufscheint, sondern im Kapital enthalten ist.

Bei **juristischen Personen**, wie der GmbH und der AG, ist das Kapital (Grundkapital, Stammkapital) in seiner Höhe fixiert und nur durch formelle Beschlüsse des zuständigen Gremiums aus eng umgrenzten Anlässen (zB Kapitalherabsetzung zwecks Sanierung) veränderbar. Deshalb sind die Rücklagen entsprechend zu bilden bzw aufzulösen.

Für die Verrechnung gibt § 231 HGB für Kapitalgesellschaften ein eigenes Gliederungsschema vor:

Jahresüberschuss/Jahresfehlbetrag
+ Auflösung unversteuerter Rücklagen
+ Auflösung von Kapitalrücklagen
+ Auflösung von Gewinnrücklagen
– Zuweisung zu unversteuerten Rücklagen
– Zuweisung zu Gewinnrücklagen
+ Gewinnvortrag (– Verlustvortrag) aus dem Vorjahr

= **Bilanzgewinn/Bilanzverlust**

Der Jahresüberschuss bzw Jahresfehlbetrag bezeichnet das erzielte Jahresergebnis. Dieses wird durch die Auflösung von Rücklagen erhöht und durch die Dotierung von Rücklagen (Gewinnthesaurierung) vermindert. Nach Verrechnung eines Gewinn- oder Verlustvortrages aus dem Vorjahr ergibt sich schließlich der Bilanzgewinn bzw Bilanzverlust. Der Bilanzgewinn einer AG ist grundsätzlich vom Management (mit Billigung des Aufsichtsrats, sofern einer bestellt ist) zur Ausschüttung an die Eigentümer vorgesehen. Dabei sind so genannte Ausschüttungssperren zu beachten.

Ausschüttungssperren sollen verhindern, dass es durch Zuschreibungen infolge von Wertaufholungen, durch Auflösung der Bewertungsreserve, Aktivierung von latenten Steuern, Aktivierung von Ingangsetzungs- und Erweiterungsaufwendungen sowie Auflösung von Kapitalrücklagen im Zusammenhang mit einer Umgründung zu einer Erhöhung des ausschüttungsfähigen Betrages kommt.

Die Hauptversammlung hat idR nur das Recht, zusätzliche Beträge einzubehalten; ein Recht auf eine Mindestausschüttung (wie dies etwa in Deutschland der Fall ist) besteht in Österreich nicht. Bei der GmbH obliegt die Gewinnverteilung der Generalversammlung. Ein nicht verteilter Bilanzgewinn kann auf das nächste Jahr vorgetragen werden. Ein Bilanzverlust muss vorgetragen werden.

4.11 Vermerkpflichten

Bestehen bei einem Unternehmen so genannte **Eventualverbindlichkeiten,** das sind gewisse Haftungsverhältnisse (Bürgschaften, Wechsel- und Scheckbürgschaften, Garantieleistungsverträge), so sind diese in der Jahresbilanz „**unter dem Bilanzstrich**" in voller Höhe zu vermerken (§ 199 HGB).

Der vollständige Vermerk gilt auch für den Fall, dass den Eventualverbindlichkeiten gleichwertige **Rückgriffsforderungen** gegenüberstehen. Die Angabe von Rückgriffsforderungen muss nicht erfolgen. Die Saldierung von Eventualverbindlichkeiten und Rückgriffsforderungen ist unzulässig. Diese Regelungen werden dadurch begründet, dass zwar nur bei Eintritt einer besonderen Sachlage aus den Eventualverbindlichkeiten plötzlich Verpflichtungen erwachsen, diese die Vermögens- und Ertragslage des Unternehmens allerdings stark treffen können, insbesondere wenn man bedenkt, dass die Rückgriffsforderungen in einem solchen Fall nur sehr schwer durchsetzbar sein werden.

Wird mit der Möglichkeit des Eintritts einer Eventualverbindlichkeit ernsthaft gerechnet, so ist sie in die Bilanz als Verbindlichkeit oder Rückstellung aufzunehmen und gewinnmindernd auszuweisen. Inwieweit dann auch eine dadurch entstehende Rückgriffsforderung zu bilanzieren ist, hängt vom Einzelfall ab.

Problematisch erscheint bei dieser Vorschrift, dass den gesetzlich definierten Eventualverbindlichkeiten ähnliche Tatbestände nicht ausweispflichtig sind, wie etwa verkaufte Forderungen beim unechten Factoring, bei dem der Unternehmer das Debitorenrisiko behält.

International ist die Angabe von Eventualverbindlichkeiten unter dem Bilanzstrich unüblich; besteht eine gewisse Wahrscheinlichkeit einer Inanspruchnahme, sind Angaben im Anhang zu machen. IdR findet man daher die nach österreichischem HGB auszuweisenden Eventualverbindlichkeiten in einem Abschluss nach internationalen Rechnungslegungsgrundsätzen nicht.

Fragen und Beispiele

1. Drei Rohstoffe A, B und C liegen auf Lager.

Rohstoff	Anschaffungswert	Tageswert
A	100	110
B	80	70
C	20	20
	200	200

Welche Buchungen sind anlässlich des Jahresabschlusses erforderlich?

2. Wie schlagen sich die folgenden vier Vorgänge in den Büchern nieder?

   a) Ein Konkurrent reicht eine Klage gegen das Unternehmen ein. Die Wahrscheinlichkeit, dass das Unternehmen verliert, wird mit 90% geschätzt. Die bei Verlust wahrscheinlich anfallenden Kosten sind 100.000. Aus statistischer Sicht beträgt der erwartete Schaden für das Unternehmen $0,9 \cdot 100.000 = 90.000$.

   b) Das Unternehmen verpflichtet sich zu einer eigenen (zusätzlichen) Unterstützung seiner 1.000 Arbeiter bei Unfällen. Die Wahrscheinlichkeit, dass ein Arbeiter einen Unfall hat, beträgt 0,9%, und die Höhe der Unterstützung im Fall eines Unfalls ist 10.000. Der Erwartungswert beträgt $1.000 \cdot 0,009 \cdot 10.000 = 90.000$.

   c) Das Unternehmen schließt für seine 1.000 Filialen keine Feuerversicherung ab, sondern trägt allfällige Schäden selbst. Die Wahrscheinlichkeit eines Feuerschadens beträgt 0,9%, die Höhe des Schadens 10.000. Der Erwartungswert beträgt $1.000 \cdot 0,009 \cdot 10.000 = 90.000$.

   d) Das Unternehmen wirbt in zwei Tageszeitungen mit einem Gutschein von einem Schilling auf jeden Kauf. Eine Million dieser Gutscheine werden auf diese Art gedruckt. Die Wahrscheinlichkeit, dass ein Gutschein eingelöst wird, beträgt 9%. Der Erwartungswert der Umsatzminderung ist $1.000.000 \cdot 0,09 \cdot 1 = 90.000$ (vgl *Johnson* et al 1993, 78).

3. Ein Einproduktunternehmen verwendet für seine Produktion nur eine gemietete Maschine, deren Jahresmiete 1.000 beträgt. Ein Stück des Produktes erfordert Materialeinzelkosten von 5, weitere Kosten fallen nicht an. Bis zum Morgen des 31.12.20X1 (Bilanzstichtag ist der 1.1.) wurden 200 Stück produziert, wobei 100 Stück zu einem Stückpreis von 11 abgesetzt wurden.

   a) Welchen Gewinn hat das Unternehmen bis zum 30.12.20X1 erwirtschaftet? Es soll ein möglichst hoher Gewinn ermittelt werden.

   b) Das Unternehmen ist mit diesem Gewinn nicht zufrieden. Eine potenzielle Möglichkeit zu einer Gewinnsteigerung sieht es in einer weiteren Produktion von nochmals 200 Stück am Silvestertag. Wie verändert sich dadurch der Gewinn?

   c) Welcher Gewinn könnte mit einer beliebigen Ausweitung der Produktion maximal erzielt werden („Silvesterbeispiel"; vgl *Siegel* 1981)?

4. Anfang des Jahres wird eine Maschine um 150.000 angeschafft und sofort in Betrieb genommen. Die erwartete Nutzungsdauer beträgt 5 Jahre, der Restwert deckt gerade die Abbruchkosten. Wie hoch ist die lineare Abschreibung, wie hoch die Buchwertabschreibung (für ihre Ermittlung sei von einem Prozentsatz von 44% ausgegangen), und wie hoch ist die digi-

tale Abschreibung in den einzelnen Jahren der Nutzungsdauer? Welche Abschreibung würde das Unternehmen wählen, wenn es in der Periode der Anschaffung möglichst viel Gewinn ausschütten möchte?

5. Welche Gründe könnten dafür ausschlaggebend sein, dass ein Unternehmen von LIFO auf FIFO wechselt?

6. Ein Unternehmen verkauft am 1.11.20X2 Waren für $ 10.000 auf Ziel in die USA. Der aktuelle $-Kurs ist € 1,10. Die Forderung soll am 1.2.20X3 beglichen werden. Am 5.11.20X2 nimmt das Unternehmen einen Fremdwährungskredit in Höhe von $ 10.000 auf, der am 1.2.20X3 zurückgezahlt werden muss. Der Wechselkurs entwickelt sich wie folgt:

5.11.20X2: $ 1 = € 1,11
31.12.20X2: $ 1 = € 1,15
1.2.20X3: $ 1 = € 1,18.

a) Wie hoch ist der Gewinn/Verlust aus diesen beiden Geschäftsfällen im Geschäftsjahr 20X2 und 20X3?

b) Wie hoch ist der Gewinn/Verlust in den beiden Geschäftsjahren, wenn folgende Wechselkursentwicklung zugrunde gelegt wird?

5.11.20X2: $ 1 = € 1,11
31.12.20X2: $ 1 = € 1,05
1.2.20X3: $ 1 = € 1,01.

c) Entspricht die Darstellung der beiden Geschäftsfälle ihrem wirtschaftlichen Gehalt? Welche Alternativen der Darstellung könnten Verbesserungen bewirken?

Lösungen

1. Beim Vermögen gilt der Grundsatz der Einzelbewertung, deshalb ist jeder einzelne Rohstoff zu bewerten.

   Rohstoff A: Den höchsten Ansatz bildet der Anschaffungswert mit 100. Daher ist keine Buchung durchzuführen.

   Rohstoff B: Es gilt ein strenges Niederstwertprinzip. Anzusetzen sind daher 70. Die Abwertung wird wie folgt verbucht:

   Verbrauch von Rohstoffen (Schadensfälle) (51) an Rohstoffvorräte (11)   10

   Rohstoff C: Keine Änderung.

   In diesem Fall mindert sich der in der Bilanz auszuweisende Wert der gesamten Rohstoffe um 10, obwohl die Summe der Tageswerte aller Rohstoffe der Summe der Anschaffungswerte entspricht.

2. a) Für die Klage ist eine Prozesskostenrückstellung zu bilden. Da es sich um ein individuelles Risiko handelt, ist auf Grund des Vorsichtsprinzips ein Betrag von 100.000 rückzustellen.

b) Für die Unterstützung bei Unfällen ist eine Rückstellung zu bilden. Infolge der großen Zahl an gleichen Einzelrisiken ist sie mit dem Erwartungswert von 90.000 anzusetzen. Aus steuerlicher Sicht handelt es sich hier offenbar um eine nach § 9 Abs 3 EStG unzulässige Pauschalrückstellung.

c) Für die möglichen Feuerschäden wird im Allgemeinen keine Rückstellung gebildet werden können, weil keine (Fremd-)Verpflichtung entsteht; denkbar wäre uU die Bildung einer Aufwandsrückstellung.

d) Für die zu erwartende Minderung künftiger Erträge ist grundsätzlich keine bilanzielle Vorsorge zu treffen. Eine Ausnahme wäre, wenn durch die Aktion ein Verlust erwartet wird (es tätigen zB alle Käufer mit Gutscheinen jeweils Einkäufe im Wert von 1).

3. a)

	Umsatzerlöse (100 · 11)	1.100
+	Bestandserhöhung (Herstellungskosten pro Stück: 5 + 1.000/200 = 10; 100 · 10)	1.000
−	Materialkosten (200 · 5)	− 1.000
−	Mietaufwand	− 1.000
=	Gewinn	+ 100

b)

	Umsatzerlöse (100 · 11)	1.100
+	Bestandserhöhungen (Herstellungskosten pro Stück: 5 + 1.000/400 = 7,5; 300 · 7,5)	2.250
−	Materialkosten (400 · 5)	− 2.000
−	Mietaufwand	− 1.000
=	Gewinn	+ 350

c) Offensichtlich sinkt mit steigender Produktionsmenge der vom einzelnen Stück zu tragende Anteil an den Fixkosten (Mietaufwand). Für ein Maximum des ausgewiesenen Gewinnes muss daher unendlich viel produziert werden. Dann werden die gesamten Fixkosten von den Bestandserhöhungen aufgesogen, der maximale Gewinn beträgt dann $100 \cdot (11 - 5) = 600$. Formal ist der Gewinn:

$$G = p \cdot x + (y - x) \cdot (k + F/y) - k \cdot y - F$$

Dabei bezeichnen p Absatzpreis

x abgesetzte Menge

y produzierte Menge

k variable Stückkosten

F Fixkosten.

Umformuliert ergibt sich:

$$G = p \cdot x + F - k \cdot x - x \cdot F/y - F = p \cdot x - k \cdot x - x \cdot F/y$$

Das Maximum von G ergibt sich für $y \to \infty$ als $G = (p - k) \cdot x$

Dieses Beispiel illustriert die negativen Auswirkungen der Ermittlung der Herstellungskosten auf Basis von Vollkosten. § 203 Abs 3 HGB setzt eine Grenze nur für Unterbeschäftigung und greift im Beispiel nicht. Als Ausweg für das Beispiel bietet sich die Bestimmung der Herstellungskosten nur anhand variabler Kostenbestandteile an.

4. Lineare Abschreibung:

Abschreibung = $\dfrac{150.000}{5}$

Der Prozentsatz der Buchwertabschreibung ergibt sich grundsätzlich aus

$$1 - \sqrt[N]{\frac{\text{Restwert}}{\text{Anschaffungskosten}}}$$

mit N als Nutzungsdauer.

Da der Restwert hier gleich null ist, kann die Buchwertabschreibung nicht auf diese Weise ermittelt werden. Es wird der in der Angabe angeführte Prozentsatz von 44% verwendet.

Digitale Abschreibung:

$$\text{Abschreibungsausgangsbetrag} = \frac{150.000}{1 + 2 + 3 + 4 + 5} = 10.000$$

Jahr	lineare Abschreibung	Buchwert-abschreibung	digitale Abschreibung
20X1	30.000	66.000	50.000
20X2	30.000	36.960	40.000
20X3	30.000	20.698	30.000
20X4	30.000	11.591	20.000
20X5	30.000	14.751	10.000

Da die lineare Abschreibung im ersten Jahr zur niedrigsten Abschreibung führt, kann mit ihr der höchste Gewinn ausgeschüttet werden. Zu beachten ist dabei, dass die Wahl der Abschreibung keine Änderung der Steuerschuld bewirkt, da steuerlich die lineare Abschreibung zwingend – und unabhängig von der handelsrechtlichen Wahl – vorgeschrieben ist.

5. Geht man von steigenden Preisen für die bezogenen Güter aus, so führt ein Wechsel von LIFO zu FIFO zur Verrechnung eines niedrigeren Aufwandes für den Wareneinsatz. Dadurch erhöhen sich sowohl der Gewinn als auch die Ertragsteuerlast. Gründe für eine beabsichtigte Gewinnsteigerung können unter anderem sein: Das Unternehmen möchte für den externen Beobachter besser dastehen, es braucht vielleicht einen (günstigen) Kredit oder möchte neue Miteigentümer anziehen. Vielleicht erhält der Manager eine gewinnabhängige Entlohnung und möchte diese erhöhen. Es können aber auch tatsächliche Änderungen der Lagerorganisation für den Wechsel verantwortlich sein. Zu beachten ist freilich, dass FIFO und LIFO die Verbrauchsfolge nur fingieren. Sie werden verwendet, weil die wirkliche Verbrauchsfolge nicht genau festgestellt werden kann.

6. a) Die Buchungen der beiden Geschäftsfälle lauten:

1.11.20X2: Forderung an Erlöse	11.000
5.11.20X2: Bank an Verbindlichkeit	11.100

    Am 31.12.20X2 muss die Verbindlichkeit gemäß dem Höchstwertprinzip auf 11.500 aufgewertet werden, die Forderung darf dagegen nicht über die Anschaffungskosten hinaus aufgewertet werden:

Währungsverluste an Verbindlichkeit	400

    Am 1.2.20X3 werden die Forderung und die Verbindlichkeit ausgebucht:

Bank an Forderung	11.000
Bank an Währungsgewinne	800
Verbindlichkeit an Bank	11.800
Währungsverluste an Verbindlichkeit	300

157

Daraus ergibt sich für das Geschäftsjahr 20X2 ein Verlust von 400 und 20X3 ein Gewinn von 500.

b) Am 31.12.20X2 muss die Forderung gemäß dem strengen Niederstwertprinzip auf 10.500 abgewertet werden, die Verbindlichkeit darf dagegen nicht unter ihre Anschaffungskosten abgewertet werden:

Währungsverluste an Forderung   500

Am 1.2.20X3 werden die Forderung und die Verbindlichkeit ausgebucht:

Bank an Forderung   10.100
Währungsverluste an Forderung   400
Verbindlichkeit an Bank   10.100
Verbindlichkeit an Währungsgewinne   1.000

Daraus ergibt sich für das Geschäftsjahr 20X2 ein Verlust von 500 und 20X3 ein Gewinn von 600.

c) Wirtschaftlich gesehen ist das Unternehmen ab dem 5.11.20X2 keinem Währungsrisiko mehr ausgesetzt. Dennoch ergibt sich für das Geschäftsjahr 20X2 sowohl bei Steigen als auch bei Sinken des Wechselkurses ein buchmäßiger Verlust, der im folgenden Geschäftsjahr wieder aufgeholt wird. Diese Anomalie der Abbildung wirtschaftlicher Sachverhalte ergibt sich aus dem Zusammenwirken von Niederst- und Höchstwertprinzip sowie aus dem Prinzip der Einzelbewertung.

Könnten die beiden Geschäfte gemeinsam bewertet werden, könnte ein Verlustausweis im Geschäftsjahr 20X2 vermieden werden. Begrenzt wird die Bildung von Bewertungseinheiten in der Handelsbilanz auch als zulässig erachtet. Eine andere Möglichkeit wäre es, nicht nur nicht realisierte Kursverluste, sondern auch Kursgewinne zu bilanzieren. Dies geschieht zB nach IFRS und US-GAAP. Eine dritte Variante zur Vermeidung dieser Anomalie wären eigene Bilanzierungsvorschriften für Sicherungsgeschäfte – die es derzeit jedoch im HGB nicht gibt.

Literaturempfehlungen zum 4. Kapitel

Detaillierte Informationen zur Erstellung des Jahresabschlusses und den notwendigen Buchungen geben etwa *Bertl/Deutsch/Hirschler* (2004) und *Seicht* (2002). In Gesetzeskommentaren finden sich Antworten zu Spezialproblemen, Zweifelsfragen und Auslegungsproblemen des HGB. Kommentare zum österreichischen Recht sind vor allem *Kofler et al* (1998ff), *Straube* (2000), *Bertl/Mandl* (1991ff) und *Jabornegg* (1997). Eine Standardreferenz für Deutschland ist *Coenenberg* (2003). Vielfach lohnt sich auch ein Blick in deutsche Kommentierungen, zB *Adler/Düring/Schmaltz* (1995ff), *Castan ua* (1986ff) oder *Küting/Weber* (2002ff).

5. Kapitel

Konzernabschluss

International ist der Konzernabschluss und nicht der Einzelabschluss das vorherrschende Informationsinstrument der börsennotierten Gesellschaften. In diesem Kapitel werden die Grundlagen der Konzernrechnungslegung behandelt. Die Einzelabschlüsse der Konzernunternehmen werden so zusammengefasst, als ob der Konzern auch rechtlich nur ein einziges Unternehmen wäre. Der Konzernabschluss dient alleine Informationszwecken.

Seit 2005 sind kapitalmarktorientierte Unternehmen verpflichtet, **Konzernabschlüsse nach IFRS** aufzustellen, alle anderen Unternehmen können IFRS-Konzernabschlüsse anstatt von Konzernabschlüssen nach österreichischen Vorschriften aufstellen (§ 245a HGB). Die grundsätzliche Vorgehensweise der Erstellung von Konzernabschlüssen unterscheidet sich nicht wesentlich. Die Hauptunterschiede zwischen den österreichischen Regeln und IFRS werden jedoch hervorgehoben.

5.1 Grundlagen

Im Wirtschaftsleben können die **rechtliche und wirtschaftliche Einheit** von Unternehmen auseinander fallen. Vielfach sind rechtlich selbstständige Unternehmen über eine einheitliche Leitung und/oder über das Halten von wesentlichen Beteiligungen miteinander verflochten, so dass sie wirtschaftlich eine Einheit bilden. Man spricht dann von einem **Konzern** (§ 15 AktG).

Der **Einzelabschluss** eines einem Konzern angehörenden Unternehmens bildet dessen tatsächliche wirtschaftliche Lage nur selten adäquat ab. Der Einzelabschluss eines Konzernunternehmens kann völlig **aussageclos** sein. Beispielsweise gibt es veröffentlichte Jahresabschlüsse von Holdinggesellschaften, deren Bilanz auf der Aktivseite fast ausschließlich aus Beteiligungen und auf der Passivseite aus Grundkapital und gebundenen Rücklagen besteht; die GuV enthält praktisch nur Beteiligungserträge, die unter Abzug der Verwaltungskosten in den Bilanzgewinn durchgeleitet werden.

Der Einzelabschluss umfasst nicht nur Geschäfte mit konzernfremden Dritten, sondern auch **Geschäfte mit anderen Konzernunternehmen**. Letztere kommen unter Ausschluss des „Marktes" zustande und bieten deshalb eine Vielzahl möglicher Gestaltungsmaßnahmen, die den Informationsgehalt von Einzelabschlüssen für Außenstehende verringern.

Im Konzern können zB Bilanzierungsverbote wie das Verbot der Aktivierung selbst erstellter immaterieller Anlagegegenstände (§ 197 Abs 2 HGB) umgangen werden. Der von einem Konzernunternehmen erstellte immaterielle Gegenstand wird einfach von einem anderen Konzernunternehmen entgeltlich erworben, woraus die Aktivierungspflicht im Einzelabschluss des Erwerbers folgt.

Das **Eigenkapital** eines Tochterunternehmens kann erhöht werden, indem zunächst Fremdkapital aufgenommen wird, dieses als Darlehen an das Mutterunternehmen weitergegeben wird, und das Mutterunternehmen dieses Geld dann beim Tochterunternehmen einlegt. Im Ergebnis zeigt der Jahresabschluss des Tochterunternehmens eine Erhöhung der Forderungen und des Eigenkapitals, die wirtschaftlich nicht gegeben sind.

Gewinne können durch **konzerninterne Geschäfte** zwischen den betroffenen Konzernunternehmen in gewissem Rahmen verschoben werden, indem etwa der **Verrechnungspreis** sehr hoch oder sehr niedrig gesetzt wird. Kauft ein Konzernunternehmen von einem anderen Konzernunternehmen Waren zu einem Verrechnungspreis, der weit unter dem Marktpreis liegt (zB zu variablen Kosten), so weist das verkaufende Unternehmen einen sehr niedrigen Gewinn aus, während das kaufende Unternehmen einen hohen Gewinn zeigt. Werden dagegen Waren zu einem sehr hohen Verrechnungspreis transferiert, ist der Gewinn des verkaufenden Unternehmens relativ hoch und der des kaufenden entsprechend niedriger. Aus Konzernsicht hat sich dagegen durch diese Transaktion alleine noch keine Gewinnänderung ergeben, denn bevor die Ware an Dritte verkauft wird, ist noch gar kein Gewinn im Konzern realisiert worden. Dies ist auch ein Problem bei einer umfassenden Segmentberichterstattung (siehe dazu Kapitel 6.3).

Da die **steuerliche Gewinnermittlung** an den Gewinn im handelsrechtlichen Einzelabschluss anknüpft, versuchen viele Konzerne, die Verrechnungspreise so zu gestalten, dass sie zu steuerfreundlichen Ergebnissen führen. Dies ist vor allem dann von Interesse, wenn die Konzernunternehmen in unterschiedlichen Staaten angesiedelt sind. Es wird dann danach getrachtet, Gewinne eher in Staaten zu zeigen, in denen die Ertragsbesteuerung relativ niedrig ist. Die Finanzverwaltung, aber auch die OECD haben deshalb Richtlinien entwickelt, die Grenzen für die steuerliche Anerkennung von Verrechnungspreisen zu definieren suchen.

Zweck

Zweck des Konzernabschlusses ist es, die externen Bilanzadressaten über die Vermögens-, Finanz- und Ertragslage des Konzerns insgesamt zu **informieren**. Er hat nach geltendem Recht grundsätzlich **keine Anspruchsbemessungsfunktion**. Aus ihm leiten sich keine Rechte oder

Pflichten ab, etwa den Konzerngewinn auszuschütten oder danach Steuern zu zahlen.

Seit 2005 gibt es in Österreich ein Wahlrecht für eine **Gruppenbesteuerung** (§ 9 KStG). Diese ermöglicht die Zusammenrechnung der steuerlichen Ergebnisse finanziell verbundener in- und ausländischer Körperschaften. Gruppenträger ist jene Körperschaft, die an der Spitze der Unternehmensgruppe steht, Gruppenmitglieder sind Beteiligungsunternehmen (mit über 50% Beteiligung), die der Unternehmensgruppe angehören. Durch die Gruppenbesteuerung wird eine Aufrechnung von steuerlichen Gewinnen und Verlusten der Unternehmen in der Unternehmensgruppe ermöglicht und nur der Saldo der Körperschaftsteuer unterworfen. Es ist sogar eine Verlustverrechnung mit ausländischen Gruppenmitgliedern möglich. Teilwertabschreibungen und Veräußerungsverluste sind steuerlich nicht abzugsfähig, hingegen sind in begrenztem Rahmen Firmenwertabschreibungen möglich.

Liegen die Bedingungen für die gemeinsame Besteuerung nicht vor, gibt es für Erträge auf Grund einer Beteiligung an einer inländischen Kapitalgesellschaft oder Genossenschaft eine **Beteiligungsertragsbefreiung** (§ 10 Abs 1 KStG). Beteiligungserträge ausländischer Gesellschaften sind dann steuerbefreit (internationale Schachtelbeteiligung), wenn die Beteiligung mindestens 10% beträgt (§ 10 Abs 2 KStG).

Die Beschränkung der Funktion des Konzernabschlusses auf die Informationsbereitstellung hat einige **problematische Folgen**. Die Rechtsform eines Unternehmens ist für die Anspruchsbemessungsfunktion weiterhin ausschlaggebend. Der Konzern ist rechtlich ein **fiktives Gebilde**, er stellt kein eigenständiges Rechtssubjekt dar, mit dem Rechtsgeschäfte abgeschlossen werden können.

Ist etwa ein Bilanzadressat an der **Ausschüttungspolitik** des Konzerns, das heißt des Mutterunternehmens, interessiert, erhält er durch den Konzernabschluss keine Information darüber. Denn daraus ist nicht erkennbar, wie viel Gewinn das Mutterunternehmen erzielt hat und wie viel davon zur Ausschüttung vorgeschlagen wird. Es gibt derzeit keine Ausschüttungsregelungen im Hinblick auf den Konzerngewinn.

Ähnliche Schwierigkeiten gibt es bei Fragen der **Haftung** gegenüber Gläubigern. In aller Regel haftet nur das rechtlich selbständige Unternehmen für seine Verbindlichkeiten, nicht aber der Konzern. Das Konzerneigenkapital kann also nicht als Haftungskapital für ein einzelnes Konzernunternehmen betrachtet werden. Es gibt Konzerne, die ein Tochterunternehmen, etwa in der Form einer GmbH, in den Konkurs schlittern lassen.

Auch **Minderheiten** haben auf Grund ihrer Anteile an einem Tochterunternehmen Interesse am Einzelabschluss und womöglich am Teilkonzernabschluss des Unternehmens, an dem sie beteiligt sind.

Diese Folgen sind unproblematisch, wenn der Konzernabschluss *zusätzlich* zu den Einzelabschlüssen sämtlicher einbezogener Unternehmen offen gelegt wird. Die Offenlegung der Einzelabschlüsse ist jedoch eine Frage der Größe und der Rechtsform der einbezogenen Unternehmen (siehe Kapitel 6.6). Ein **Rückschluss** vom Konzernabschluss auf ein einzelnes einbezogenes Unternehmen ist nicht möglich. Bei der Aufstellung eines Konzernabschlusses wird faktisch davon ausgegangen, dass die einbezogenen Unternehmen wirtschaftlich derart zusammenhängen, dass eine Behandlung wie ein rechtlich eigenständiges Unternehmen gerechtfertigt ist. Dies ist in vielen Situationen nicht zutreffend.

Konzeption

Grundsätzlich soll der Konzernabschluss dem handelsrechtlichen Jahresabschluss eines einzelnen Unternehmens nahe kommen, der sich dann ergäbe, wenn der Konzern nur aus einem einzigen Unternehmen bestünde (**Einheitstheorie, § 250 Abs 3 HGB**). Es wird von der rechtlichen Verschiedenheit der Konzernunternehmen abstrahiert und neben der tatsächlichen wirtschaftlichen Einheit auch eine rechtliche Einheit fingiert.

Es werden keine Eingriffe in die Einzelbilanzen gemacht (etwa um konzerninterne Geschäfte auszusondern oder anders zu bewerten), sondern es wird ein „Jahresabschluss" des Konzerns, also der wirtschaftlichen Einheit, insgesamt aufgestellt. Würde im Konzern eine gesonderte Konzernrechnungslegung durchgeführt, gäbe es zunächst keine Unterschiede zur Erstellung eines Einzelabschlusses. In der Praxis wird allerdings der Konzernabschluss idR aus den Jahresabschlüssen der einzelnen Unternehmen im Nachhinein erstellt. Diese enthalten aber Transaktionen, die nur innerhalb des Konzernverbundes zustande kommen. Um daher zu einem Konzernabschluss zu gelangen, müssen diese neutralisiert werden (**Konsolidierung**). Dies ist im Grunde eine rein technische Frage, auch wenn sie in der Praxis einen hohen Stellenwert hat.

Konzeptionell liegen die Probleme der Konzernrechnungslegung auf einer anderen Ebene: Sie betreffen die **Abgrenzung der Unternehmen**, die in den Konzernabschluss einzubeziehen sind. Wenn ein Mutterunternehmen eine 100% Beteiligung an einem Tochterunternehmen besitzt, können ihr die Vermögensgegenstände und Schulden des Tochterunternehmens eindeutig zugerechnet werden. Was aber, wenn die Beteiligung nur 60% beträgt und 40% des betreffenden Unternehmens von externen dritten Personen gehalten werden? Wie sieht hier eine wirtschaftlich sinnvolle Abbildung aus: Gehören die Vermögensgegenstände vollständig, zu 60% oder überhaupt nicht zum Mutterunternehmen? Was ist mit den Minderheitseigentümern?

Die Abgrenzung wird im Wesentlichen abhängig von der Höhe der Beteiligung vorgenommen. Diese legt das Ausmaß des Einflusses fest, das für eine bestimmte Rechnungslegungsmethode gegeben sein muss. Tabelle 5.1 gibt die Konsolidierungsformen für die typischen Fälle wieder.

Tochter-unternehmen Anteil > 50%	Gemeinschafts-unternehmen Anteil ≤ 50%	Assoziierte Unternehmen Anteil ≥ 20%	Beteiligungen Anteil ≤ 20%
Vollkonsolidierung (vollständige Einbeziehung des Vermögens und der Schulden)	**Quoten-konsolidierung** (Einbeziehung von anteiligem Vermögen und Schulden) **oder Equity-Bewertung** (korrespondierende Beteiligungs-bewertung)	**Equity-Bewertung** (korrespondierende Beteiligungsbewer-tung)	**Bewertung wie Finanzvermögen im Anlage- oder Umlaufvermögen**

Tab 5.1: Konsolidierungsformen

Unternehmen, in denen das Mutterunternehmen herrschenden Einfluss ausübt oder ausüben kann, sind Tochterunternehmen. Sie werden **voll konsolidiert**, die Vermögensgegenstände und Schulden werden zur Gänze in den Konzernabschluss aufgenommen. **Gemeinschaftsunternehmen** sind Unternehmen, die unter gemeinsamer Führung des Mutterunternehmens und anderer Unternehmen stehen, also zB Joint Ventures, an denen zwei Partner jeweils genau 50% der Anteile besitzen. Die Vermögensgegenstände und Schulden eines Gemeinschaftsunternehmens können anteilig in den Konzernabschluss aufgenommen werden (**Quotenkonsolidierung**). Besteht ein maßgeblicher Einfluss, liegt jedoch keine Beherrschung vor, handelt es sich um **assoziierte Unternehmen**. Deren Vermögensgegenstände und Schulden werden nicht in den Konzernabschluss einbezogen, sondern die Beteiligung wird anders bewertet, nämlich mit der **Equity-Bewertung**. Liegt schließlich kein maßgeblicher Einfluss vor, wird die Beteiligung genauso wie eine Beteiligung im Einzelabschluss bewertet.

Im **Einzelabschluss** sind Beteiligungen mit ihren Anschaffungskosten anzusetzen (siehe Kapitel 4.3). Wenn es sich um Anlagevermögen handelt, besteht ein gemildertes Niederstwertprinzip, wonach bei nicht dauernder Wertminderung ein Wahlrecht zur Abwertung und bei dauernder Wertminderung eine Abwertungspflicht besteht. Falls es sich um Umlaufvermögen handelt, besteht ein strenges Niederstwertprinzip mit zwingender Abwertung auf einen niedrigeren Wert.

Im Einzelabschluss ist des Weiteren bei etlichen Posten, zB Beteiligungen, Forderungen, Verbindlichkeiten und Zinsen, der gesonderte Ausweis des Betrages vorgesehen, der auf verbundene Unternehmen bzw auf Unternehmen entfällt, mit denen ein Beteiligungsverhältnis besteht. **Verbundene Unternehmen** sind solche, die in einen Konzernabschluss einzubeziehen sind oder wären, dh idR Unternehmen, an denen eine mehrheitliche Beteiligung besteht (siehe dazu unten). **Beteiligungen** sind Anteile an Unternehmen, zu denen eine dauernde Verbindung besteht. Im Zweifel liegt eine Beteiligung immer dann vor, wenn das Unternehmen persönlich haftender Gesellschafter einer Personengesellschaft ist oder andernfalls mindestens 20% der Anteile an einem Unternehmen hält (§ 228 HGB). Auch enthält der Anhang etliche Angaben über derartige Verflechtungen, wie etwa über erworbene immaterielle Vermögensgegenstände von einem Unternehmen, an dem eine Beteiligung von mindestens 10% besteht.

Bei der Vollkonsolidierung kommt es zur Aufnahme der gesamten Gegenstände des Tochterunternehmens in den Konzernabschluss. Beträgt der Anteil weniger als 100%, gibt es offenbar konzernfremde dritte Eigentümer am Tochterunternehmen. Das sind die so genannten **Minderheitseigentümer**. Für deren Darstellung gibt es zwei grundsätzliche Auffassungen: Nach der **Einheitstheorie** herrscht die Sichtweise vor, dass Minderheiten, die keine beherrschende Stellung einnehmen (oder einnehmen können), dennoch *Eigenkapital*anteile am Konzern halten. Die Minderheitenanteile werden daher als Eigenkapital qualifiziert, und die ihnen zurechenbaren Gewinne (der Tochterunternehmen) sind Konzerngewinn. Nach der **Interessentheorie** wird der Konzernabschluss nur aus der Sicht des Mutterunternehmens dargestellt. Damit gelten die Minderheitenanteile als von fremden Dritten gehaltene Anteile an den Konzerngesellschaften und sind nicht Eigenkapital des Konzerns. Ebenso ist der auf sie entfallende Gewinnanteil kein Konzerngewinn. Die handelsrechtlichen Vorschriften basieren wie IFRS auf der Einheitstheorie, die US-GAAP auf der Interessentheorie. Diese Unterschiede sind für die Interpretation und den zwischenbetrieblichen Vergleich des Eigenkapitals und des Gewinns von Bedeutung.

5.2 Aufstellungspflicht und Konsolidierungskreis

Das HGB **verpflichtet** erst seit 1994 österreichische Konzerne dazu, einen **Konzernabschluss** aufzustellen. Dies erfolgte reichlich spät – und praktisch nur im Hinblick auf eine entsprechende Richtlinie der EU. In Deutschland besteht eine Verpflichtung zur Konzernrechnungslegung bereits seit dem deutschen Aktiengesetz 1965. Das Handelsrecht enthält dazu im HGB eigene Regeln für die Aufstellung eines Konzernabschlusses.

Kapitalmarktorientierte Unternehmen in Österreich – wie in der gesamten EU – müssen Konzernabschlüsse nach den in der EU anerkannten

IFRS aufstellen (IAS-VO Art 4). **Kapitalmarktorientierte Unternehmen** sind solche, deren Wertpapiere (zB Aktien, Anleihen) in einem Mitgliedstaat der EU zum Handel in einem geregelten Markt zugelassen sind. Diese Regel gilt seit 2005; ausnahmsweise tritt sie erst 2007 in Kraft für Unternehmen, die an ausländischen Börsen notiert sind und dafür Konzernabschlüsse nach internationalen Standards (insbesondere US-GAAP) erstellen oder von denen lediglich Schuldtitel zugelassen sind. Da die IFRS derzeit keine eigenen Regeln für die Aufstellung eines Lageberichts enthalten, ist jedenfalls ein Lagebericht nach den Regeln des HGB zu erstellen.

Für alle andere Unternehmen eröffnet § 245a HGB ein **Wahlrecht**, einen Konzernabschluss nach den in der EU anerkannten IFRS aufzustellen; in diesem Fall brauchen diese Unternehmen keinen Konzernabschluss nach HGB zu erstellen (Befreiungsbestimmung).

Grundsätzlich besteht die **Pflicht zur Aufstellung** eines Konzernabschlusses für ein Unternehmen (**Mutterunternehmen**) dann, wenn folgende Bedingungen vorliegen (§ 244 HGB):

- Das Mutterunternehmen ist eine **Kapitalgesellschaft** (oder eine andere Gesellschaft, in der keine natürliche Person unbeschränkt haftet, also zB die typische GmbH & Co KG) – für Einzelpersonen und Personengesellschaften als Mutterunternehmen besteht keine Konzernrechnungspflicht (anders als in Deutschland, wo für sehr große Konzerne unabhängig von der Rechtsform des Mutterunternehmens eine solche gegeben ist),
- der Sitz befindet sich im **Inland**, und
- das Mutterunternehmen besitzt mindestens ein **Tochterunternehmen**.

Ein **Tochterunternehmen** liegt vor, wenn eine der beiden Bedingungen erfüllt ist:

- Das Tochterunternehmen steht unter **einheitlicher Leitung** des Mutterunternehmens und die Beteiligung daran beträgt zumindest 20% (faktische Beherrschung), *oder*
- das Mutterunternehmen besitzt die **Mehrheit der Stimmrechte** an dem Tochterunternehmen bzw kann auf Grund anderer Rechte einen beherrschenden Einfluss ausüben (Beherrschungsmöglichkeit). Dies entspricht dem international üblichen **Control-Konzept**. Dazu gehört zB das Recht, die Mehrheit des Aufsichtsrates oder der Geschäftsführung zu bestellen oder abzuberufen, etwa auf Grund einer Vereinbarung mit anderen Eigentümern.

Eine Pflicht zur Aufstellung eines Konzernabschlusses entsteht nach dem HGB nur, wenn mindestens ein Tochterunternehmen im obigen Sinne existiert. Hat ein Unternehmen nur Beteiligungen von unter 50% und beherrscht es auch kein anderes Unternehmen faktisch, braucht es keinen Konzernabschluss aufzustellen. Nach internationalen Rechnungslegungsgrundsätzen besteht diese Wahlmöglichkeit nicht.

Grundsätzlich sind alle Tochterunternehmen in den Konzernabschluss einzubeziehen. Es gibt keine räumliche Einschränkung (**Weltabschluss**). **Ausnahmen** bestehen dann, wenn erhebliche und dauernde Beschränkungen die Rechte des Mutterunternehmens beeinträchtigen, wenn die Einbeziehung für die Vermittlung des möglichst sicheren Einblicks von nur untergeordneter Bedeutung ist (*Materiality*, Wesentlichkeit) oder wenn mit der Einbeziehung unverhältnismäßig hohe Kosten verbunden wären. Das impliziert eine Abwägung zwischen Kosten der Konzernabschlusserstellung und dem Informationsnutzen.

Ausnahmen von der Aufstellung

Kleine Konzerne sind von der Aufstellungspflicht befreit. Dabei handelt es sich um jene Konzerne, die zumindest zwei der folgenden Größenmerkmale nicht überschreiten und bei denen kein einbezogenes Unternehmen an einer Börse notiert. Die Größenmerkmale gemäß § 246 HGB sind in Tabelle 5.2 angeführt.

Merkmale	Bruttomethode (Summe der Werte der einzubeziehenden Unternehmen)	Nettomethode (Konsolidierte Werte)
Bilanzsumme(n)	€ 17,52 Mio	€ 14,6 Mio
Umsatzerlöse	€ 35,04 Mio	€ 29,2 Mio
Arbeitnehmer	250	250

Tab 5.2: Größenmerkmale für Konzernrechnungslegungspflicht

Eine Ausnahme von der **Aufstellungspflicht** gibt es für Teilkonzerne: Tochterunternehmen, die gleichzeitig selbst wieder Mutterunternehmen eines (Teil-)Konzerns sind, brauchen keinen eigenen Konzernabschluss zu erstellen. Dies gilt grundsätzlich auch dann, wenn das einem inländischen Mutterunternehmen übergeordnete Mutterunternehmen seinen Sitz im Ausland hat und einen Konzernabschluss nach anderen Rechnungslegungsstandards als jenen des HGB aufstellt; in diesem Fall muss nur die Gleichwertigkeit gegeben sein (§ 245 HGB).

5.3 Vollkonsolidierung

Vollkonsolidierung bezeichnet die Vorgehensweise, mit der ein Tochterunternehmen in den Konzernabschluss einbezogen wird. Die erstmalige Einbeziehung in den Konzernabschluss erfolgt grundsätzlich zu dem Zeitpunkt, zu dem die Beherrschung erstmals erfolgt oder möglich wurde, dh mit dem Erwerb von Anteilen, mit dem erstmals die 50-%-Grenze überschritten wird. Das HGB erlaubt jedoch auch die Einbeziehung zu einem anderen Stichtag, idR am Ende des Konzerngeschäftsjahres.

Die übliche Vorgangsweise bei der Konsolidierung der einbezogenen Unternehmen besteht zunächst in der **Summierung der Positionen der Einzelabschlüsse** und der anschließenden Korrektur um konzerninterne Vorgänge. Voraussetzung dafür ist ein **einheitliches Konzerngeschäftsjahr** der Konzernunternehmen. Dies ist idR das Geschäftsjahr des Mutterunternehmens oder das der Mehrheit der Tochterunternehmen. Bilanzieren die einbezogenen Unternehmen nach unterschiedlichen Geschäftsjahren, so sind grundsätzlich Zwischenabschlüsse für den Konzernabschlussstichtag aufzustellen.

Die Summierung ist auch nur dann sinnvoll, wenn die Einzelabschlüsse **einheitlichen Bilanzierungs- und Bewertungsmethoden** folgen. Diese können vom Mutterunternehmen aus den zulässigen Methoden festgelegt werden; sie können damit von den im Einzelabschluss verwendeten Methoden abweichen. Damit erreicht man etwa ein Loskoppeln von steuerrechtlichen Einflüssen. Die im Konzernabschluss gewählten Methoden unterliegen allerdings genauso dem Stetigkeitsprinzip. Die Vereinheitlichung erfolgt durch Erstellung einer so genannten **Handelsbilanz II (HB II)** (siehe Abbildung 5.1).

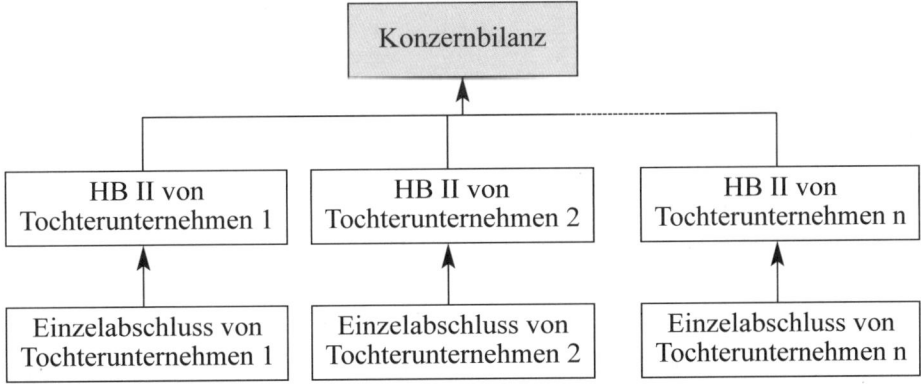

Abb 5.1: Vorgehensweise bei der Konsolidierung

Besondere Probleme bereitet die **Währungsumrechnung**. Sie besitzt im Konzernabschluss einen größeren Stellenwert als im Einzelabschluss, weil nicht nur Einzelposten (zB Forderungen oder Verbindlichkeiten), sondern sämtliche Vermögensgegenstände und Schulden des einzubeziehenden ausländischen Unternehmens umzurechnen sind. Dafür gibt es keine gesetzlichen Vorschriften. Es haben sich zwei verschiedene **Grundkonzepte** herausgebildet:

- **Stichtagsmethode:** Der Jahresabschluss des Tochterunternehmens wird mit dem Kurs am Konzernabschlussstichtag umgerechnet. Dadurch bleiben alle Relationen zwischen den Bilanzposten gleich. Bei einer modifizierten Form der Stichtagsmethode werden Erträge und Aufwendungen mit dem Kurs am Tag des jeweiligen Geschäftsfalls umgerechnet. Die sich daraus ergebenden Differenzen zur Bilanz werden idR direkt und erfolgsneutral als Eigenkapitaländerung im Eigenkapital angesetzt.

- **Zeitbezugsmethode:** Die Umrechnung des Jahresabschlusses des Tochterunternehmens erfolgt so, als ob dessen Geschäftsfälle direkt die Geschäftsfälle des Mutterunternehmens wären. Es gelten dann die normalen Bewertungsregeln, wie sie im Einzelabschluss anzuwenden sind. Damit hat eine Wechselkursänderung einen direkten Effekt auf den Konzernerfolg.

  Nach IFRS ist die Methode der **funktionalen Währung** anzuwenden; sie wird inzwischen auch in Deutschland empfohlen. Es handelt sich dabei um eine Kombination aus Stichtagsmethode (für wirtschaftlich relativ selbständige Tochterunternehmen) und Zeitbezugsmethode (für stärker integrierte Tochterunternehmen).

Nach Erstellung der Summenbilanz sind auf Grund der Fiktion der rechtlichen Einheit überall dort **Korrekturen** der summierten Positionen zu machen, wo solche nur auf Grund der rechtlichen Selbständigkeit der einbezogenen Unternehmen entstanden sind. Dies ist der Fall bei

- Beteiligungen und Kapital (**Kapitalkonsolidierung**),

- konzerninternen Forderungen und Verbindlichkeiten (**Schuldenkonsolidierung**),

- Erträgen und Aufwendungen aus Leistungen der Konzernunternehmen untereinander (**Erfolgskonsolidierung**).

Kapitalkonsolidierung

Die Vollkonsolidierung erfolgt nach der sogenannten **Erwerbsmethode** (*purchase method*), die der angloamerikanischen Rechnungslegung nachgebildet ist. Das Ziel dieser Methode ist es, den Erwerb von Anteilen an einem Unternehmen (*share deal*) im Grunde gleich zu behandeln wie den Erwerb eines Betriebes (*asset deal*), bei dem das erwerbende Unternehmen direkt die Vermögensgegenstände und Schulden übernimmt.

Beim direkten Erwerb eines Betriebes wird der Kaufpreis auf die übernommenen Gegenstände aufgeteilt und eine allfällige Differenz zwischen Kaufpreis und dem Wert der übernommenen Gegenstände als Firmenwert (immaterieller Vermögensgegenstand) aktiviert und über dessen Nutzungsdauer abgeschrieben.

Eine Besonderheit ist die so genannte **Interessenzusammenführungsmethode** (*pooling of interest method*), bei der sich im Regelfall zwei gleich große Unternehmen durch Aktientausch zusammenschließen und keines der beiden als Erwerber des anderen identifiziert werden kann. Dann werden im Grunde die Buchwerte beider Unternehmen addiert. Es kommt zu keiner Umwertung und auch zu keinem Entstehen eines Firmenwertes. Diese Methode gibt es zB in Deutschland (§ 302 dHGB).

Beim Erwerb der Anteile an einem Unternehmen wird im Einzelabschluss die Beteiligung des Tochterunternehmens als solche mit ihren Anschaffungskosten aktiviert. Für den Konzernabschluss wird sie durch die Vermögensgegenstände und Schulden des Tochterunternehmens ersetzt. Dabei sind mehrere Fälle zu unterscheiden:

Zunächst wird der Fall des Erwerbs von 100% der Anteile eines Tochterunternehmens betrachtet. Am einfachsten ist der Sonderfall, wenn die Buchwerte der übernommenen Gegenstände (das entspricht dem Eigenkapital des Tochterunternehmens) gerade mit den Anschaffungskosten der Beteiligung übereinstimmen. Dann wird die Beteiligung einfach durch die übernommenen Gegenstände ersetzt. Es gibt keine Differenz.

Beispiel: Das Unternehmen MU erwirbt 100% des Unternehmens TU um 500 durch Aufnahme eines langfristigen Kredits. Bisher bestanden keine Beziehungen zwischen MU und TU.

Bilanz TU

Grundstück	300	Eigenkapital	500
Sonstige Aktiva	1.300	Schulden	1.100
	1.600		1.600

Bilanz MU

Beteiligung	500	Eigenkapital	2.800
Sonstige Aktiva	5.000	Schulden	2.700
	5.500		5.500

Der Buchwert der Beteiligung stimmt mit dem Buchwert des Eigenkapitals von TU überein. Die Konsolidierung erfolgt einfach durch gegenseitige Verrechnung dieser beiden Positionen. Die übrigen Positionen werden aufsummiert. Die Konzernbilanz hat damit folgendes Aussehen:

Konzernbilanz

Grundstück	300	Eigenkapital	2.800
Sonstige Aktiva	6.300	Schulden	3.800
	6.800		6.600

Im **Normalfall** wird der Wert der Beteiligung jedoch über der Summe der Buchwerte der übernommenen Gegenstände liegen. Im Kaufpreis werden stille Reserven oder künftige Ertragserwartungen abgegolten, oder es wird eine Prämie für eine strategische Investition bezahlt. Der Unterschiedsbetrag ist zunächst in dem Umfang auf die einzelnen Gegenstände zu verteilen, als in diesen stille Reserven enthalten sind. Es kommt damit zu einer Aufwertung bis höchstens auf den Zeitwert der Gegenstände. Die Folge sind unterschiedliche Wertansätze dieser Gegenstände im Einzel- und im Konzernabschluss, die in der Handelsbilanz II weiter zu verfolgen sind. Die Aufwertung bedingt auch höhere Abschreibungen, wenn es sich um abnutzbares Anlagevermögen handelt.

Verbleibt dann noch ein Unterschiedsbetrag, so ist dieser als **Firmenwert (Geschäftswert)** gesondert unter den immateriellen Vermögensgegenständen zu aktivieren.

Der **wirtschaftliche Gehalt** des Firmenwerts kann sehr verschieden sein: Er kann Zeitwerte von Gegenständen enthalten, die nicht gesondert angesetzt werden dürfen (zB Entwicklungskosten, Know-how, Organisation, Standort), Synergieeffekte, die der Erwerber durch die Akquisition zu lukrieren gedenkt, Überbewertung der Gegenleistung (zB wenn die Gegenleistung in Aktien des erwerbenden Unternehmens besteht) oder Überzahlung durch den Erwerber (zB bei einem Hochlizitieren bei Vorliegen mehrerer Interessenten). Es ist für den externen Bilanzadressaten schwierig, diese verschiedenen Inhalte auseinander zu halten. Deshalb hat der Firmenwert immer eine Sonderstellung bei der Ermittlung von Kennzahlen.

Es gibt drei **Möglichkeiten**, wie der Firmenwert in der Folge zu behandeln ist (§ 261 Abs 1 HGB):

- Der Firmenwert ist in jedem Geschäftsjahr zu **mindestens 20% abzuschreiben**. Dies beginnt bereits im Geschäftsjahr der erstmaligen Einbeziehung.

- Der Firmenwert kann über seine erwartete **Nutzungsdauer abgeschrieben** werden (analog zur Regelung beim *asset deal* im Einzelabschluss).

- Der Firmenwert kann schließlich auch offen **gegen Rücklagen verrechnet** werden. Damit wird die Konzern-GuV übergangen, und es tritt künftig keine Gewinnminderung durch die Firmenwertabschreibung ein.

Nach IFRS und US-GAAP muss der Firmenwert aktiviert werden, er darf jedoch nicht planmäßig abgeschrieben werden. Allerdings ist er jedes Jahr auf **Wertminderung** zu prüfen und im Fall eines Wertverlustes außerplanmäßig abzuschreiben. Diese Vorgehensweise führt dazu, dass in schlechten Zeiten, in denen die Erfolge nachlassen, eine Firmenwertabschreibung umso wahrscheinlicher wird und die ohnedies schwachen Erträge noch weiter mindert (prozyklischer Effekt).

Beispiel: Ausgehend vom obigen Beispiel wird nun angenommen, dass der Kaufpreis 1.200 anstelle von 500 beträgt und dass das Grundstück von TU einen Zeitwert von 600 hat.

Bilanz MU

Beteiligung	1.200	Eigenkapital	2.800
Sonstige Aktiva	5.000	Schulden	3.400
	6.200		6.200

Die Differenz zwischen dem Wert der Beteiligung und den Buchwerten der Vermögensgegenstände und Schulden von TU (= Buchwert des Eigenkapitals) beträgt 700. Diese 700 sind wie folgt zu verteilen: Das Grundstück muss auf den Zeitwert aufgewertet werden, dadurch werden die gesamten darin enthaltenen stillen Reserven in Höhe von 300 aufgedeckt. Die verbleibende Differenz von 400 ist ein Firmenwert. Hier wird er mit 20% abgeschrieben, wobei die erste Abschreibung bereits im betrachteten Geschäftsjahr anfällt. Daher ist der Unterschiedsbetrag nur mit 320 zu berücksichtigen, und das Eigenkapital verringert sich um diese 80.

Konzernbilanz

Firmenwert	320	Eigenkapital	2.720
Grundstück	600	Schulden	4.500
Sonstige Aktiva	6.300		
	7.220		7.220

Im betreffenden Geschäftsjahr und in den folgenden vier Geschäftsjahren kommt es zu einer Ergebnisbelastung von jeweils 80 aus der Firmenwertabschreibung. Nimmt man einen Gewinn vor der Firmenwertabschreibung von 300 an, so führt dies zu einer Eigenkapitalrendite von 220/2.720 = 8,1%.

Alternativ kann der **Firmenwert direkt gegen das Eigenkapital** verrechnet werden. Die Konzernbilanz sieht dann wie folgt aus:

Konzernbilanz

Grundstück	600	Eigenkapital	2.400
Sonstige Aktiva	6.300	Schulden	4.500
	6.900		6.900

In weiterer Folge gibt es keine Firmenwertabschreibung mehr. Geht man wieder vom Gewinn von 300 aus, so beträgt nun die Eigenkapitalrendite 300/2.400 = 12,5%, und dies nur auf Grund der Ausübung eines gesetzlich gegebenen Wahlrechts zur Bilanzierung von Firmenwerten. Es ist kein Zufall, dass die direkte Verrechnung des Firmenwertes in der österreichischen Praxis sehr beliebt ist.

Eher selten tritt der Fall ein, dass der Wert der Beteiligung geringer als die Summe der Buchwerte der übernommenen Gegenstände ist. Dann ergibt sich ein **passiver Unterschiedsbetrag**. Grund für sein Entstehen kann zunächst sein, dass ungünstige Entwicklungen bereits im Kaufpreis, aber noch nicht in entsprechendem Ausmaß im Eigenkapital berücksichtigt wurden (*badwill*). Bei Eintreten der negativen Entwicklung kann er aber verlustmindernd aufgelöst werden. Ein Unterschiedsbetrag kann aber auch durch einen überaus günstigen Kauf (*lucky buy*) zustande kommen. Er wird gewinnerhöhend aufgelöst, wenn er einem realisierten Gewinn entspricht; alternativ kann er auch direkt in die Rücklagen gestellt werden.

Beträgt die **Beteiligung weniger als 100%**, so müssen die Anteile, die von Konzernfremden gehalten werden, im Konzernabschluss gesondert berücksichtigt werden. Für die Konsolidierung gibt es zwei Methoden:

- **Buchwertmethode:** Dabei werden bei Bestehen eines positiven Unterschiedsbetrages nur die anteiligen stillen Reserven aufgedeckt. Der Gegenstand wird daher in der Folge mit einem Mischwert aus ursprünglichen Anschaffungs- oder Herstellungskosten (mit dem Anteil der Minderheiten) und Zeitwert bzw einem dazwischen liegenden Wert, wenn der Unterschiedsbetrag geringer war (mit dem Anteil des Konzerns), geführt.

- **Neubewertungsmethode:** Dabei werden die stillen Reserven der übernommenen Gegenstände zur Gänze aufgedeckt. Der Wertansatz entspricht dann jenem bei der Konsolidierung einer 100-%-Beteiligung.

Bei der Konsolidierung einer 100-%-Beteiligung ergibt sich nach beiden Methoden dasselbe Resultat.

Auf der Passivseite ist innerhalb des Eigenkapitals ein **Ausgleichsposten für Anteile anderer Gesellschafter** zu bilden. Dieser unterscheidet sich in der Höhe danach, welche Methode gewählt wurde. Er ist bei der Buchwertmethode um die anteiligen nicht aufgedeckten stillen Reserven geringer.

Beispiel: Ein Mutterunternehmen MU ist zu 60% am Tochterunternehmen TU beteiligt. Der Buchwert der Beteiligung beträgt 600. Das Eigenkapital von TU beträgt 700, an stillen Reserven sind 200 vorhanden.

Nach der Buchwertmethode werden die Gegenstände nur mit den anteiligen stillen Reserven aufgewertet. Das ergibt:

anteiliges Eigenkapital (60% von 700)	420
anteilige aufgelöste stille Reserven (60% von 200)	120
	540
anteiliger Firmenwert	60
Buchwert der Beteiligung	600

Da aber alle Positionen von TU mit ihrem gesamten Wert übernommen werden, müssen auf der Passivseite die Anteile außenstehender Gesellschafter, die 280 besitzen (40% von 700), ausgewiesen werden.

Nach der Neubewertungsmethode werden die gesamten stillen Reserven von 200 aufgedeckt, so dass das Nettovermögen 900 beträgt. Die verbleibende Differenz von 100 wird mit dem Anteil von MU, also mit 60 als Firmenwert angesetzt. Die Anteile außenstehender Gesellschafter werden mit 360 (= 40% von 900) ausgewiesen, weil ihr Anteil gegenüber der Buchwertmethode um die ihnen zurechenbaren stillen Reserven höher ist.

Eigenkapital	700
aufgelöste stille Reserven	200
Eigenkapital insgesamt	900
davon Minderheitsgesellschafter (40% von 900)	360
anteiliger Firmenwert	60
Buchwert der Beteiligung	960

Schuldenkonsolidierung

Im Rahmen der Schuldenkonsolidierung sind sämtliche Schuldverhältnisse zwischen den in den Konzern einbezogenen Unternehmen zu eliminieren. Dies betrifft vorrangig Forderungen und Schulden, aber auch zB Rückstellungen oder Rechnungsabgrenzungsposten, die ihre Ursache in konzerninternen Vorgängen haben. Vielfach entsprechen einander die **Forderungen** eines Unternehmens und die **Verbindlichkeiten** des anderen Unternehmens betragsmäßig, so dass die Konsolidierung einfach in der Streichung beider Posten besteht. Differenzen können aber etwa bei niedrig verzinslichen Darlehen oder Fremdwährungsverpflichtungen auftreten. **Rückstellungen** steht überhaupt kein Aktivposten des anderen Unternehmens gegenüber. So ist beispielsweise eine Rückstellung für Verluste aus einem schwebenden Geschäft mit einem Tochterunternehmen zu eliminieren. Eine dadurch auftretende Differenz erfordert daher das Einstellen eines Ausgleichspostens (Differenz aus der Schuldenkonsolidierung). Bei erstmaliger Konsolidierung ist sie zur Gänze **erfolgswirksam** in der Konzern-GuV anzusetzen, bei wiederholter Konsolidierung (zB wenn eine abgewertete Forderung mehrere Geschäftsjahre bestehen bleibt) ist nur die Wertänderung erfolgswirksam. Die Konzern-GuV ist darüber hinaus um allfällige Zinsaufwendungen und Zinserträge aus konzerninternen Geldgeschäften zu bereinigen.

Erfolgskonsolidierung

Lieferungen und Leistungen innerhalb des Konzerns wirken sich auf Bilanzansätze und auf die GuV der Einzelabschlüsse genau so aus wie Lieferungs- und Leistungsverhältnisse mit konzernfremden Geschäftspartnern. Aus Konzernsicht wird aber durch konzerninterne Lieferungen und Leistungen kein Gewinn bzw Verlust realisiert, weil keine Transaktion mit Dritten erfolgte.

Bei konzerninternen Lieferungen und Leistungen kann der Preis (**Verrechnungs-preis**) in gewissen Grenzen willkürlich gesetzt werden. Der Marktmechanismus ist ausgeschaltet. Verkauft ein Tochterunternehmen an das Mutterunternehmen Produkte zu einem überhöhten Preis, dann weist es im Einzelabschluss einen „realisierten" Erfolg aus, der noch nicht als realisiert gelten würde, wenn der Konzern eine rechtliche Einheit bildete. Außerdem ist dann der Lagerbestandswert beim Mutterunternehmen überhöht. Dieser kann aber auf Grund des strengen Niederstwertprinzips in der Einzelbilanz nicht über dem Marktwert liegen. Ähnliche Überlegungen gelten für Zwischenverluste.

Die Auswirkungen neutralisieren sich im Konzernabschluss, wenn das Mutterunternehmen die bezogenen Produkte an konzernfremde Dritte weiterverkauft hat. Andernfalls müssen sie im Rahmen der **Erfolgskonsolidierung beseitigt** werden. Vermögensgegenstände, die aus Lieferungen oder Leistungen einbezogener Unternehmen stammen, sind mit einem Betrag anzusetzen, zu dem sie auch dann angesetzt werden könnten, wenn die Unternehmen eine rechtliche Einheit bildeten. Das sind im Wesentlichen die Anschaffungs- oder Herstellungskosten des leistenden Unternehmens. Dazu können aber zB Vertriebskosten des leistenden Unternehmens kommen (die bei diesem nicht aktivierungsfähig sind), sofern sie bei Fiktion der rechtlichen Einheit als Transportkosten etwa im Rahmen der Fertigungskosten anzusetzen wären. Gleiches gilt für Anschaffungsnebenkosten des die Leistung beziehenden Unternehmens (Lagerkosten, etwaige Gebühren und Steuern).

Bezieht das Unternehmen gleichartige Lieferungen auch von Dritten, so werden für die **Vorratsbewertung** dieselben Grundsätze angewandt, wie sie für die Einzelbilanz gelten (Kapitel 4.4). Als zusätzliche Verbrauchsfolgefiktion gibt es das so genannte KIFO-Verfahren (Konzern in first out). Es führt dazu, dass die von einbezogenen Unternehmen gelieferten Gegenstände als zuerst abgegangen fingiert werden. Das Problem der Zwischengewinneliminierung wird deshalb abgeschwächt oder sogar vermieden, wenn nach dieser Fiktion gar keine konzernintern gelieferten Gegenstände mehr gelagert sind.

Von einer Wertanpassung der konzerninternen Lieferungen und Leistungen kann abgesehen werden, wenn sie zu üblichen Marktbedingungen vorgenommen wurden, wenn die Ermittlung des Wertansatzes einen unverhältnismäßig hohen Aufwand erforderte oder wenn die Berücksichtigung nur untergeordnete Bedeutung im Hinblick auf das Informationsziel hat (*Materiality*).

In der Konzern-Gewinn- und Verlustrechnung sind die **Umsatzerlöse** aus konzerninternen Lieferungen und Leistungen mit den entsprechenden Aufwendungen beim beziehenden Unternehmen zu verrechnen.

Beispiel: Das Tochterunternehmen TU erzeugt ein Produkt, wobei ein Materialaufwand in Höhe von 50 und Löhne von 35 entstehen. Es liefert dieses Produkt zu einem Preis von 110 an das Mutterunternehmen MU. MU verarbeitet dieses Produkt weiter, wobei zur Fertigstellung weitere Löhne von 40 anfallen. Zunächst sei angenommen, dass das Produkt von MU im selben Geschäftsjahr um 140 an einen Dritten verkauft wird. Dieser konzerninterne

Geschäftsfall wirkt sich auf die einzelnen GuV-Positionen (in der HB II) wie folgt aus; diese sind jeweils auf die betroffenen Hauptpositionen verkürzt.

	GuV TU	GuV MU	Konsolidierung	Konzern-GuV
Umsatzerlöse	110	140	− 110	140
− Materialaufwand	− 50	− 110	+ 110	− 50
− Personalaufwand	− 35	− 40		− 75
= Jahresüberschuss	25	− 10	0	15

Da insgesamt ein Gewinn (bzw Verlust) gegenüber Dritten realisiert wurde, braucht nur der Innenumsatz mit dem entsprechenden Materialaufwand gekürzt zu werden. Die anderen Posten sind einfach aufzusummieren.

Fortsetzung des Beispiels: Nun sei angenommen, dass das Produkt am Abschlussstichtag bei MU noch auf Lager liegt. Dann muss (neben dem Innenumsatz) auch der von TU ausgewiesene Zwischengewinn in Höhe von 25 eliminiert werden, weil er im Konzern noch nicht realisiert wurde. Dies erfolgt gegen Bestandsveränderungen, die um diese 25 zu hoch bewertet wurden.

Geht man alternativ davon aus, dass der Marktpreis mit 140 bereits am Bilanzstichtag feststeht, hat MU den Bestand wegen des strengen Niederstwertprinzips abzuwerten. Die retrograde Wertermittlung ergäbe vereinfachend einen Wert von 140. Damit reduziert MU bereits einen Teil des Zwischengewinns, so dass letztlich nur mehr 15 zu eliminieren sind. Diese Werte sind in Klammer angegeben. Die Konzern-GuV bleibt von diesem Bewertungsproblem unberührt.

	GuV TU	GuV MU	Konsolidierung	Konzern-GuV
Umsatzerlöse	110		− 110	
+ Bestandsver-änderungen		150 (140)	− 25 (− 15)	125
Materialaufwand	− 50	− 110	+ 110	− 50
− Personalaufwand	− 35	40		− 75
Jahresüberschuss	25	0 (-10)	-25(-15)	0

Latente Steuern

Das Konzept der latenten Steuerabgrenzung wurde für den Einzelabschluss schon in Kapitel 4.7 dargestellt. Durch die Erfolgswirksamkeit vieler der Konsolidierungsmaßnahmen entstehen nun neue Abweichungen zwischen dem konsolidierten Jahresergebnis und der Summe der Jahresergebnisse der Einzelabschlüsse. **Typische Anlässe** für das Entstehen latenter Steuern durch die Konsolidierung sind die Umwertungen zu einer konzerneinheitlichen Bewertung, die Währungsumrechnung, die Firmenwertabschreibung sowie Maßnahmen auf Grund der Schuldenkonsolidierung und der Zwischenergebniseliminierung.

Soweit es sich um Differenzen handelt, die sich in späteren Geschäftsjahren wieder auflösen, ist der Ertragsteueraufwand, der darauf anfiele, im Wege einer **Steuerabgrenzung** zu berücksichtigen (§ 258 HGB). Wenn der Ertragsteueraufwand relativ zum konsolidierten Jahresergebnis zu hoch ist, kommt es zum Ansatz aktiver latenter Steuern, andernfalls zum Ansatz passiver latenter Steuern. Wenn der Betrag nur unwesentlich hoch ist, kann auf eine Steuerabgrenzung verzichtet werden.

Der **Unterschied** zur Steuerabgrenzung im Einzelabschluss besteht darin, dass die latenten Steuern, die durch Konsolidierungsmaßnahmen begründet sind, jedenfalls angesetzt werden **müssen**. Es besteht kein Wahlrecht, ausgenommen die Steuerabgrenzung ist unwesentlich. Im Einzelabschluss müssen demgegenüber aktive latente Steuern (als Saldogröße) nicht bilanziert werden. Das führt im Konzernabschluss nun dazu, dass für latente Steuern aus Geschäftsfällen, die auch im Einzelabschluss zu latenten Steuern führen, genauso das Wahlrecht gilt und dieses unabhängig vom Einzelabschluss ausgeübt werden kann, während für latente Steuern aus den Konsolidierungsmaßnahmen eine Pflicht zum Ansatz besteht.

5.4 Quotenkonsolidierung

Die Vollkonsolidierung ist für Unternehmen anzuwenden, die vom Mutterunternehmen beherrscht werden können oder einheitlich geleitet werden (Tochterunternehmen). Es kann aber auch sein, dass mehrere unabhängige Unternehmen Tochterunternehmen **gemeinsam leiten**. Der klassische Fall ist ein Joint Venture, bei dem zwei Unternehmen jeweils 50% der Anteile halten. Ein gleich hoher Anteil ist allerdings nicht notwendig, solange die gemeinsame Führung durch andere Maßnahmen gesichert ist. Die Beherrschung durch das Mutterunternehmen alleine ist dadurch nicht mehr gegeben. Eine Vollkonsolidierung kommt daher nicht in Betracht.

In diesem Fall kann eine **Quotenkonsolidierung** erfolgen (§ 262 HGB). Dabei wird das gemeinsam geführte Unternehmen entsprechend dem Beteiligungsverhältnis anteilig in den jeweiligen Konzernabschluss einbezogen. Sonst gelten sämtliche Bestimmungen, die auch für die Vollkonsolidierung anzuwenden sind. Wird die Quotenkonsolidierung nicht gewählt, ist die Beteiligung nach der **Equity-Bewertung** zu bilanzieren.

Die Quotenkonsolidierung erklärt sich zum Teil aus der Interessentheorie, nach der nur die dem Konzern gehörenden Gegenstände Inhalt des Konzernabschlusses sein sollen. Während bei der Vollkonsolidierung die Minderheitenanteile auf der Passivseite gesondert ausgewiesen werden, kommt es hier zu keinem Ausweis der Minderheitenanteile, weil die Gegenstände nur anteilig im Konzernabschluss enthalten sind. Die **Aussagekraft** etwa von 50% eines Grundstückes, einer Fabrik oder einer Verbindlichkeit des gemeinsam geführten Unternehmens ist jedoch nicht sehr hoch. Dies suggeriert, dass das Mutterunternehmen über den Anteil des Gegenstandes selbst und vollständig verfügen könnte, was eben nicht der Fall ist.

5.5 Equity-Bewertung

Liegt eine Beteiligung vor, die keine Beherrschungsmöglichkeit oder einheitliche Leitung sicherstellt, wird aber vom Mutterunternehmen ein **maßgeblicher Einfluss** auf die Geschäfts- und Finanzpolitik eines Unternehmens ausgeübt, so spricht man von **assoziierten** oder **angeschlossenen Unternehmen** (§ 263 HGB). Bei der Beteiligung an einer Kapitalgesellschaft oder Genossenschaft muss der Anteil mindestens eine Höhe von 20% betragen. IdR wird von einem maßgeblichen Einfluss jedenfalls bei Erreichen einer Sperrminorität auszugehen sein. Bei Personengesellschaften kann ein maßgeblicher Einfluss dagegen schon bei einem geringeren Anteil vorliegen (zB wenn das Mutterunternehmen unbeschränkt haftender Gesellschafter ist). Der maßgebliche Einfluss kann auch von einer Personalverflechtung oder wirtschaftlichen Abhängigkeit herrühren.

Die Bewertung von Beteiligungen an assoziierten Unternehmen erfolgt mit der **Equity-Methode**. Sie ist auch die alternative Methode für gemeinsam geführte Unternehmen (neben der Quotenkonsolidierung) und ist auf Tochterunternehmen anzuwenden, die nicht im Rahmen der Vollkonsolidierung einbezogen werden (zB auf Grund eines Einbeziehungsverbotes oder auf Grund von Unwesentlichkeit).

Bei der **Equity-Methode** wird der Wert der Beteiligung über die Zeit korrespondierend und spiegelbildlich mit der Eigenkapitalentwicklung des assoziierten Unternehmens geändert. Es kommt zu keiner Übernahme von Vermögensgegenständen oder Schulden des assoziierten Unternehmens in den Konzernabschluss. Dennoch wird analog zur Kapitalkonsolidierung zunächst der Unterschiedsbetrag als Differenz zwischen dem Beteiligungsansatz im einbeziehenden Unternehmen und dem Buchwert des Eigenkapitals des einbezogenen Unternehmens ermittelt. Er wird in einer Nebenrechnung in anteilige stille Reserven und einen verbleibenden Firmenwert aufgeteilt; beide sind in der Folge entsprechend aufzulösen. Diese Unterschiede lösen sich damit im Zeitablauf auf.

Auch hier gibt es zwei Methoden, die **Buchwertmethode** und die **Kapitalanteilsmethode**. Bei der Buchwertmethode sind die anteiligen stillen Reserven und Lasten im Unterschiedsbetrag enthalten, während sie bei der Kapitalanteilsmethode im anteiligen Eigenkapital des assoziierten Unternehmens stehen und der Unterschiedsbetrag nur den Firmenwert enthält. Die praktische Auswirkung besteht aber nur im Ausweis der Beteiligung bzw des Unterschiedsbetrages bei der erstmaligen Einbeziehung. Die meisten Unternehmen verwenden die Buchwertmethode.

Die **Folgebewertung** der Beteiligung nach der **Equity-Methode** berücksichtigt Wertveränderungen am Eigenkapital des assoziierten Unternehmens, dh Werterhöhungen durch Gewinnthesaurierung bzw Wertverluste durch Jahresverluste und übernimmt diese erfolgsneutral mit dem entsprechenden Anteil. Das Jahresergebnis ist um die erfolgswirksamen Konsolidierungsmaßnahmen zu adaptieren. Dazu gehören zB die Eliminierung von Zwischenergebnissen, die Abschreibungsdifferenzen auf Grund anteilig aufgelöster stiller Reserven und die Firmenwertabschreibung. Diese Adaptierungen erfolgen erfolgswirksam. Das **Schema** lautet:

Wertansatz der Beteiligung zu Beginn des Konzerngeschäftsjahres

+ anteiliger adaptierter Jahresüberschuss (– anteiliger adaptierter Jahresfehlbetrag) des assoziierten Unternehmens

– erhaltene Gewinnausschüttung vom assoziierten Unternehmen

+ Kapitaleinzahlungen (– Kapitalrückzahlungen)

= Wertansatz der Beteiligung am Ende des Konzerngeschäftsjahres

Dieser Wertansatz ist auch noch im Hinblick auf das gemilderte **Niederstwertprinzip** zu überprüfen. Ist der beizulegende Wert niedriger, kann bzw muss (bei voraussichtlich dauernder Wertminderung) eine außerplanmäßige Abschreibung erfolgen.

Im **Einzelabschluss** darf die Equity-Bewertung für die Bewertung von Beteiligungen an Personengesellschaften verwendet werden, für Anteile an Kapitalgesellschaften ist sie nicht zulässig, weil sie zu Wertansätzen führen kann, die dem Anschaffungswertprinzip widersprechen.

5.6 Internationale Rechnungslegungsgrundsätze

In Kapitel 5.2 wurde schon darauf hingewiesen, dass kapitalmarktorientierte Unternehmen Konzernabschlüsse nach IFRS aufstellen müssen und andere Unternehmen dies wahlweise anstatt nach HGB tun können.

Die IFRS werden vom **International Accounting Standards Board (IASB)** mit Sitz in London herausgegeben. Es hat zum Ziel, hochwertige globale Standards der Rechnungslegung zu entwickeln und eine Konvergenz von nationalen Standards mit den IFRS herbeizuführen. Trägerverein ist die International Accounting Standards Committee Foundation (IASCF). Die IFRS umfassen folgende Verlautbarungen:

- **International Financial Reporting Standards** (die eigentlichen **IFRS**): Dies sind die seit 2001 vom IASB entwickelten Standards;
- **International Accounting Standards (IAS)**: Dies sind die vom Vorgänger des IASB, dem International Accounting Standards Committee (IASC), entwickelten Standards. Viele von den insgesamt 41 IAS gelten weiter;
- **Interpretationen** des International Financial Reporting Interpretations Committee (IFRIC) und dessen Vorgängerorganisation Standing Interpretations Committee (SIC).

Daneben gibt es noch andere Verlautbarungen des IASB, wie das Rahmenkonzept, Beispiele und Implementierungsleitlinien, die eine Hilfestellung für die Anwendung der IFRS bieten.

Um in der EU angewandt werden zu können, durchlaufen die IFRS ein mehrstufiges **Anerkennungsverfahren**. Dieses benötigt oft einige Zeit, zum Teil über ein Jahr nach Veröffentlichung eines Standards, weil mehrere EU-Gremien involviert sind und die IFRS auch in alle Amtssprachen der EU übersetzt werden müssen. Die anerkannten IFRS werden im Amtsblatt der EU veröffentlicht. Durch das Anerkennungsverfahren kann es vorkommen, dass ein Standard nicht zur Gänze anerkannt wird; insofern können sich die (originalen) IFRS von den in der EU anerkannten IFRS unterscheiden. Derzeit gibt es einen solchen Fall, der spezielle Bewertungsregeln bei Finanzinstrumenten betrifft.

Im Gegensatz zu der Zeit vor 2005 befreit die Aufstellung eines Konzernabschlusses nach US-amerikanischen Rechnungslegungsvorschriften, den **US-Generally Accepted Accounting Principles (US-GAAP)**, nicht mehr von der Aufstellung eines IFRS- bzw HGB-Konzernabschlusses. Die US-GAAP gelten ebenfalls als international anerkannte Rechnungslegungsgrundsätze. Sie werden vom Financial Accounting Standards Board (FASB) entwickelt. Dieses ist ein formal unabhängiges Gremium, an welches die Securities and Exchange Commission (SEC), die US-amerikanische Börsenaufsichtsbehörde, ihre Kompetenz zur Erstellung von Rechnungslegungsstandards delegiert hat. Die SEC erlässt darüber hinaus selbst Rechnungslegungsvorschriften, insbesondere die Gliederung von Abschlüssen betreffend. Das IASB arbeitet zusammen mit dem FASB an einem **Konvergenzprojekt**, das mittelfristig eine Angleichung der IFRS mit den US-GAAP bewirken soll. Deshalb sind auch die US-amerikanischen Entwicklungen von Bedeutung. Unterschiede zwischen den IFRS und den US-GAAP werden daher im Folgenden kurz dargestellt.

Die IFRS und US-GAAP sind in der **grundlegenden Philosophie** gleich, sie unterscheiden sich jedoch im **Detail**. Beide basieren auf den **institutionellen Rahmenbedingungen**, die in den angloamerikanischen Staaten üblich sind. Diese sind für das Verständnis dieser Rechnungslegungsstandards von Bedeutung. Tabelle 5.3 gibt die wesentlichsten Unterschiede wieder.

Angloamerikanische Staaten	Kontinentaleuropäische Staaten
Fallspezifisches Rechtssystem: Wenige gesetzliche Vorschriften Entwickelte Regeln gelten nur für den Fall	Legistisches Rechtssystem: Detaillierte gesetzliche Vorschriften Hoher Abstraktionsgrad der Regeln
Standardsetzung durch „private" Vereinigungen	Kodifiziertes Rechnungslegungsrecht
Rechnungslegungsvorschriften im Kontext des Wertpapierhandels	Rechnungslegungsvorschriften im Kontext des Gesellschaftsrechts
Ausgeprägtes gerichtliches Klageverhalten	Eingeschränktes gerichtliches Klageverhalten
Finanzierung vor allem durch Eigenkapital am Kapitalmarkt	Finanzierung vor allem durch (Haus-)Banken
Vielfältige Eigentümerstruktur	Konzentrierte Eigentümerstruktur
Keine Verbindung von Handelsbilanz und steuerlicher Gewinnermittlung	Maßgeblichkeit der Handelsbilanz für die Steuerbilanz

Tab 5.3: Grundlegende Unterschiede in den Rahmenbedingungen

Die IFRS und US-GAAP sind nach dem Zeitpunkt ihrer erstmaligen Verabschiedung durchnummeriert. Die Zahl hat daher keine inhaltliche Bedeutung. Die Standards selbst lesen sich zum Teil wie Gesetzestexte zuzüglich Erläuterungen oder Kommentaren. Die Grundidee ist es, die Standards flexibel zu halten. Wenn sich ein wichtiges Rechnungslegungsproblem aufdrängt, wird ein Standard erarbeitet, der eine Lösung enthält.

Im Folgenden werden die **wichtigsten Unterschiede** zwischen den Rechnungslegungsvorschriften des HGB und den IFRS und US-GAAP kurz erläutert. Die Reihenfolge entspricht dabei grob der Gliederung der Posten in der Bilanz. Ganz allgemein ist zu erkennen, dass es nach IFRS und US-GAAP tendenziell weniger Wahlrechte als nach HGB gibt; es gibt auch viele Bereiche, in denen das HGB überhaupt keine Regelung vorsieht.

- **Entwicklungsausgaben:** Diese dürfen nach HGB und US-GAAP nicht aktiviert werden, nach IFRS müssen sie bei Erfüllen bestimmter Kriterien aktiviert werden. Nach US-GAAP gibt es Ausnahmen, etwa für die Softwareentwicklung, die analog zu IFRS grundsätzlich aktiviert werden muss.

- **Firmenwert:** Ein Firmenwert bei der Vollkonsolidierung kann nach HGB aktiviert und abgeschrieben oder direkt gegen Rücklagen verrechnet werden. Nach IFRS und US-GAAP ist der Firmenwert ebenfalls zu aktivieren, gilt aber als nicht abnutzbar und wird daher nicht mehr planmäßig, sondern bei Wertminderung nur mehr außerplanmäßig geschrieben.

- **Abnutzbares Anlagevermögen:** Hier ergeben sich zwar grundsätzlich kaum Unterschiede zwischen HGB, IFRS und US-GAAP, in der Praxis ist jedoch zu beobachten, dass die Nutzungsdauern nach HGB – auf Grund des Maßgeblichkeitsprinzips – eher kürzer gewählt werden als nach IFRS bzw US-GAAP.

- **Leasing:** Die Einteilung von Leasingverträgen in Finanzierungsleasing und Operate Leasing unterscheidet sich nach HGB (idR auf Basis der Einkommensteuerrichtlinien), IFRS und US-GAAP. Tendenziell gibt es nach IFRS und US-GAAP mehr Verträge, die als Finanzierungsleasing zu bilanzieren sind.

- **Wertpapiere:** Für Wertpapiere gilt nach HGB das Anschaffungskostenprinzip mit einem gemilderten Niederstwertprinzip für Anlagevermögen und einem strengen Niederstwertprinzip für Umlaufvermögen. Nach IFRS und US-GAAP werden die Wertpapiere in drei Kategorien eingeteilt: (i) Handelsbestand, (ii) bis zur Endfälligkeit gehaltene und (iii) übrige (zur Veräußerung verfügbare) Wertpapiere. Grundsätzlich sind Wertpapiere des Handelsbestands zum Zeitwert mit Wertänderungen erfolgswirksam, zur Veräußerung verfügbare Wertpapiere zum Zeitwert mit Wertänderungen erfolgsneutral und bis zur Endfälligkeit gehaltene Wertpapiere zu Anschaffungskosten zu bewerten. Die IFRS sehen darüber eingeschränkte Wahlrechte in Richtung einer stärkeren Zeitbewertung vor.

- **Außerplanmäßige Abschreibungen:** Nach HGB herrscht grundsätzlich ein gemildertes Niederstwertprinzip für die Bewertung des Anlagevermögens. Nach IFRS und US-GAAP gibt es formal ein strenges Niederstwertprinzip, das allerdings nur im Falle des Vorliegens von Indikatoren für eine Wertminderung schlagend wird. Fällt der Grund für eine außerplanmäßige Abschreibung in Folgegeschäftsjahren weg, besteht nach HGB (idR) ein De-facto-Wahlrecht zur Aufwertung, nach IFRS muss aufgewertet werden und nach US-GAAP darf nicht aufgewertet werden.

- **Vorräte:** Bei den Vorräten herrscht nach HGB eine besonders vorsichtige Bewertung vor; vielfach ist der niedrigere Wert aus Beschaffungsmarkt und Absatzmarkt zu verwenden. Nach IFRS ist hingegen nur der Wert am Absatzmarkt relevant, nach US-GAAP werden durch den Beschaffungsmarkt Grenzen vorgegeben, innerhalb derer der Wert auf Basis des Absatzmarktes anzuwenden ist.

- **Auftragsfertigung:** Nach HGB gibt es für langfristige Auftragsfertigung ein Wahlrecht, die Herstellungskosten um die zurechenbaren Verwaltungs- und Vertriebskosten zu erhöhen, um eine verlustfreie Bewertung durchführen zu können. Nach IFRS und US-GAAP ist grundsätzlich eine Teilgewinnrealisierung nach dem Fertigstellungsgrad vorzunehmen; die Erträge gelten als Umsatz und nicht, wie nach HGB, als Bestandsveränderungen.

- **Fremdwährungsforderungen und -verbindlichkeiten:** Nach HGB bildet der Kurs am Tag des Geschäftsfalls die Grundlage für die Anschaffungskosten; danach gilt ein strenges Niederstwertprinzip für Forderungen und ein strenges Höchstwertprinzip für Verbindlichkeiten. Nach IFRS und US-GAAP sind Fremdwährungsforderungen und -verbindlichkeiten zum Kurs am Abschlussstichtag umzurechnen. Dies führt dazu, dass auch noch nicht realisierte Währungsgewinne ausgewiesen werden.

- **Latente Steuern:** Nach HGB besteht für aktive latente Steuern ein Ansatzwahlrecht; nur für latente Steuern auf Grund von Konsolidierungsvorgängen gibt es eine Ansatzpflicht. Nach IFRS und US-GAAP sind grundsätzlich sämtliche latenten Steuern bilanzierungspflichtig; dies gilt auch für aktive latente Steuern aus steuerlichen Verlustvorträgen. Des Weiteren ist der Kreis der Geschäftsfälle, die zu latenten Steuern führen, weiter gefasst.

- **Sozialkapital:** Die Rückstellungen für Pensionen, Abfertigungen, Jubiläumsgeldrückstellungen und ähnliche Verpflichtungen werden nach HGB idR nach einem anderen Berechnungsverfahren ermittelt als nach IFRS und US-GAAP. Aufgrund anderer versicherungsmathematischer Annahmen wie zB dem Diskontierungssatz und der Berücksichtigung künftiger Gehaltserhöhungen sind die Sozialkapitalrückstellungen nach HGB idR niedriger als nach IFRS und US-GAAP.

- **Sonstige Rückstellungen:** Die Rückstellungsbildung ist nach HGB durch das Vorsichtsprinzip geprägt. Bei sehr unsicheren künftigen Verpflichtungen ist ein Wert anzusetzen, der den Erwartungswert übersteigt. Nach IFRS ist für Rückstellungen der Erwartungswert der künftigen Verpflichtung anzusetzen; langfristige Rückstellungen sind außerdem abzuzinsen. Nach US-GAAP ist bei hoher Unsicherheit eher ein Wert unter dem Erwartungswert anzusetzen. Daher sind die sonstigen Rückstellungen nach HGB idR höher als nach IFRS und diese wiederum höher als nach US-GAAP.

- **Gliederung der Bilanz:** Das HGB schreibt eine detaillierte Gliederung der Bilanz vor. Nach IFRS und US-GAAP gibt es keine Gliederungsvorschriften, sondern nur umfangreiche Angabepflichten. Die SEC hat allerdings genaue Gliederungsvorschriften, wonach die Reihenfolge der Posten nach abnehmender Liquidität vorgenommen wird (auf der Aktivseite wird mit liquiden Mitteln begonnen, auf der Passivseite mit kurzfristigen Verbindlichkeiten).

- **Gliederung der GuV:** Nach HGB gibt es detaillierte Gliederungsvorschriften; es besteht ein Wahlrecht zwischen dem Gesamtkostenverfahren und dem Umsatzkostenverfahren. Nach IFRS kann ebenfalls das Gesamtkostenverfahren oder das Umsatzkostenverfahren zur grundlegenden Strukturierung der Darstellung gewählt werden. Nach US-GAAP gibt es zwar keine besonderen Gliederungsvorschriften, es verwenden aber praktisch alle Unternehmen das Umsatzkostenverfahren.

- **Eigenkapitalveränderungen:** Der letzte Teil der GuV nach HGB enthält die Gewinnverwendung, insbesondere Rücklagenbewegungen. Nach IFRS ist demgegenüber ein eigenes Statement, die Eigenkapitalveränderungsrechnung (gleichberechtigt neben Bilanz und GuV) darzustellen. Nach US-GAAP ist das so genannte *comprehensive income* darzustellen. Beide Ausweisregelungen haben die Darstellung erfolgsneutraler Eigenkapitalbuchungen (zB bei Finanzinstrumenten) zum Ziel.

Weitere Unterschiede betreffen die **Angaben im Anhang.** Nach IFRS und US-GAAP sind wesentlich mehr Angaben zu machen als nach HGB. Dies betrifft zB die Segmentberichterstattung, die Geldflussrechnung sowie Angaben über Finanzinstrumente und Risiken. Die umfangreichen Angaben resultieren aus der Ausrichtung auf die (vermuteten) Informationsbedürfnisse von Investoren. Auch bestehen kulturelle Unterschiede hinsichtlich der grundsätzlichen Einstellung zur Transparenz bzw Vertraulichkeit „privater" Informationen. Weder nach IFRS noch nach US-GAAP gibt es eine Verpflichtung zur Aufstellung eines **Lageberichts** (siehe Kapitel 6.4).

Diese Unterschiede haben oft **erhebliche Auswirkungen** auf die Bilanz, die GuV und auf die Verfügbarkeit sonstiger Informationen. Es ist nicht verwunderlich, dass sich auch Kennzahlen auf Basis des HGB-Abschlusses oft erheblich von denen nach IFRS bzw US-GAAP unterscheiden. Für sinnvolle Vergleiche von Unternehmen, die nach unterschiedlichen Rechnungslegungssystemen bilanzieren, ist deshalb das Kennen der wichtigsten Effekte von großer Bedeutung.

Fragen und Beispiele

1. Die Muttergesellschaft eines Konzerns MU erwirbt per 1.1.20X3 30% des Unternehmens TU, einer GmbH, um 360 durch Aufnahme eines langfristigen Kredits. Die Konzernbilanz von MU und die Bilanz von TU sind unten angeführt. Das Grundstück von TU hat einen Zeitwert von 600, in den sonstigen Aktiva sind keine stillen Reserven und in den Schulden keine stillen Lasten enthalten. Die unversteuerten Rücklagen stammen je zur Hälfte aus Investitionsfreibeträgen und aus der Übertragung stiller Reserven. Der Körperschaftsteuersatz beträgt 25%. Am 6.9.20X3 schüttet TU einen Gewinn von insgesamt 80 aus; dies wurde bei MU über Bank an Beteiligungsertrag gebucht. Der Gewinn von TU im Geschäftsjahr 20X3 beträgt 90.

MU schreibt erworbene Firmenwerte vergleichbarer Unternehmenserwerbe üblicherweise über 10 Jahre ab. Wie sieht die Konzernbilanz von MU am 31.12.20X3 nach Berücksichtigung dieses Beteiligungserwerbs aus?

Konzernbilanz MU 31.12.20X2

Aktiva	4.800	Eigenkapital	2.300
		Schulden	2.500
	4.800		4.800

Vorläufige Konzernbilanz MU 31.12.20X3

Beteiligung (Anschaffungskosten)	360	Eigenkapital	2.800
Sonstige Aktiva	5.000	Schulden	2.560
	5.360		5.360

Bilanz TU 31.12.20X2

Grundstück	300	Eigenkapital	400
Sonstige Aktiva	1.300	Unversteuerte Rücklagen	100
		Schulden	1.100
	1.600		1.600

2. MU kauft am 5.3.20X2 22% der Anteile an der BU GmbH zu einem Kaufpreis von 44.000.000, um einen strategischen Partner bei der Weiterentwicklung und im Vertrieb seiner eigenen Produkte zu gewinnen. Es ist beabsichtigt, dass die Entwicklungsabteilungen beider Unternehmen zusammenarbeiten, und man kommt auch überein, dass wesentliche Entscheidungen über die Geschäftspolitik, welche die Geschäftsführung von BU treffen möchte, vorab mit der Geschäftsführung von MU besprochen werden. MU erhält vertraglich des Wei-

teren Einsichtsrechte in das Rechnungswesen von BU, die so lange aufrecht bleiben sollen, als der Anteil von MU mehr als 20% beträgt.

Die Geschäftsführung von MU ist unsicher, wie die Beteiligung an BU im Konzernabschluss von MU zu bilanzieren ist. Es gibt grundsätzlich zwei Möglichkeiten, nämlich die Equity-Methode oder die Anschaffungskostenmethode.

a) Welche Buchungen von MU ergeben sich für diese beiden Methoden in den folgenden Geschäftsjahren (entsprechend den Kalenderjahren) unter Berücksichtigung folgender Geschäftsfälle? Von einem Firmenwert und der Aufdeckung stiller Reserven im Beteiligungsansatz wird abgesehen.

Kauf der Anteile am 5.3.20X2.

Am 31.12.20X2 beträgt der Marktpreis der Beteiligung 45.000.000.

Am 4.2.20X3 meldet BU einen Gewinn für 20X2 von 3.300.000. MU schließt die Arbeiten am Konzernabschluss am 12.2.20X3 ab.

Am 6.5.20X3 erhält MU eine Gewinnausschüttung von BU in Höhe von 500.000.

Am 31.12.20X3 beträgt der Marktpreis der Beteiligung 42.300.000.

Am 5.2.20X4 meldet BU einen Verlust für 20X3 in Höhe von 4.800.000. MU schließt die Arbeiten am Konzernabschluss am 18.2.20X4 ab.

b) Welche Methode sollte MU für die Bewertung der Beteiligung wählen?

3. A ist eine Produktionsgesellschaft, die Rohstoffe am Markt um 100 einkauft. Mit einem Produktionsaufwand von 40 wird ein Fertigerzeugnis produziert. Der Verwaltungsaufwand beträgt 10. A gehört eine Vertriebsgesellschaft B. Diese kauft das Fertigerzeugnis zu einem Preis von 195 von A ein und verkauft es am Markt weiter. Dabei entstehen bei B Aufwendungen von 20 für Werbung und Vertrieb. Die Hälfte dieser 20 sind Fixkosten. Der erwartete Marktpreis beträgt 200.

Wie lauten die Ergebnisse der ordentlichen Geschäftstätigkeit der beiden Gesellschaften A und B und wie das Ergebnis des Konzerns, wenn die beiden folgenden Fälle unterschieden werden?

a) B verkauft das von A gekaufte Stück im selben Jahr.

b) Das von A produzierte Stück liegt bei B am Jahresende noch auf Lager.

4. Ein Unternehmen gründet mit zwei anderen Unternehmen ein Joint Venture im Vertriebsbereich. Alle drei erhalten jeweils 1/3 der Anteile am Joint Venture und legen vertraglich fest, dass Entscheidungen nur gemeinsam getroffen werden. Für die Beteiligung am Joint Venture

gibt es die Möglichkeit der Quotenkonsolidierung oder die Equity-Methode. Worin liegen die wesentlichen Unterschiede zwischen diesen beiden Methoden?

5. Worin liegen die Schwierigkeiten bei dem Versuch der internationalen Harmonisierung des Rechnungswesens?

6. Als Daimler Benz an die New York Stock Exchange ging, musste das Unternehmen eine Überleitung des Eigenkapitals und des Jahresergebnisses von HGB auf US-GAAP veröffentlichen. Der staunenden Öffentlichkeit ergab sich folgendes Bild:

Jahresüberschuss 1993 nach deutschem HGB   DEM + 615 Mio,
Jahresüberschuss 1993 nach US-GAAP   DEM − 1.839 Mio.

a) Was könnten die Gründe dafür gewesen sein?

b) Hat das Management im Jahr 1993 erfolgreich gewirtschaftet oder nicht?

Lösungen

1. Eine Beteiligung im Ausmaß von 30% an einer GmbH sichert in aller Regel einen maßgeblichen Einfluss, aber keine beherrschende Stellung von MU. Die Beteiligung an TU ist daher mit der Equity-Methode zu bewerten. Dazu ist zunächst der Buchwert des Eigenkapitals von TU zu ermitteln.

	Eigenkapital	400
+	Investitionsfreibeträge	50
+	Bewertungsreserve	50
−	Latente Steuern auf Bewertungsreserve (25% von 50)	− 13
=	Buchwert des Eigenkapitals von TU	487
	30% davon	146
	Buchwert der Beteiligung	360
−	30% des Buchwertes des Eigenkapitals von TU	− 146
=	Unterschiedsbetrag	214
	Dieser verteilt sich wie folgt:	
	Anteilige stille Reserven im Grundstück (30% von 300)	90
	Firmenwert	124

Laut Angabe werden Firmenwerte über 10 Jahre abgeschrieben. Der Beteiligungsansatz ergibt sich daher wie folgt:

	Beteiligung 1.1.20X3	360
+	anteiliger Gewinn (30% von 90)	27
−	anteilige Gewinnausschüttung (30% von 80)	− 24
−	Abschreibung des Firmenwertes (10% von 124)	− 12
=	Beteiligung 31.12.20X3	351

Da die Gewinnausschüttung von 24 schon als Beteiligungsertrag gebucht wurde, ist diese Buchung rückgängig zu machen; die richtige Buchung lautet: Bank an Beteiligung in Höhe von 24. Letztlich vermindert sich das Eigenkapital um diese 24 und erhöht sich um 27 − 12, also in Summe um −9.

Konzernbilanz MU 31.12.20X3

Beteiligung	351	Eigenkapital	2.791
Sonstige Aktiva	5.000	Schulden	2.560
	5.351		5.351

2. a) Kauf der Anteile am 5.3.20X2.

Equity-Methode: Beteiligung an Bank 44.000.000
Anschaffungskostenmethode: Beteiligung an Bank 44.000.000

Am 31.12.20X2 beträgt der Marktpreis der Beteiligung 45.000.000. Für die Equity-Methode ist der aktuelle Marktpreis irrelevant, bei der Anschaffungskostenmethode dürfen die Anschaffungskosten nicht überschritten werden (nach IAS und US-GAAP ist grundsätzlich von einer Aufwertung auf den Marktpreis auszugehen).

Equity-Methode: keine Buchung
Anschaffungskostenmethode: keine Buchung

Am 4.2.20X3 meldet BU einen Gewinn für 20X2 von 3.300.000. MU schließt die Arbeiten am Konzernabschluss am 12.2.20X3 ab. Dies ist für die Bewertung der Beteiligung nach der Equity-Methode im Konzernabschluss 20X3 relevant. Der anteilige Gewinn (22% von 3.300.000) entspricht einem Beteiligungsertrag.

Equity-Methode: Beteiligung an Beteiligungsertrag 726.000
Anschaffungskostenmethode: Keine Buchung

Am 6.5.20X3 erhält MU eine Gewinnausschüttung von BU in Höhe von 500.000. Dies ist nach der Equity-Methode erfolgsneutral, nach der Anschaffungskostenmethode erfolgswirksam.

Equity-Methode: Bank an Beteiligung 500.000
Anschaffungskostenmethode: Bank an Beteiligungsertrag 500.000

Am 31.12.20X3 beträgt der Marktpreis der Beteiligung 42.300.000. Ist die Wertminderung voraussichtlich nicht von Dauer, kann der Ansatz beibehalten werden, andernfalls ist eine Abschreibung vorzunehmen. Hier wird von einer Abschreibung ausgegangen. Der Buchwert nach der Equity-Methode beträgt 44.000.000 + 726.000 − 500.000 − 1.056.000 (siehe unten) = 43.170.000 und liegt über dem Marktpreis.

Equity-Methode: keine Buchung
Anschaffungskostenmethode: Aufwendungen aus Beteiligungen
an Beteiligung 1.700.000

Am 5.2.20X4 meldet BU einen Verlust für 20X3 in Höhe von 4.800.000. MU schließt die Arbeiten am Konzernabschluss am 18.2.20X4 ab. Der anteilige Verlust führt bei der Equity-Methode zu einer Abschreibung der Beteiligung.

Equity-Methode: Aufwendungen aus Beteiligungen an Beteiligung 1.056.000
Anschaffungskostenmethode: Keine Buchung

b) Für die Wahl der Methode ist ausschlaggebend, ob MU maßgeblichen Einfluss auf die Geschäfts- und Finanzpolitik von BU ausübt. Die Equity-Methode erfordert ein Mindestmaß einer Beteiligung von 20%, dies ist hier gegeben. Ab einer Beteiligung von mehr als 25% wird man jedenfalls von einem maßgeblichen Einfluss ausgehen können. Die Beteiligung im hier vorliegenden Fall ist gerade dazwischen. Deshalb ist auf weitere Kriterien abzustellen. Ein Kriterium ist sicherlich, ob BU einen Mehrheitseigentümer hat; in diesem Fall ist es schwieriger, ei-

187

nen maßgeblichen Einfluss auszuüben. Da eine gemeinsame Forschungsstrategie, eine Vorabsprache und eine offensichtlich faktische Mitwirkung von MU bei wesentlichen Entscheidungen in BU vereinbart ist und auch zusätzliche Informationsrechte bestehen, wird man hier eher zum Schluss kommen, dass die Equity-Methode zu verwenden ist.

3. a) B verkauft das Stück vor dem Bilanzstichtag.

A:	Umsatz (= Verrechnungspreis)	195
–	Rohstoffeinsatz	– 100
–	Produktionsaufwand	– 40
–	Verwaltungsaufwand	– 10
=	Ergebnis der ordentlichen Geschäftstätigkeit	+ 45

B:	Umsatz (= Marktpreis)	200
–	Wareneinsatz (= Verrechnungspreis)	– 195
–	Fixer Aufwand	– 10
–	Vertriebsaufwand	– 10
=	Ergebnis der ordentlichen Geschäftstätigkeit	– 15

In Summe:

	Ergebnis von A	45
+	Ergebnis von B	– 15
=	Summe	+ 30

Konzern: Umsatz

	Umsatz	200
–	Rohstoffeinsatz	– 100
–	Produktionsaufwand	– 40
–	Verwaltungsaufwand von A	– 10
–	Vertriebsaufwand	– 10
–	Fixer Aufwand von B	– 10
=	Ergebnis der ordentlichen Geschäftstätigkeit	+ 30

b) Das Stück liegt bei B zum Jahresende noch auf Lager.

A:	Umsatz (= Verrechnungspreis)	195
–	Rohstoffeinsatz	– 100
–	Produktionsaufwand	– 40
–	Verwaltungsaufwand	– 10
=	Ergebnis der ordentlichen Geschäftstätigkeit	+ 45

B:	Umsatz	0
–	Fixer Aufwand	– 10
=	Ergebnis der ordentlichen Geschäftstätigkeit	– 10

In Summe:

	Ergebnis von A	45
+	Ergebnis von B	– 10
=	Summe	+ 35

Konzern: Umsatz	0
+ Bestandsveränderungen	140
= Gesamtleistung	140
− Rohstoffeinsatz	− 100
− Produktionsaufwand	− 40
− Verwaltungsaufwand von A	− 10
− Fixer Aufwand von B	− 10
= Ergebnis der ordentlichen Geschäftstätigkeit	− 20

Im Einzelabschluss von A kommt es in beiden Fällen zu einer Gewinnrealisierung, die dem tatsächlich erwirtschafteten Gesamtgewinn des Geschäftes nicht entspricht. Im Konzernabschluss tritt dies nicht auf.

4. Die Unterschiede zwischen der Quotenkonsolidierung und der Equity-Methode liegen in der Darstellung der Beteiligung in der Konzernbilanz und in der Konzern-GuV. Nachdem grundsätzlich die Konsolidierungsmethoden gleich sind, sind die Erfolgswirkung und das Eigenkapital insgesamt gleich.

    In der Bilanz steht bei der Equity-Methode nur die Beteiligung unter den Finanzanlagen, nach der Quotenkonsolidierung ist jeweils ein Drittel der Vermögensgegenstände und Schulden enthalten. Dies führt zu einer Erhöhung der Bilanzsumme und zu einer Veränderung der Relationen strukturbezogener Kennzahlen.

    In der GuV sind bei der Equity-Methode die Wertänderungen der Beteiligung im Finanzergebnis enthalten, während bei der Quotenkonsolidierung jeweils ein Drittel der Umsatzerlöse und der Aufwendungen in der GuV aufscheint. Der Umsatz ist dadurch entsprechend höher (was auf ein höheres Wachstum hindeuten würde), und das Ergebnis erhöht entsprechend das Betriebsergebnis und das Finanzergebnis. Dadurch ändern sich etliche erfolgsorientierte Kennzahlen.

5. Eine der wesentlichsten Schwierigkeiten liegt darin, dass jedes Land seine nationale Rechnungslegungstradition hat, die sich aus verschiedenen Gründen von denen anderer Länder unterscheidet. Harmonisierung würde bedeuten, dass mindestens ein Land Teile seiner Tradition aufgeben und Methoden eines anderen Landes übernehmen müsste. Grundsätzlich gilt, dass die Länder, die sich internationalen Regeln unterwerfen, einen Teil ihrer Souveränität abgeben. Es ist für sie schwierig, die nationalen Regeln zu ändern oder davon abzugehen. Ein anderes Problem liegt darin, dass die Rechnungslegungsgrundsätze von unterschiedlichen Gruppen (Staat, Wirtschaftsprüfer usw) festgelegt werden.

6. a) Obwohl die Unterschiede zwischen HGB und US-GAAP in vielen Detailfragen erheblich sind, ist es unwahrscheinlich, dass eine so große Differenz durch laufende Unterschiede in den beiden Rechnungslegungssystemen zustande kommt. In der Tat hat Daimler Benz in 1993 die Bilanzierungs- und Bewertungsmethoden, die nach HGB angewandt wurden, so weit als möglich an US-GAAP angepasst. Dadurch entstanden hohe einmalige Gewinne, die sich im HGB-Jahresergebnis widerspiegeln. Im Verhältnis zu US-GAAP wurde also in früheren Geschäftsjahren eher vorsichtig bilanziert, und dies führte zur Aufdeckung früher gelegter stiller Reserven. Dass es sich um Einmaleffekte handelte, zeigen auch die in späteren Geschäftsjahren eher geringen Differenzen der beiden Jahresergebnisse.

    b) Im Lichte der obigen Erläuterungen erscheint es eher so, dass das Geschäftsjahr 1993 nicht erfolgreich war und das Jahresergebnis nach US-GAAP eher die tatsächliche wirtschaftliche Lage des Konzerns abbildete als das Jahresergebnis nach HGB.

Literaturempfehlungen zum 5. Kapitel

Die österreichischen Regeln zum Konzernabschluss – auch mit Hinweis auf IFRS – finden sich in *Egger/Samer/Bertl* (2004). Die deutsche Rechtslage ist im Bereich der Konzernrechnungslegung fast identisch, so dass deutsche Bücher ebenfalls empfehlenswert sind, wie zB *Baetge/Kirsch/Thiele* (2004b), *Küting/Weber* (2003), *Schildbach* (2001) sowie *Busse von Colbe/Ordelheide/Gebhardt/Pellens* (2003), die auch auf die österreichische Rechtslage eingehen. Eine Darstellung der Konzernrechnungslegungspraxis bietet *Fröhlich* (2002).

Grundlagen der internationalen Rechnungslegung nach IFRS werden zB in *Pellens/Fülbier/Gassen* (2004) und *Wagenhofer* (2005) im Detail dargestellt. Ein Standardbuch zu US-GAAP ist *Kieso/Weygandt/Warfield* (2004). Internationale Bücher zur internationalen Rechnungslegung sind zB *Choi/Meek* (2005), *Haller/Raffournier/Walton* (2000) und *Nobes/Parker* (2004). Vergleiche verschiedener Rechnungslegungssysteme finden sich in *KPMG/Ordelheide* (2000).

6. Kapitel

Informationsvorschriften

Ein Hauptzweck der Bilanzierung ist die Information externer Bilanzadressaten. Dieses Kapitel bringt einen Überblick, welche gesetzlichen Vorschriften es dafür gibt und wie dieser Zweck erreicht werden soll. So ist für veröffentlichte Einzel- und Konzernabschlüsse eine Mindestgliederung der Bilanz und der Gewinn- und Verlustrechnung vorgesehen, Anhang und Lagebericht enthalten zusätzliche Informationen. Die Prüfungs- und Offenlegungspflichten des Jahresabschlusses werden im Anschluss dargestellt. Ein Überblick über Zwischenabschlüsse beschließt das Kapitel.

6.1 Grundsätzliche Regelungen

Zwecke gesetzlicher Informationsvorschriften

Man könnte fragen, wozu gesetzliche Informationsvorschriften, vor allem die Prüfungs- und Publizitätsvorschriften, überhaupt erforderlich sind. Das Grundproblem besteht in der **Informationsasymmetrie** zwischen dem Unternehmen und den Bilanzadressaten. Das Unternehmen besitzt Informationen, die für die Bilanzadressaten idR wertvoll sind. Die Weitergabe von Informationen verursacht aber Kosten. Direkte Kosten fallen bei der Informationserstellung und Veröffentlichung an, indirekte Kosten ergeben sich durch Reaktionen der Bilanzadressaten auf die Informationen, wie zB durch Konkurrenzgefahr. Gäbe es keine gesetzlichen Regelungen, könnte das Unternehmen diese Kosten zu Lasten der Bilanzadressaten einsparen. Es könnte aber auch versuchen, nur günstige Informationen zu veröffentlichen oder überhaupt falsche Informationen zu geben.

Ein Bilanzadressat, der wirtschaftlich relativ stark ist, hat kaum Schwierigkeiten, die notwendigen Informationen von Unternehmen zu erhalten oder sie auch selbst zu beschaffen. Andere Bilanzadressaten werden dazu aber oft nicht in der Lage sein.

Sie würden die Information oft gar nicht beschaffen *wollen*. Angenommen, die **Kosten** für die Informationsbeschaffung sind fix, aber der Vorteil aus der verbesserten Informationslage wächst proportional mit dem Engagement (beispielsweise im Aktienhandel). Für jemanden mit kleinem Budget zahlt sich die Informationsbeschaffung häufig nicht aus, weil der maximal erwartete zusätzliche Gewinn kleiner ist als die Informationskosten. Bei größerem Budget wird es aber immer günstiger, sich die Information zu beschaffen.

Die Informationsvorschriften dienen daher hauptsächlich **wirtschaftlich** schwächeren Bilanzadressaten. Die Prüfungsvorschriften sollen die Verbreitung von falschen Informationen möglichst verhindern, die Publizitätsvorschriften sollen den gleichen Zugang aller zu bestimmten Informationen sicherstellen. Dies ist ein Grundelement eines effizienten Kapitalmarktes. Informationsvorschriften bewirken auch eine Verteilung der Informationskosten unter dem Aspekt, wem diese eher zuzumuten sind.

Das Unternehmen kann die benötigten Informationen meist billiger erstellen als externe Bilanzadressaten. So können wirtschaftlich schwächeren Bilanzadressaten die Informationskosten abgenommen werden. Aber auch im weniger realistischen Fall gleich starker Parteien können gesetzliche Regelungen sinnvoll sein. Aus (Gesamt-)Wirtschaftlichkeitsaspekten ist eine einheitliche Erstellung von Information nach festen, bekannten Regeln oft zu bevorzugen (sogar dann, wenn die einheitliche Information nicht exakt den Erfordernissen einzelner Bilanzadressaten entspricht).

Man könnte überlegen, ob nicht ein **Marktmechanismus** an Stelle gesetzlicher Vorschriften zu vergleichbaren Ergebnissen führen könnte. Ein Anreiz zur Bereitstellung von Information liegt für Unternehmen – ähnlich wie bei Werbung – darin zu zeigen, dass das Unternehmen erfolgreich ist. Rationale Kapitalgeber müssten darauf positiv (für das Unternehmen) reagieren. Wird keine Information gegeben, könnte dies zu einer schlechteren Beurteilung des Unternehmens führen. Diese Selbstregelungskraft des Marktes wird aber nicht sehr hoch eingeschätzt, denn in der Praxis ist oft festzustellen, dass Unternehmen Informationen nicht gerne oder gar nicht geben. Die Tendenz der neueren Publizitätsvorschriften (HGB, Börsegesetz, aber auch internationale Rechnungslegungsstandards) geht jedenfalls in Richtung strengerer und genauerer Ausweisvorschriften.

Für Zwecke der Vertragsgestaltung sind gesetzliche Vorschriften meist weniger erforderlich. Zum Schutz der wirtschaftlich schwächeren Vertragspartner genügt die richtige Information von im Vertrag benötigten Werten. Dies sind meist sehr wenige, wie etwa der Gewinn. Viele Gliederungs- und Publizitätsvorschriften sind dafür überflüssig.

Diesen grundsätzlichen Erwägungen entspricht auch die Tendenz der neuen gesetzlichen Publizitäts- und Prüfungsvorschriften, sie stärker von der **Größe** des Unternehmens und der Börsennotierung, aber weniger von der **Rechtsform** abhängig zu machen. Eine Begründung für die Rechtsform als Anknüpfungspunkt für Informationsvorschriften ist, dass die Haftungsbeschränkung von Kapitalgesellschaften strengere Vorschriften zum Gläubigerschutz erfordert. Die Größe des Unternehmens ist ein Indiz für dessen wirtschaftliche Stärke. Bei Börsennotierung besteht ein großer Kreis an Bilanzadressaten, die Informationen bekommen sollen.

Größenklassen

Für den Einzelabschluss sieht das HGB Informationsvorschriften grundsätzlich nur für **Kapitalgesellschaften** (AG und GmbH) vor. Einzelunternehmen und Personengesellschaften unterliegen keiner Prüfungs- und Offenlegungspflicht (Ausnahme: Personengesellschaften, deren einziger persönlich haftender Gesellschafter eine Kapitalgesellschaft ist, zB die typische GmbH & Co KG; für sie gelten die Vorschriften dieser Kapitalgesellschaft, § 221 Abs 5 HGB).

Die gesetzlichen Anforderungen unterscheiden sich je nach Größenklasse und Rechtsform. Es gibt **drei Größenklassen**: kleine, mittelgroße und große Kapitalgesellschaften (§ 221 HGB). Die Zuordnung ergibt sich aus dem Vorliegen von zwei der insgesamt drei **Merkmale**, die anhand der Bilanzsumme, der Umsatzerlöse der letzten zwölf Monate sowie der durchschnittlichen Arbeitnehmerzahl definiert sind. Tabelle 6.1 enthält die aktuellen Werte, die im Jahr 2004 valorisiert wurden. Kapitalgesellschaften gelten unabhängig von der Erfüllung dieser Merkmale jedenfalls als groß, wenn Aktien oder andere Wertpapiere an der Börse zum amtlichen Handel zugelassen oder in den geregelten Freiverkehr einbezogen sind.

Eine Änderung der Größenklasse führt erst dann zu den entsprechend geänderten Rechtsfolgen, wenn mindestens zwei Kriterien an zwei aufeinander folgenden Geschäftsjahren über- oder unterschritten werden. Dadurch soll eine gewisse Kontinuität gewahrt werden, wenn in einem Jahr eine besondere Situation vorlag.

Das Justizministerium hat 1999 eine Verordnung erlassen, die ein **Formblatt** für die Ermittlung der Größenklasse enthält. Die darin enthaltenen Daten sind mit den übrigen Rechnungslegungsinformationen auch beim Firmenbuchgericht einzureichen.

Merkmale	Kleine Kapitalgesellschaft	Mittelgroße Kapitalgesellschaft	Große Kapitalgesellschaft
Bilanzsumme	bis € 3,65 Mio	über € 3,65 Mio bis € 14,6 Mio	über € 14,6 Mio
Umsatzerlöse	bis € 7,3 Mio	über € 7,3 Mio bis € 29,2 Mio	über € 29,2 Mio
Arbeitnehmer	bis 50	über 50 bis 250	über 250

Tab 6.1: Größenklassen

Für die **Konzernrechnungslegungspflicht** nach HGB gibt es eine Grenze (siehe Kapitel 5.2), die für konsolidierte Werte den Merkmalen der großen Kapitalgesellschaft entspricht. Das heißt, dass nur Konzerne, die der Größenordnung nach einer großen Kapitalgesellschaft entsprechen, einen Konzernabschluss aufstellen müssen.

Fristen

Im HGB finden sich des Weiteren etliche Fristen im Zusammenhang mit der Aufstellung, der Weiterleitung, der Beschlussfassung sowie der Prüfung und Publikation von Jahresabschlüssen. Sie sind in Tabelle 6.2 aufgelistet. Auch sie unterscheiden sich je nach Rechtsform und Größenklasse. Während die grundsätzliche Frist für die Aufstellung des Jahresabschlusses für alle Kaufleute neun Monate beträgt, verkürzt sie sich für Kapitalgesellschaften auf **fünf Monate**.

Eine Untersuchung über das Publizitätsverhalten von Aktiengesellschaften über 10 Jahre (*Platzer* 1981) zeigte folgende Tendenzen: Größere Unternehmen veröffentlichen ihre Jahresabschlüsse im Durchschnitt früher als kleinere. Unternehmen, die Verluste aufweisen, publizieren später als solche, die Gewinne aufweisen. Jahresabschlüsse, deren Bestätigungsvermerk mit einem Zusatz oder einer Einschränkung versehen ist, werden ebenfalls später publiziert. Das heißt, dass negative Informationen zumeist später bekannt werden als positive. Der Bilanzleser kann also umso skeptischer werden, je länger der Jahresabschluss auf sich warten lässt.

In den letzten Jahren ist ein **Trend** zu einer **rascheren Aufstellung** (so genannter *fast close*) von Abschlüssen zu beobachten; dies betrifft vor allem die Konzernabschlüsse der börsennotierten Gesellschaften. So ist es nicht ungewöhnlich, dass der geprüfte Abschluss dem Aufsichtsrat schon knapp zwei Monate nach dem Abschlussstichtag zugeleitet wird. International werden diese Zeiten sogar noch unterboten. Dies hängt zum Teil auch mit der Aufstellung von Zwischenabschlüssen, zB von Quartalsabschlüssen, zusammen, die auf jeden Fall rascher erfolgen soll.

Frist ab dem Bilanzstichtag	Sachverhalt	Gesetzesstelle
5 Monate	Aufstellung des Jahresabschlusses und Lageberichts (gilt nur für Kapitalgesellschaften)	§ 222 Abs 1 HGB
	Vorlage und Vorschlag für Gewinnverteilung an den Aufsichtsrat der AG	§ 127 Abs 1 AktG
	Unverzügliche Zusendung des Jahresabschlusses und Konzernabschlusses samt Lageberichten an Gesellschafter der GmbH	§ 22 Abs 2 GmbHG
	Prüfung des Jahresabschlusses und Konzernabschlusses samt Lageberichten vor Vorlage an Aufsichtsrat oder Gesellschafter	§ 268 Abs 2 HGB
7 Monate	Aufsichtsrat muss sich innerhalb von zwei Monaten nach Vorlage über den Jahresabschluss gegenüber dem Vorstand erklären	§ 125 Abs 1 AktG
14 Tage vor Hauptversammlung	Auflage des Jahresabschlusses und Konzernabschlusses samt Lageberichten zur Einsicht der Aktionäre	§ 125 Abs 5 AktG
8 Monate	Feststellung des Jahresabschlusses und Gewinnverteilungsbeschluss in der Hauptversammlung bzw Generalversammlung	§ 104, § 125 Abs 4, § 126 Abs 1 AktG § 35 Abs 1 GmbHG
9 Monate	Aufstellung des Jahresabschlusses (allgemeine Regel für alle Kaufleute)	§ 193 Abs 2 HGB
	Einreichung nach Behandlung in Hauptversammlung bzw Generalversammlung beim Firmenbuch	§ 277 Abs 1, § 280 Abs 1 HGB
	Einreichung im Amtsblatt zur *Wiener Zeitung* (gilt nur für große AG und Konzernabschluss)	§ 277 Abs 2, § 280 Abs 1 HGB
11 Monate	Veröffentlichung tunlichst innerhalb von 2 Monaten nach Erteilung der Druckgenehmigung	§ 10 Abs 4 HGB

Tab 6.2: Fristen im Zusammenhang mit dem Jahresabschluss

Sanktionen

Der Gesetzgeber sieht nur **wenige Sanktionen** für Verstöße gegen die geltenden Regelungen vor. Vorstand bzw Aufsichtsrat können mit Geldstrafen bis zu € 3.600 (und im Falle der weiteren Nichtbeachtung mit € 7.200 und Veröffentlichung des Beschlusses in der *Wiener Zeitung*) belegt werden, wenn sie den Wirtschaftsprüfer nicht rechtzeitig bestellen oder diesem nicht ausreichend Informationen und Auskünfte geben oder wenn sie gegen bestimmte Veröffentlichungsbestimmungen verstoßen (§ 283 HGB, § 24 FBG). Ähnliche Strafen sind in § 258 AktG und § 125 GmbHG vorgesehen.

Strengere Strafen, nämlich bis zu einem Jahr Haft, können verhängt werden, wenn Vorstand bzw Aufsichtsrat **vorsätzlich unrichtige Informationen** im Jahresabschluss und im Lagebericht oder auf Fragen von Gesellschaftern geben oder Information verschleiert oder verschwiegen wird (§ 255 AktG, § 122 GmbHG). Das Gleiche gilt für den Fall, dass dem Abschlussprüfer falsche Informationen gegeben oder Informationen verschwiegen werden. Weitere Sanktionen ergeben sich aus dem Kapitalmarktrecht für börsennotierte Unternehmen.

Derartige Strafen werden höchst selten verhängt. Ein wesentlicher Grund liegt wohl darin, dass Vorsatz oder zumindest grobe Fahrlässigkeit schwer nachzuweisen ist. Viel eher (und zwar für alle Unternehmen, nicht nur für Kapitalgesellschaften) wirkt die Tatsache, dass es im Fall eines Konkurses zu strafrechtlichen Konsequenzen für Geschäftsführer kommen kann, etwa wenn auf Grund einer mangelhaften Führung der Bücher ein Insolvenzverfahren verschleppt wurde (Krida).

6.2 Gliederung des Jahresabschlusses

Das HGB enthält umfangreiche Gliederungsvorschriften für **Kapitalgesellschaften.** Diese gelten sowohl für den Einzelabschluss als auch für den Konzernabschluss (§ 251 Abs 1 HGB).

Für Kapitalgesellschaften gilt die folgende, gegenüber der Generalklausel für alle Kaufleute (§ 195 HGB, siehe Kapitel 3.1) wesentlich erweiterte **Generalklausel** (§ 222 Abs 2; ähnlich § 250 Abs 2 HGB):

„Der Jahresabschluß hat ein möglichst getreues Bild der Vermögens-, Finanz- und Ertragslage des Unternehmens zu vermitteln. Wenn dies aus besonderen Umständen nicht gelingt, sind im Anhang die erforderlichen zusätzlichen Angaben zu machen."

Dies entspricht dem Grundsatz des *„true and fair view"*, der im anglo-amerikanischen Raum zu den wichtigsten Bilanzierungsgrundsätzen zählt. Sollte sich bei Anwendung der GoB eine Information ergeben, die die eigentliche Situation verfälscht, müssen im Anhang zusätzliche Angaben gemacht werden. Ein Abweichen von den gesetzlichen Bilanzierungs-, Bewertungs- und Gliederungsvorschriften wird damit nicht ermöglicht (kein so genanntes *overriding*).

Gliederungsgrundsätze

Die handelsrechtlichen Vorschriften enthalten **ausführliche Gliederungsvorschriften**. Sie regeln peinlich genau die Mindestgliederung der Bilanz und der Gewinn- und Verlustrechnung (GuV). Dies betrifft sowohl die Postenbezeichnung als auch die Reihenfolge, in der die Posten dargestellt werden müssen.

Die derzeit geltenden Regelungen stammen aus der Bilanzrichtlinie der EU, die genau so ausführlich ist. Die Bilanzrichtlinie lässt allerdings mehr Gliederungsvarianten zu als das HGB. Interessant ist dabei, dass **internationale Rechnungslegungsgrundsätze** keine genauen Gliederungsvorschriften kennen. IFRS und US-GAAP schreiben nur den gesonderten Ausweis bzw die Angabe bestimmter Posten vor, nicht aber die Form, in der dies erfolgen soll. Grund ist eine andere Philosophie: Wichtig ist danach, dass der interessierte Bilanzleser die relevanten Informationen erhält, in welcher Form dies erfolgt, ist zweitrangig. Die Börsenaufsichtsbehörde in den **USA**, die Securities and Exchange Commission (SEC), sieht demgegenüber allerdings ebenfalls genaue Gliederungsvorschriften für eingereichte Finanzinformationen vor (*Regulation S-X*). Dies erleichtert die elektronische Weiterverarbeitung der Daten, wie dies die SEC im Rahmen ihres *Electronic Data Gathering and Retrieval*-Systems (EDGAR) vornimmt. Dieses ist über Internet verfügbar (www.sec.gov).

Die wichtigsten Gliederungsgrundsätze sind in § 223 HGB enthalten, und zwar:

- Die einmal gewählte Form der Darstellung und die Gliederung sind beizubehalten (**formelle Stetigkeit**). Sind im Hinblick auf die Generalklausel Abweichungen erforderlich, müssen sie im Anhang angegeben und begründet werden. Dies betrifft vor allem besondere Branchen, wie Banken, Versicherungen oder Eisenbahnunternehmen.

- Zu jedem Posten des Jahresabschlusses ist der Betrag des **vorangegangenen Geschäftsjahres** anzugeben. Dieser Betrag kann auf € 1.000 genau gerundet werden.

- **Unterpunkte** der Gliederung der Bilanz und GuV können zusammengefasst werden, wenn der Betrag unwesentlich ist (*Materiality*).

- **Unterpunkte** der Gliederung der Bilanz und GuV können zusammengefasst werden, wenn dies die Klarheit der Darstellung verbessert; die einzelnen Posten müssen dann im Anhang angegeben werden.

- **Erweiterungen** der vorgegebenen Gliederung sind zulässig und dann sogar notwendig, wenn die Beachtung der Generalklausel es erforderlich macht. Dies betrifft sowohl weitere Untergliederungen vorgegebener Posten als auch das Hinzufügen neuer Posten, die in der Gliederung nicht vorgesehen sind. Fällt ein Posten unter mehrere Gliederungspunkte, so ist ein entsprechender Vermerk erforderlich.

- **Saldierungen** sind **unzulässig**, es sei denn, sie sind gesetzlich explizit erlaubt. Ein Beispiel dafür ist die offene Saldierung erhaltener Anzahlungen auf Bestellungen mit den dazugehörigen Vorräten (§ 225 Abs 6 HGB).

Gliederung der Bilanz

Die Gliederung der Bilanz ist in § 224 HGB vorgeschrieben. Tabelle 6.3 zeigt die **Mindestgliederung** der Aktivseite, Tabelle 6.5 die der Passivseite, jeweils unter Einfügung von an anderer Stelle vorgeschriebenen Erweiterungen für bestimmte Geschäftsfälle (kursiv gedruckt). Von der Reihenfolge der Posten darf nicht abgewichen werden.

Die Bilanzrichtlinie der EU sieht auch die Möglichkeit der Bilanzaufstellung in **Staffelform** vor. Diese Gliederung beginnt mit dem Anlagevermögen, dann folgt das Umlaufvermögen samt den Rechnungsabgrenzungsposten, von dem die kurzfristigen Verbindlichkeiten abgezogen werden. Hierauf folgen die übrigen Verbindlichkeiten, die Rückstellungen, die Rechnungsabgrenzungsposten und zuletzt das Eigenkapital. Als Differenzposten verbleibt schließlich das Ergebnis des Geschäftsjahres. Beispielsweise erlauben Dänemark, Großbritannien und die Niederlande die Staffelform bei der Bilanz. Sie ist aber dennoch nicht sehr üblich.

Gemäß den Regeln der Securities and Exchange Commission (SEC) muss die **Bilanz nach sinkender Liquidität** gegliedert werden. Die Aktivseite beginnt mit liquiden Mitteln, dann folgt das Umlaufvermögen und zuletzt das Anlagevermögen. Auf der Passivseite sind zunächst die kurzfristigen Verbindlichkeiten, dann die langfristigen Verbindlichkeiten und schließlich das Eigenkapital zu finden.

Aktivseite

Aufwendungen für das Ingangsetzen und Erweitern eines Betriebes (§ 198 Abs 3 HGB)

A Anlagevermögen

I Immaterielle Vermögensgegenstände
   1 Konzessionen, gewerbliche Schutzrechte und ähnliche Rechte und Vorteile sowie daraus abgeleitete Lizenzen
   2 Geschäfts(Firmen)wert
      Umgründungsmehrwert (§ 202 Abs 2 Z 3 HGB)
   3 geleistete Anzahlungen

II Sachanlagen
   1 Grundstücke, grundstücksgleiche Rechte und Bauten, einschließlich der Bauten auf fremdem Grund
   2 technische Anlagen und Maschinen
   3 andere Anlagen, Betriebs- und Geschäftsausstattung
   4 geleistete Anzahlungen und Anlagen in Bau

III Finanzanlagen
   1 Anteile an verbundenen Unternehmen
   2 Ausleihungen an verbundene Unternehmen
   3 Beteiligungen
   4 Ausleihungen an Unternehmen, mit denen ein Beteiligungsverhältnis besteht
   5 Wertpapiere (Wertrechte) des Anlagevermögens
   6 sonstige Ausleihungen
      eigene Anteile, Anteile an herrschenden oder mit Mehrheit beteiligten Unternehmen (§ 225 Abs 5 HGB)

B Umlaufvermögen

I Vorräte
   1 Roh-, Hilfs- und Betriebsstoffe
   2 unfertige Erzeugnisse
   3 fertige Erzeugnisse und Waren
   4 noch nicht abrechenbare Leistungen
   5 geleistete Anzahlungen

II Forderungen und sonstige Vermögensgegenstände
   1 Forderungen aus Lieferungen und Leistungen
   2 Forderungen gegenüber verbundenen Unternehmen
   3 Forderungen gegenüber Unternehmen, mit denen ein Beteiligungsverhältnis besteht
   4 sonstige Forderungen und Vermögensgegenstände
      eingeforderte, aber noch nicht einzezahlte Einlagen (§ 229 Abs 1 HGB)

III Wertpapiere und Anteile
   1 Anteile an verbundenen Unternehmen
   2 sonstige Wertpapiere und Anteile
      eigene Anteile, Anteile an herrschenden oder mit Mehrheit beteiligten Unternehmen (§ 225 Abs 5 HGB)

IV Kassenbestand, Schecks, Guthaben bei Kreditinstituten

C Rechnungsabgrenzungsposten
   Disagio (§ 198 Abs 7 HGB)

Verbindlichkeiten aus der Begebung und Übertragung von Wechseln, Bürgschaften, Garantien sowie sonstigen vertraglichen Haftungsverhältnissen (§ 199 HGB)

Tab 6.3: Mindestgliederung der Aktivseite der Bilanz

Die Gliederung des Anlagevermögens wird durch einen **Anlagenspiegel** (§ 226 Abs 1 HGB) ergänzt und erweitert, der auf den ursprünglichen Anschaffungs- oder Herstellungskosten aufbaut. Die Mindestinformationen im Anlagenspiegel sind für jeden Posten:

Anschaffungs- oder Herstellungskosten zu Beginn des Wirtschaftsjahres

+ Zugänge im Geschäftsjahr

+/– Umbuchungen

– Abgänge im Geschäftsjahr (zu Anschaffungs- oder Herstellungskosten)

= Anschaffungs- oder Herstellungskosten am Abschlussstichtag (keine Angabepflicht)

– kumulierte Abschreibungen

+ Zuschreibungen im Geschäftsjahr

= Buchwert am Abschlussstichtag
Buchwert am Abschlussstichtag des Vorjahres
Abschreibungen im Geschäftsjahr

Das Unternehmen kann wählen, ob es den Anlagenspiegel in der Bilanz oder im Anhang ausweist. Tabelle 6.4 zeigt ein Beispiel für einen übersichtlichen Anlagenspiegel.

Sachanlagen in Mio	Grundstücke und Bauten	Technische Anlagen und Maschinen	Betriebs- und Geschäftsausstattung	Geleistete Anzahlungen und Anlagen in Bau	Summe
Anschaffungs- oder Herstellungskosten 1.1.20X1	4.616	8.242	2.966	463	16.287
Zugänge	1.084	2.259	114	446	3.903
Abgänge	– 183	– 254	– 109	– 39	– 585
Umbuchungen	130	225	82	– 463	– 26
Anschaffungs- oder Herstellungskosten 31.12.20X1	**5.647**	**10.472**	**3.053**	**407**	**19.579**
kumulierte Abschreibungen	2.773	5.672	2.356	7	10.808
Abschreibungen	152	648	191	25	1.016
davon außerplanmäßig	1	143	0	25	169
Abgänge	– 74	– 247	– 97	– 7	– 425
Umbuchungen	2	– 7	5	0	0
Kumulierte Abschreibungen 31.12.20X1	**2.854**	**6.209**	**2.455**	**50**	**11.568**
Buchwerte 31.12.20X1	**2.793**	**4.263**	**598**	**357**	**8.011**
Buchwerte 31.12.20X0	1.843	2.570	610	456	5.479

Tab 6.4: Typischer Anlagenspiegel

Die Forderungen werden grundsätzlich nach unterschiedlichen **Geschäftsfällen** unterteilt. Diese Gliederung wird jedoch von einer Gliederung nach dem **Naheverhältnis** des Geschäftspartners zum Unternehmen überlagert. So werden Forderungen gegenüber verbundenen Unternehmen und gegenüber Unternehmen, mit denen ein Beteiligungsverhältnis besteht, gesondert ausgewiesen, gleichgültig, welcher Geschäftsfall der Forderung zu Grunde liegt (§ 225 Abs 2 HGB lässt allerdings eine gesonderte Anmerkung unter den betreffenden Forderungen zu). Verbundene Unternehmen sind Konzernunternehmen, an denen typischerweise die Mehrheit der Anteile gehalten werden. Ein Beteiligungsverhältnis liegt idR vor, wenn das Unternehmen mindestens 20% der Anteile hält.

Auch im **Konzernabschluss** können Forderungen und Verbindlichkeiten gegenüber verbundenen Unternehmen bestehen. Dies ist dann der Fall, wenn der Geschäftspartner ein Tochterunternehmen ist, das nicht vollkonsolidiert wurde (zB aus Gründen der Unwesentlichkeit).

Des Weiteren sind Forderungen nach **Fristigkeit** in solche mit einer Restlaufzeit von bis zu einem Jahr und Sonstige zu untergliedern (§ 225 Abs 3 HGB).

Passivseite

A Eigenkapital

I   Nennkapital (Grund-, Stammkapital)

II Kapitalrücklagen
   1   gebundene
   2   nicht gebundene

III Gewinnrücklagen
   1   gesetzliche Rücklage
   2   satzungsmäßige Rücklage
   3   andere Rücklagen (freie Rücklagen)
     Rücklage für eigene Anteile, Anteile an herrschenden oder mit Mehrheit
     beteiligten Unternehmen (§ 225 Abs 5 HGB)

IV Bilanzgewinn (Bilanzverlust)
    davon Gewinnvortrag/Verlustvortrag

B Unversteuerte Rücklagen
   1   Bewertungsreserve auf Grund von Sonderabschreibungen (Aufgliederung
     entsprechend den Posten des Anlagevermögens, § 230 Abs 1 HGB)
   2   sonstige unversteuerte Rücklagen

C Rückstellungen
   1   Rückstellungen für Abfertigungen
   2   Rückstellungen für Pensionen
   3   Steuerrückstellungen
   4   sonstige Rückstellungen

D Verbindlichkeiten
   1   Anleihen
     davon konvertibel
   2   Verbindlichkeiten gegenüber Kreditinstituten
   3   erhaltene Anzahlungen auf Bestellungen
   4   Verbindlichkeiten aus Lieferungen und Leistungen
   5   Verbindlichkeiten aus der Annahme gezogener Wechsel und der
     Ausstellung eigener Wechsel
   6   Verbindlichkeiten gegenüber verbundenen Unternehmen
   7   Verbindlichkeiten gegenüber Unternehmen, mit denen ein
     Beteiligungsverhältnis besteht
   8   sonstige Verbindlichkeiten
     davon aus Steuern
     davon im Rahmen der sozialen Sicherheit

E Rechnungsabgrenzungsposten

Tab 6.5: Mindestgliederung der Passivseite der Bilanz

Auf der Passivseite werden die Posten Nennkapital, Rücklagen und Bilanzgewinn in eine Position **Eigenkapital** zusammengefasst. Wenn das Eigenkapital durch Verluste aufgebraucht ist, muss die Bilanzposition als

„Negatives Eigenkapital" bezeichnet werden. Es ist dann auch zu erläutern, ob eine Überschuldung im insolvenzrechtlichen Sinn vorliegt. Dies muss nicht zwingend gegeben sein, weil die Bewertung dabei anders als im Jahresabschluss erfolgt.

Im **Konzernabschluss** gibt es einige Posten, um die das Gliederungsschema erweitert werden muss. Dies betrifft im Besonderen den **Ausgleichsposten** für Anteile anderer Gesellschafter (Minderheitsgesellschafter), der im Eigenkapital zu zeigen ist (§ 259 Abs 1 HGB), oder einen negativen Firmenwert, der als Unterschiedsbetrag aus der Kapitalkonsolidierung auszuweisen ist (§ 254 Abs 3 HGB).

Für den Konzernabschluss ist zusätzlich eine gesonderte **Darstellung der Komponenten des Eigenkapitals** vorgeschrieben (§ 250 Abs 1 HGB). Diese Regelung lehnt sich an eine entsprechende Regel in den IFRS an, nach der Eigenkapitalveränderungen im Geschäftsjahr in einer gesonderten Darstellung, im Rang gleich bedeutsam wie die Bilanz oder die GuV, gezeigt werden müssen. Die Darstellung der Komponenten des Eigenkapitals erfolgt idR im Wege eines **Eigenkapitalspiegels**.

Überraschend ist, dass die **unversteuerten Rücklagen** außerhalb des Eigenkapitals darzustellen sind, denn sie bilden zu einem überwiegenden Teil Eigenkapital. Von internationalen Bilanzlesern wird ihr Inhalt daher idR nicht verstanden. Für den Konzernabschluss sieht deshalb § 253 Abs 3 HGB die Möglichkeit der Aufteilung in Eigenkapital (Ausweis unter Gewinnrücklagen) und latente Steuern vor.

Bei der Bewertungsreserve sind Zuweisungen und Auflösungen in der Bilanz oder im Anhang gesondert anzugeben (§ 230 Abs 2 HGB). Dies kann etwa im Rahmen eines **Bewertungsreservenspiegel** gemacht werden (siehe Tabelle 6.6).

Bewertungsreservenspiegel in Tsd	Abschreibung denkmalgeschützter Betriebsgebäude (§ 8 Abs 2 EStG)	Abschreibung geringwertiger Wirtschaftsgüter (§ 13 EStG)
Stand am 1.1.20X1	11.265	387
Zuweisungen	0	129
Auflösungen	− 8.657	− 154
Stand am 31.12.20X1	2.608	362

Tab 6.6: Bewertungsreservenspiegel

Verbindlichkeiten gegenüber verbundenen Unternehmen und gegenüber Unternehmen, mit denen ein Beteiligungsverhältnis besteht, sind gesondert anzugeben. Verbindlichkeiten sind auch nach ihrer Fristigkeit zu gliedern. Im Gegensatz zu Forderungen sind Verbindlichkeiten nach ihrer Restlaufzeit in drei Kategorien zu teilen (§ 225 Abs 6, § 237 Z 1 HGB). Es sind auch dingliche Sicherheiten anzugeben. Die Darstellung erfolgt idR übersichtlich in einem **Verbindlichkeitenspiegel** (siehe Tabelle 6.7).

Verbindlichkeitenspiegel 31.12.20X1 in Mio.	Gesamt	bis 1 Jahr	Restlaufzeiten von 1 bis 5 Jahre	über 5 Jahre
Anleihen	1.794	1.794	0	0
Verbindlichkeiten gegenüber Kreditinstituten	9.205	3.286	4.735	1.184
davon dinglich besichert – Grundpfandrechte	399			
davon dinglich besichert – sonstige	50			
Verbindlichkeiten aus Lieferungen und Leistungen	2.801	2.791	10	0
Erhaltene Anzahlungen auf Bestellungen	227	227	0	0
Verbindlichkeiten aus der Annahme gezogener und der Ausstellung eigener Wechsel	54	32	22	0
Verbindlichkeiten gegenüber verbundenen Unternehmen	70	70	0	0
Verbindlichkeiten gegenüber Unternehmen, mit denen ein Beteiligungsverhältnis besteht	9	9	0	0
Sonstige Verbindlichkeiten	2.506	1.775	605	126
Andere Verbindlichkeiten	2.866	2.113	627	126
davon dinglich besichert	449			
Verbindlichkeiten	**16.666**	**9.984**	**5.372**	**1.310**
davon dinglich besichert	**449**			

Tab 6.7: Verbindlichkeitenspiegel

Gliederung der Gewinn- und Verlustrechnung

Die Gewinn- und Verlustrechnung ist in der so genannten **Staffelform** zu gliedern (§ 231 HGB) und nicht in Kontoform, wie dies früher zulässig war. Die Staffelform ermöglicht eine übersichtliche Darstellung der **Erfolgsquellen**. Die Erträge und Aufwendungen, die aus derselben Quelle (Betriebstätigkeit, Finanzierung, außerordentlicher Bereich) stammen, werden einander direkt gegenübergestellt. Die Gewinnverwendung wird von der Gewinnentstehung getrennt. Schematisch ergibt sich folgende Struktur:

Gewinn-entstehung		Betriebsergebnis (*Earnings before interest and tax*, EBIT)
	+	Finanzergebnis
	=	Ergebnis der gewöhnlichen Geschäftstätigkeit (EGT)
	+	außerordentliches Ergebnis
	–	Steuern vom Einkommen und vom Ertrag
Gewinn-verwen-dung	=	**Jahresüberschuss/Jahresfehlbetrag** (Jahresergebnis)
	+	Auflösung von Rücklagen
	–	Zuweisung zu Rücklagen
	+	Gewinnvortrag (– Verlustvortrag)
	=	**Bilanzgewinn/Bilanzverlust**

Die Gewinn- und Verlustrechnung kann alternativ nach einer der folgenden Gliederungsmöglichkeiten aufgestellt werden (§ 231 HGB):

- **Gesamtkostenverfahren:** Die Aufwendungen beziehen sich auf die **Produktionsmenge** in der betreffenden Periode, daher müssen auch die Erträge produktionsmengenbezogen dargestellt werden. Dies erfolgt über Bestandsveränderungen und aktivierte Eigenleistungen, die zusätzlich zum Umsatz als Ertrag ausgewiesen werden.
Die Aufwendungen werden beim Gesamtkostenverfahren nach **primären Aufwandsarten** gegliedert. Diese sind im Wesentlichen Materialaufwand, Personalaufwand, Abschreibungen und sonstige betriebliche Aufwendungen. Das Gesamtkostenverfahren ist in Tabelle 6.8 dargestellt.

- **Umsatzkostenverfahren:** Die Darstellung erfolgt absatzmengenbezogen. Als Erträge werden nur die am Absatzmarkt realisierten Umsatzerlöse ausgewiesen, und daher müssen die Aufwendungen um Bestandsveränderungen und aktivierte Eigenleistungen korrigiert (saldiert) werden.

Dem Umsatzkostenverfahren liegt des Weiteren eine **gemischte Gliederung** zu Grunde. Es gliedert die wichtigsten Posten nach funktionalen Bereichen (Kostenstellen), nämlich in Herstellungskosten, Verwaltungs- und in Vertriebskosten (es handelt sich jedoch um Aufwendungen, nicht um Kosten der Kostenrechnung). Die übrigen Aufwendungen werden auch hier nach primären Aufwandsarten gegliedert. Das Umsatzkostenverfahren ist in Tabelle 6.9 dargestellt.

Gewinn- und Verlustrechnung

1 Umsatzerlöse

2 Veränderung des Bestands an fertigen und unfertigen Erzeugnissen sowie an noch nicht abrechenbaren Leistungen

3 andere aktivierte Eigenleistungen

4 sonstige betriebliche Erträge
(a) Erträge aus dem Abgang vom und der Zuschreibung zum Anlagevermögen mit Ausnahme der Finanzanlagen
(b) Erträge aus der Auflösung von Rückstellungen
(c) übrige

5 Aufwendungen für Material und sonstige bezogene Herstellungsleistungen
(a) Materialaufwand
(b) Aufwendungen für bezogene Leistungen

6 Personalaufwand
(a) Löhne
(b) Gehälter
(c) Aufwendungen für Abfertigungen
(d) Aufwendungen für Altersversorgung
(e) Aufwendungen für gesetzlich vorgeschriebene Sozialabgaben sowie vom Entgelt abhängige Abgaben und Pflichtbeiträge
(f) sonstige Sozialaufwendungen

7 Abschreibungen
(a) auf immaterielle Gegenstände des Anlagevermögens und Sachanlagen sowie auf aktivierte Aufwendungen für das Ingangsetzen und Erweitern eines Betriebes
davon außerplanmäßige Abschreibungen von Anlagevermögen (§ 232 Abs 5 HGB)
(b) auf Gegenstände des Umlaufvermögens, soweit diese die im Unternehmen üblichen Abschreibungen überschreiten

8 sonstige betriebliche Aufwendungen
(a) Steuern, soweit sie nicht unter Z 21 fallen
(b) übrige

9 Zwischensumme aus Z 1 bis 8 [Betriebsergebnis]

10 Erträge aus Beteiligungen
davon aus verbundenen Unternehmen

11 Erträge aus anderen Wertpapieren und Ausleihungen des Finanzanlagevermögens
davon aus verbundenen Unternehmen

12 sonstige Zinsen und ähnliche Erträge
davon aus verbundenen Unternehmen

13 Erträge aus dem Abgang von und der Zuschreibung zu Finanzanlagen und Wertpapieren des Umlaufvermögens

14 Aufwendungen aus Finanzanlagen und aus Wertpapieren des Umlaufvermögens
davon sind gesondert auszuweisen:
(a) Abschreibungen
(b) Aufwendungen aus verbundenen Unternehmen

15 Zinsen und ähnliche Aufwendungen
davon betreffend verbundene Unternehmen

16 Zwischensumme aus Z 10 bis 15 [Finanzergebnis]

17 Ergebnis der gewöhnlichen Geschäftstätigkeit [Summe von Z 9 und 16]

18 außerordentliche Erträge

19 außerordentliche Aufwendungen

20 außerordentliches Ergebnis

21 Steuern vom Einkommen und vom Ertrag

22 Jahresüberschuss/Jahresfehlbetrag

23 Auflösung unversteuerter Rücklagen
24 Auflösung von Kapitalrücklagen
25 Auflösung von Gewinnrücklagen
26 Zuweisung zu unversteuerten Rücklagen
27 Zuweisung zu Gewinnrücklagen. Die Auflösungen und Zuweisungen gemäß Z 23
    bis 27 sind entsprechend den in der Bilanz ausgewiesenen Unterposten aufzuglie-
    dern
    Überrechneter Gewinn oder Verlust an andere Personen auf Grund vertraglicher
    Verpflichtung (§ 232 Abs 3 HGB)
28 Gewinnvortrag/Verlustvortrag aus dem Vorjahr
29 Bilanzgewinn/Bilanzverlust

Tab 6.8: Gewinn- und Verlustrechnung nach
dem Gesamtkostenverfahren

In Österreich wird in der **Praxis vorwiegend** das **Gesamtkostenver-fahren** verwendet, international ist das Umsatzkostenverfahren üblich. Wählt ein Unternehmen das **Umsatzkostenverfahren**, so muss es die **wesent-lichsten Angaben**, die das Gesamtkostenverfahren umfasst, im Anhang machen (§ 237 Z 4 HGB). Trotzdem lassen sich die beiden Verfahren nicht direkt ineinander überleiten. Beim Umsatzkostenverfahren fehlen nämlich Angaben über Bestandsveränderungen und aktivierte Eigenleis-tungen.

Gewinn- und Verlustrechnung
1 Umsatzerlöse
2 Herstellungskosten der zur Erzielung der Umsatzerlöse erbrachten Leistungen
3 Bruttoergebnis vom Umsatz
4 sonstige betriebliche Erträge
(a) Erträge aus dem Abgang vom und der Zuschreibung zum Anlagevermögen mit Ausnahme der Finanzanlagen
(b) Erträge aus der Auflösung von Rückstellungen
(c) übrige
5 Vertriebskosten
6 Verwaltungskosten
7 sonstige betriebliche Aufwendungen
8 Zwischensumme aus Z 1 bis 7 [Betriebsergebnis]
9 Erträge aus Beteiligungen
davon aus verbundenen Unternehmen
10 Erträge aus anderen Wertpapieren und Ausleihungen des Finanzanlagevermögens
davon aus verbundenen Unternehmen
11 sonstige Zinsen und ähnliche Erträge
davon aus verbundenen Unternehmen
12 Erträge aus dem Abgang von und der Zuschreibung zu Finanzanlagen und Wertpapieren des Umlaufvermögens
13 Aufwendungen aus Finanzanlagen und aus Wertpapieren des Umlaufvermögens
davon sind gesondert auszuweisen:
(a) Abschreibungen
(b) Aufwendungen aus verbundenen Unternehmen
14 Zinsen und ähnliche Aufwendungen
davon betreffend verbundene Unternehmen
15 Zwischensumme aus Z 9 bis 14 [Finanzergebnis]
16 Ergebnis der gewöhnlichen Geschäftstätigkeit [Summe von Z 8 und 15]
17 außerordentliche Erträge
18 außerordentliche Aufwendungen
19 außerordentliches Ergebnis
20 Steuern vom Einkommen und vom Ertrag
21 Jahresüberschuss/Jahresfehlbetrag
22 Auflösung unversteuerter Rücklagen
23 Auflösung von Kapitalrücklagen
24 Auflösung von Gewinnrücklagen
25 Zuweisung zu unversteuerten Rücklagen
26 Zuweisung zu Gewinnrücklagen. Die Auflösungen und Zuweisungen gemäß Z 22 bis 26 sind entsprechend den in der Bilanz ausgewiesenen Unterposten aufzugliedern
Überrechneter Gewinn oder Verlust an andere Personen auf Grund vertraglicher Verpflichtung (§ 232 Abs 3 HGB)
27 Gewinnvortrag/Verlustvortrag aus dem Vorjahr
28 Bilanzgewinn/Bilanzverlust

Tab 6.9: Gewinn- und Verlustrechnung nach dem Umsatzkostenverfahren

Die beiden Darstellungsformen sind bis zum **Betriebsergebnis** (*Earnings before interest and tax*, EBIT) unterschiedlich, danach wiederum gleich. Nachdem es sich aber nur um unterschiedliche Darstellungsformen, nicht um verschiedene Bilanzierungs- und Bewertungsvorschriften handelt, ist das Betriebsergebnis in beiden Verfahren gleich hoch.

Im **außerordentlichen Ergebnis** sind jene Erträge und Aufwendungen ausgewiesen, die außerhalb der gewöhnlichen Geschäftstätigkeit des Unternehmens anfallen (§ 233 HGB). Die Abgrenzung erfolgt nach der **Art** der Erträge und Aufwendungen sowie nach der **Seltenheit** ihres Auftretens. **Beispiele** für außerordentliche Erträge sind etwa ein Forderungsverzicht von Gläubigern oder einmalige Zuschüsse, Beispiele für außerordentliche Aufwendungen sind Verluste infolge von Unterschlagungen, Naturkatastrophen, Streiks, Gerichtsverfahren, Betriebsstilllegungen oder Sozialplänen. Nach IFRS gibt es kein außerordentliches Ergebnis.

Nach **US-GAAP** werden die außerordentlichen Erträge und Aufwendungen meist erheblich enger abgegrenzt. Außerordentlich ist danach nur, was klar und deutlich keinen Bezug zur Geschäftstätigkeit hat. Daher würden Forderungsverzichte, Streiks, Unterschlagungen, Prozesse usw nicht als außerordentlich gelten. Dies gilt auch für Betriebsstilllegungen, für die jedoch zusätzliche Ausweisregelungen gelten.

Nicht zum außerordentlichen Ergebnis gehören **periodenfremde Erträge und Aufwendungen**. Diese sind in den sachlich zugehörigen Posten enthalten und bei Wesentlichkeit des Betrages oder ihrer Art im Anhang zu erläutern.

Steuern werden in zwei Positionen ausgewiesen. **Steuern vom Einkommen und vom Ertrag** sind die letzte Position vor dem Jahresüberschuss bzw Jahresfehlbetrag. Alle **anderen Steuern** (zB Verbrauchsteuern und Verkehrsteuern) werden im Gesamtkostenverfahren unter den **sonstigen betrieblichen Aufwendungen** dargestellt.

Im Anhang ist der Ertragsteueraufwand auf das Ergebnis der gewöhnlichen Geschäftstätigkeit und das außerordentliche Ergebnis **aufzuteilen**. Nach IFRS und US-GAAP ist der Ertragsteueraufwand dagegen bereits in der GuV auf diese Ergebnisse aufzuteilen. Damit ist etwa das Ergebnis der gewöhnlichen Geschäftstätigkeit (EGT) bereits ein Ergebnis nach Steuern.

6.3 Anhang

Kapitalgesellschaften haben zusätzlich zur Bilanz und GuV einen Anhang aufzustellen. Der Anhang ist **Teil des Jahresabschlusses** bzw des **Konzernabschlusses**. Der Konzernanhang und der Anhang des Jahresabschlusses dürfen zusammengefasst werden.

Der Anhang enthält eine Reihe von Zusatzangaben zur Bilanz und zur GuV (insbesondere §§ 236–240, 265, 266 HGB). Einige dieser Informationen können wahlweise entweder in der Bilanz bzw GuV oder im Anhang gemacht werden. Die wesentlichsten Angaben im Anhang sind in Tabelle 6.10 dargestellt.

Es ist **keine besondere Gliederung** vorgeschrieben. Meist beginnen die Unternehmen mit allgemeinen Erläuterungen der Bilanzierungs- und Bewertungsmethoden und geben dann nähere Informationen zu den einzelnen Positionen der Bilanz und der GuV. Vielfach wird ein **Verweissystem** angewandt, indem die Positionen mit Ziffern bezeichnet werden, und im Anhang unter der betreffenden Ziffer die näheren Informationen zu finden sind. Nach IFRS ist ein Verweissystem zwingend erforderlich. In den USA handelt es sich bei den Angaben praktisch um Fußnoten, daraus resultiert auch die Bezeichnung „*notes*" für den Anhang.

Erläuterung der Posten in Bilanz und GuV und der verwendeten Bilanzierungs- und Bewertungsmethoden

- Angaben bei Änderungen von Bilanzierungs- und Bewertungsmethoden
- Firmenwertabschreibung
- Bewertung von langfristigen Aufträgen

Zusatzangaben zu Posten der Bilanz und GuV

- Umsatzaufgliederung nach Tätigkeitsbereichen und geographischen Märkten
- Verpflichtungen aus der Nutzung von nicht in der Bilanz ausgewiesenen Sachanlagen (zB Operate Leasing)
- wesentliche Rückstellungen
- wesentliche Verluste aus Anlagenabgängen
- Ertragsteuerwirkung der Änderungen von unversteuerten Rücklagen
- Währungsumrechnung
- Haftungsverhältnisse
- Sicherheiten der Verbindlichkeiten
- Einlagen stiller Gesellschafter

Angaben zu Finanzinstrumenten

- Art und Umfang derivativer Finanzinstrumente
- Beizulegender Zeitwert derivativer Finanzinstrumente und Angabe der Bewertungsmethode
- Höhe unterlassener Zuschreibungen bei Finanzanlagevermögen

Angaben zu Unternehmen, an denen Beteiligungen bestehen

- Verpflichtungen gegenüber verbundenen Unternehmen
- Gekaufte immaterielle Vermögensgegenstände von Unternehmen, an denen eine mindestens 10-%-Beteiligung besteht
- Namen und Sitz sowie Anteil, Eigenkapital und Ergebnis von Unternehmen, an denen eine Beteiligung besteht
- Beziehungen zu verbundenen Unternehmen, darunter auch Ergebnisüberrechnungsverträge

Angaben über Organe und Arbeitnehmer

- Durchschnittliche Anzahl der Arbeitnehmer
- Aufgliederung der Aufwendungen für Abfertigungen und Pensionen nach Vorstand, leitenden Angestellten und sonstigen Arbeitnehmern
- Kredite und Haftungszusagen gegenüber Vorstand und Aufsichtsrat
- Mitglieder des Vorstands und Aufsichtsrats sowie deren Bezüge
- Anzahl, Aufteilung und Schätzwert von Aktienoptionen der Arbeitnehmer

Angaben über das Eigenkapital bei Aktiengesellschaften

- Aktiengattungen und Beträge
- Eigene Aktien
- Bedingte Kapitalerhöhungen, genehmigtes Kapital
- Wandelschuldverschreibungen, Genussrechte, nachrangiges Kapital
- Wechselseitige Beteiligungen

Tab 6.10: Wesentliche Anhangangaben

Von der Aufnahme bestimmter Angaben im Anhang kann ausnahmsweise abgesehen werden (so genannte **Schutzklauseln**). Dies betrifft Angaben, die nach vernünftiger kaufmännischer Beurteilung geeignet sind, dem Unternehmen oder einem Unternehmen, an dem eine Beteiligung besteht, einen erheblichen Nachteil zuzufügen. Aus diesem Grund dürfen die Umsatzaufgliederung sowie bestimmte Angaben über Unternehmen, an denen eine Beteiligung besteht, unterlassen werden (§ 237 Z 9, § 241, § 266 Z 3 HGB). Die Anwendung der Schutzklausel ist anzugeben. Angaben über Unternehmen, an denen eine Beteiligung besteht, können auch bei Unwesentlichkeit unterbleiben. Personenbezogene Angaben müssen dann nicht gemacht werden, wenn die Gruppe weniger als drei Personen umfasst. Dies erfolgt aus Datenschutzgründen.

Angaben können unterbleiben, soweit es die nationale Sicherheit oder das wirtschaftliche Wohl des Bundes, der Länder oder Gemeinden erfordert (allgemeine Schutzklausel, § 241 Abs 1 HGB).

Für **kleine Kapitalgesellschaften** sind Erleichterungen vorgesehen (§ 242 HGB). Die kleine AG braucht den Umsatz nicht aufzugliedern. Der Anhang der kleinen GmbH muss idR nur die wesentlichsten Erläuterungen der Bilanz enthalten. Dafür gibt es ein **Formblatt** für die Angaben aus der Bilanz und eine Checkliste über die Angaben im Anhang (2. Formblatt-V).

Segmentberichterstattung

Die Aufgliederung der Umsatzerlöse nach Tätigkeitsbereichen und nach geographischen Märkten wird in der Praxis oft als sehr sensible Information betrachtet. Es herrscht daher große Zurückhaltung bei der Bekanntgabe solcher Informationen. § 237 Z 9 und § 266 Z 3 HGB bestimmen deshalb, dass die **Umsatzaufgliederung** nur dann vorzunehmen ist, wenn sich die Tätigkeitsbereiche und Märkte erheblich voneinander unterscheiden und die Schutzklausel nicht greift. Des Weiteren braucht die kleine AG und die kleine und mittelgroße GmbH diese Regelung nicht anzuwenden. International ist diese Umsatzaufgliederung allerdings nur ein kleiner Bestandteil einer sehr **umfangreichen Segmentberichterstattung**, die von börsennotierten Unternehmen erwartet wird. § 250 Abs 1 HGB sieht vor, dass der Konzernabschluss um einen Segmentbericht erweitert werden kann.

Nach **IAS** 14 sind für die nach Tätigkeitsbereichen oder geographischen Märkten bestimmten Segmente Angaben über Umsatzerlöse, Betriebsergebnisse, Abschreibungen, andere nicht zahlungswirksame Aufwendungen, Segmentvermögen, Segmentschulden sowie Investitionen zu machen. Damit können zB einfache Rentabilitätskennzahlen je Segment ermittelt werden. Die **US-GAAP** sehen in SFAS 131 vor, dass Segmente entsprechend der internen Organisationsstruktur des Unternehmens zu bilden sind. Dafür sind ebenfalls extensive Angaben zu machen. Darüber hinaus müssen Informationen über Produkte und Dienstleistungen, Außenumsätze und Hauptkunden gemacht werden.

In Deutschland wurde mit dem dKonTraG für börsennotierte Unternehmen eine Verpflichtung zur Segmentberichterstattung im Konzernabschluss eingeführt, deren Inhalt durch den Standard DRS 3 vergleichbar mit IFRS bzw US-GAAP festgelegt wird.

Geldflussrechnung

Nach der Generalklausel (§ 222 Abs 2 HGB) hat der Jahresabschluss ein möglichst getreues Bild der Vermögens-, Finanz- und Ertragslage zu vermitteln. Trotz dieses Ziels besteht in Österreich keine gesetzliche Regelung zur Aufstellung einer **Geldflussrechnung** im Einzelabschluss. Seit 2005 besteht eine solche Verpflichtung allerdings für den Konzernabschluss (§ 250 Abs 1 HGB). Auch nach internationalen Rechnungslegungsgrundsätzen gehört die Geldflussrechnung zu den grundlegenden Bestandteilen eines Jahresabschlusses und hat den gleichen Stellenwert wie die Bilanz und die GuV.

Das HGB sieht keine gesetzlichen Regelungen für die Form der Geldflussrechnung vor. In der Praxis findet man daher zahlreiche verschiedene Darstellungen, von der Bewegungsbilanz (in der Veränderungen der Bilanzposten ermittelt werden, welche nach unterschiedlichen Kriterien gegliedert werden) bis hin zu Geldflussrechnungen nach internationalen Standards.

Es gibt eine Reihe von Empfehlungen über Form und Inhalt einer Geldflussrechnung, die auch als **Kapitalflussrechnung** oder **Cashflow-Statement** bezeichnet wird. Die Bekanntesten davon sind:

- Fachgutachten KFS/BW2, „Die Geldflussrechnung als Ergänzung des Jahresabschlusses" der Kammer der Wirtschaftstreuhänder,
- Cashflow nach ÖVFA,
- IAS 7, „Kapitalflussrechnungen",
- SFAS 95, „Statement of cash flows",
- DRS 2 (DRS 2-10 für Kreditinstitute und DRS 2-20 für Versicherungen) des Deutschen Rechnungslegungs Standards Committee.

Alle diese Standards oder Empfehlungen sind **einander sehr ähnlich**, Unterschiede liegen vor allem in Details und im Umfang der zusätzlich erforderlichen Angaben.

Grundsätzliches Kennzeichen ist die Festlegung eines Fonds, und zwar des **Fonds „Liquide Mittel"**, der die hochliquiden, kurzfristig und jederzeit und ohne wesentliches Wertänderungsrisiko in Bargeld umwandelbaren Finanzmittel umfasst. Dazu gehören im Wesentlichen Bargeldbestände, Schecks, Bank- und Postscheckguthaben sowie Wertpapiere des Umlaufvermögens mit kurzer (meist höchstens dreimonatiger) Laufzeit. Manche Standards definieren die liquiden Mittel als Bruttofonds, andere als Nettofonds, dh unter Abzug kurzfristiger Verbindlichkeiten, die zum Cash-Management gehören (zB Kontokorrentkredite).

Die Geldflussrechnung stellt nun **Zugänge** und **Abgänge** des Fonds „Liquide Mittel" gesondert dar. Der Zusammenhang der Geldflussrechnung mit der Bilanz und der GuV ist aus Abbildung 6.1 erkennbar. Die GuV ist eine Fondsrechnung über das Eigenkapital und die Geldflussrechnung eine Fondsrechnung über die liquiden Mittel.

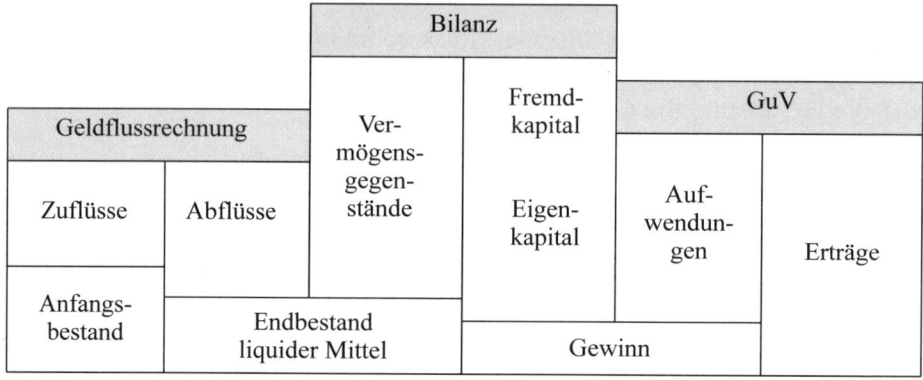

Abb 6.1: Zusammenhang zwischen Bestandteilen des Jahresabschlusses

Grundsätzlich können diese Cashflows direkt oder indirekt ermittelt werden. Bei der **direkten Methode** werden die Einzahlungen und Auszahlungen direkt auf Basis der Geschäftsfälle ermittelt. Die Organisation des Rechnungswesens ist dafür allerdings meist nicht ausgerichtet. Bei der **indirekten Methode** wird vom Jahresergebnis ausgegangen. Es wird um nicht einzahlungswirksame Erträge (Erhöhung von Forderungen aus Lieferungen und Leistungen) reduziert und um nicht auszahlungswirksame Aufwendungen (zB Abschreibungen, Dotierung von Rückstellungen) erhöht. Die meisten Unternehmen verwenden die indirekte Methode. Ein Beispiel findet sich in Tabelle 6.11.

Die Gliederung der Zuflüsse und Abflüsse erfolgt nach dem so genannten **Aktivitätsformat**. Danach werden die Cashflows in folgende drei Kategorien eingeteilt:

- **Cashflows aus der Geschäftstätigkeit** (aus der laufenden Geschäftstätigkeit, aus der Betriebstätigkeit): Diese entstehen aus den Haupttätigkeiten des Unternehmens. Beispiele sind Einzahlungen aus dem

Verkauf von Produkten und Dienstleistungen, aus Lizenzen und Honoraren, Auszahlungen für beschaffte Güter und Dienstleistungen, für Arbeitnehmer, Zahlungen an und von Versicherungsunternehmen, Steuerzahlungen sowie Zinszahlungen.

- **Cashflows aus der Investitionstätigkeit**: Darunter fallen Mittelflüsse aus dem Erwerb und der Veräußerung langfristiger Vermögensgegenstände und derjenigen Finanzinvestitionen, die nicht zu den liquiden Mitteln gehören. Beispiele dafür sind Zahlungen für Investitionen und Desinvestitionen von Sachanlagevermögen und von immateriellem Vermögen.

- **Cashflows aus der Finanzierungstätigkeit**: Das sind Mittelflüsse aus Tätigkeiten, die sich auf den Umfang und die Zusammensetzung des Eigenkapitals und des Fremdkapitals auswirken. Beispiele sind Einzahlungen aus der Ausgabe und Auszahlungen für den Erwerb oder Rückerwerb von Anteilen, Einzahlungen aus der Ausgabe von Schuldverschreibungen und der Aufnahme von Darlehen und Auszahlungen für deren Rückzahlung.

Die Aufgliederung nach Aktivitäten bzw Tätigkeitsbereichen erfordert idR etliche **Annahmen** über die Zuordnung von Geschäftsvorgängen. Ein Beispiel sind Investitionen mittels Bankkredit. Dies ist an und für sich ein fondsneutraler Vorgang, weil kein Geld fließt. In der Geldflussrechnung erscheint er allerdings als Fondsabgang (Cashflow aus der Investitionstätigkeit) und gleichzeitig als Fondszugang (Cashflow aus der Finanzierungstätigkeit). Finanzierungsleasing führt dagegen zu keinen Fondsflüssen und scheint in der Geldflussrechnung nicht auf.

In den Standards zum Teil unterschiedlich geregelt ist die Zurechnung von **Zinszahlungen**, **Dividendenzahlungen** und **Steuerzahlungen**. Zumeist werden sie einfach den Cashflows aus der Geschäftstätigkeit zugeordnet.

Cashflow Statement	20X2	20X1
Jahresüberschuss	169.309	164.968
Abschreibungen	264.162	292.007
Zuschreibungen zum Anlagevermögen	− 2.025	− 609
Latente Steuern	22.032	− 213.041
Gewinne aus Abgängen von Anlagevermögen	− 7.478	− 5.386
Erfolgswirksame Nettodotierung Sozialkapital	12.621	135.545
Erfolgswirksame Nettodotierung sonstiger langfristiger Rückstellungen	25.973	202.572
Sonstige unbare Erträge (−) und Aufwendungen (+)	− 59.158	− 29.968
	425.436	**546.089**
Verminderung (+)/Erhöhung (−) Vorräte	22.062	38.366
Verminderung (+)/Erhöhung (−) Forderungen	88.130	107.991
Verminderung (−)/Erhöhung (+) Verbindlichkeiten	− 41.288	− 98.347
Verminderung (−)/Erhöhung (+) kurzfristige Rückstellungen	− 76.667	10.632
+/− Sonstiges	37.003	− 23.252
Cashflow aus der Geschäftstätigkeit	**454.676**	**581.479**
Investitionen		
Immaterielle Vermögensgegenstände und Sachanlagen	− 401.591	− 484.740
Beteiligungen, Ausleihungen und sonstige Finanzanlagen	− 376.439	− 100.779
Erwerb einbezogener Unternehmen abzüglich liquide Mittel	− 31.347	1.285
Desinvestitionen (+)/Investitionen (−) kurzfristige Finanzanlagen	75.349	− 47.051
Veräußerungen		
Erlöse aus Verkauf von Anlagevermögen	172.110	74.821
Erlöse aus Verkauf einbezogener Unternehmen abzüglich liquide Mittel	− 288	0
Cashflow aus der Investitionstätigkeit	**− 562.205**	**− 556.463**
Zugänge langfristige Finanzierungen	19.110	159.103
Rückzahlung langfristige Finanzierungen	− 20.526	− 113.457
Verminderung (−)/Erhöhung (+) kurzfristige Finanzierungen	55.080	35.237
Verminderung (−)/Erhöhung (+) Konzernclearing	83.178	13.341
Dividendenzahlungen	− 56.564	− 46.546
Übertragung Pensionsrückstellung in Pensionskasse	− 27.761	− 79.468
Cashflow aus der Finanzierungstätigkeit	**52.516**	**− 31.789**
Währungsdifferenz auf liquide Mittel	− 4.625	7.671
Nettozunahme/− abnahme liquider Mittel	**− 59.639**	**897**
Liquide Mittel Jahresbeginn	307.313	306.416
Liquide Mittel Jahresende	247.674	307.313

Tab 6.11: Beispiel einer Geldflussrechnung (Zahlen gerundet)

6.4 Lagebericht

Der Lagebericht ist ein weiteres Element der Rechnungslegung des Unternehmens. Er gehört nicht mehr zum eigentlichen Jahresabschluss. Der Lagebericht ist von allen Kapitalgesellschaften, mit Ausnahme der kleinen GmbH, für das einzelne Unternehmen aufzustellen. Konzerne, die einen Konzernabschluss aufstellen müssen, haben ebenfalls einen Konzernlagebericht zu erstellen. Der Konzernlagebericht und der Lagebericht des Einzelunternehmens (Mutterunternehmens) dürfen zusammengefasst werden (§ 267 Abs 3 HGB). Der Lagebericht wurde ab 2005 aufgewertet und um zusätzliche Informationen angereichert.

Im Lagebericht sind der **Geschäftsverlauf** und die **Lage** des Unternehmens darzustellen (**Wirtschaftsbericht**, § 243, § 267 HGB). Das umfasst idR eine Beschreibung der Organisationsstruktur des Unternehmens, der Produkte bzw Leistungen, der Absatzsituation sowie der relevanten wirtschaftlichen Entwicklung der Märkte und des wirtschaftlichen Umfelds, der Beschaffungsmarktsituation, des Personalbereiches, der Umweltmaßnahmen, der Vermögens-, Finanz- und Ertragslage sowie der Performance am Kapitalmarkt. Der Umfang der Darstellung richtet sich nach der Größe des Unternehmens und der Komplexität des Geschäftsbetriebs. Es ist auch auf finanzielle und bei großen Kapitalgesellschaften und Konzernen auch auf nichtfinanzielle **Leistungsindikatoren** einzugehen. Große Kapitalgesellschaften und Konzerne müssen darüber hinaus über **Umwelt- und Arbeitnehmerbelange** berichten.

Der Lagebericht hat besonders einzugehen auf:

- Vorgänge von besonderer Bedeutung, die nach dem Abschlussstichtag eingetreten sind; diese dürfen auf Grund des Stichtagsprinzips idR nicht im Jahresabschluss berücksichtigt werden (**Nachtragsbericht**),
- die voraussichtliche Entwicklung des Unternehmens (**Prognosebericht**),
- den Bereich **Forschung und Entwicklung**,
- bestehende Zweigniederlassungen (beim Einzelunternehmen),
- die Verwendung von **Finanzinstrumenten**, soweit sie für die Beurteilung der Vermögens-, Finanz- und Ertragslage von Bedeutung sind. Anzugeben sind die Risikomanagementziele und -methoden, Sicherungsstrategien sowie Preisänderungs-, Ausfall-, Liquiditäts- und Cashflow-Risiken.

Viele dieser Informationen sind qualitativer Natur und zum Teil auch in die Zukunft gerichtet. Der Lagebericht muss mit dem Jahresabschluss in Einklang stehen und darf keine falschen Vorstellungen von der Lage des Unternehmens erwecken. Beispielsweise muss auf ein bestehendes Insolvenzrisiko hingewiesen werden.

Der Lagebericht muss auch dann aufgestellt werden, wenn ein Konzernabschluss nach **internationalen Rechnungslegungsvorschriften** aufgestellt wird, denn weder IFRS noch US-GAAP enthalten Vorschriften über einen Lagebericht. Allerdings verlangt die SEC von den an US-amerikanischen Börsen notierten Gesellschaften eine Management Discussion and Analysis (MD&A), die sehr umfangreiche Angaben, ähnlich denen des Lageberichts, enthält.

6.5 Prüfung des Jahresabschlusses

Nach § 268 Abs 1 HGB müssen alle Kapitalgesellschaften ihre Einzel- und Konzernabschlüsse sowie die Lageberichte prüfen lassen. Ausgenommen davon ist nur die kleine GmbH, sofern sie nicht auf Grund gesetzlicher Vorschriften einen Aufsichtsrat haben muss. Besondere Prüfungsvorschriften gelten vor allem für Genossenschaften, Banken und Versicherungsgesellschaften.

Die **jährliche Abschlussprüfung** ist von einem **Wirtschaftsprüfer**, bei der GmbH alternativ auch von einem **Buchprüfer**, durchzuführen. Diese sind alljährlich von der Hauptversammlung (Generalversammlung) auf Vorschlag des Aufsichtsrates zu bestellen. Bei der Bestellung gibt es bestimmte Ausschlusskriterien, insbesondere um die Unabhängigkeit des Prüfers zu gewährleisten.

Die Berufsgruppe der Wirtschaftstreuhänder gliedert sich in (1) Beeidete Wirtschaftsprüfer und Steuerberater, (2) Beeidete Buchprüfer und Steuerberater und (3) Steuerberater, jeweils mit einem abnehmenden Umfang von Berufsbefugnissen.

Die **Prüfung** umfasst den Jahresabschluss (Bilanz, GuV und Anhang unter Einschluss der Buchführung) sowie den Lagebericht. Dabei ist nicht nur die äußerliche Sachgemäßheit des Jahresabschlusses zu prüfen, sondern auch die Einhaltung der Bilanzierungsgrundsätze, wie der Gliederungs- und Bewertungsvorschriften oder das Zutreffen der Going-concern-Annahme. Eine Gebarungs- oder Wirtschaftlichkeitsprüfung hat allerdings nicht zu erfolgen.

Das Ergebnis der Prüfung bildet ein **Prüfungsbericht** (§ 273 HGB), in dem das abschließende Urteil des Prüfers zum Ausdruck kommt. In ihm werden die Posten des Jahresabschlusses aufgegliedert und erläutert. Dadurch wird der Prüfungsbericht in der Praxis meist sehr umfangreich. Er ist den gesetzlichen Vertretern des Unternehmens und den Mitgliedern des Aufsichtsrates vorzulegen, nicht aber zB der Hauptversammlung oder anderen Personen.

Der **Bestätigungsvermerk** (§ 274 HGB) fasst das Prüfungsergebnis zusammen und ist gemeinsam mit dem Jahresabschluss bzw Konzernabschluss zu veröffentlichen. Der **Bestätigungsvermerk** besteht – internationalen Usancen folgend – aus drei Teilen, nämlich (i) dem Gegenstand der Prüfung, (ii) der Beschreibung der Art und des Umfangs der Prüfung und der Angabe der Prüfungsgrundsätze sowie (iii) dem Prüfungsurteil. Das **Prüfungsurteil** ist typischerweise ein uneingeschränkter Bestätigungsvermerk. Darin wird erklärt, dass der Jahresabschluss und Lagebericht dem Gesetz, der Satzung usw entspricht, nach den Grundsätzen ordnungsmäßiger Buchführung aufgestellt ist und ein möglichst getreues Bild der Vermögens-, Finanz- und Ertragslage vermittelt. **Ergänzungen** (Zusätze) sind dann erforderlich, wenn ohne sie ein falscher Eindruck über dessen Tragweite oder über den Inhalt der Prüfung erweckt werden könnte. Gibt es Einwendungen des Abschlussprüfers in Bezug auf die Ordnungsmäßigkeit des Jahresabschlusses, so wird **der Bestätigungsvermerk eingeschränkt** oder bei schwer wiegenden Mängeln überhaupt **versagt**. Dies muss jeweils begründet werden. Die Vergabe eines nicht uneingeschränkten Bestätigungsvermerkes ist in der Praxis sehr selten. Meist kann der Prüfer die notwendigen Änderungen des Jahresabschlusses beim Unternehmen durchsetzen.

Die International Federation of Accountants (IFAC) beschäftigt sich mit der Vereinheitlichung von Abschlussprüfungen. Sie gibt dazu die **International Standards on Auditing** (ISA) heraus, die sich mit Themen wie fachlichen und ethischen Grundregeln, der Qualität und Dokumentation von Prüfungen, der Prüfungsplanung, Prüfungstechniken, Risikobeurteilung, Beurteilung des internen Kontrollsystems und der Formulierung des Prüfungsberichts beschäftigen.

In den Bestätigungsvermerk ist auch das Urteil des Prüfers aufzunehmen, ob der Lagebericht mit dem Jahresabschluss in Einklang steht.

Die Abschlussprüfung beinhaltet keine Urteilsbildung über die **wirtschaftliche Situation** des Unternehmens, auch wenn dies von einigen Bilanzadressaten so gesehen wird (man spricht dabei von „**Erwartungslücke**"). So kann es vorkommen, dass ein Unternehmen, das einen Abschluss mit einem – zu Recht gegebenen – uneingeschränkten Bestätigungsvermerk veröffentlichte, kurz darauf in finanzielle Schwierigkeiten gerät. Dennoch muss sich der Prüfer in der Prüfung mit der wirtschaftlichen Lage des Unternehmens befassen; beispielsweise muss er überprüfen, ob ein Unternehmen zu Recht vom Grundsatz der Unternehmensfortführung ausging. Des Weiteren hat der Abschlussprüfer eine unverzügliche Berichtspflicht (Redepflicht) gegenüber den gesetzlichen Vertretern des Unternehmens, wenn er bei seinen Prüfungshandlungen auf den Bestand gefährdende Tatsachen oder Gesetzesverstöße trifft (§ 273 Abs 2 HGB).

Aufgrund einiger „Bilanzskandale" wurde die **Verantwortlichkeit** des Abschlussprüfers in den letzten Jahren durch steigende Anforderungen an dessen Qualifikation, Unabhängigkeit vom zu prüfenden Unternehmen und Haftungsvorschriften verschärft. Zusätzlich zur Abschlussprüfung wird es künftig in Österreich erforderlich, (zumindest) für börsennotierte Unternehmen eine unabhängige weitere **Prüfstelle** einzurichten.

In Deutschland nahm Mitte 2005 die weisungsunabhängige **Deutsche Prüfstelle für Rechnungslegung** (DPR), eine private Vereinigung, ihre Tätigkeit auf. Sie prüft gemäß § 342b Abs 1 dHGB, ob in (geprüften) Abschlüssen kapitalmarktorientierter Unternehmen die Rechnungslegungsvorschriften eingehalten wurden, bei konkreten Anhaltspunkten für Rechnungslegungsverstöße, auf Verlangen der Aufsichtsbehörde und stichprobenartig.

6.6 Offenlegung des Jahresabschlusses

Nachdem Aufsichtsrat und Hauptversammlung bzw Generalversammlung den Jahresabschluss festgestellt haben, ist er unverzüglich zu **veröffentlichen.** Der Konzernabschluss ist gleichzeitig mit dem Jahresabschluss zu veröffentlichen (§ 280 Abs 1 HGB). Als zeitliche Obergrenze dafür sind neun Monate vorgesehen (§ 277 Abs 2 HGB). Bis zu diesem Termin noch ausständige Unterlagen müssen nachgereicht werden. Die Offenlegung umfasst den Abschluss, den Lagebericht sowie den Bestätigungsvermerk.

Die Offenlegungspflicht trifft sämtliche **Kapitalgesellschaften** (einschließlich der typischen GmbH & Co KG), allerdings abgestuft nach Rechtsform und Größenklasse. Personengesellschaften trifft keine Veröffentlichungspflicht.

Einer der Hauptgründe für eine gänzliche oder teilweise Befreiung von der Publizität ist die Befürchtung, dass Bilanzadressaten, insbesondere die Konkurrenz, einen zu genauen Einblick in das Unternehmen bekommen und diese Informationen zum Schaden des Unternehmens weiter verwerten könnten. Bei großen Unternehmen besteht eine solche Gefahr wegen der vielen Geschäftsfälle, die zu den ausgewiesenen Posten saldiert werden, in geringerem Umfang.

Größenklasse	Groß	Mittelgroß	Klein
AG	Gesamter Jahresabschluss, zusätzlich Veröffentlichung in der Wiener Zeitung	Zusammengefasste Bilanz, GuV und Auslassen bestimmter Anhangangaben	Zusammengefasste Bilanz, GuV und Auslassen bestimmter Anhangangaben
GmbH	Gesamter Jahresabschluss	Zusammengefasste Bilanz, GuV und Auslassen bestimmter Anhangangaben	Stark verkürzte Bilanz und Auszüge des Anhangs (Formblatt)

Tab 6.12: Offenlegungsvorschriften

Die Offenlegung erfolgt grundsätzlich durch Einreichung beim Firmenbuchgericht des Sitzes des Unternehmens. Alternativ kann die Einreichung auch elektronisch erfolgen. Das Firmenbuchgericht macht den Tag der Einreichung öffentlich bekannt. **Große AG und GmbH** haben den **gesamten Jahresabschluss** samt dem Bestätigungsvermerk sowie den Lagebericht einzureichen. Außerdem müssen große AG diese zusätzlich im **Amtsblatt zur Wiener Zeitung** veröffentlichen. Da eine Konzernrechnungslegungspflicht nur für große Konzerne besteht, gelten dafür diese Regelungen gleichermaßen; die Veröffentlichungspflicht in der Wiener Zeitung richtet sich danach, ob das Mutterunternehmen oder ein Tochterunternehmen eine große AG ist.

Für die **mittelgroße AG und GmbH** sowie die **kleine AG** gibt es eine Reihe von Erleichterungen hinsichtlich des Umfangs der einzureichenden Informationen (für kleine AG und mittelgroße und kleine GmbH gibt es schon Erleichterungen für den Inhalt des Anhangs). Sie brauchen nur die Hauptpositionen der Bilanz sowie einige Unterpositionen zu veröffentlichen, bei der GuV können Umsatz, Wareneinsatz und andere Posten zu einem „Rohergebnis" saldiert werden, und sie können bestimmte Anhangangaben auslassen (§ 279 HGB).

Kleine GmbH schließlich müssen nur ganz wenige Positionen der Bilanz und des Anhangs, soweit er sich auf die Bilanz bezieht, einreichen. Die Bekanntgabe von Daten aus der GuV ist nicht erforderlich. Dazu gibt es ein Formblatt des Justizministeriums, das die erforderlichen Angaben enthält (2. Formblatt-V). Da die kleine GmbH idR nicht prüfungspflichtig ist, sind diese Angaben ungeprüft.

Diese Offenlegungspflichten beinhalten die gesetzliche Publizität. Es ist den Unternehmen unbenommen, darüber hinaus **freiwillig zusätzliche Informationsaktivitäten** zu setzen.

Geschäftsbericht

In der Praxis werden von vielen Unternehmen Geschäftsberichte veröffentlicht. Weder für den Inhalt noch für die Publikation bestehen gesetzliche Vorschriften (vor 1990 schrieb § 128 AktG noch einen Geschäftsbericht vor, der eine Art Anhang und Lagebericht umfasste). Typischerweise enthält der Geschäftsbericht die folgenden Bestandteile:

- Vorwort,
- Kennzahlen für das Unternehmen und der Geschäftsbereiche,
- Lagebericht,
- Bilanz und GuV,
- Anhang,
- Bestätigungsvermerk.

Bilanz, GuV, Anhang, Lagebericht und Bestätigungsvermerk sind gesetzlich erforderliche Informationen, die übrigen Angaben erfolgen freiwillig. Daher enthält der Geschäftsbericht geprüfte und ungeprüfte Informationen. Da der Inhalt eines Geschäftsberichts gesetzlich nicht vorgeschrieben ist, besteht keine Pflicht zur **vollständigen Wiedergabe** der gesetzlich verlangten Informationen; in diesem Fall ist allerdings auf die Verkürzung hinzuweisen (§ 281 Abs 2 HGB). Damit verliert der Geschäftsbericht jedoch viel von seiner Aussagekraft.

Während früher regelmäßig **Einzel- und Konzernabschluss gemeinsam** im Geschäftsbericht enthalten waren, sind in letzter Zeit vor allem die großen Unternehmen dazu übergegangen, den Konzernabschluss **getrennt** vom Einzelabschluss zu veröffentlichen. Der für das interessierte Publikum gedachte Geschäftsbericht enthält dann nur mehr den Konzernabschluss. Ein Grund dafür liegt darin, dass international der Konzernabschluss und nicht der Einzelabschluss als wesentliche Informationsquelle erachtet wird, ungeachtet der Tatsache, dass der Einzelabschluss für Ausschüttungen von Bedeutung ist.

Der Geschäftsbericht wird vor allem durch die zusätzlichen Informationen ein wichtiges Instrument der **Investor Relations (IR)** und damit sozusagen eine „**Visitenkarte**" des Unternehmens. Deshalb bemühen sich viele Unternehmen um eine möglichst gut aufbereitete Darstellung der darin enthaltenen Informationen. Der Geschäftsbericht wird vielfach auch in andere Sprachen übersetzt. Er ist von den meisten Unternehmen auf Anfrage erhältlich.

Grafische Darstellungen der wesentlichen Kenngrößen und der Entwicklung erleichtern die Lesbarkeit genauso wie ein gut strukturierter Aufbau und ein übersichtliches Layout. Viele Unternehmen drucken die Bilanz und die GuV so, dass die betreffenden Blätter herausgeschlagen werden können, damit beim Lesen der Erläuterungen nicht immer herumgeblättert werden muss.

Informationsmedien

Unternehmen nutzen seit ein paar Jahren verstärkt auch das **Internet** zur Veröffentlichung von Finanzinformationen. Das bewirkt eine neue Qualität der Veröffentlichung. Denn das Internet ist ein Medium, das Informationen von fast überall auf der Welt zu jeder beliebigen Zeit und auch praktisch kostenlos zugänglich macht. In aller Regel werden bisher nur jene Finanzinformationen auf die Website gestellt, die auch über andere Medien übermittelt werden, wie gedruckte Geschäftsberichte, Pressemitteilungen und Ähnliches.

Da das Internet oft viel bequemer zu verwenden ist als andere Medien, stellt dies zunächst die Wichtigkeit des gedruckten Geschäftsberichts in Frage. Ihm kommt wohl nur mehr die Funktion zu, sicherzustellen, dass die elektronisch verfügbaren Daten nicht verändert wurden; aber auch dies ließe sich schon anders bewerkstelligen.

Das Internet bietet **Möglichkeiten**, die mit anderen Medien nicht erreichbar sind. Häufig werden das Herunterladen von Finanzinformationen zur Weiterverarbeitung in eigenen Datenformaten wie Microsoft Excel oder Adobe Acrobat, Hyperlinks (etwa zu Erläuterungen zu einzelnen Positionen des Abschlusses) oder Suchfunktionen auf der Website angeboten. Noch kaum geboten wird der interaktive Zugriff auf Datenbanken des Unternehmens, mit denen Benutzer die gewünschte Information selbst selektieren und verschiedene Stufen aggregierter Informationen holen können. Hinderungsgründe sind vielfach noch Sicherheitsprobleme und gleichzeitig auch das Faktum, dass Unternehmen idR gar nicht sämtliche Informationen, die jemand wünscht, bereitstellen wollen.

Durch neue Entwicklungen im Bereich des Internet wird es jedoch in Zukunft weniger wichtig, in **welcher Form** Finanzinformationen im Internet präsentiert werden. Fragen der Gliederung werden dadurch irrelevant. Derzeit wird an einem Standard für eine **Extensible Business Reporting Language** (XBRL) auf Basis von Extensible Markup Language (XML) gearbeitet, die vereinfacht gesprochen eine Kennzeichnung von Inhalten ermöglicht (der aktuelle Stand dieser Bemühungen ist unter www.xbrl.org abrufbar). Mit bestimmten Softwareprodukten, so genannten Intelligent Agents, können diese Informationen automatisch aus der Website herausgesucht und weiterverarbeitet werden. Die Suchkosten der Nutzer der Informationen reduzieren sich damit gewaltig, ohne den Freiraum der Darstellung einzuschränken.

6.7 Zwischenberichte

Ein **Zwischenbericht** bezeichnet Finanzinformationen, die eine Periode von weniger als einem Geschäftsjahr umfassen. Das Börsegesetz sieht vor, dass Aktiengesellschaften, deren Anteile an einer österreichischen Börse notieren, **Quartalsabschlüsse** aufstellen und veröffentlichen müssen (§ 87 BörseG). Veröffentlicht ein gelistetes Unternehmen einen Konzernabschluss, so ist auch der Zwischenbericht auf Basis der Konzerndaten aufzustellen.

Ein **Zwischenbericht** enthält Informationen über die Geschäftsaktivitäten und Ergebnisse des Unternehmens. Dazu gehören jedenfalls Erläuterungen über die Geschäftssituation und die Entwicklung der Geschäftätigkeit, Umsätze, Auftragseingang, Preis- und Kostenentwicklung, die Anzahl der Mitarbeiter und Investitionen. Qualitative Informationen sind dafür grundsätzlich ausreichend; nur die Umsatzerlöse sowie das Ergebnis vor oder nach Steuern müssen in Zahlen ausgewiesen werden. Des Weiteren sind die Zahlen des entsprechenden Zwischenberichts des vorangegangenen Geschäftsjahres zu vermerken.

Der Zwischenbericht enthält erheblich weniger Information als ein Zwischenbericht nach international üblichen Kriterien. Beispielsweise schreibt IAS 34 den Ausweis einer zusammengefassten Bilanz, GuV, Geldflussrechnung, Eigenkapitalüberleitung und ausgewählte Anhangangaben vor.

Es gibt in Österreich **keine gesetzlichen Regelungen**, welche Bilanzierungs- und Bewertungsmethoden für die Aufstellung eines Zwischenabschlusses anzuwenden sind. Grundsätzlich gibt es zwei **Konzepte**:

- **Eigenständigkeitskonzept:** Die Zwischenberichtsperiode wird als eigenständige Periode angesehen, für die ein vollständiger Abschluss gemacht wird. Es gelten daher unverändert die Bilanzierungs- und Bewertungsregeln des Jahresabschlusses. Es werden nur Erträge und Aufwendungen abgegrenzt, die auch im Jahresabschluss abzugrenzen sind (zB Abschreibungen, Gehälter, Jahresprämien, Steuern).

- **Integrativkonzept:** Die Zwischenberichtsperiode ist ein **Teil des gesamten Geschäftsjahres** und soll eine Prognose für die Entwicklung der Posten im Geschäftsjahr geben. Dazu sind zusätzliche Abgrenzungen von Erträgen und Aufwendungen erforderlich, und es werden mehr Schätzungen notwendig. Abweichungen von den üblichen Bilanzierungs- und Bewertungsmethoden ergeben sich zB bei saisonal stark schwankenden Positionen.

Der Zwischenabschluss wird meist in einer **Kombination** dieser beiden Konzepte erstellt. So sind Umsatzerlöse nach BörseG, IFRS und US-GAAP in der Periode als realisiert anzusetzen, in der die Lieferung oder Leistung erfolgt. Umgekehrt sind etwa die Ertragsteuern einer Periode auf Basis des erwarteten Steuersatzes zu ermitteln, der auf das Jahresergebnis anzuwenden ist. Während nach IFRS das Eigenständigkeitskonzept mehr im Vordergrund steht, ist es nach US-GAAP eher das Integrativkonzept.

Eine Prüfung von Zwischenabschlüssen ist nicht erforderlich. Zwischenberichte sind innerhalb von **drei Monaten** nach Ende der jeweiligen Berichtsperiode zu veröffentlichen. Ein Quartalsbericht muss erst dann bekannt gegeben werden, wenn das nächste Quartal praktisch schon abgeschlossen ist.

Fragen und Beispiele

1. Eine auf die Hauptpositionen verkürzte GuV eines Unternehmens zeigt folgendes Bild:

Betriebsergebnis	− 829
Finanzergebnis	1.253
Ergebnis der gewöhnlichen Geschäftstätigkeit	424
Außerordentliches Ergebnis	− 11
Ertragsteuern	− 81
Jahresergebnis	332

Der Vorstand weiß, dass die Finanzanalysten regelmäßig mit dem Ergebnis des operativen Geschäfts unzufrieden sind und unangenehme Fragen zu Strategien und künftigen Maßnahmen stellen. Diese möchte er so weit als möglich vermeiden.

Er hat die Idee, die Zuführung zu Pensions- und Abfertigungsrückstellungen, die bisher im Personalaufwand enthalten war, in einen Zinsanteil und eine restliche Zuführung aufzuteilen. Der Stand der beiden Rückstellungen beträgt am Beginn des Geschäftsjahres 26.000 und am Ende 28.000. Die Rückstellungen sind unter Anwendung eines Zinssatzes von 4% gerechnet. Des Weiteren erinnert sich der Vorstand, dass im Rahmen einer Reorganisation eines Geschäftsbereiches eine Rückstellung in Höhe von 145 gebildet wurde, die mögliche Ansprüche der betroffenen Arbeitnehmer abdecken soll. Diese wurde im Personalaufwand dotiert, wobei sie nach Ansicht des Vorstands auch ein außerordentlicher Aufwand sein könnte. Der Steuersatz des Unternehmens beträgt 25%.

Welche Auswirkungen hätten diese Umgliederungen auf die GuV?

2. Worin besteht der Sinn einer Schutzklausel bei der Offenlegung?

3. Im Rahmen der Diskussion um Ausweiserfordernisse stellt sich oft die Frage, wie und wo ein Posten oder eine Information zu einem Posten ausgewiesen werden soll. Wie könnte eine bestimmte Ausweisform begründet werden?

4. Im Text wurde folgender Bewertungsreservenspiegel beispielhaft vorgestellt. Interpretieren Sie die einzelnen Zahlenangaben und geben Sie an, wie die Bewertungsreserve im Konzernabschluss unter Nutzung des Wahlrechts nach § 253 Abs 3 HGB aussehen würde. Dabei ist davon auszugehen, dass ein Ertragsteuersatz von 25% gilt.

Bewertungsreservenspiegel in Tsd	Abschreibung denkmalgeschützter Betriebsgebäude (§ 8 Abs 2 EStG)	Abschreibung geringwertiger Wirtschaftsgüter (§ 13 EStG)
Stand am 1.1.20X1	11.265	387
Zuweisungen	0	129
Auflösungen	− 8.657	− 154
Stand am 31.12.20X1	2.608	362

Lösungen

1. Die Aufspaltung der Zuführung zur Pensions- und Abfertigungsrückstellung entlastet das Betriebsergebnis um die Zinsen auf den Stand der Rückstellungen am Beginn des Geschäftsjahres, das sind 4% von 26.000, also 1.040, was zu Lasten des Finanzergeb-

nisses geht. Dies sowie die Umgliederung der Rückstellungsdotierung für Reorganisation in das außerordentliche Ergebnis führt schließlich zu folgender GuV. Steuerliche Konsequenzen haben diese Umgliederungen nicht.

Betriebsergebnis	356
Finanzergebnis	213
Ergebnis der gewöhnlichen Geschäftstätigkeit	569
Außerordentliches Ergebnis	– 156
Ertragsteuern	– 81
Jahresergebnis	332

2. Auf Grund der Schutzklausel müssen bestimmte Sachverhalte, die schutzwürdige Interessen des Unternehmens gefährden könnten, nicht ausgewiesen werden. Damit wird verhindert, dass Außenstehende einen zu genauen Einblick in das Unternehmen erhalten und Entscheidungen treffen, die für das Unternehmen schädlich sein könnten. Die Schutzklausel entsteht aus einer Abwägung der Interessen des Unternehmens und denen der externen Bilanzadressaten. Diese entgegengesetzten Interessen sind daher für den Umfang der von der Schutzklausel erfassten Sachverhalte zu beachten, idR wird die Schutzklausel eher eng auszulegen sein.

Interessant ist die Regelung im HGB, dass die Anwendung einer Schutzklausel idR anzugeben ist. Dadurch werden Bilanzadressaten darüber informiert, dass das Unternehmen Informationen besitzt, deren Veröffentlichung vermutlich dem Unternehmen einen erheblichen Nachteil zufügen würde. Dies ist meist Anlass dafür, besonders zu recherchieren.

3. Relevant dafür ist zunächst die Frage, für wen die Information bestimmt ist. Sind die Adressaten nicht von veröffentlichter Information abhängig, spielt das Informationsmedium eine vergleichsweise geringere Rolle als bei anderen Bilanzadressaten. Eine Reihung der Information nach Wichtigkeit könnte dazu führen, dass wesentliche Informationen im Jahresabschluss direkt, weniger wichtige oder erläuternde Informationen in Fußnoten oder im Anhang bzw Erläuterungsbericht auszuweisen wären. Dies kann die Lesbarkeit der Information erhöhen. Allerdings zeigen empirische Untersuchungen, dass es dem Bilanzanalytiker meist gleichgültig ist, wo die Information aufscheint, solange sie überhaupt aufscheint.

4. Gemäß § 8 Abs 2 EStG können Anschaffungs- oder Herstellungskosten, die für denkmalgeschützte Betriebsgebäude im Interesse der Denkmalpflege aufgewendet werden, über 10 Jahre anstatt über die (längere) betriebsgewöhnliche Nutzungsdauer linear abgeschrieben werden. Der Betrag von 11.265 in der Spalte Abschreibung denkmalgeschützter Betriebsgebäude entspricht den kumulierten Abschreibungsdifferenzen. Der handelsrechtliche Buchwert der Betriebsgebäude ist um diesen Betrag höher als der steuerrechtliche. Im betreffenden Geschäftsjahr wurden keine neuen Ausgaben für denkmalgeschützte Betriebsgebäude gemäß § 8 Abs 2 EStG vorgenommen. Die Auflösungen von 8.657 beinhalten die Differenz zwischen der höheren handelsrechtlichen und der steuerrechtlichen Abschreibung im Geschäftsjahr. Daraus lässt sich schließen, dass die betreffenden Betriebsgebäude tendenziell bereits über 10 Jahre genutzt werden.

Die Bewertungsreserve auf Grund der Abschreibung geringwertiger Wirtschaftsgüter gemäß § 13 EStG gibt den Betrag an, zu dem geringwertige Wirtschaftsgüter in der Bilanz aktiviert sind, die steuerlich sofort abgeschrieben wurden. Es handelt sich offenbar um eine wesentliche Größenordnung. Zuweisungen geben an, dass im Geschäftsjahr 20X1 in Höhe von 129 geringwertige Wirtschaftsgüter erworben wurden.

Auflösungen neutralisieren die Wirkung der von geringwertigen Wirtschaftsgütern in Höhe von 154 in der Handelsbilanz vorgenommenen Abschreibungen.

Der Stand der Bewertungsreserve am 31.12.20X1 beträgt 2.608 + 362 = 2.970. Wird im Konzernabschluss das Wahlrecht gemäß § 253 Abs 3 HGB in Anspruch genommen, so kann sie in Gewinnrücklagen und latente Steuern aufgeteilt werden. Beide Positionen sind jedenfalls durch latente Steuern belastet, weil sich die Beträge idR innerhalb weniger Geschäftsjahre auflösen. Damit ergibt sich folgende Aufteilung:

Bewertungsreserve 31.12.20X1   2.970

Aufteilung in (gerundet):
Erhöhung der Gewinnrücklagen (75% von 2.970)   2.228

Erhöhung passiver latenter Steuern (Verminderung aktiver latenter Steuern)
(25% von 2.970)   742

Literaturempfehlungen zum 6. Kapitel

Gliederung des Jahresabschlusses, Inhalt des Anhangs sowie Prüfungs- und Publizitätspflichten sind in *Egger/Samer/Bertl* (2002) beschrieben, für spezifische Einzelfragen kommen eher Kommentare, wie *Bertl/Mandl* (1991ff), *Straube* (2000) und *Kofler et al* (1998ff), in Betracht. Informationen zu Angaben in IFRS-Abschlüssen werden in *Wagenhofer* (2005) dargestellt; eine Anhangcheckliste gibt es in *Hassler/Kerschbaumer* (2005). Eine ökonomische Analyse der Publizität und der Abschlussprüfung findet sich in *Wagenhofer/Ewert* (2003).

7. Kapitel

Bilanzanalyse – Grundlagen

Dieses und das folgende Kapitel befassen sich mit der **externen Bilanzanalyse.** Es werden Möglichkeiten besprochen, die ein Unternehmensexterner hat, sich auf Grund der öffentlich zugänglichen Informationen ein Bild über ein Unternehmen zu machen. Des Weiteren wird die Bedeutung von Kennzahlen, die Unternehmen selbst in Geschäftsberichten ausweisen, erklärt.

Zunächst werden grundsätzliche Möglichkeiten von Auswertungen gezeigt. Die Aussagekraft der Bilanzanalyse hängt von der Qualität der verfügbaren Information ab, die durch verschiedene Faktoren beeinträchtigt sein kann, wie zB die Bilanzpolitik. Die eigentliche Bilanzanalyse besteht im Aufbereiten von Daten und der Berechnung von Kennzahlen. Dazu werden die wichtigsten Kennzahlen zur Vermögens- und Ertragslage, zur Verfolgung der Cashflows und zur Liquiditätslage vorgestellt. Kapitel 8 beschäftigt sich mit weiteren Auswertungen.

7.1 Auswertungsmöglichkeiten

Mit einer **Bilanzanalyse** oder auch **Jahresabschlussanalyse** wird versucht, aus öffentlich zugänglichen Daten, insbesondere den veröffentlichten Einzel- und Konzernabschlüssen, Informationen zu gewinnen, die diesen nicht direkt zu entnehmen sind. **Zweck der Bilanzanalyse** ist es, Unternehmensinformationen auf den Bedarf des jeweiligen Bilanzadressaten abzustimmen. Eine Bank wird zB beurteilen wollen, ob das Unternehmen hinreichend liquid ist, so dass sie einen Kredit gewähren kann; ein Lieferant, der Waren auf Ziel liefert, will wissen, ob das Unternehmen bezahlen kann; einen Finanzanalysten oder einen Investor interessieren die künftigen Erfolgsaussichten des Unternehmens; ein Gericht wird uU prüfen müssen, ab wann der Geschäftsführer eines in Konkurs gegangenen Unternehmens die Insolvenz hätte absehen können, usw.

Die **Bilanzanalyse** umfasst im Regelfall die Neuordnung, Verknüpfung, Umrechnung, Aggregation und Darstellung von Jahresabschlussinformationen sowie den Vergleich mit bestimmten Sollgrößen und die Ableitung von Folgerungen in Bezug auf das Unternehmen.

Die Bilanzanalyse ist nur ein Teil einer umfassenden **Unternehmensanalyse**. Sehr wichtig sind die Entwicklung der Absatzmärkte, der Beschaffungsmärkte, die bestehende und möglicherweise entstehende Konkurrenz, die Produkt- und Leistungsanalyse sowie das Umfeld des Unternehmens insgesamt. Ebenso wichtig ist die Beurteilung der Unternehmensstrategien. Nur ein Teil davon ist aus dem Jahresabschluss herauszulesen.

Neben den Jahresabschlüssen gibt es oft noch zusätzliche **Informationsquellen**, wie zB freiwillig vom Unternehmen zur Verfügung gestellte Informationen, Statistiken oder Berichte in Wirtschaftspublikationen. Für interne Analysen stehen mehr Informationen zur Verfügung, so dass dafür viele andere Analysemethoden eingesetzt werden können, nicht nur jene, die dem externen Bilanzadressaten zur Verfügung stehen.

Kennzahlen

Zur Auswertung der Unternehmensdaten werden Kennzahlen herangezogen. **Kennzahlen** sind quantitative Maßgrößen, die die Struktur und Prozesse in einem Unternehmen abbilden. Der **Zweck** von Kennzahlen ist die einfache und gut verständliche Darstellung wesentlicher Zusammenhänge, die aus den Ausgangsdaten nur schlecht ersichtlich sind. Kennzahlen liefern keine neuen Informationen, sondern stellen bestimmte vorhandene Informationen anders oder im Zusammenhang mit anderen Informationen dar. Regelmäßig ist mit der Bildung von Kennzahlen sogar ein Informationsverlust verbunden, weil mehrere Ausgangsgrößen aggregiert werden. Dieser Informationsverlust wird in Kauf genommen, um die Aufmerksamkeit auf bestimmte Größen zu richten und nicht in einer Informationsflut zu versinken.

Grundsätzlich können quantitative Größen fast beliebig miteinander in Verbindung gesetzt werden. Die eigentliche Kunst der Kennzahlenauswahl ist es, für bestimmte Analysen möglichst **gut geeignete Kennzahlen** auszuwählen. Dies erfordert hohe Kenntnisse der Vor- und Nachteile bestimmter Kennzahlen. Es lässt sich daher auch nicht allgemein von „besseren" und „schlechteren" Kennzahlen sprechen; dies hängt vom Ergebnis des Abwägens der Vor- und Nachteile für die gewünschte Verwendung ab.

Es macht vielfach wenig Sinn, für einen bestimmten Zusammenhang **mehrere Kennzahlen** zu ermitteln. Beispielsweise berechnen Controlling-Abteilungen von Unternehmen häufig mehrere Kapitalrentabilitätskennzahlen, wie zB den ROI und den ROCE. Solange beide in dieselbe Richtung weisen, besteht keine Notwendigkeit, sie gemeinsam zu betrachten. Es wird aber meist zu wenig überlegt, welche Schlüsse gezogen werden sollen, wenn eine Kennzahl steigt und die andere sinkt.

Formal können Kennzahlen in **absolute** und **relative Kennzahlen (Verhältniszahlen)** eingeteilt werden. Absolute Kennzahlen sind zB Einzelzahlen, Summen, Differenzen oder Mittelwerte bestimmter Maßgrößen. Bei den relativen Kennzahlen gibt es drei Kategorien (siehe Abbildung 7.1):

- **Gliederungszahlen:** Dabei werden Teile eines Ganzen zueinander in Verbindung gesetzt, um die Struktur oder Zusammensetzung besser zu erkennen.

- **Beziehungszahlen:** Hier werden Größen in Verbindung gebracht, die inhaltlich in einer bestimmten Beziehung zueinander stehen. Meist wird versucht, Ursache-Wirkungs-Zusammenhänge darzustellen.

- **Veränderungszahlen:** Dieselbe Kennzahl wird für mehrere Perioden ermittelt, und die Werte werden miteinander verknüpft. Daraus sind zeitliche Änderungen ersichtlich.

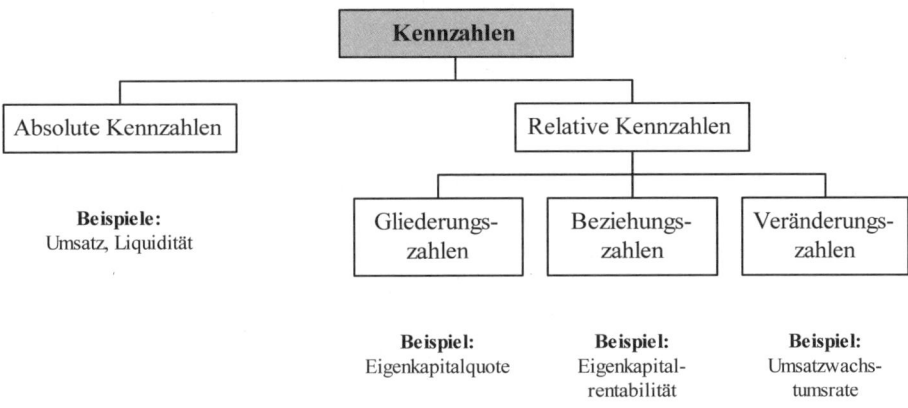

Abb 7.1: Arten von Kennzahlen

Vergleichsmöglichkeiten

Die Auswertung von Kennzahlen kann auf verschiedene Arten erfolgen. Eine Art besteht in der reinen **Informationsgewinnung,** etwa in der übersichtlichen Darstellung, Mustererkennung oder Problemerkennung. Die Hauptauswertung erfolgt durch **Kennzahlenvergleiche.** Je nach Vergleichsobjekt unterscheidet man dabei folgende Möglichkeiten:

- Norm- und Erfahrungswerte,
- Periodenvergleich,
- Betriebsvergleich.

So kann **ein bestimmter Jahresabschluss** für sich einer Analyse unterzogen werden. Das dadurch vermittelte Bild ist aber relativ aussageschwach. Es können nur sehr unübliche Sachverhalte entdeckt und interpretiert werden.

Im Wesentlichen kann eine unübliche Zusammensetzung des Vermögens oder des Kapitals ebenso wie die unübliche Höhe einzelner Posten erkannt werden. Beispielsweise sind die Nettoinvestitionen (Anlagenzugänge abzüglich Abgänge) oder das außerordentliche Ergebnis interessant. Möglicherweise lässt sich bei hohen Rückstellungen und hohen Forderungen auf ein hohes Risiko für das Unternehmen schließen.

Das Vergleichsobjekt bilden hier allgemeine **Normen, Zielvorstellungen** (etwa die Ziele, zu denen sich das Management verpflichtet hat) oder **Erfahrungen** darüber, was (zB in einer bestimmten Branche) üblich und was unüblich ist. Die **Wissenschaft** bietet keine große Hilfe bei der Herleitung von Normen, da weder das Einhalten eines bestimmten Wertes noch die Tendenz zu einem Wert zwingend begründet werden kann.

Vereinzelt bestehen **gesetzliche Vorschriften**, deren Einhaltung überprüft werden kann. Banken müssen eine bestimmte Relation von Eigenmitteln zu eingegangenen Verpflichtungen einhalten. Das Unternehmensreorganisationsgesetz enthält Grenzwerte für zwei Kennzahlen, deren Unterschreiten einen Reorganisationsbedarf andeutet.

Beim **Periodenvergleich** wird eine Auswertung mehrerer aufeinander folgender Jahresabschlüsse desselben Unternehmens vorgenommen. Voraussetzung ist, dass der Grundsatz der Stetigkeit eingehalten wird und allfällige Abweichungen in der Gliederung oder Bewertung von Posten erläutert werden. Neben den bereits bei der Beurteilung einzelner Jahresabschlüsse möglichen Vergleichen können nun auch Veränderungen im Zeitablauf analysiert werden. Zum einen können auffällige Veränderungen einzelner Posten hinterfragt werden, zum anderen kann die zeitliche Entwicklung von Kennzahlen dargestellt werden. Durch die Bildung von **Zeitreihen** lässt sich die Unternehmensentwicklung über einen längeren Zeitraum verfolgen.

Mit einem Periodenvergleich kann etwa das Unternehmenswachstum ermittelt werden. Verwendet man an Stelle der absoluten Beträge Gliederungszahlen, so kann das Scheinwachstum infolge der Inflation eliminiert werden.

Eine weitere Möglichkeit ist der Vergleich mit Kennzahlen anderer Unternehmen, mit Branchendaten oder anderen Durchschnittsdaten (**Betriebsvergleich**). In der Praxis werden solche Vergleichswerte gerne verwendet und neuerdings auch als **Benchmarking** bezeichnet.

Ursprünglich bedeutet **Benchmarking** den Vergleich mit dem „Besten der Besten", wodurch die Vergleiche nicht nur auf Konkurrenten oder die eigene Branche, sondern allgemein auf Unternehmen gerichtet sind, die bestimmte Prozesse am besten beherrschen. Durch das Benchmarking soll auch gleich der Weg gezeigt werden, wie das beste Unternehmen den Prozess ausführt.

Branchendaten werden von mehreren Institutionen veröffentlicht. So haben die meisten Banken Vergleichswerte und machen diese zum Teil öffentlich zugänglich. Die Oesterreichische Nationalbank (OeNB) gibt jährlich Jahresabschlusskennzahlen österreichischer Unternehmen heraus. Das Österreichische Statistische Zentralamt (ÖSTAT) erstellt jährlich eine Statistik der österreichischen Aktiengesellschaften, in der auch viele Kennzahlen enthalten sind.

Bei einem Vergleich mit Durchschnittswerten ist im Besonderen auf die Datenbasis sowie auf die **Berechnungsmethode** der Kennzahlen zu achten. Wird sie angegeben, empfiehlt es sich, für den Betriebsvergleich von der selben Methode auszugehen, auch wenn man die Berechnungsmethode für weniger günstig hält. Sonst entsteht bereits durch die unterschiedlichen Methoden eine Abweichung.

Das Ergebnis des Vergleiches ist auch davon abhängig, ob das arithmetische Mittel oder der Median verwendet wird. Es ist auch zu berücksichtigen, dass ein Teil der Differenz durch unterschiedliche **Bilanzierungsmethoden** der erfassten Unternehmen verursacht werden kann. Als Ziel der Unternehmensführung werden Durchschnittswerte wohl kaum sinnvoll sein. Eine erkannte Abweichung sollte nur zu einer Suche nach einem Grund Anlass geben. Sie impliziert für sich noch keine positive oder negative Wertung.

Vorgehensweise

Setzt man sich zum Ziel, **möglichst rasch einen Überblick** über ein Unternehmen zu gewinnen, ist es sinnvoll, zuerst mit der Beurteilung der Ertragslage vor derjenigen der Vermögens- und Finanzlage zu beginnen. Der Grund liegt vor allem darin, dass die Posten der Gewinn- und Verlustrechnung schneller und eindeutiger auf betriebliche Ereignisse reagieren als Posten der Bilanz, die großteils jahrelang kumuliert werden und stärker von Bewertungsmethoden beeinflusst sind. Dieser Vorgehensweise wird in der folgenden Darstellung allerdings nicht gefolgt. Es wird mit bilanzbezogenen Kennzahlen begonnen, und die Erfolgskennzahlen werden erst danach besprochen. Der Grund liegt darin, dass Kennzahlen, die aus der Bilanz abgeleitet werden, oft erforderlich sind, um bestimmte Kennzahlen der Ertragsstruktur zu ermitteln. Beispielsweise ergibt sich die Eigenkapitalrentabilität erst in Verbindung mit der Kapitalstruktur.

Geübte Bilanzanalytiker gehen häufig so vor, dass sie von einigen wenigen Kennzahlen ausgehen und die dadurch gewonnenen Erkenntnisse dazu nutzen, gezielt weitere Kennzahlen zu ermitteln. Damit ergibt sich ein ständiges Hin und Her von Datensammeln und Analyse. Dies erscheint ein effizienteres Vorgehen als ein einmaliges Datensammeln mit anschließender Verarbeitung zu Kennzahlen (vgl *Hauschildt* 1996). Der Grund liegt darin, dass dabei häufig Informationen gesammelt werden, die für die Beurteilung gar nicht wichtig sind.

Anders ist die Vorgangsweise bei einer **automatischen Bilanzanalyse** mittels EDV. Dabei werden zunächst alle verfügbaren Daten eingegeben und zu allen möglichen Kennzahlen verknüpft. Die Bilanzanalyse besteht dann darin, eine Auswahl aus diesen Kennzahlen zu treffen, um sich daraus ein Bild über das Unternehmen zu machen. Dies ist die übliche Vorgehensweise von Banken bei der Beurteilung der Kreditwürdigkeit von Unternehmen.

Generell gilt für die Bilanzanalyse das **Wirtschaftlichkeitsprinzip:** Der Nutzen von zusätzlichen Informationen oder zusätzlicher Genauigkeit muss die Kosten der Informationsbeschaffung und Informationsverarbeitung rechtfertigen. Will man einen einzelnen Jahresabschluss analysieren, so kann man fast beliebig viele Bereinigungen, Umrechnungen und Anpassungen der ausgewiesenen Werte vornehmen. Meist führen diese Spezialitäten aber zu kaum merkbaren Änderungen der wesentlichen Kennzahlen (zB statt 44,3% werden nunmehr 44,6% ermittelt). Es ist dann fraglich, ob dies überhaupt der Mühe wert ist. Das gilt insbesondere für EDV-Auswertungen, die regelmäßig nach einem ganz bestimmten Schema erfolgen, das zwangsläufig eine gewisse Standardisierung und Missachtung des Spezialfalls mit sich bringt. Für einen reinen Zeitvergleich tritt die Methode selbst in den Hintergrund, wichtig ist vielmehr, dass die Kennzahlen über die Zeit nach dem selben Schema ermittelt werden. Zusätzlich ist zu berücksichtigen, dass die Werte selbst durch gesetzliche Bestimmungen und bilanzpolitische Maßnahmen erheblich an der Realität vorbeigehen können, so dass die Genauigkeit ohnedies nur eine scheinbare ist.

Die folgenden Abschnitte zeigen die Grundlagen der Bilanzanalyse. Das Augenmerk liegt dabei weniger auf der Vollständigkeit und Eindeutigkeit der vorgeführten **Kennzahlen** (es gibt fast unbegrenzt viele Möglichkeiten), sondern auf dem Aufzeigen wesentlicher Analysemöglichkeiten und typischer Kennzahlendefinitionen. In der Praxis kommt es oft vor, dass Kennzahlen, deren Berechnung sich unterscheidet, gleich bezeichnet werden. Dies mag bedauerlich erscheinen, ist jedoch die Konsequenz der vielen Möglichkeiten und auch Freiheiten von Bilanzanalytikern, „ihre" Kennzahlen zu definieren. Es wurden zwar einige Versuche unternommen, eine gewisse Vereinheitlichung herzustellen, dies ist jedoch bisher nicht wirklich gelungen. Ein Beispiel ist die Empfehlung der Schmalenbach-Gesellschaft zur Vereinheitlichung von Kennzahlen in Geschäftsberichten (Arbeitskreis „Externe Unternehmensrechnung", 1996).

7.2 Informationsmängel des Jahresabschlusses

Für einen an einem Unternehmen Interessierten bildet der Geschäftsbericht mit dem veröffentlichten Jahresabschluss sowie dem Lagebericht das Hauptinformationsinstrument. Um nun die Lage des Unternehmens daraus ersehen zu können, ist es notwendig, sich ein Bild über die gebotenen Informationen zu machen. Daher wird hier kurz zusammengefasst, worin die Mängel der im Jahresabschluss enthaltenen Zahlen liegen. Es ist für den externen Bilanzanalytiker hilfreich, die Schwächen und Mängel des benutzten Datenmaterials zu kennen, um den Kennzahlen, mit denen anschließend Aussagen über das Unternehmen gemacht werden, mit einer gewissen Distanz zu begegnen.

- **Inaktualität des Abschlusses:** Für den Informationsgehalt ist auch der **Zeitpunkt der Verfügbarkeit** der Informationen von Bedeutung. Die Benutzer der Information wollen diese vor allem dazu nützen, um bessere Entscheidungen in Bezug auf das Unternehmen zu treffen. Je später sie Informationen erhalten und je älter diese Informationen sind, desto weniger sind sie wert.

- **Vergangenheitsbezug:** Die Bilanz ist eine Abrechnung **vergangener Ereignisse.** Diese interessieren aber für eine Beurteilung der Lage des Unternehmens nur zum Teil, viel wichtiger wären Indizien über künftige Ereignisse. Nicht oder nur unzureichend erfasst sind Tatbestände, die zukünftige Ausgaben bedingen, und solche, die künftige Einnahmen beeinflussen. Beispiele sind etwa Rückstellungen, schwebende Geschäfte oder die Auftragslage. Diese müssen zum Teil im Lagebericht angesprochen, aber nicht quantifiziert werden.

- **Eingeschränkte Informationen:** Die Bilanz liefert nur Informationen über **einige quantitativ messbare Größen.** Sämtliche qualitativen Informationen, wie zB Kundentreue, Stellung am Markt, Qualität des Managements oder Qualifikation der Mitarbeiter, sind aus der Bilanz nicht unmittelbar ersichtlich. Es scheinen aber nicht einmal alle quantitativ messbaren Größen in der Bilanz auf, wie zB ein originärer Firmenwert, eigene Forschung und Entwicklung oder Produkt- und Absatzrisiken.

- **Hoher Aggregationsgrad der Informationen:** In den einzelnen Positionen des Jahresabschlusses sind oft viele Sachverhalte zusammengezogen, die einzeln von Interesse sein können. Manche Positionen sind auch explizit Sammelpositionen unterschiedlicher Sachverhalte, wie etwa sonstige Forderungen, sonstige Aufwendungen usw.

- **Informationsverlust durch gesetzliche Bewertungsvorschriften:** Dadurch werden Informationen zum Teil zwingend verzerrt. Das zeigt sich etwa in der kaufmännischen Vorsicht bei der Schätzung künftiger Größen. Durch das Imparitätsprinzip erfolgt eine Verzerrung in der zeitlichen Zuordnung der gegenübergestellten Aufwendungen und Erträge. Das Realisationsprinzip erzwingt oft die Bildung stiller Reserven, die tatsächliche Vermögenslage wird dann nur zum Teil richtig wiedergegeben. Viele andere Vorschriften ließen sich hier noch anführen. Grund für deren Existenz ist vielfach, dass Ansätze ausgeschlossen werden sollen, die nicht oder nur schwer nachprüfbar sind und vom Unternehmen leicht manipuliert werden können.

- **Inhalt des Konzernabschlusses:** Der Konzernabschluss ist ein Jahresabschluss, der unter der Fiktion der Einheit mehrerer wirtschaftlich zusammenhängender Unternehmen aufgestellt wird. Die Analyse des Konzernabschlusses sagt daher uU nur sehr wenig über die Lage einzelner einbezogener Unternehmen aus, mit denen Geschäftsverhältnisse bestehen (siehe auch Kapitel 5.1). Der Konzernabschluss enthält Gegenstände, die nicht zur Gänze dem Mutterunternehmen gehören, sowie eine Reihe von Ausgleichs- und Differenzposten, die schwierig zu interpretieren sind.

Bilanzpolitik

Unternehmen können das Bild, das sich aus der Analyse des Jahresabschlusses ergibt, durch **bilanzpolitische Maßnahmen** verändern. Diese umfassen zwei ganz grundsätzliche Maßnahmen, nämlich Maßnahmen vor und nach dem Bilanzstichtag (siehe Abbildung 7.2). Die Bilanzpolitik *vor* dem Bilanzstichtag erfolgt durch **Sachverhaltsgestaltung.** Soll in einem Geschäftsjahr der Gewinn erhöht werden, braucht man etwa nur ein Gebäude zu verkaufen, dessen Verkaufspreis über dem Buchwert liegt. Das Unternehmen kann auch den Lieferzeitpunkt (und damit den Realisationszeitpunkt) von Waren beeinflussen.

Durch vertragliche Gestaltungen kann schließlich sogar eine Situation geschaffen werden, in der wirtschaftlich keine Änderung eintritt, aber rechtlich und auch bilanziell eine völlig andere Situation vorliegt. Ein typisches Beispiel ist das **Sale and lease back**, bei dem ein Anlagegegenstand veräußert und gleichzeitig zurückgeleast wird. Handelt es sich bei dem Leasingvertrag um ein Operate Leasing, so wird der Gegenstand erfolgswirksam ausgebucht.

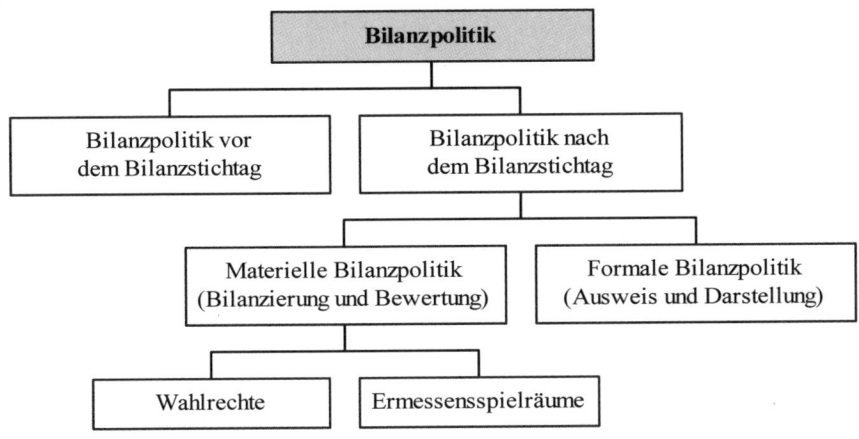

Abb 7.2: Maßnahmen der Bilanzpolitik

Bei der zweiten Gruppe von Maßnahmen, den Maßnahmen *nach* dem Bilanzstichtag, handelt es sich um rein **bücherliche Vorgänge**. Sie erzeugen keine realen Geschäftsfälle, sondern verändern nur die Abbildung der erfolgten Geschäftsfälle im Jahresabschluss. Die Maßnahmen können in die formale und materielle Bilanzpolitik unterteilt werden.

- **Formale Bilanzpolitik:** Damit wird der Ausweis der Geschäftsfälle in der Bilanz bzw GuV oder die Darstellung im Anhang beeinflusst. Beispiele: Vielfach wird versucht, ungewöhnliche Aufwendungen in den außerordentlichen Aufwendungen zu zeigen. Damit wird das Ergebnis der gewöhnlichen Geschäftstätigkeit erhöht und das außerordentliche Ergebnis vermindert. Viele Bilanzadressaten gehen für ihre Erfolgsprognosen vom Ergebnis der gewöhnlichen Geschäftstätigkeit und nicht vom Jahresergebnis aus. Man kann auch den Zinsanteil in der Dotierung von Pensions- und Abfertigungsrückstellungen im Finanzergebnis an Stelle vom Betriebsergebnis zeigen, wodurch sich das Betriebsergebnis zu Lasten des Finanzergebnisses erhöht. Es können Anzahlungen von den betreffenden Vorräten offen abgezogen werden, wodurch die Bilanzstruktur verändert wird.

- **Materielle Bilanzpolitik:** Hier wird die Bilanzierung und Bewertung von Positionen und Geschäftsvorfällen zielgerichtet gewählt. Dafür bietet sich ein weiter legaler Spielraum an, ganz abgesehen von gesetzeswidrigen Bilanzmanipulationen. Die gesetzlichen Regelungen enthalten viele explizite **Wahlrechte** und **Ermessensspielräume**.

237

Beispiele für Bilanzansatzwahlrechte: Derivativer Firmenwert, Aufwendungen für Ingangsetzung und Erweiterung des Geschäftsbetriebes, aktive latente Steuern und Aufwandsrückstellungen.

Beispiele für Bewertungswahlrechte: Umfang der Herstellungskosten allgemein und bei langfristiger Fertigung, Abschreibung auf niedrigeren Wert beim Umlaufvermögen (§ 207 Abs 2 HGB), Einsatzbewertung bei Vorräten, Wertaufholung, Konsolidierungszeitpunkt und Verrechnung des Firmenwertes.

Beispiele für Individualspielräume: Ansatz und Bewertung von Rückstellungen, Schätzung der Nutzungsdauer von Anlagen, Schätzung des Restwertes, Einzelwertberichtigung zu Forderungen, voraussichtliche Dauer einer Wertminderung und Zurechnung des Leasinggegenstandes.

Beispiele für Verfahrensspielräume: Abschreibungsverfahren, Herstellungskosten von Kuppelprodukten, Pauschalwertberichtigungen, Pauschalrückstellungen, Hedging und Währungsumrechnung.

Ein Grund für das Entstehen von Spielräumen ist die Vielzahl der Interessenten am Unternehmen, woraus sich eine Menge konkurrierender Anforderungen an die Bilanz ergibt, die nicht in eine einheitliche Handlungsvorschrift münden können. So ist schon jeder einzelne Wert eines Gegenstandes abhängig vom Zweck der Bewertung. Die gesetzlichen Regelungen legen als Kompromiss zwischen den Interessen der Bilanzadressaten oft keine eindeutige Rechtsfolge fest. Ein anderer Grund ergibt sich aus der Notwendigkeit der Schätzung künftiger Größen und Ereignisse, die in der Bilanz auch aufscheinen. Posten, die Schätzungen erfordern (zB Abschreibungen oder Rückstellungen), eignen sich gut für eine Bilanzpolitik, da sie schwer überprüfbar sind. Der **Grundsatz der Stetigkeit** schränkt diese Spielräume jedoch zum Teil ein.

Bei manchen Bilanzierungs- und Bewertungsvorschriften ist die tatsächliche **Wirkung** unklar. Beispielsweise wird die Bildung **stiller Reserven** aus Gläubigersicht als günstig beurteilt, weil dadurch Gewinne erst in späteren Perioden ausgewiesen werden (und so nicht ausgeschüttet werden können und – im Einzelabschluss – idR auch erst dann der Besteuerung unterliegen). Das Unangenehme an stillen Reserven besteht jedoch darin, dass sie genauso „still" wieder aufgelöst werden können, wenn dies aus Sicht des Unternehmens notwendig erscheint. Damit wird eine frühzeitige Information über die möglicherweise ungünstig gewordene Unternehmenslage hinausgezögert. Gläubiger reagieren damit erst später und werden so gegebenenfalls benachteiligt.

Das **Ziel der Bilanzpolitik** liegt in der Beeinflussung der Bilanzadressaten. Geht man davon aus, dass Bilanzadressaten sämtliche bilanzpolitischen Maßnahmen erkennen und zurückrechnen können, wird Bilanzpolitik wirkungslos. Glaubt das Unternehmen allerdings, dass Bilanzadressaten die Informationen im Jahresabschluss, so wie sie dort enthalten sind, nutzen, um Entscheidungen zu treffen, entsteht ein Anreiz, die Informationen gezielt zu beeinflussen, damit die Bilanzadressaten Entscheidungen treffen, die für das Unternehmen günstig sind. Die Steuerbehörden gehören zu letzterer Gruppe, weil der zu versteuernde Gewinn ausgehend vom handelsrechtlichen Jahresergebnis ermittelt wird. In der Praxis hat die **Steuerbilanzpolitik** besonders große Bedeutung, denn die Auswirkungen von Maßnahmen auf die Steuerzahlungen erreichen eine nicht unerhebliche Größenordnung und sind meist recht gut abschätzbar.

Beispielsweise kann der Ausweis einer zu günstigen Vermögens- und Ertragslage vielleicht Gläubiger täuschen. Sie gewähren uU Kredite, die sie bei Kenntnis der „richtigen" Lage nicht gewähren würden. Durch den günstigen Ausweis der Lage der Unternehmung können Ausschüttungen an Anteilseigner getätigt werden, die sonst nicht möglich wären. Dadurch kommt es zu einer Verminderung der Haftungsmasse des Unternehmens. Umgekehrt kann das Management durch Ausweis ungünstiger Daten Anteilseigner um Ausschüttungen bringen und diese Mittel zur Innenfinanzierung des Unternehmens verwenden. Viele Unternehmen meinen, dass ihre Aktionäre es sehr hoch bewerten, wenn sie eine gleichmäßige Ausschüttungspolitik verfolgen. Starke Schwankungen im Gewinn sind deshalb ebenfalls nicht sehr erwünscht.

Die **Zielvorstellungen**, die ein Unternehmen mit der Bilanzpolitik verfolgt, können sehr verschieden sein. Betrachtet man die **Erfolgsermittlung**, können folgende Ziele verfolgt werden:

- Maximierung des bilanziellen Ergebnisses, zB vor einer Aufnahme von Eigen- oder Fremdkapital oder bei Bestehen einer gewinnabhängigen Managemententlohnung;
- Minimierung des bilanziellen Ergebnisses, zB vor einem Management Buyout, vor Ausgabe von Management Stock Options oder aus steuerlichen Gründen;
- Glättung des bilanziellen Ergebnisses über die Zeit, zB um die Volatilität des Ergebnisses gering zu halten; oder
- Erreichen von Zielgrößen, wie Vermeidung des Ausweises von Verlusten, Übertreffen des Vorjahreswertes oder Erreichen von Analystenprognosen.

Häufig sollen mehrere dieser Ziele gemeinsam verfolgt werden, was aufgrund der **Zielkonkurrenz** Kompromisse bei der Bilanzpolitik erforderlich macht. Zielkonkurrenz besteht auch bei Berücksichtigung der Auswirkungen einer Ergebnisbilanzpolitik auf andere Kennzahlen, wie die Eigenkapitalquote.

Welche Zielsetzung ein Unternehmen verfolgt, kann beispielsweise durch **Auflistung** der den Gewinn erhöhenden und vermindernden Maßnahmen eruiert werden. Ein anderer Indikator ergibt sich aus dem Vergleich des Cashflows aus der Geschäftstätigkeit mit dem Betriebsergebnis und dem Ergebnis der gewöhnlichen Geschäftstätigkeit. Große Unterschiede deuten auf die Wichtigkeit von Bilanzierungs- und Bewertungsmethoden und damit auf das Potenzial bzw das Ergebnis von Bilanzpolitik hin. Für den externen Analysten ist es allerdings schwer zu entscheiden, ob eine untypische Bilanzierungs- oder Bewertungsmethode Ausfluss der möglichst guten Abbildung eines untypischen Sachverhalts war oder ob es sich um Bilanzpolitik handelte.

Um das Potenzial für eine Bilanzpolitik zu erkennen, braucht man in einem Jahresabschluss nur die Höhe der manipulationsgefährdeten Posten mit dem Jahresergebnis zu vergleichen. Häufig kann beispielsweise die Verkürzung der Nutzungsdauer von Sachanlagen um ein Jahr den ganzen Gewinn dahinschmelzen lassen.

Bereinigungen

Inwieweit im Zuge der Bilanzanalyse bilanzpolitische Maßnahmen rückgängig gemacht oder bereinigt werden sollten, hängt davon ab, welchem **Zweck die Bilanzanalyse** dient, inwieweit eine Bereinigung überhaupt **möglich** ist und wie wirtschaftlich Bereinigungen sind. Für Zeitvergleiche ist eine Bereinigung nicht sinnvoll, soweit das Unternehmen seine Bilanzierungs- oder Bewertungsmethoden nicht geändert hat. Für Betriebsvergleiche kann sich eine Anpassung eher lohnen. Dies gilt insbesondere auch bei Vergleichen von Abschlüssen, die in verschiedenen Rechnungslegungssystemen aufgestellt wurden.

Meist fehlen genaue **Informationen**, wie eine wirkliche Bereinigung erfolgen sollte; es ist dann unklar, ob der Fehler, den man dabei macht, nicht größer ist als der Fehler, der bei Belassen der Position verbleibt. Weiß man, dass zwei Unternehmen von Aktivierungs- und Abschreibungsmöglichkeiten immaterieller Gegenstände unterschiedlich Gebrauch machen, könnte eine Bereinigung nur im Herauslassen sämtlicher immaterieller Gegenstände und Kürzung des Eigenkapitals (unter Berücksichtigung der Steuereffekte) bestehen. Ob das Ergebnis aussagekräftiger ist, sei dahingestellt. Bei Bereinigungen ist auch zu berücksichtigen, dass sich die Effekte vieler Bewertungsmethoden über die Zeit ausgleichen.

Beispiel: Ein Unternehmen besitzt insgesamt 6 gleiche Maschinen. Es ersetzt jedes Jahr eine Maschine durch das jeweils neueste Modell. Vereinfachend wird angenommen, dass jede Maschine 120 kostet. Die wirtschaftliche Nutzungsdauer beträgt 6 Jahre, das Unternehmen überlegt aber, ob es als Abschreibungsdauer 6 oder vielleicht doch 4 Jahre verwenden soll. Die beiden Tabellen zeigen, dass es in dieser Situation für die Höhe der Abschreibungen völlig gleichgültig ist, wie lange die Abschreibungsdauer gewählt wird. Die Summe der Abschreibungen beträgt immer 120 pro Jahr.

Betrachtet man allerdings die Summe der Buchwerte der 6 Maschinen, ist erkennbar, dass diese bei der Abschreibung über 6 Jahre immer um 120 höher sind als bei einer Abschreibung über 4 Jahre. Die Buchwerte der in einem Geschäftsjahr vorhandenen Maschinen betragen bei Abschreibung über 6 Jahre $100 + 80 + 60 + 40 + 20 + 0 = 300$, bei Abschreibung über 4 Jahre $90 + 60 + 30 + 0 + 0 + 0 = 180$.

Abschreibungen	20X2	20X3	20X4	20X5	20X6	20X7	20X8	20X9
Maschine A	20							
Maschine B	20	20						
Maschine C	20	20	20					
Maschine D	20	20	20	20				
Maschine E	20	20	20	20	20			
Maschine F	20	20	20	20	20	20		
Maschine G		20	20	20	20	20	20	
Maschine H			20	20	20	20	20	20
Maschine I				20	20	20	20	20
Maschine J					20	20	20	20
Maschine K						20	20	20
Maschine L							20	20
Maschine M								20
Summe Abschreibungen	**120**	**120**	**120**	**120**	**120**	**120**	**120**	**120**

Abschreibungen	20X2	20X3	20X4	20X5	20X6	20X7	20X8	20X9
Maschine A								
Maschine B								
Maschine C	30							
Maschine D	30	30						
Maschine E	30	30	30					
Maschine F	30	30	30	30				
Maschine G		30	30	30	30			
Maschine H			30	30	30	30		
Maschine I				30	30	30	30	
Maschine J					30	30	30	30
Maschine K						30	30	30
Maschine L							30	30
Maschine M								30
Summe Abschreibungen	**120**	**120**	**120**	**120**	**120**	**120**	**120**	**120**

Bei sämtlichen Überlegungen über **Bereinigungen** oder **Rückführungen** von vermutetcn bilanzpolitischen Maßnahmen ist darauf zu achten, dass für den externen Bilanzleser regelmäßig nicht unterscheidbar ist, ob ein vergleichbarer Sachverhalt nur ungleich bilanziert wurde oder ob die Sachverhalte nicht vergleichbar sind und deshalb eine ungleiche Bilanzierung sogar notwendig ist. Verschiedentlich finden sich sehr ausgefeilte Schemata für Bereinigungen, die genau diese Abwägung nicht vornehmen, sondern einfach bestimmte Positionen grundsätzlich rückgängig machen, und dabei meist auch nur solche, bei denen dies einfach möglich ist.

Beispiele für Positionen, die oft bereinigt werden, sind Bilanzierungshilfen, insbesondere Aufwendungen für das Ingangsetzen und Erweitern eines Betriebes und aktive latente Steuern. Wenn man derartige Bereinigungen durchführt, ist unklar, weshalb nicht gleich etwa alle Pauschalrückstellungen oder alle Rückstellungen rückgeführt und Abschreibungen auf eine durchschnittliche Nutzungsdauer umgerechnet werden. Andere empfohlene Bereinigungen betreffen künftig geplante Gewinnausschüttungen, die vielfach ins Fremdkapital umgegliedert werden.

7.3 Analyse der Vermögensstruktur

Die wichtigsten Kennzahlen der **Vermögensstruktur** sind Gliederungskennzahlen der Aktivseite der Bilanz. Dabei werden bestimmte zusammengefasste Aktivposten in Prozent des Gesamtvermögens ausgedrückt. Stellt man die ganze Bilanz in Prozent der Bilanzsumme dar, erhält man die **Strukturbilanz**. Die wichtigsten Beispiele solcher Kennzahlen sind:

$$\text{Anlagenintensität} = \frac{\text{Anlagevermögen}}{\text{Gesamtvermögen}}$$

$$\text{Lagerintensität} = \frac{\text{Vorräte}}{\text{Gesamtvermögen}}$$

$$\text{Forderungsintensität} = \frac{\text{Forderungen auf Grund von Lieferungen und Leistungen}}{\text{Gesamtvermögen}}$$

Richtgrößen für die Beurteilung der Zusammensetzung der Aktivseite der Bilanz sind schwer anzugeben, da die Vermögensstruktur von vielen Einflussgrößen abhängt. Beispielsweise bestehen starke **Branchenunterschiede** bei den für die Leistungserstellung notwendigen Kapazitäten oder der Arbeits- oder Anlagenintensität der Produktion (siehe zB die Mediane einer Auswahl österreichischer Unternehmen in Tabelle 7.1).

Sachanlagenvermögensquote in %	2001	2002	2003
Papier und Pappe (größere Unternehmen)	27,66	30,98	28,43
Papier und Pappe (Großunternehmen)	41,64	48,26	42,01
Maschinenbau (größere Unternehmen)	15,85	18,33	18,58
Maschinenbau (Großunternehmen)	20,72	27,47	–
Bauwesen (größere Unternehmen)	18,06	18,26	18,33
Bauwesen (Großunternehmen)	11,48	13,53	11,47
Lagerintensität in %	2001	2002	2003
Nahrungs-, Genussmittel (größere Unternehmen)	11,37	13,94	12,78
Nahrungs-, Genussmittel (Großunternehmen)	11,89	16,54	–
Textilien, Textilwaren (größere Unternehmen)	25,63	23,40	18,25
Bauwesen (größere Unternehmen)	23,16	21,93	25,28
Bauwesen (Großunternehmen)	21,32	19,05	28,58
Forderungsintensität in %	2001	2002	2003
Steine, Erden, Glas (größere Unternehmen)	5,94	10,50	5,10
Steine, Erden, Glas (Großunternehmen)	13,86	11,83	–
Metallerzeugung (größere Unternehmen)	19,49	15,36	17,69
Metallerzeugung (Großunternehmen)	15,38	13,98	12,89
Einzelhandel (größere Unternehmen)	10,16	3,29	3,22
Einzelhandel (Großunternehmen)	2,84	3,40	2,94

Anmerkung: Größere Unternehmen € 40 – 100 Mio Umsatz, Großunternehmen über € 100 Mio Umsatz

Tab 7.1: Vermögensstrukturkennzahlen (Quelle: OeNB 2005)

Die Kennzahlen können dadurch beeinflusst werden, ob das Unternehmen Vermögensgegenstände kauft oder least, ob es seine Forderungen zum Teil an eine Factoringgesellschaft verkauft und wie es Bilanzierungs- und Bewertungswahlrechte ausnutzt. Es ist aus der Bilanz nicht ersichtlich, ob im Vermögen (zB in den Grundstücken) stille Reserven enthalten sind.

Der **Anhang** enthält zwar einige **Zusatzinformationen**, inwieweit diese aber für eine Anpassung der ausgewiesenen Vermögenswerte verwendet werden, hängt weit gehend vom Analysezweck ab. Beispielsweise müssen gemäß § 237 Z 8 HGB Verpflichtungen aus Leasing- und Mietverträgen für das folgende Geschäftsjahr und für die nächsten fünf Jahre insgesamt angegeben werden. Um daraus auf einen fortgeschriebenen Anschaffungswert von Sachanlagevermögen zu schließen, sind viele vereinfachende Annahmen erforderlich. Sind die Beträge erheblich, so ist vorstellbar, den Fünfjahreswert als Richtgröße für zusätzliches Anlagevermögen zu verwenden. Einen Hinweis auf stille Reserven enthält die Mitteilung im Anhang, dass auf eine Zuschreibung früherer außerplanmäßiger Abschreibungen im betreffenden Geschäftsjahr verzichtet wurde (§ 208 Abs 3 HGB). Im Anhang finden sich manchmal die Marktwerte von Wertpapieren.

Die Auswertung des **Anlagenspiegels** ermöglicht die Berechnung zusätzlicher Kennzahlen. Beispielsweise lässt sich ein durchschnittlicher **Anlagenabnutzungsgrad** ermitteln, indem man die kumulierten Abschreibungen den historischen Anschaffungs- oder Herstellungskosten am Periodenende gegenüberstellt. Enthalten die kumulierten Abschreibungen Zuschreibungsbeträge, können diese bei Bekanntsein bereinigt werden.

$$\text{Anlagenabnutzungsgrad} = \frac{\text{Kumulierte Abschreibungen}}{\text{Anschaffungs- oder Herstellungskosten}}$$

Daraus ist die **Altersstruktur** der Positionen des abnutzbaren Anlagevermögens erkennbar. Ein hoher Anlagenabnutzungsgrad lässt auf alte Anlagen und einen künftigen hohen Investitionsbedarf schließen. Diese Interpretation setzt allerdings voraus, dass die verrechneten Abschreibungen der tatsächlichen Wertminderung infolge der Nutzung oder auch des technischen Fortschritts entsprechen. Die verrechneten Abschreibungen lassen sich durch die durchschnittliche **Abschreibungsquote** ermitteln:

$$\text{Abschreibungsquote} = \frac{\text{Planmäßige Abschreibungen}}{\text{Anschaffungs- oder Herstellungskosten}}$$

Eine hohe Abschreibungsquote lässt tendenziell darauf schließen, dass stille Reserven gelegt werden, vorausgesetzt es wird immer noch ein positives Jahresergebnis erzielt.

Zu beachten ist, dass diese Kennzahlen nur für **abnutzbares Anlagevermögen** sinnvoll angewandt werden können. Bei den bebauten Grundstücken ist der Grundwert (ersichtlich in der Bilanz oder im Anhang) herauszurechnen, da der Grundanteil keiner planmäßigen Abschreibung unterliegt. Verzerrungen der Abschreibungsquote entstehen, weil in den Bilanzposten oft sehr unterschiedliche Gegenstände zusammengefasst sind und weil die Anschaffungs- oder Herstellungskosten voll abgeschriebene Gegenstände enthalten können.

Wachstum

Das Wachstum kann durch **Veränderungskennzahlen** ersehen werden. Sie errechnen sich durch Gegenüberstellung des Wertes einer Kennzahl im Geschäftsjahr mit dem Wert im vorangegangenen Geschäftsjahr wie folgt:

$$\text{Änderungsrate} = \frac{\text{Kennzahl im Geschäftsjahr}}{\text{Kennzahl im vorangegangenen Geschäftsjahr}} - 1$$

Für die Beurteilung des Wachstums eignen sich insbesondere Größenkennzahlen, wie der **Umsatz** oder das **Gesamtvermögen**.

Bei der Interpretation ist zu berücksichtigen, ob das Wachstum aus organischem, also unternehmensinternem, oder externem **Wachstum** stammt. Insbesondere bei starken Änderungen, zB einem Vermögens- oder Umsatzwachstum von 60%, können nicht im laufenden Geschäftsbetrieb liegende Gründe vermutet werden, etwa die Akquisition eines anderen Unternehmens, dessen Werte nun dazugekommen sind.

Geldwertschwankungen haben ebenfalls einen Einfluss auf die Änderungsrate. Möchte man sie berücksichtigen, so ist von der Änderungsrate noch die Inflationsrate abzuziehen.

Neben den Veränderungskennzahlen kann das **Wachstum** eines Unternehmens durch folgende zwei Kennzahlen ersehen werden:

$$\text{Investitionsintensität} = \frac{\text{Nettoinvestitionen}}{\text{Anschaffungs- oder Herstellungskosten}}$$

$$\text{Wachstumsrate} = \frac{\text{Nettoinvestitionen}}{\text{Abschreibungen}}$$

Die **Nettoinvestitionen** entsprechen den Zugängen zum Anlagevermögen (Bruttoinvestitionen) abzüglich der Abgänge, bewertet zum Buchwert (als Schätzgröße für den tatsächlichen Wert der abgegangenen Gegenstände). Trotz der vielen Informationen im Anlagenspiegel muss der Buchwert abgegangener Anlagen erst rechnerisch ermittelt werden:

  Buchwert zu Beginn des Geschäftsjahres
+ Zugänge
± Umbuchungen
+ Zuschreibungen
– Jahresabschreibungen
– Buchwert zum Bilanzstichtag

= **Buchwert abgegangener Anlagen**

Die Kennzahlen sind meist nur für **bestimmte Positionen des Anlagevermögens** gut interpretierbar, wie zB Sachanlagevermögen oder technische Anlagen und Maschinen. Eine Wachstumsrate von gerade 100% bedeutet einen stabilen Stand, mehr als 100% ein Wachstum und weniger als 100% eine Schrumpfung. Die Wachstumsrate ist aber insbesondere in Branchen mit stark schwankendem, schubweise anfallendem Investitionsbedarf nur wenig aussagekräftig.

Umschlagskennzahlen

Umschlagskennzahlen treten in zwei vom Informationsgehalt her gleichwertigen Varianten auf. Beide setzen eine Bestandsgröße mit der diese verändernden Stromgröße (Veränderung innerhalb des Geschäftsjahres) in Beziehung.

- Die **Umschlagshäufigkeit** gibt an, wie häufig sich die Bestandsgröße innerhalb des Geschäftsjahres umgeschlagen oder erneuert hat.

- Die **Umschlagsdauer** ist der Kehrwert der Umschlagshäufigkeit und gibt die Zeit (in Jahren) an, in der sich die Bestandsgröße einmal zur Gänze umschlägt. Multipliziert man diesen Wert mit 30 bzw 360, erhält man die Zeit in Monaten bzw Tagen.

Die Umschlagskennzahlen gewinnen an Aussagekraft, wenn der Bestand in einer **durchschnittlichen** Höhe angesetzt wird. Mangels Informationen wird man idR das arithmetische Mittel aus Anfangs- und Endbestand wählen. Bei starken saisonalen Schwankungen können sich allerdings Verzerrungen ergeben.

Je kürzer die **Umschlagsdauer** ist, desto kurzfristiger ist die Bestandsgröße durchschnittlich im Unternehmen gebunden und desto eher kann sie disponiert werden. Die Unternehmenssituation ist damit risikoloser, weil rascher und flexibler auf Änderungen der Wirtschaftslage reagiert werden kann. Eine niedrigere Umschlagsdauer des Vermögens verringert auch die Finanzierungskosten.

Üblich sind folgende **Kennzahlen**:

$$\text{Umschlagshäufigkeit des Vermögens (Kapitals)} = \frac{\text{Umsatzerlöse}}{\text{durchschnittliches Vermögen (Kapital)}}$$

$$\text{Lagerumschlagshäufigkeit} = \frac{\text{Materialaufwand}}{\text{durchschnittliche Roh-, Hilfs- und Betriebsstoffe}}$$

Der **Materialaufwand an Roh-, Hilfs- und Betriebsstoffen** im Zähler der Lagerumschlagshäufigkeit ist in der GuV nicht direkt ersichtlich. Zum einen können Materialien verwendet werden, die nicht gelagert sind. Zum anderen wird der Materialaufwand in der GuV mit Aufwendungen für bezogene Leistungen (uU einschließlich Energiekosten) zusammengefasst. Für Handelsunternehmen ist an Stelle der Roh-, Hilfs- und Betriebsstoffe die Position „Waren" relevant. Gibt es beide Positionen (mit wesentlichen Wertgrößen), so bezieht sich der Materialaufwand auf den Einsatz beider.

$$\text{Forderungsumschlagshäufigkeit} = \frac{\text{Umsatzerlöse (+ USt)}}{\text{durchschnittliche Forderungen}}$$

Als **Forderungsbestand** sind Forderungen aus Lieferungen und Leistungen anzusetzen, und zwar sowohl gegenüber Dritten als auch gegenüber verbundenen Unternehmen und Unternehmen, mit denen ein Beteiligungsverhältnis besteht (die entsprechenden Forderungspositionen in der Bilanz enthalten zum Teil auch andere Forderungen). Da die Forderungen **Umsatzsteuer** (USt) enthalten, muss den Umsatzerlösen ebenfalls die USt zugeschlagen werden. Da idR nur die Inlandsumsätze USt enthalten, kann die Aufteilung der Umsatzerlöse nach geografischen Märkten im Anhang Hilfe bei der Schätzung leisten. Eine alternative Vorgangsweise ist es, die Forderungen um die in ihnen enthaltene Umsatzsteuer zu bereinigen.

$$\frac{\text{Umschlagshäufigkeit}}{\text{der Verbindlichkeiten}} = \frac{\text{Aufwand für Material und bezogene Leistungen (+ USt)}}{\text{durchschnittliche Verbindlichkeiten}}$$

Bei dieser Kennzahl treten ähnliche Schwierigkeiten auf wie bei der Forderungsumschlagshäufigkeit. Als Verbindlichkeiten sind nur jene aus Lieferungen und Leistungen anzusetzen; dabei ist es unklar, inwieweit sich diese tatsächlich auf Materialaufwand und bezogene Leistungen beziehen (oder etwa in den Rohstoffen oder Waren stecken). Bei wesentlichen Veränderungen der Posten Roh-, Hilfs- und Betriebsstoffe sowie Waren sollte dies berücksichtigt werden.

Geht man davon aus, dass die Umschlagshäufigkeit von Forderungen und Verbindlichkeiten hinreichend genau bestimmt werden kann, drückt ein **Vergleich** der beiden das **relative Zahlungsverhalten** des Unternehmens gegenüber seinen Geschäftspartnern aus. Ist die Umschlagshäufigkeit der Verbindlichkeiten höher als die der Forderungen, nützt das Unternehmen die Kunden zur Zwischenfinanzierung der eigenen Bestände (und umgekehrt). Die Umschlagsdauer kann auch Hinweise zur Ausnutzung von Skonti geben.

Umschlagshäufigkeit des Vermögens	2001	2002	2003
Nahrungs-, Genussmittel (größere Unternehmen)	1,82	1,86	1,97
Nahrungs-, Genussmittel (Großunternehmen)	1,96	2,12	–
Papier und Pappe (größere Unternehmen)	1,38	1,56	1,37
Papier und Pappe (Großunternehmen)	1,23	1,16	0,74
Textilien, Textilwaren (größere Unternehmen)	1,32	1,29	1,00
Kreditorenumschlagshäufigkeit	2001	2002	2003
Nahrungs-, Genussmittel (größere Unternehmen)	6,57	6,21	5,87
Nahrungs-, Genussmittel (Großunternehmen)	5,95	6,58	–
Papier und Pappe (größere Unternehmen)	5,31	5,37	4,96
Papier und Pappe (Großunternehmen)	4,38	5,88	7,07
Bauwesen (größere Unternehmen)	7,47	8,39	7,07
Bauwesen (Großunternehmen)	10,67	9,93	–
Debitorenumschlagshäufigkeit	2001	2002	2003
Chemie (größere Unternehmen)	8,67	11,06	10,68
Chemie (Großunternehmen)	9,96	10,59	11,07
Maschinenbau (größere Unternehmen)	12,83	14,22	10,82
Maschinenbau (Großunternehmen)	14,89	12,33	14,18
Bauwesen (größere Unternehmen)	14,09	11,22	10,84
Bauwesen (Großunternehmen)	13,03	11,20	9,26

Anmerkung: Größere Unternehmen € 40 – 100 Mio Umsatz, Großunternehmen über € 100 Mio Umsatz

Tab 7.2: Umschlagskennzahlen (Quelle: OeNB 2005)

7.4 Analyse der Kapitalstruktur

Die Gliederungskennzahlen der Passivseite der Bilanz zeigen die **Kapitalstruktur** bzw die Finanzierungsstruktur des Unternehmens. Zu deren Ermittlung ist es zunächst notwendig, das wirtschaftliche Eigenkapital zu ermitteln, da die Position „Eigenkapital" in der Bilanz nicht immer genau dem wirtschaftlichen Eigenkapital entspricht.

	Nennkapital
+	Kapitalrücklagen
+	Gewinnrücklagen
+	Bilanzgewinn (– Bilanzverlust)

=	**Eigenkapital** (gemäß § 224 Abs 3 A HGB)
–	eigene Aktien (von der Aktivseite)
+	unversteuerte Rücklagen (nach Abzug darin enthaltener latenter Steuern)

=	**Wirtschaftliches Eigenkapital**

Die Korrektur um **eigene Aktien** erfolgt deshalb, weil diese ökonomisch einer Kapitalrückzahlung an Eigentümer entsprechen (nach IFRS etwa sind eigene Aktien grundsätzlich als negativer Posten im Eigenkapital anzusetzen). Die Korrektur um eigene Aktien führt zu einer Verminderung der Bilanzsumme. **Unversteuerte Rücklagen** umfassen die Bewertungsreserve und sonstige unversteuerte Rücklagen auf Grund steuerlicher Sondervorschriften. Je nach gesetzlicher Regelung unterliegen einige dieser Positionen bei Auflösung einer Ertragsteuerpflicht. In Höhe der erwarteten künftigen Steuern sind latente Steuern abzuziehen. Dies erfordert regelmäßig eine grobe Schätzung. Der verbleibende Teil der unversteuerten Rücklagen ist Eigenkapital. Im Konzernabschluss können die unversteuerten Rücklagen vom Unternehmen als Gewinnrücklagen und latente Steuern dargestellt werden, im Einzelabschluss sind allerdings die unversteuerten Rücklagen zwingend in einer eigenen Position außerhalb des Eigenkapitals auszuweisen.

Im Konzernabschluss ist des Weiteren auf den Ausweis von Minderheiten zu achten. Nach HGB und IFRS gehören Minderheitenanteile am Eigenkapital zum Eigenkapital, nach US-GAAP sind sie außerhalb des Eigenkapitals darzustellen.

Darüber hinaus wären noch **weitere Korrekturen** möglich, etwa hinsichtlich geplanter Gewinnausschüttungen und Bilanzierungshilfen. Inwieweit dies zweckmäßig ist, hängt von deren relativem Einfluss und dem Aufwand der Analyse selbst ab. So ist bereits die Definition von Eigenkapital schwierig (es gibt nur unterschiedlich risikobehaftetes Kapital). Nach IFRS zählt etwa praktisch nur, ob ein Rückzahlungsanspruch besteht oder nicht.

Die nicht zum wirtschaftlichen Eigenkapital gehörenden Passivposten sind **Fremdkapital.** Während Eigenkapital langfristig zur Finanzierung des Unternehmens zur Verfügung steht, ist es sinnvoll, beim Fremdkapital nach Fristigkeiten zu unterscheiden. In der Bilanz oder im Anhang müssen **Verbindlichkeiten** mit einer Restlaufzeit von bis zu einem Jahr vermerkt sein;

diese sind jedenfalls kurzfristig. Zusätzlich ist im Anhang der Gesamtbetrag der Verbindlichkeiten mit einer Restlaufzeit von mehr als fünf Jahren anzugeben. Bei den **Rückstellungen** muss dagegen Posten für Posten geschätzt werden, inwieweit es sich um langfristiges Kapital handelt. So werden Pensions- und Abfertigungsrückstellungen idR langfristigen Charakter haben. Die übrigen Rückstellungen sind dagegen, sofern keine Zusatzinformationen darüber gegeben sind, eher kurzfristig. Kurzfristig sind idR auch die **Rechnungsabgrenzungsposten.** Damit ergibt sich typischerweise:

Rückstellungen für Abfertigungen
+ Rückstellungen für Pensionen
+ Verbindlichkeiten mit einer Restlaufzeit von mehr als 1 Jahr

= **Langfristiges Fremdkapital**

Eine andere Gliederungsmöglichkeit des Fremdkapitals ergibt sich aus seinem **Ursprung.** Es gibt Fremdkapitalpositionen, die durch die Hingabe von Finanzmitteln gegen Zinsansprüche charakterisiert sind (**verzinsliches Fremdkapital**), während andere Fremdkapitalpositionen durch die operative Geschäftstätigkeit entstehen. Dieses wird als **unverzinsliches Fremdkapital** bezeichnet, wobei auf die expliziten Zinsansprüche abgestellt wird. Eigenkapital und verzinsliches Fremdkapital werden auch als **investiertes Kapital** bezeichnet, weil sie beide von Kapitalgebern gegen die Erwartung von Zins- oder Gewinnansprüchen zur Verfügung gestellt werden.

Im normalen Geschäftsleben kommt es selten vor, dass dem Unternehmen Kapital unverzinslich zur Verfügung gestellt wird, und so enthalten die meisten dieser „unverzinslichen" Posten implizit Zinsen. Ein typisches Beispiel sind **Anzahlungen auf Bestellungen**. Vergleicht man einen Auftrag mit und ohne Anzahlung, so zeigt sich idR, dass die Auftragssumme bei Vereinbarung einer Anzahlung geringer ist als ohne Anzahlung. Abgesehen von etwaigen Zahlungsrisiken ist der wesentliche Grund dafür im Zinseffekt der Anzahlung zu finden. Die Zinsen auf Anzahlungen sind daher implizit in verminderten Umsatzerlösen enthalten.

Anleihen
+ Verbindlichkeiten gegenüber Kreditinstituten

= **Verzinsliches Fremdkapital**

Es gibt Unternehmen, die den Zinsanteil an der Dotierung von Pensions- und Abfertigungsrückstellungen im Finanzaufwand darstellen. Dann ist von einer formalen Verzinsung dieser Rückstellungen auszugehen, und sie sind zum verzinslichen Fremdkapital zu zählen. Dies hat für Erfolgskennzahlen Bedeutung.

Die klassischen **Kapitalstrukturkennzahlen** sind die folgenden drei Kennzahlen, die alle die selben Informationen liefern und direkt ineinander umgerechnet werden können.

$$\text{Eigenkapitalquote} = \frac{\text{Eigenkapital}}{\text{Gesamtkapital}}$$

$$\text{Fremdkapitalquote} = \frac{\text{Fremdkapital}}{\text{Gesamtkapital}}$$

$$\text{Verschuldungsgrad} = \frac{\text{Fremdkapital}}{\text{Eigenkapital}}$$

Gelegentlich wird die Fremdkapitalquote auch als Verschuldungsgrad bezeichnet.

International eher üblich ist eine Kapitalstrukturkennzahl, die nicht das gesamte Fremdkapital berücksichtigt, sondern nur das **verzinsliche Fremdkapital**. Des Weiteren wird auf die **Nettoverschuldung** abgestellt, die unter der Annahme ermittelt wird, dass die liquiden Mittel zur Rückzahlung des verzinslichen Fremdkapitals verwendet werden könnten.

$$\text{Gearing} = \frac{\text{Verzinsliches Fremdkapital} - \text{liquide Mittel}}{\text{Eigenkapital}}$$

Es ist deutlich ersichtlich, dass das **Gearing** (bzw **Gearing ratio**) regelmäßig erheblich unter dem Verschuldungsgrad nach obiger Definition liegt. Es gibt sogar Fälle, in denen das Gearing negativ wird. Alternativ kann auch noch auf den Marktwert des Eigenkapitals abgestellt werden, wenn dieser bekannt ist.

Für die **Beurteilung der Kapitalstruktur** wird oft davon ausgegangen, dass eine höhere Eigenkapitalbasis eher positiv zu bewerten sei. Dabei wird aber nicht berücksichtigt, dass eine Substitution von Eigenkapital durch Fremdkapital sinnvoll sein kann. Ein wesentlicher Grund dafür liegt in der steuerlichen Bevorzugung von Fremdkapital, da Fremdkapitalzinsen steuerlich abzugsfähig sind, Gewinne hingegen grundsätzlich nicht (die Begünstigung der Verzinsung des Eigenkapitalzuwachses in § 11 EStG hilft hier nur zum kleinen Teil). Ein anderer Grund besteht darin, dass die Renditeansprüche von Eigenkapitalgebern am Kapitalmarkt auf Grund des vergleichsweise höheren Risikos des Kapitals höher sind als die Zinsansprüche von Fremdkapitalgebern.

Nach dem **Leverage-Effekt** erhöht sich die nominelle Eigenkapitalrentabilität bei Ersatz von Eigenkapital durch Fremdkapital, wenn der Zinssatz für Fremdkapital unter der Gesamtkapitalrentabilität liegt. Allerdings erhöhen sich auch das Risiko (die Varianz) der Eigenkapitalrentabilität und damit die Renditeansprüche von Eigenkapitalgebern.

Die früher in der betriebswirtschaftlichen Theorie vorherrschenden **vertikalen Finanzierungsregeln** (zB sollte das Verhältnis von Eigenkapital zu Fremdkapital nicht kleiner sein als 1: 1, 1: 2, 1: 3 usw) sind durch andere Überlegungen abgelöst worden: So lässt sich unter bestimmten Bedingungen ableiten, dass es kein **Optimum der Kapitalstruktur** gibt. Während sich über eine Vergleichsgröße aus dieser Sicht nicht sehr viel sagen lässt, ist die Eigenkapitalquote für Gläubiger des Unternehmens ein wichtiges Beurteilungskriterium. Je höher das Eigenkapital, desto größer ist das Haftungskapital und desto kreditwürdiger das Unternehmen. Empirische Untersuchungen belegen, dass sich Banken bei der Prüfung der Kreditwürdigkeit von Unternehmen stark an vertikalen Finanzierungsregeln orientieren.

Das **Unternehmensreorganisationsgesetz** (URG) definiert zwei Kennzahlen, die Eigenmittelquote und die fiktive Schuldentilgungsdauer, als wesentliche Größen, die einen Reorganisationsbedarf vermuten lassen. Eine Reorganisation umfasst Maßnahmen, die ein bestandgefährdetes Unternehmen zur nachhaltigen Sanierung und Weiterführung unternimmt. Die **Eigenmittelquote** ist in § 23 URG definiert als:

$$\text{Eigenmittelquote} = \frac{\text{Eigenkapital} + \text{unversteuerte Rücklagen}}{\text{Gesamtkapital} - \text{von Vorräten absetzbare Anzahlungen}}$$

Es wird dabei auf das Eigenkapital gemäß dem **Gliederungsschema des HGB** abgestellt, zu dem die unversteuerten Rücklagen (ohne latente Steuern besonders zu berücksichtigen) gezählt werden. Vom Gesamtkapital werden die von den Vorräten absetzbaren Anzahlungen auf Bestellungen abgezogen, weil dies eine gesetzlich zulässige Saldierung darstellt und die Unternehmen unabhängig von der Ausübung des Wahlrechts dieselbe Höhe der Kennzahl ermitteln sollen.

Als Grenze für die **Eigenmittelquote** werden 8% – unabhängig von der Branche – bestimmt (§ 22 Abs 1 Z 1 URG).

Eigenkapitalquote in %	2001	2002	2003
Nahrungs-, Genussmittel (größere Unternehmen)	34,19	39,68	33,47
Nahrungs-, Genussmittel (Großunternehmen)	20,79	27,63	–
Maschinenbau (größere Unternehmen)	24,83	25,76	29,02
Maschinenbau (Großunternehmen)	19,22	22,19	28,11
Bauwesen (größere Unternehmen)	14,08	14,60	19,00
Bauwesen (Großunternehmen)	16,27	16,44	11,86

Anmerkung: Größere Unternehmen € 40 – 100 Mio Umsatz, Großunternehmen über € 100 Mio Umsatz

Tab 7.3: Eigenkapitalquote (Quelle: OeNB 2005)

7.5 Analyse der Ertragslage

Im Rahmen der Analyse der Ertragslage wird versucht, einen Einblick in die Ertragskraft und die wirtschaftliche Erfolgssituation des Unternehmens zu gewinnen. Die Daten dafür stehen im Wesentlichen in der **Gewinn- und Verlustrechnung** (GuV) zur Verfügung.

Kleine und mittelgroße Kapitalgesellschaften können für die Offenlegung folgende Posten zusammenfassen: (1) Gesamtkostenverfahren: „Rohergebnis" ist die Saldogröße aus Umsatzerlösen, Bestandsveränderungen, aktivierten Eigenleistungen, Materialaufwand und Aufwand für bezogene Leistungen. (2) Umsatzkostenverfahren: „Bruttoergebnis vom Umsatz" sind die Umsatzerlöse abzüglich der Herstellungskosten. Kleine GmbH müssen überhaupt keine Angaben über die GuV offen legen. Daher können viele dieser Kennzahlen für solche Kapitalgesellschaften auf Grund von Datenmangel nicht ermittelt werden.

Falls das analysierte Unternehmen eine **Segmentberichterstattung** in international üblichem Umfang macht, können einige dieser Kennzahlen auch für die einzelnen Segmente getrennt ermittelt werden. Dadurch erhält man Informationen, welche Segmente erfolgreich und welche weniger erfolgreich sind und gewissermaßen subventioniert werden.

Erfolgsquellenanalyse

Die GuV gliedert die betrieblichen Erträge und Aufwendungen nach **Erfolgsquellen.**

  Umsatzerlöse
± Bestandsveränderungen
+ Aktivierte Eigenleistungen

= **Gesamtleistung**
+ Sonstige betriebliche Erträge

= **Betriebsleistung**
– Aufwendungen

= **Betriebsergebnis** (Earnings before interest and tax, EBIT)

  Betriebsergebnis
+ **Finanzergebnis**

= **Ergebnis der gewöhnlichen Geschäftstätigkeit** (EGT)
+ **außerordentliches Ergebnis**
– Ertragsteuern

= **Jahresergebnis**

Eine Besonderheit des Schemas besteht darin, dass die **Ertragsteuern** als letzte Position vor dem Jahresergebnis berücksichtigt werden. Damit sind alle Teilergebnisse vor dem Jahresergebnis Ergebnisse *vor* Steuern. Im Anhang ist hinsichtlich der Ertragsteuern anzugeben, in welchem Umfang sie das EGT und das außerordentliche Ergebnis belasten und welche Steuerwirkungen sich aus der Änderung der unversteuerten Rücklagen ergeben (§ 237 Z 6 HGB). Mit diesen Angaben können das EGT und das außerordentliche Ergebnis nach Steuern ermittelt werden.

Das Betriebsergebnis (EBIT) wird für viele Analysen der betrieblichen Geschäftstätigkeit herangezogen. Im Konzern enthält es je nach Bilanzierungsmethode **Firmenwertabschreibungen**, die von vielen Unternehmen und Analysten als nicht gleich bedeutsam wie andere Aufwendungen angesehen werden. Denn die Abschreibung wird nur im Konzernabschluss vorgenommen und mindert beispielsweise nicht das Ausschüttungspotenzial. Damit ergibt sich die Kennzahl **Earnings before interest, tax and amortization** (EBITA):

Betriebsergebnis
+ Abschreibung von Firmenwerten (aus der Erstkonsolidierung)

= **Earnings before interest, tax and amortization** (EBITA)
+ Abschreibungen

= **Earnings before interest, tax, depreciation and amortization** (EBITDA)

Addiert man auch noch die **planmäßigen Abschreibungen**, so erhält man mit dem **EBITDA** eine sehr einfache Näherung an den Cashflow (siehe Kapitel 7.6).

Als **Umsatzerlöse** werden nur die gegenüber Dritten realisierten Umsätze ausgewiesen. Bei Anwendung des Gesamtkostenverfahrens sind darüber hinaus die Bestandsveränderungen und aktivierten Eigenleistungen gesondert dargestellt. Sie geben die in der Periode erzeugten Leistungen an. Zu beachten ist dabei allerdings, dass diese zu Herstellungskosten und nicht, wie die Umsatzerlöse, zu Marktpreisen bewertet sind. Besondere Analysen der Werte können zeigen, wie sich produzierte und abgesetzte Leistungen verhalten. So kann die Kennzahl **Bestandsveränderungen**, bezogen auf die Gesamtleistung, einen untypischen Lageraufbau oder Lagerabbau erkennen lassen, der Aufschluss über die Absatzsituation gibt. Ein Lageraufbau könnte etwa durch Absatzschwierigkeiten verursacht sein.

Die gegebene Trennung der verschiedenen Teilergebnisse zeigt zunächst gut auf, in welchen Bereichen das Unternehmen seinen Gewinn (Verlust) erzielt. Häufig wird man in der Praxis feststellen können, dass das Betriebsergebnis negativ ist und von einem positiven Finanzergebnis überkompensiert wird. Ein solches Unternehmen macht also seinen Gewinn nicht im angestammten Leistungsbereich, sondern durch geschickte Finanztransaktionen („Bank" mit angeschlossenem Industriebetrieb). Dies erklärt auch das Bestreben vieler solcher Unternehmen, das Betriebsergebnis durch Ausweiswahlrechte zu „entlasten".

In manchen Geschäften lassen sich diese beiden Teilergebnisse allerdings sachlich nicht trennen: Im Großanlagenbau etwa gehört es zur Geschäftspraxis, dass der Besteller hohe Anzahlungen leistet, für die das Unternehmen natürlich Zinserträge lukriert. Werden keine Anzahlungen vereinbart, wird idR der Verkaufspreis und damit der Umsatz auf Grund der Leistung höher sein, mit der Folge, dass das Betriebsergebnis entsprechend höher ausfällt.

Aufwands- und Ertragsstruktur

Bei den **Aufwandsstrukturkennzahlen** werden bestimmte Aufwandsposten in einem Prozentsatz vom Gesamtaufwand (Summe der Aufwendungen innerhalb des Betriebsergebnisses) ausgedrückt. Die wesentlichen Kennzahlen sind:

$$\frac{\text{Materialaufwand}}{\text{Gesamtaufwand}}$$

$$\frac{\text{Personalaufwand}}{\text{Gesamtaufwand}}$$

$$\frac{\text{Abschreibungen}}{\text{Gesamtaufwand}}$$

Alternativ zum Gesamtaufwand wird der Umsatz oder die Gesamtleistung als Basis verwendet. Dies führt zu Verzerrungen, weil die Aufwendungen produktionsmengenorientiert sind, während die Umsatzerlöse absatzmengenorientiert sind.

Der Anteil des **Materialaufwands** und des Aufwands für bezogene Leistungen gibt an, welcher Anteil des Gesamtaufwands von Dritten direkt bezogen wird. Bezieht man diese Aufwendungen auf die Gesamtleistung, kann die Kennzahl grob als Bruttogewinnspanne interpretiert werden. Sie ist insbesondere bei Handelsunternehmen von Bedeutung (Handelsspanne).

Interessant sind auch **Veränderungen** der Kennzahlenwerte im Zeitablauf. Beispielsweise kann ein steigender Abschreibungsanteil und sinkender Personalaufwandsanteil am Gesamtaufwand eine Tendenz hin zu einer kapitalintensiveren Produktionstechnologie andeuten.

Kann einigermaßen geschätzt werden, inwieweit einzelne Aufwandsposten Fixkostencharakter besitzen, kann eine vereinfachte **Break-even-Analyse** durchgeführt werden.

Dabei wird versucht, einen Mindestumsatz festzustellen, bei dem das Unternehmen gerade ein Betriebsergebnis von Null erwirtschaftet. Voraussetzung dafür ist, dass Annahmen über die Variabilität der Aufwandsposten getroffen werden, etwa derart, dass Personalaufwand, Abschreibungen und sonstiger Aufwand fix und Materialaufwand variabel sind. Dann kann ein Sicherheitskoeffizient ermittelt werden, der zum Ausdruck bringt, um wie viel Prozent der Umsatz sinken kann (bei einem Gewinn) oder steigen muss (bei einem Verlust), um ein ausgeglichenes Ergebnis zu erzielen.

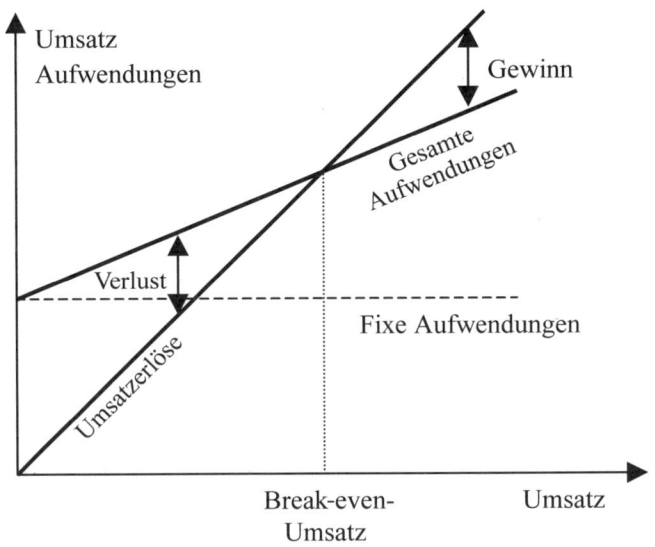

Abb 7.3: Break-even-Analyse

Bei Anwendung des **Umsatzkostenverfahrens** kann neben diesen Kennzahlen (die entsprechenden Werte sind im Anhang anzugeben) zusätzlich die folgende Kennzahl ermittelt werden:

$$\frac{\text{Herstellungskosten}}{\text{Umsatzerlöse}}$$

Diese Kennzahl ist bei einem hohen Fixkostenanteil in den Herstellungskosten nur wenig aussagekräftig, da ein Zeitvergleich bei sich ändernder Beschäftigung zu stark schwankenden Kennzahlenwerten führt. In der Praxis zeigt sich, dass diese Kennzahl oft 90% oder noch mehr beträgt, wodurch sie praktisch aussagelos wird.

Von besonderer Bedeutung bei der Analyse der Aufwands- und Ertragsstruktur sind **Umsatzrentabilitätskennzahlen**. Diese stellen Ergebnisgrößen den entsprechenden Ertragsgrößen gegenüber. Die bekannteste

Kennzahl ist die **Umsatzrentabilität (Return on Sales**, ROS), die vom Betriebsergebnis ausgeht:

$$\text{Umsatzrentabilität} = \frac{\text{Betriebsergebnis}}{\text{Umsatzerlöse}}$$

Diese Kennzahl gibt das Ergebnis der betrieblichen Geschäftstätigkeit in Prozent wieder. Es reicht aus, im Nenner die Umsatzerlöse zu verwenden, da ein Ertrag nur bei den Geschäften mit Dritten erzielt wird, nicht aber mit der Aktivierung von Herstellungskosten. Wird die GuV nach dem Umsatzkostenverfahren aufgestellt, bietet sich folgende Kennzahl an, die im angloamerikanischen Sprachraum unter **Gross margin** bekannt ist:

$$\text{Gross margin} = \frac{\text{Bruttoergebnis vom Umsatz}}{\text{Umsatzerlöse}}$$

Die nächste Version der Umsatzrentabilität geht vom **Ergebnis der gewöhnlichen Geschäftstätigkeit** aus, die das Betriebsergebnis und das Finanzergebnis umfasst. Deshalb ist aus Konsistenzgründen der Nenner um die Finanzerträge zu erweitern, da auch diese realisierte Erfolge enthalten.

$$\text{Umsatzrentabilität} = \frac{\text{EGT}}{\text{Umsatzerlöse} + \text{Finanzerträge}}$$

Diese Umsatzrentabilitäten messen die Rentabilität vor Steuern. In der Praxis findet man häufig die Berechnung der Umsatzrentabilität als Jahresergebnis dividiert durch Umsatzerlöse (**Profit margin**), also einer Rentabilität nach Steuern. Da darin auch das außerordentliche Ergebnis enthalten ist, müssten im Nenner neben den Finanzerträgen auch noch die außerordentlichen Erträge einbezogen werden. Dies wird jedoch selten gemacht.

Wertschöpfung

Eine weitere Erfolgskennzahl ist die **Wertschöpfung**. Sie basiert auf einer erweiterten Sichtweise des Erfolgs des Unternehmens. Neben dem Erfolg auf das eingesetzte Kapital werden auch der Beitrag der Arbeitnehmer und des Staates berücksichtigt. Die Wertschöpfung kann auf zwei Arten ermittelt werden:

- **Retrograde Ermittlung** (erwirtschafteter Wert unter Berücksichtigung der Vorleistungen):

  Gesamtleistung (Umsatzerlöse und übrige Erträge)
  - Materialaufwand und Aufwendungen für bezogene Leistungen
  - Abschreibungen
  - sonstige Aufwendungen (mit Ausnahme der Steuern)
  + Finanzergebnis (mit Ausnahme des Zinsaufwands)
  + außerordentliches Ergebnis
  = **Wertschöpfung**

- **Progressive Ermittlung** (Verteilung an Arbeit, Staat und Kapital):

  Personalaufwand
  + Steueraufwand (Ertragsteuern und sonstige betriebliche Steuern)
  + Zinsaufwand
  + Jahresergebnis
  = **Wertschöpfung**

Die Wertschöpfung hängt sehr stark von der vertikalen Integration des Unternehmens ab. Werden viele Vorleistungen von Dritten bezogen (Outsourcing), ist die Wertschöpfung geringer, wird viel selbst produziert, ist sie höher. Dies sagt jedoch nichts über die Vorteilhaftigkeit des Auslagerns oder Selbsterstellens bestimmter Leistungen aus.

Die Wertschöpfung kann nun mit der Gesamtleistung in Beziehung gebracht werden:

$$\text{Wertschöpfungsquote} = \frac{\text{Wertschöpfung}}{\text{Gesamtleistung}}$$

Produktivität

Produktivitätskennzahlen beziehen den Output einer betrieblichen Aktivität zu deren benötigtem Input.

$$\text{Produktivität} = \frac{\text{Output}}{\text{Input}}$$

Diese Beziehung kann **mengenmäßig** oder **wertmäßig** dargestellt werden. In Mehrproduktunternehmen werden Output und Input typischerweise als bewertete Mengen aller Faktoren gemessen. Nur selten sind mengenmäßige Kennzahlen ermittelbar, wie etwa in einem Automobilwerk, das nur einen Typ von Autos fertigt, die Relation Autos pro Mitarbeiter.

Typische **Produktivitätskennzahlen** sind etwa die Folgenden:

$$\text{Umsatz je Mitarbeiter} = \frac{\text{Umsatz}}{\text{durchschnittliche Anzahl der Arbeitnehmer}}$$

$$\text{Wertschöpfung je Mitarbeiter} = \frac{\text{Wertschöpfung}}{\text{durchschnittliche Anzahl der Arbeitnehmer}}$$

Diese Kennzahlen stellen den Erfolg dem Einsatz eines **einzigen Produktionsfaktors** gegenüber. Der Erfolg wird allerdings durch das **Zusammenwirken** mehrerer Produktionsfaktoren erwirtschaftet. Indem man sie auf einen einzelnen Produktionsfaktor bezieht, wird davon abstrahiert; mit diesen Kennzahlen lassen sich daher nur Partialanalysen durchführen. Es sind beispielsweise auch keine Substitutionseffekte zwischen Produktionsfaktoren erkennbar.

Kapitalrentabilitätskennzahlen

Die Kapitalrentabilitätskennzahlen setzen Erfolgsgrößen in Beziehung zum eingesetzten Kapital. Dabei werden meist Durchschnittsgrößen und nicht Stichtagsgrößen der jeweiligen Kapitalgröße verwendet. Denn der Erfolg ist eine Stromgröße über eine Periode.

Eigentümerbezogene Rentabilitätskennzahlen sind die Eigenkapitalrentabilitätskennzahlen. Je nach verwendeter Ergebnisgröße ergeben sich unterschiedliche Rentabilitätskennzahlen. Die üblichste Variante ist:

$$\text{Eigenkapitalrentabilität} = \frac{\text{Jahresergebnis}}{\text{durchschnittliches Eigenkapital}}$$

Möchte man weniger die tatsächlich erzielten Rentabilitäten ersehen, sondern Hinweise auf das *künftige* Ertragspotenzial des Unternehmens erhalten, kann es sinnvoll sein, **außerordentliche Posten** und zum Teil auch **ungewöhnliche Posten nicht** einzubeziehen, da sie das Resultat von Ereignissen sind, die nicht durch den gewöhnlichen Geschäftsbetrieb verursacht werden. Ihr Wert für eine Prognose ist daher gering. In diesem Fall wird man das Ergebnis der gewöhnlichen Geschäftstätigkeit in Relation zum durchschnittlichen Eigenkapital setzen.

Die wichtigste Rentabilitätskennzahl, die sich auf das gesamte zur Verfügung stehende Kapital bezieht, ist die **Gesamtkapitalrentabilität.** Als Erfolgsgröße wird typischerweise das Ergebnis der gewöhnlichen Geschäftstätigkeit zuzüglich der Aufwandszinsen angesetzt. Das EGT ist der Ertrag, der den Eigenkapitalgebern zurechenbar ist, die Aufwandszinsen der Ertrag, der den Fremdkapitalgebern zukommt.

$$\text{Gesamtkapitalrentabilität} = \frac{\text{EGT + Zinsaufwand}}{\text{durchschnittliches Gesamtkapital}}$$

Beide Zählergrößen sind Größen vor Steuern. Für eine Gesamtkapitalrentabilität nach Steuern ist der Zähler um die darauf lastenden Steuern zu kürzen. Alternativ kann man auch das Jahresergebnis heranziehen, in diesem Fall muss der Zinsaufwand allerdings um fiktive Steuern verringert werden. Der Unterschied liegt in der Berücksichtigung des außerordentlichen Ergebnisses.

Der **Return on Investment** (ROI) wird vielfach genauso wie die Gesamtkapitalrentabilität definiert. Es finden sich aber auch andere Definitionen, deren Zweckmäßigkeit sich jeweils nach der zu beurteilenden Problemstellung richtet.

Alternativ kann man die Rentabilität des Vermögens ermitteln. Auf Grund der Gleichheit von Gesamtvermögen und Gesamtkapital ergibt sich die **Vermögensrentabilität** (**Return on Assets**, ROA) in gleicher Höhe wie die Gesamtrentabilität:

$$\text{Gesamtvermögensrentabilität} = \frac{\text{EGT} + \text{Zinsaufwand}}{\text{durchschnittliches Gesamtvermögen}}$$

Alle Branchen der Sachgütererzeugung	2001	2002	2003
Umsatzrentabilität in % (größere Unternehmen)	2,78	2,70	2,49
Umsatzrentabilität in % (Großunternehmen)	3,64	3,62	4,08
Materialaufwand in % des Umsatzes (größere Unternehmen)	53,88	53,19	54,53
Materialaufwand in % des Umsatzes (Großunternehmen)	57,62	57,48	58,55
Personalaufwand in % des Umsatzes (größere Unternehmen)	24,09	23,92	24,50
Personalaufwand in % des Umsatzes (Großunternehmen)	20,69	19,64	19,58
Wertschöpfung in % des Umsatzes (größere Unternehmen)	29,14	29,16	28,58
Wertschöpfung in % des Umsatzes (Großunternehmen)	26,73	25,86	26,61

EGT vor Steuern in % des Eigenkapitals	2001	2002	2003
Papier und Pappe (größere Unternehmen)	24,44	24,53	24,44
Papier und Pappe (Großunternehmen)	25,02	27,89	–
Bauwesen (größere Unternehmen)	12,20	14,19	12,20
Bauwesen (Großunternehmen)	11,91	13,68	11,91

Betriebsergebnis in % der Bilanzsumme	2001	2002	2003
Fahrzeugbau (größere Unternehmen)	10,99	7,47	6,07
Fahrzeugbau (Großunternehmen)	6,88	5,27	6,07
Bauwesen (größere Unternehmen)	1,36	1,69	1,59
Bauwesen (Großunternehmen)	2,60	2,51	–

Tab 7.4: Erfolgskennzahlen (Quelle: OeNB 2005)

Ein **Problem** dieser Rentabilitätsgrößen liegt darin, dass die Zuordnung von Zähler und Nenner meist **nicht konsistent** ist. So enthält der Zähler nicht alle Kapitalerträge, die mit dem Gesamtkapital erwirtschaftet werden. Beispiel: Es gibt einige Ertragskomponenten von Kapital, die im Aufwand „versteckt" sind („Zinsen" auf Anzahlungen oder Rückstellungen). Der Zähler enthält nicht alle Erfolge, wie zB Wertsteigerungen bei Grundstücken (*Holding gains*). Auch der Nenner enthält nicht das gesamte Kapital, weil einige Posten nicht bilanzierungsfähig oder unterbewertet sind. Beispiele: Forschungs- und Entwicklungsausgaben, Operate Leasing.

Um die Konsistenz von Zähler und Nenner zu verbessern, werden in jüngerer Zeit stärker zwei andere Rentabilitätskennzahlen verwendet, der **Return on Net Assets** (RONA) und der **Return on Capital Employed** (ROCE). Wesentliches Merkmal beider Kennzahlen ist das Abstellen auf das investierte Kapital und nicht auf das Gesamtkapital. Das **investierte Kapital** besteht aus dem Eigenkapital und dem verzinslichen Fremdkapital. Dadurch ist sichergestellt, dass Fremdkapitalkomponenten, deren Zinsen nicht im Zinsaufwand enthalten sind, aus dem Nenner eliminiert werden.

$$\text{Return on Net Assets} = \frac{\text{EGT} + \text{Zinsaufwand}}{\text{Eigenkapital} + \text{verzinsliches Fremdkapital}}$$

Alternativ ist der RONA nach Steuern zu ermitteln. Es ist unmittelbar ersichtlich, dass der RONA immer größer ist als der vergleichbare ROI, weil die Zählergröße gleich hoch ist und die Nennergröße um das nicht verzinsliche Fremdkapital kleiner ist. Das erklärt zum Teil auch die relativ niedrigen ROI-Werte, die österreichische Unternehmen im Vergleich zu internationalen Unternehmen erzielen.

Beim **ROCE** wird noch ein Schritt weiter gegangen, und es wird das **verzinsliche Vermögen** (Wertpapiere, Guthaben bei Kreditinstituten) aus dem Nenner herausgenommen. Korrespondierend dazu wird im Zähler der Zinsertrag bereinigt. Dies ist äquivalent zur Verwendung des Betriebsergebnisses. Da die Kennzahl meist nach Steuern ermittelt wird, ist das Betriebsergebnis um die ihm zurechenbaren Ertragsteuern zu bereinigen. Daraus ergibt sich schließlich:

$$\text{Return on Capital Employed} = \frac{\text{Betriebsergebnis (nach Steuern)}}{\text{Eigenkapital} + \text{verzinsliches Fremdkapital} - \text{verzinsliches Vermögen}}$$

Meist ist die Rendite von Unternehmen in ihrem angestammten Geschäftsbereich höher als die Rendite, die mit einer Finanzmittelveranlagung erwirtschaftet wird. Dies führt dazu, dass der ROCE dann über dem RONA (jeweils vor oder nach Steuern) liegt. Zu beachten ist allerdings, dass diese Komponenten der Geschäftstätigkeit in diesen Kennzahlen nicht mehr enthalten sind und damit auch nicht mehr beurteilt werden können.

Vergleichsgrößen für die Rentabilität bilden die **gewogenen Kapitalkosten** (Weighted Average Cost of Capital, WACC), deren Ermittlung in Kapitel 8.1 gezeigt wird.

Ein Nachteil der Kapitalrentabilitätsgrößen, wie dem ROI und dem ROCE, besteht darin, dass das Kapital (und damit das korrespondierende Vermögen) zum **Buchwert** angesetzt wird. Wenn das Unternehmen mit bereits stark abgeschriebenem Vermögen arbeitet, steigt die Kennzahl, bei einer Ersatzinvestition sinkt sie dann plötzlich erheblich ab. Aus diesem Grunde werden zum Teil **Cashflow-basierte Kapitalrentabilitätskennzahlen** ermittelt. Diese gehen von den Anschaffungskosten des Vermögens und nicht vom aktuellen Buchwert aus. Eine solche Kennzahl ist der **Cashflow-Return on Investment** (CFROI), der wie folgt ermittelt wird:

$$\text{CFROI} = \frac{\text{Bruttocashflow} - \text{ökonomische Abschreibung}}{\text{Investiertes Kapital} + \text{kumulierte Abschreibungen}}$$

Dabei ist der Bruttocashflow der Cashflow aus der Geschäftstätigkeit (wie in der Geldflussrechnung ausgewiesen) zuzüglich der Zinszahlungen (korrigiert um fiktive Ertragsteuern auf die Zinsen). Die ökonomische Abschreibung ist im Grunde so hoch, dass die Abschreibungen über die Zeit inklusive der Zinsen am Ende der Nutzungsdauer wieder die Anschaffungs- oder Herstellungskosten erreichen.

7.6 Analyse der Zahlungsströme

Die Analyse der Zahlungsströme ergänzt die bisher auf Erfolgsgrößen ausgerichteten Analysemöglichkeiten. Die wichtigste Kennzahl ist der **Cashflow** bzw. **Umsatzüberschuss**. Darunter versteht man den durch den **Umsatzprozess erwirtschafteten Einzahlungsüberschuss** im Geschäftsjahr. Diese Mittel wurden im Geschäftsjahr aus dem Betriebsprozess erwirtschaftet und erhöhten im Geschäftsjahr grundsätzlich die Liquidität. Es ist jedoch zu beachten, dass sie zum Großteil im selben Geschäftsjahr bereits wieder abgeflossen sind. Die Darstellung sämtlicher Zahlungsströme erfolgt in der **Geldflussrechnung** (siehe Kapitel 6.3).

Cashflow

Der Cashflow entspricht der Differenz zwischen den im Geschäftsjahr zahlungswirksamen Erträgen und den zahlungswirksamen Aufwendungen. Er kann auf zwei Arten ermittelt werden:

- **Direkte Methode:**

  Erträge, die Einzahlungen sind
  – Aufwendungen, die Auszahlungen sind

  = **Cashflow**

- **Indirekte Methode:**

  Jahresergebnis
  + Aufwendungen, die keine Auszahlungen sind
  – Erträge, die keine Einzahlungen sind

  = **Cashflow**

Beide Methoden führen zum gleichen Ergebnis, wie sich leicht aus der GuV – entsprechend zusammengefasst – erkennen lässt:

Gewinn- und Verlustrechnung

Aufwendungen, die Auszahlungen sind Aufwendungen, die keine Auszahlungen sind Jahresüberschuss	Erträge, die Einzahlungen sind Erträge, die keine Einzahlungen sind

In der Praxis haben sich verschieden detaillierte **Berechnungsschemata** herausgebildet, die sich im Umfang der einbezogenen Posten unterscheiden. Je nach Berechnung wird die exakte Interpretation und Aussagekraft variieren. Ein häufig verwendetes einfaches Schema ist das Folgende (**Praktikermethode**):

Jahresergebnis
+ Planmäßige Abschreibungen
+ Erhöhung (– Verminderung) langfristiger Rückstellungen

= **Cashflow** (Praktikermethode)

Dieses Schema basiert auf der **indirekten Methode** und bedient sich der vereinfachenden Annahme, dass Abschreibungen und die Änderung langfristiger Rückstellungen (meist Pensions- und Abfertigungsrückstellungen) die betragsmäßig größten Posten sind, die zwar Aufwand darstellen, denen aber keine Auszahlungen gegenüberstehen.

Wie schon in Kapitel 7.5 gezeigt wurde, kann der Cashflow auch durch die **Earnings before interest, tax, depreciation and amortization** (EBITDA) grob abgeschätzt werden. Dabei werden nur die Abschreibungen, nicht aber die Änderungen der langfristigen Rückstellungen berücksichtigt.

Das folgende, genauere **Berechnungsschema** gibt auch die Verbindung zum **Cashflow aus der Geschäftstätigkeit** an, der eine der drei Hauptkomponenten der Geldflussrechnung bildet.

Jahresergebnis
+ Abschreibungen (– Zuschreibungen)
+ Verluste (– Gewinne) aus dem Abgang von Anlagevermögen
+ Erhöhung (– Verminderung) langfristiger Rückstellungen

= **Cashflow aus dem Ergebnis**

– Erhöhung (+ Verminderung) von Vorräten
– Erhöhung (+ Verminderung) von Forderungen aus Lieferungen und Leistungen, Forderungen gegenüber verbundenen Unternehmen und gegenüber Unternehmen, mit denen ein Beteiligungsverhältnis besteht
+ Erhöhung (– Verminderung) von erhaltenen Anzahlungen
+ Erhöhung (– Verminderung) von Verbindlichkeiten aus Lieferungen und Leistungen, Wechselverbindlichkeiten, Verbindlichkeiten gegenüber verbundenen Unternehmen und gegenüber Unternehmen, mit denen ein Beteiligungsverhältnis besteht, und von sonstigen Verbindlichkeiten
+ Erhöhung (– Verminderung) kurzfristiger Rückstellungen
– Erhöhung (+ Verminderung) von aktiven Rechnungsabgrenzungsposten
+ Erhöhung (– Verminderung) von passiven Rechnungsabgrenzungsposten

= **Cashflow aus der Geschäftstätigkeit**

Dabei wird innerhalb des Cashflow aus der Geschäftstätigkeit eine Zwischensumme gebildet, die als **Cashflow aus dem Ergebnis** bezeichnet wird. Dies erfolgt zur Unterscheidung von Cashflows aus der Änderung des **Working Capital**.

Die Österreichische Vereinigung für Finanzanalyse und Anlageberatung (ÖVFA) ermittelt etwa die Kennzahl **Cash Earnings** mit Hilfe des Cashflow aus dem Ergebnis, wobei noch eine Bereinigung um das außerordentliche Ergebnis und Minderheitenanteile erfolgt.

Der **Cashflow** ist meist größer als das Jahresergebnis, weil die Abschreibungen zum Jahresergebnis hinzugerechnet werden und weil die Investitionsauszahlungen, die den Abschreibungen nach der Cashflow-Rechnung gegenüberstehen, nicht berücksichtigt werden. Der Cashflow kann allerdings auch kleiner als das Jahresergebnis werden. Ein **negativer Cashflow** ist ein Krisenwarnsignal. Denn dann wären in dieser Periode die Abschreibungen nicht über den Umsatzprozess verdient worden.

Der Cashflow kann nicht nur als **Finanzierungskennzahl**, sondern auch als **Erfolgskennzahl** interpretiert werden. Er zeigt dann den Zahlungsüberschuss, der in einer Periode erwirtschaftet wird, aber nicht durch bilanzpolitische Maßnahmen beeinträchtigt wird. In dieser Verwendung wird manchmal bei der Cashflow-Berechnung auch noch das **außerordentliche Ergebnis** abgezogen, um außerhalb der gewöhnlichen Geschäftstätigkeit entstehende Erfolge auszuscheiden. Dabei wird angenommen, dass das außerordentliche Ergebnis (bis auf Anlagenabgänge) direkt zahlungswirksam ist. Für die Ermittlung eines Finanzierungsindikators ist dies dann sinnvoll, wenn man glaubt, ohne außerordentliche Posten eher einen nachhaltigen, für Prognosezwecke besser geeigneten Cashflow ermitteln zu können.

Cashflow-Kennzahlen

Der Cashflow kann zunächst in Prozent des Umsatzes ausgedrückt werden (**Cashflow-Umsatzrate**), um eine relative und damit über Betriebe besser vergleichbare Cashflow-Kennzahl zu erhalten. Sinnvoll ist dabei die Annahme, dass der Umsatz zur Gänze zahlungswirksam ist (dh keine wesentlichen Änderungen in den Forderungen stattfinden).

$$\text{Cashflow-Umsatzrate} = \frac{\text{Cashflow}}{\text{Umsatzerlöse}}$$

Mit dem Cashflow können dynamische Liquiditätskennzahlen ermittelt werden. Beim **dynamischen Verschuldungsgrad** wird geschätzt, wie lange es dauern würde, bis das Unternehmen mit den aus dem Umsatzprozess erwirtschafteten Mitteln seine Schulden zurückzahlen könnte. Dies ist eine rein hypothetische Kennzahl, da diese Mittel idR weder zur Gänze zur Schuldenbegleichung zur Verfügung stehen noch jährlich in gleicher Höhe anfallen.

Die Kennzahlen unterscheiden sich – abgesehen von der verwendeten Cashflow-Variante – danach, wie weit man die Schulden fasst und inwieweit man auch andere Mittel, nämlich das monetäre Umlaufvermögen, zur Schuldentilgung verwendet. Dazu ist es sinnvoll, einen nicht durch zufällige Ereignisse beeinträchtigten Cashflow zu verwenden, sondern diesen um das außerordentliche Ergebnis zu bereinigen. Als Schulden können das gesamte **Fremdkapital**, das **verzinsliche Fremdkapital** oder die **Effektivverschuldung** zur Berechnung dynamischer Verschuldungsgrade herangezogen werden, wobei davon ausgegangen wird, dass die liquiden Mittel und die kurzfristigen Wertpapiere zunächst zur Schuldentilgung verwendet werden.

Fremdkapital
- liquide Mittel
- Wertpapiere des Umlaufvermögens
= **Effektivverschuldung**

$$\text{Dynamischer Verschuldungsgrad} = \frac{\text{Effektivverschuldung}}{\text{Cashflow}}$$

264

Das Ergebnis wird in Jahren ausgedrückt. Je kleiner der dynamische Verschuldungsgrad ist, desto liquider erscheint das Unternehmen. Banken orientieren sich häufig an diesen Kennzahlen wie auch an der Tilgungsdeckung, die den Cashflow in Bezug zur Rückzahlung von Verbindlichkeiten setzt. Diese Kennzahl sollte größer als 1 sein.

Das **Unternehmensreorganisationsgesetz** (URG) definiert neben der Eigenmittelquote die fiktive Schuldentilgungsdauer als wesentliche Größe, die einen Reorganisationsbedarf vermuten lässt. Die **fiktive Schuldentilgungsdauer** ist in § 24 URG definiert als:

$$\text{Fiktive Schuldentilgungsdauer} = \frac{\text{Rückstellungen + Verbindlichkeiten − liquide Mittel}}{\text{Mittelüberschuss aus der gewöhnlichen Geschäftstätigkeit}}$$

Der Mittelüberschuss aus der gewöhnlichen Geschäftstätigkeit ist ein nach folgendem Schema gerechneter Cashflow:

Ergebnis der gewöhnlichen Geschäftstätigkeit
− darauf entfallende Steuern vom Einkommen
+ Abschreibungen auf das Anlagevermögen
− Zuschreibungen zum Anlagevermögen
+ Verluste (− Gewinne) aus dem Abgang von Anlagevermögen
+ Erhöhung (− Verminderung) der langfristigen Rückstellungen
= **Mittelüberschuss aus der gewöhnlichen Geschäftstätigkeit**

Als **Grenze** für die fiktive Schuldentilgungsdauer werden 15 Jahre angeführt (§ 22 Abs 1 Z 1 URG).

Der Cashflow drückt eine **Finanzmittelaufbringung** aus einer Quelle aus, nämlich aus dem Umsatzprozess. Er sagt nichts darüber aus, wie diese Mittel verwendet wurden. Der dynamische Verschuldungsgrad erfasst eine Möglichkeit, was damit hätte gemacht werden *können*. Eine andere Verwendungsmöglichkeit für die Finanzmittel sind **Investitionen**, also die Zugänge zum Anlagevermögen. Ein Vergleich des Cashflow und der Investitionen (Investitionsdeckung) zeigt deren Finanzierbarkeit aus dem laufenden Umsatzprozess auf.

$$\text{Selbstfinanzierungsgrad der Investitionen} = \frac{\text{Cashflow}}{\text{Zugänge zum Anlagevermögen}}$$

An Stelle der Zugänge zum Anlagevermögen kann auch der Cashflow aus der Investitionstätigkeit aus der Geldflussrechnung verwendet werden. Er berücksichtigt auch die Einzahlungen aus Desinvestitionen.

Neben den Investitionen ins gesamte Anlagevermögen kann die Kennzahl auch auf **Sachanlagevermögen** oder andere Posten eingeschränkt werden. Die Interpretation dieser Kennzahl setzt im Besonderen voraus, dass es sich um kein untypisches Jahr handelt. Wie bei der Wachstumsrate können auch hier wesentliche Verzerrungen eintreten, wenn Investitionen schubweise und geballt in einem Geschäftsjahr anfallen. Deshalb muss eine niedrige Kennzahl alleine kein ungünstiges Ergebnis bedeuten, und umgekehrt.

Alle Branchen der Sachgütererzeugung	2001	2002	2003
Cashflow in % des Umsatzes (größere Unternehmen)	6,89	6,84	6,16
Cashflow in % des Umsatzes (Großunternehmen)	7,78	8,28	8,50
Cashflow in % der Investitionen (größere Unternehmen)	121,17	147,12	178,01
Cashflow in % der Investitionen (Großunternehmen)	132,99	133,46	128,00
Cashflow in % des Fremdkapitals (größere Unternehmen)	15,76	15,99	15,60
Cashflow in % des Fremdkapitals (Großunternehmen)	17,07	18,85	18,12

Anmerkung: Größere Unternehmen € 40 – 100 Mio Umsatz, Großunternehmen über € 100 Mio Umsatz

Tab 7.5: Erfolgskennzahlen (Quelle: OeNB 2005)

7.7 Analyse der Liquidität

Liquidität

Die Liquidität oder **Zahlungsfähigkeit** des Unternehmens ist dann gesichert, wenn das Unternehmen in der Lage ist, **künftige Auszahlungen** zu erfüllen. Für alle in der Zukunft liegenden Zeitpunkte t muss folgende Bedingung gewährleistet sein:

Liquide Mittel
+ bis zu t erwartete Einzahlungen
− bis zu t erwartete Auszahlungen
─────────────────────────────
= Wert größer Null

Üblich sind vor allem die folgenden **Kennzahlen**:

$$\text{Liquidität 1. Grades (Barliquidität)} = \frac{\text{Liquide Mittel}}{\text{Kurzfristiges Fremdkapital}}$$

$$\text{Liquidität 2. Grades} = \frac{\text{Kurzfristiges Umlaufvermögen}}{\text{Kurzfristiges Fremdkapital}}$$

Diese beiden Liquiditätskennzahlen gehen von **unterschiedlichen Zeitpunkten** in der Zukunft aus. Die Liquidität 1. Grades betrachtet nur die **vorhandenen liquiden Mittel**, die Liquidität 2. Grades auch die **kurzfristigen Forderungen**. Angenommen wird, dass das kurzfristige Fremdkapital die gleiche oder eine kürzere **Fristigkeit** aufweist. Zum kurzfristigen Fremdkapital kann auch noch der (in der Bilanz nicht ersichtliche) kurzfristige Baraufwand gezählt werden (zB die Lohn- und Gehaltszahlungen für den nächsten Monat), was aus der Bilanz selbst nicht ersichtlich ist.

Für die Ermittlung der Liquidität sind aber auch andere, in der Bilanz nicht ausgewiesene Sachverhalte von Bedeutung, wie etwa ein ungenutzter Kreditrahmen, Krediterstreckungsversprechungen usw.

Eine zu **hohe Liquidität** ist eher negativ zu bewerten, wenn man bedenkt, dass für Kassenbestände keine, für Kontokorrentguthaben nur sehr geringe Zinserträge erzielt werden können.

Die Aussagekraft der **Liquiditätsanalyse** ist nicht besonders hoch. Es kann nämlich allenfalls für den *Bilanzstichtag* die Behauptung aufgestellt werden, dass das Unternehmen liquide *war* oder nicht. Dies erscheint aber nicht sonderlich interessant. Wichtiger wären Hinweise auf die potenzielle Zahlungsfähigkeit des Unternehmens. Diese sind aber der Bilanz nicht zu entnehmen.

Beispiel: Ein Unternehmen schätzt, dass seine liquiden Mittel am Bilanzstichtag 100 und das kurzfristige Fremdkapital 500 betragen. Die Liquidität 1. Grades wird mit 100 / 500 = 20% ermittelt. Angenommen, das Unternehmen plant die Aufnahme eines kurzfristigen Kredites von 500. Dies verändert die Liquidität 1. Grades zu (100 + 500) / (500 + 500) = 60%.

Statische Liquiditätskennzahlen

Eine Möglichkeit, sich ein Bild über die längerfristige Liquiditätslage des Unternehmens zu machen, liegt in der Analyse von Strukturkennzahlen, insbesondere der **Kapitalstruktur** (siehe oben Kapitel 7.4). Darüber hinaus kann die Kapitalstruktur mit der Vermögensstruktur in Verbindung gebracht werden. Dazu dienen **Deckungsgradkennzahlen**. Sie setzen Posten der Aktiv- und Passivseite der Bilanz zueinander in Beziehung. Als Gliederungsprinzip dient dabei die **Fristigkeit** des Vermögens und des Kapitals. Als kurzfristig werden idR Posten mit einer Restlaufzeit von weniger als einem Jahr erfasst, als langfristig solche mit mehr als fünf Jahren. Mittelfristig gebundene Posten müssen je nach Analysezweck und Informationen aufgeteilt werden. Meist wird die Grenze bei einem Jahr gesetzt, weil dies mit den Fristigkeiten auf der Aktiv- und der Passivseite der Bilanz korrespondiert.

Das **Anlagevermögen** enthält im Wesentlichen langfristig gebundenes Vermögen. Da die Definition aber auf die ursprüngliche Absicht abstellt, kann ein Posten des Anlagevermögens tatsächlich kurzfristig sein, wenn er bald nach Ende des Geschäftsjahres ausscheidet oder dies geplant ist. Dies ist jedoch aus dem Jahresabschluss nicht erkennbar.

Ähnliche faktische Abgrenzungsschwierigkeiten bestehen beim **Umlaufvermögen**. Das Umlaufvermögen enthält zwar nur Posten, die nicht dauernd dem Geschäftsbetrieb gewidmet sind, dies gilt jedoch nur für jeden individuellen Posten. Insgesamt ist zu beobachten, dass Unternehmen immer einen gewissen Stand an Umlaufvermögen halten. Die Finanzierung sollte daher ebenfalls langfristig erfolgen, um Liquiditätsprobleme zu vermeiden.

Mit der Gliederung von Vermögen und Kapital in langfristige und kurzfristige Posten können die verschiedenen **Deckungsgrade** ermittelt werden.

$$\text{Deckungsgrad 1} = \frac{\text{Eigenkapital}}{\text{Anlagevermögen}}$$

$$\text{Deckungsgrad 2} = \frac{\text{Eigenkapital} + \text{langfristiges Fremdkapital}}{\text{Anlagevermögen}}$$

$$\text{Deckungsgrad 3} = \frac{\text{Eigenkapital} + \text{langfristiges Fremdkapital}}{\text{Anlagevermögen} + \text{langfristig vorhandenes Umlaufvermögen}}$$

Auf Grund ihrer Definitionen ist der Deckungsgrad 2 immer größer als der Deckungsgrad 1, der Deckungsgrad 3 ist kleiner als der Deckungsgrad 2, und das Verhältnis von Deckungsgrad 1 und 3 hängt von der Höhe der jeweiligen Posten ab.

Deckungsgrade sind vor allem gebräuchliche Werte für die Beurteilung der Einhaltung **horizontaler Finanzierungsregeln (Fristenkongruenzregeln)**. Diese besagen, dass langfristig gebundenes Vermögen durch langfristiges Kapital finanziert werden soll. Hintergrund dieser Regeln bildet die Beobachtung, dass etwa im Anlagevermögen langfristig gebundenes Vermögen bei Finanzierung durch kurzfristige Mittel zu Liquiditätsengpässen führen kann. Es soll sichergestellt werden, dass das Unternehmen auch künftig seinen Zahlungsverpflichtungen nachkommen kann. Die so genannte **goldene Bilanzregel** entspricht der Forderung, dass der Deckungsgrad 1 größer als 1 ist.

Trotz Angabe der Fristigkeiten von Verbindlichkeiten kann wenig darüber ausgesagt werden, ob eine Investition mit langfristigem Kapital **finanziert** wurde. Denn die Änderungen in der Verbindlichkeitsstruktur (Verbindlichkeitenspiegel) können sowohl auf (Neu-)Finanzierungen als auch auf Verschiebungen innerhalb bestehender Verbindlichkeiten beruhen.

Die Kennzahlen können auch von der Seite der kurzfristigen Positionen her definiert werden. Dabei geht man vom **Working Capital** bzw **Nettoumlaufvermögen** aus.

Umlaufvermögen
– kurzfristiges Fremdkapital
= Working Capital

Die **Working Capital Ratio** ist ebenso aufgebaut wie Deckungsgrade, die Aussagekraft ist identisch mit der des Deckungsgrads 2, es werden hier nur die kurzfristigen an Stelle der langfristigen Größen in Relation gesetzt (siehe auch Abbildung 7.4). Sie wird auch als Current Ratio bezeichnet.

$$\text{Working Capital Ratio} = \frac{\text{Umlaufvermögen}}{\text{Kurzfristiges Fremdkapital}}$$

Bilanz	
Anlagevermögen	Eigenkapital
	Langfristiges Fremdkapital
Umlaufvermögen	Kurzfristiges Fremdkapital

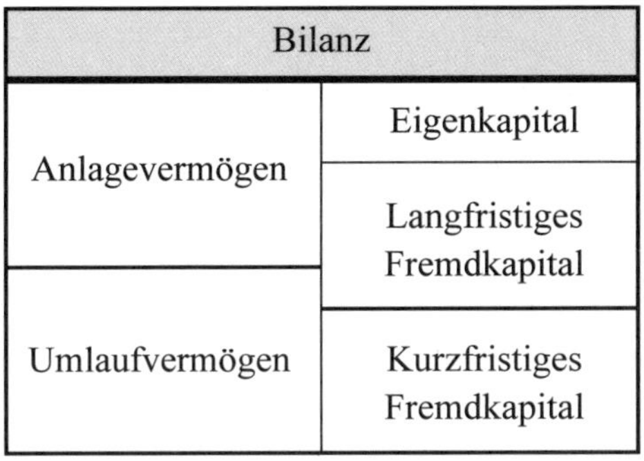

Abb 7.4: Bilanz nach Fristigkeiten

Diese Kennzahlen werden in den USA häufig verwendet. Ein negatives Working Capital, bzw eine Working Capital Ratio kleiner als 1 ist ein Anzeichen für eine möglicherweise angespannte Liquidität. Nach der so genannten „Banker's rule" sollte die Working Capital Ratio größer als 2 sein.

Value at Risk

Themen des Risikocontrolling und der Risikoüberwachung gewinnen in den letzten Jahren verstärkt an Bedeutung. In Deutschland muss der Vorstand einer AG ein Risikofrühwarnsystem einführen und jährlich prüfen.

Eine Kennzahl, die das (negative) Risiko des Kapitalverlustes misst, ist der **Value at Risk** (VaR). Der Value at Risk bezeichnet jenen Verlust, der für eine bestimmte Periode (zB drei Tage) nur mit einer vorgegebenen Wahrscheinlichkeit p (zB 1%) überschritten wird (siehe Abbildung 7.5). Er lässt sich damit als dasjenige notwendige Kapital interpretieren, das ausreicht, um die während der Periode möglichen Verluste zu decken. Als Periodenlänge könnte man ein Geschäftsjahr wählen; je länger die Periode, desto höher ist der Value at Risk.

Diese Kennzahl wurde in der Bankpraxis zur internen Risikomessung entwickelt, und sie wird auch für die notwendige Unterlegung mit Eigenkapital verwendet. Der Value at Risk wird zunehmend auch in der Industrie für das Risikocontrolling verwendet. Das Problem liegt hier allerdings in der schwierigen Schätzung von Wahrscheinlichkeitsfunktionen, die zur Berechnung notwendig sind.

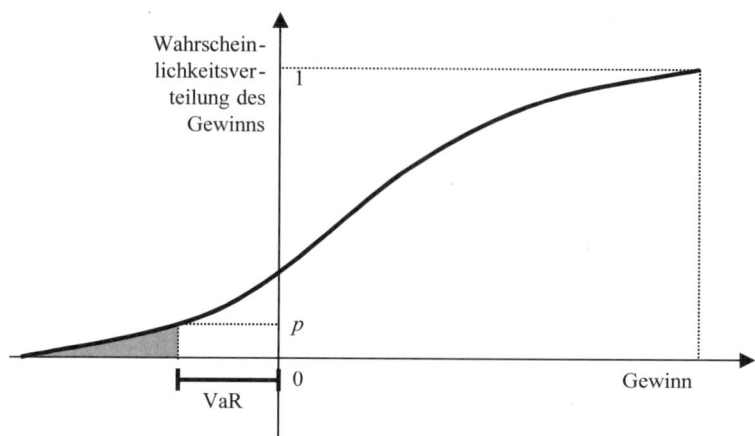

Abb 7.5: Value at Risk

Fragen und Beispiele

1. Wirken die folgenden Bilanzierungs- und Bewertungsmethoden gewinnerhöhend, neutral oder gewinnmindernd?

   a) Das Anlagevermögen wird degressiv abgeschrieben.

   b) Die planmäßige Abschreibung erfolgt nach der steuerlichen Halbjahresabschreibung.

   c) Unfertige und fertige Erzeugnisse werden mit ihren Einzelkosten aktiviert.

   d) Die Bewertung der Roh-, Hilfs- und Betriebsstoffe erfolgt nach dcm LIFO-Verfahren.

   e) Pensionsrückstellungen werden im steuerrechtlich zulässigen Ausmaß gebildet.

   f) Die Kapitalkonsolidierung erfolgt nach der Buchwertmethode.

   g) Firmenwerte werden im Rahmen der Erstkonsolidierung direkt gegen Gewinnrücklagen verrechnet.

2. Vielfach wird anhand der Kennzahl Lagerintensität (Vorräte/Gesamtkapital) versucht, auf mögliche Absatzprobleme zu schließen. Welche Gründe können für die Erhöhung der Lagerintensität tatsächlich verantwortlich sein?

3. Nachfolgend ist die Bilanz einer Unternehmung sehr vereinfacht dargestellt:

Bilanz

Anlagevermögen	100	Eigenkapital	100
Umlaufvermögen	100	Fremdkapital	100
	200		200

a) Wie hoch sind die Eigenkapitalquote, die Anlagenintensität und der Deckungsgrad 1?

b) Das Unternehmen verkauft die Hälfte seiner Anlagen zum Buchwert an eine Leasinggesellschaft und mietet sie dann wieder zurück (Sale and lease back).

Wie verändern sich die unter a) ermittelten Kennzahlen? (vgl *Leffson* 1984, 77 f).

4. Für die Eigenkapitalquote werden für österreichische Unternehmen der Sachgütererzeugung im Jahr 1998 folgende Werte genannt:

Österreichisches Statistisches Zentralamt	36,3%
Oesterreichische Nationalbank (Medianwert)	10,9%
Unterer Quartilswert	–20,4%
Oberer Quartilswert	33,1%

a) Worin könnten die Unterschiede begründet sein?

b) Für ein analysiertes Unternehmen ergibt sich eine Eigenkapitalquote von 30,5%. Liegt es im österreichischen Durchschnitt oder weit darüber?

5. Was kann aus folgenden Beobachtungen geschlossen werden?

a) Die Position Maschinen steigt, die Vorräte sinken.

b) Die Position Roh-, Hilfs- und Betriebsstoffe steigt, sonst ist keine wesentliche Änderung erkennbar.

c) Die Position fertige Erzeugnisse und Waren steigt, die sonstigen Positionen sinken oder bleiben konstant.

d) Steigender Umsatz, aber gleich bleibende Personalaufwendungen.

e) Die Position Forderungen steigt, die anderen Positionen bleiben im Wesentlichen unverändert.

6. Welche Aussagen können auf Basis der folgenden Kennzahlen getroffen werden?

$$\frac{\text{Cashflow}}{\text{Investitionen}}$$

$$\frac{\text{Cashflow}}{\text{Verbindlichkeiten}}$$

$$\frac{\text{Cashflow}}{\text{Kreditannuität}}$$

Lösungen

1. Die Wirkung der angeführten Bilanzierungs- und Bewertungsmethoden hängt von der Alternative, vom Jahr der Betrachtung und von der Struktur und Vielfalt der Geschäftsfälle ab. Die folgenden Lösungsvorschläge sind die typischen Wirkungen; im Einzelfall können sich andere Effekte ergeben.

   a) Die degressive Abschreibung ist gegenüber der linearen Abschreibung tendenziell gewinnmindernd.

   b) Die Halbjahresabschreibung führt im ersten Jahr zu mehr Aufwand und wirkt daher gewinnmindernd.

   c) Die Bewertung mit Einzelkosten ist die Untergrenze der Bewertung; sie wirkt gewinnmindernd (soweit ein Aufbau des Bestandes erfolgt).

   d) Das LIFO-Verfahren führt in Zeiten steigender Preise zu höherem Aufwand und wirkt daher gewinnmindernd.

   e) Das steuerlich anerkannte Ausmaß der Pensionsrückstellung ist idR zu niedrig; daher wirkt diese Methode gewinnerhöhend.

   f) Die Kapitalkonsolidierung nach der Buchwertmethode hat keine direkten Gewinnauswirkungen; in weiterer Folge ergeben sich durch relativ niedrigere Buchwerte der Vermögensgegenstände (die anteiligen stillen Reserven der Minderheitsgesellschafter werden nicht aufgedeckt) geringere Abschreibungen und Abgangswerte, und insofern wirkt sie gewinnmindernd, allerdings nur bezogen auf die Gewinnanteile der Minderheiten.

   g) Die direkte Verrechnung des Firmenwertes gegen Gewinnrücklagen wirkt gewinnerhöhend, weil sie keine erfolgswirksamen Firmenwertabschreibungen bedingt.

2. Mögliche Ursachen für eine Erhöhung der Lagerintensität können die Folgenden sein (vgl auch *Küting/Weber* 2004, S 51 f). Diese Ursachen lassen sich nur teilweise durch andere Informationen unterscheiden.

   - Es kann sich tatsächlich um Absatzprobleme handeln.

   - Das Unternehmen rechnet mit einer starken Steigerung der Nachfrage und baut das Lager auf, um der erwarteten künftigen Nachfrage nachkommen zu können.

   - Die Preise für Vorräte sind am Beschaffungsmarkt angestiegen.

   - Das Unternehmen rechnet mit Versorgungsengpässen oder spekuliert mit steigenden Beschaffungspreisen der Vorräte und baut bewusst das Lager auf.

   - Das Unternehmen hat im Geschäftsjahr desinvestiert, einen Betrieb veräußert oder einen Kredit durch Veräußerung von Wertpapieren getilgt. Diese Vorgänge reduzieren das Gesamtvermögen und führen zu einer Erhöhung der Lagerintensität auch dann, wenn sich an den im Lager gebundenen Werten nichts geändert hat.

- Das Unternehmen hat Aufträge erhalten, deren Kunden relativ weniger Anzahlungen geleistet haben als früher. Werden die Anzahlungen offen gegen Vorräte saldiert, erhöht dies die Lagerintensität.
- Das Unternehmen hat die Vorratsbewertungsmethode geändert.

3. a) Eigenkapitalquote: 50%

   Anlagenintensität: 50%

   Deckungsgrad 1: 100%

   b) Die Bilanz verändert sich unter der Annahme, dass mit dem Verkaufserlös Schulden zurückgezahlt werden, folgendermaßen:

Bilanz

Anlagevermögen	50	Eigenkapital	100
Umlaufvermögen	100	Fremdkapital	50
	150		150

Eigenkapitalquote: 67%

Anlagenintensität: 33%

Deckungsgrad 1: 200%

Alle Kennzahlen verändern sich dadurch, ohne dass sich im Unternehmen eine substanzielle Änderung ergeben hätte.

4. a) Unterschiede ergeben sich zunächst auf Grund der stark unterschiedlichen Stichproben, die den Analysen zugrunde liegen. Beim ÖSTAT sind es Aktiengesellschaften über alle Branchen, bei der OeNB Industrieunternehmen sämtlicher Rechtsformen in den Branchen Sachgütererzeugung und Bauwesen. Des Weiteren ist die Berechnungsmethode des Eigenkapitals zum Teil unterschiedlich. Ein dritter wesentlicher Unterschied ist, dass die Werte des ÖSTAT arithmetische Mittelwerte sind, während die OeNB den Median sowie den unteren und oberen Quartilswert ausweist. Die Quartilswerte zeigen eine stark schiefe Verteilung der Eigenkapitalquoten, da die untere Hälfte der Unternehmen enger zusammen liegende Eigenkapitalquoten aufweisen als die obere Hälfte. Dem entspricht auch die Beobachtung, dass der Mittelwert größer ist als der Median. Grundsätzlich sind daher beide Werte nicht miteinander vergleichbar.

   b) Die Eigenkapitalquote des Unternehmens liegt knapp unter dem Durchschnitt, aber erheblich über dem Median. Insofern wird man von einer recht hohen Eigenkapitalquote ausgehen können. Es ist allerdings zu beachten, dass die Rechtsform und die Branche wesentliche Bestimmungsgrößen sind. Die Eigenkapitalquoten unterscheiden sich danach erheblich. Mit abschließenden Aussagen sollte man daher vorsichtig sein. Vorausgesetzt wird, dass die Eigenkapitalquote nach einer vergleichbaren Methode ermittelt wird. Die Vergleichswerte ändern sich auch über die Zeit.

5. a) Denkbar ist eine Rationalisierung des Produktionsprozesses oder Eigenfertigung statt Fremdbezug.

   b) Möglicherweise werden spekulative Vorratsbestände angelegt.

   c) Zu vermuten ist eine Absatzstockung.

   d) Denkbar ist eine Rationalisierung, Personalleasing oder einfach eine Preissteigerung der abgesetzten Produkte.

   e) Dies deutet auf eine Verschlechterung des Zahlungseinganges hin.

6. Alle drei Kennzahlen basieren auf einer Annahme, wie ein Teil des Zugangs an liquiden Mitteln aus dem Umsatzprozess alternativ hätte verwendet werden können. Es hätten damit die im Geschäftsjahr investierten Vermögensgegenstände zum entsprechenden Prozentsatz finanziert werden können, der Cashflow hätte auch den betreffenden Prozentsatz der Verbindlichkeiten abdecken können, oder er hätte zur Deckung von Kreditannuitäten verwendet werden können. Insgesamt bietet dies zwar einige Hinweise auf die Finanzlage, jedoch bei weitem kein geschlossenes Bild. Dafür wäre eine Kapitalflussrechnung aufschlussreicher.

Literaturempfehlungen zum 7. Kapitel

Detailliertere Informationen zur Ermittlung von Kennzahlen auf Basis österreichischer Jahresabschlüsse geben zB *Egger/Samer/Bertl* (2002). Für die deutsche Rechtslage enthalten *Baetge/Kirsch/Thiele* (2004), *Coenenberg* (2003), *Küting/Weber* (2004) und *Lachnit* (2004) ausführliche Darstellungen. Eine lesenswerte, sehr kritische Diskussion zu den Methoden und Ergebnissen der Bilanzanalyse findet sich in *Leffson* (1984). US-amerikanische Standardwerke zur Bilanzanalyse sind etwa *Stickney* (1996) und *White/Sondhi/Fried* (2003).

8. Kapitel

Bilanzanalyse – Erweiterungen

Dieses Kapitel zeigt erweiterte Auswertungsmöglichkeiten des Jahresabschlusses. Zunächst werden wertorientierte Erfolgskennzahlen dargestellt, die in Verbindung mit Shareholder-Value-Rechnungen diskutiert werden. Daran schließen sich Kennzahlensysteme an, wobei auch empirische Kennzahlensysteme zur Insolvenzprognose angesprochen werden. Die Analyse von qualitativen Informationen in Lageberichten stellt den Analysten zum Teil vor neue Probleme, die kurz aufgezeigt werden. Ein wichtiger Zweck der Bilanzanalyse besteht in der Prognose künftiger Entwicklungen. Dazu werden Grundzüge der Zeitreihenanalyse gezeigt.

8.1 Marktwertorientierte Kennzahlen

Der im veröffentlichten Jahresabschluss ausgewiesene Buchwert des Eigenkapitals entspricht in den seltensten Fällen dem **Marktpreis** des Unternehmens (**Börsenkapitalisierung**). Die Diskrepanz zwischen Marktpreis und Buchwert kann durch folgende Kennzahl ausgedrückt werden:

$$\text{Marktpreis-Buchwert-Relation} = \frac{\text{Marktpreis des Eigenkapitals}}{\text{Buchwert des Eigenkapitals}}$$

Im Regelfall ist die **Marktpreis-Buchwert-Relation** größer als 1, für Wachstumsunternehmen im Bereich E-Commerce und Internet kann sie durchaus Werte von 10 und mehr annehmen. Für die Bilanzanalyse erhebt sich dann die Frage nach dem Sinn der Analyse der Bilanzwerte, wenn diese nur 10% des Wertes des Unternehmens betragen.

Im Folgenden wird zunächst der Frage nachgegangen, wie der Wert eines Unternehmens anhand von Bilanzdaten abgeschätzt werden kann. Daran anschließend werden Möglichkeiten der Messung der Wertsteigerung einer Periode betrachtet.

Unternehmensbewertung

Bei einer Unternehmensbewertung ist zunächst zu klären, welchem Zweck sie dienen soll. Es gibt keine einzig richtige Methode der Unternehmensbewertung, unterschiedliche Zwecke erfordern verschiedene Bewertungsmethoden und Wertansätze. Die wichtigsten Werte sind die Folgenden:

- **Entscheidungswert:** Dieser ist ein interessenbezogener Wert (**Grenzpreis**) einer Partei. Er findet bei einem Verkauf, einer Fusion oder einer Einbringung Verwendung. Für den Verkäufer eines Unternehmens bringt er den minimalen Verkaufspreis zum Ausdruck, den er verlangen muss, um sich nicht schlechter zu stellen als bei Ablehnung des Verkaufs. Der Grenzpreis des potenziellen Käufers gibt dessen Höchstgebot an. Die Grenzpreise hängen jeweils von der individuellen Situation der betreffenden Partei ab, für die sie ermittelt werden. So finden mögliche Synergieeffekte und Alternativen Eingang in die Bewertung.

- **Marktwert:** Dabei wird versucht, einen Marktwert für das Unternehmen zu ermitteln, um einen nicht vorhandenen Markt für Unternehmensanteile zu substituieren. Dieser Wert wird häufig auch fundamentaler Wert genannt, weil er aus den Finanzinformationen des Unternehmens abgeleitet wird. Es wird von der individuellen Situation einzelner Personen abstrahiert. Diese Funktion hat in jüngerer Zeit erhebliche Bedeutung im Rahmen des wertorientierten Managements gewonnen.

- **Schiedswert:** Mit diesem Wert wird ein Interessenausgleich zwischen zwei Parteien zu erzielen gesucht. Er wird idR von einem an der Transaktion unbeteiligten Dritten (Gutachter, Gericht) ermittelt und den Parteien vorgeschlagen oder auferlegt. Ein Schiedswert hat seine Berechtigung aber auch dann, wenn eine Partei kaufen oder verkaufen muss, zB bei Erbauseinandersetzungen, Abfindungen oder Enteignungen. Die Interessen der sich in Zwangslage befindlichen Partei sind dann besonders zu berücksichtigen.

- **Sonstige Werte:** Unternehmensbewertungen werden auch vorgenommen, um einen Argumentationswert zu ermitteln, den eine Partei in Verhandlungen als ihre Forderung präsentiert. Sie kommen für die Bemessung von Steuern (zB Erbschafts- und Schenkungssteuer) und die Vertragsgestaltung (zB Ansprüche bei Ausscheiden eines Gesellschafters) in Betracht.

Methodisch wird der Unternehmenswert auf Basis der **Kapitalwertmethode (Discounted-Cashflow-Verfahren**, DCF-Verfahren) ermittelt. Dabei gibt es verschiedene Methoden, deren bekannteste zunächst den Marktwert des Eigen- und verzinslichen Fremdkapitals ermittelt (Bruttoverfahren) und dann den Marktwert des verzinslichen Fremdkapitals abzieht, um zum Marktwert des Eigenkapitals, auch Shareholder Value bezeichnet, zu gelangen.

Die Basis bilden Prognosen künftiger **Free Cashflows**. Der Free Cashflow ergibt sich wie folgt:

Cashflow aus der Geschäftstätigkeit
+ bezahlte Fremdkapitalzinsen (abzüglich zurechenbarer Steuern)
+ Cashflow aus der Investitionstätigkeit (typischerweise negativ)

= **Free Cashflow**

Der Free Cashflow ist ein finanzierungsneutraler Cashflow, weil er die Zahlungsüberschüsse enthält, die den Erfolg für das gesamte investierte Kapital (Eigenkapital und verzinsliches Fremdkapital) wiedergeben. Dafür ist der Cashflow aus der Geschäftstätigkeit (aus der Geldflussrechnung) um die Zinszahlungen (nach zurechenbaren Steuern) zu erhöhen. Davon werden die Investitionsauszahlungen abgezogen. Es verbleibt jener Zahlungsüberschuss, der für die Rückzahlung von Krediten oder an die Eigentümer zur Verfügung steht. Ist dieser Betrag negativ, müssen Zahlungsmittel durch Außenfinanzierung (nach Abzug der liquiden Mittel) aufgebracht werden (Cashflow aus der Finanzierungstätigkeit).

Die Free Cashflows werden für einen überschaubaren Zeitraum (zB fünf Jahre) geplant. Für Zeiträume danach müssen sehr vereinfachende Annahmen über die Entwicklung gemacht werden. IdR geht man davon aus, dass ab dann in Zukunft immer ein konstanter Free Cashflow anfällt.

Für eine Prognose sind oft gewinnorientierte Berechnungsschemata besser geeignet, weil diese weniger stark fluktuieren als die Cashflows. Eine einfache Berechnung des Free Cashflow zeigt das folgende Schema, worin davon ausgegangen wird, dass die Abschreibungen direkt als Ersatzinvestitionen zahlungswirksam werden und nur Erweiterungsinvestitionen gesondert zu berücksichtigen sind:

Betriebsergebnis (EBIT)
– zurechenbare Ertragsteuern
– Erweiterungsinvestitionen ins Anlagevermögen
– Erweiterungen des Umlaufvermögens

= Free Cashflow

Die künftig geplanten Free Cashflows werden auf den Bewertungszeitpunkt abgezinst. Dies erfolgt mit einem aus dem Kapitalmarkt abgeleiteten **Zinssatz**, einem gewogenen Eigen- und Fremdkapitalkostensatz, der als **Weighted Average Cost of Capital** (WACC) bezeichnet wird.

$$WACC = r \cdot \frac{EK^M}{GK^M} + i_s \cdot \frac{FK^M}{GK^M}$$

EK^M	Marktwert des Eigenkapitals
FK^M	Marktwert des verzinslichen Fremdkapitals
GK^M	Marktwert des Eigenkapitals und des verzinslichen Fremdkapitals
r	Geforderte Rendite der Eigenkapitalgeber
i_s	Zinssatz für Fremdkapital (nach Steuern)

Wird der WACC als konstant über die Zeit angenommen, ergibt sich der **Barwert** der künftigen Free Cashflows wie folgt:

$$\text{Marktwert Gesamtkapital} = \sum_{t=1}^{\infty} \frac{\text{Free Cashflow}_t}{(1 + \text{WACC})^t}$$

Marktwert des Gesamtkapitals
– Marktwert des Fremdkapitals

= **Marktwert des Eigenkapitals (Shareholder Value)**

Beispiel: Ein Unternehmen plant die Free Cashflows für 5 Jahre einzeln und für die nachfolgenden Jahre pauschal. Die Free Cashflows werden dabei aus folgenden Daten entwickelt: Umsatz 20X0: 620; Umsatzwachstumsrate bis 20X5: 12%, ab 20X6: 0%; Umsatzrentabilität (unter Zugrundelegung des Betriebsergebnisses): 15%; Ertragsteuersatz 25%; Kapitalkosten (WACC): 10%. Das Umsatzwachstum erfordert Nettoinvestitionen ins Anlagevermögen von 15% und ins Working Capital von 10% des Umsatzwachstums. Die Ersatzinvestitionen werden als den Abschreibungen entsprechend angenommen.

Die Tabelle zeigt die Berechnung des Endwertes zum Ende 20X5 sowie den letztlich daraus resultierenden Zahlungsstrom, dessen Barwert den Marktwert des Gesamtkapitals ergibt. Zieht man davon den Marktwert des Fremdkapitals (meist gleich dem Buchwert angenommen) mit zB 600 ab, ergibt sich ein Marktwert des Eigenkapitals von 444. Alle Werte sind gerundet.

	20X1	20X2	20X3	20X4	20X5	20X6
Umsatz	694	778	871	976	1.093	1.093
Betriebsergebnis	104	117	131	146	164	164
Zurechenbare Ertragsteuern	-26	-29	-33	-37	-41	-41
NOPAT	78	87	98	110	123	123
Nettoinvestitionen ins Working Capital	-7	-8	-9	-10	-12	0
Nettoinvestitionen ins Anlagevermögen	-11	-12	-14	-16	-18	0
Free Cash Flows	60	67	75	84	94	123
Endwert Ende 20X5					1.230	
Zahlungsstrom	60	67	75	84	1.324	
Barwert Ende 20X0	**1.044**					
Marktwert des Fremdkapitals	600					
Marktwert des Eigenkapitals	**444**					

Mit einem Berechnungsschema wie diesem lassen sich auch leicht **Sensitivitätsanalysen** durchführen. Rechnet man dasselbe Beispiel etwa mit dem früher geltenden Ertragsteuersatz von 34% durch, ergibt sich als Barwert Ende 20X0 ein Wert von 907, dh die Steuersatzreduktion bewirkt eine Erhöhung des Unternehmenswerts von etwa 15%.

Der Marktwert des Eigenkapitals wird in einer **Gesamtbewertung** durch die künftig erzielbaren Zahlungsüberschüsse ermittelt. Es wird nicht auf die einzelnen Vermögensgegenstände und Schulden des Unternehmens geachtet. Eine Aufteilung auf die einzelnen Gegenstände ist daher nicht möglich. Dennoch können diese einen Indikator für einen Mindestwert bilden: Untergrenze des Unternehmenswertes ist die Summe der Liquidationswerte der einzelnen Vermögensgegenstände. Denn würde man alle Gegenstände sofort verkaufen, könnte man den erzielten Wert in die alternative Anlage investieren.

Aus dieser Berechnung tritt auch zu Tage, worin die Differenz zwischen dem **Marktwert** und dem **Buchwert** des Eigenkapitals besteht, nämlich insbesondere aus:

- stillen Reserven in den Vermögensgegenständen,
- nicht bilanzierungsfähigen Positionen (zB Humanvermögen, Standort, Markenwert, intellektuelles Kapital),
- Synergien und
- künftigen Erwartungen über Erfolge, welche die Kapitalkosten übersteigen.

Economic Value Added

Die Ermittlung des Marktwertes des Gesamt- oder Eigenkapitals basiert ausschließlich auf zukünftigen Schätzungen, sowohl der Free Cashflows als auch des künftigen Zinssatzes. Diese Schätzungen können von einem externen Bilanzanalytiker kaum geleistet werden. Deshalb ist es von Interesse zu beurteilen, ob das Unternehmen in einer Periode seinen Wert erhöht hat oder nicht. Eine Maßgröße dafür ist der **Economic Value Added** (EVA), dessen Abkürzung als Marke von der New Yorker Beratungsgesellschaft Stern Stewart in mehreren Ländern eingetragen ist. Alternative Bezeichnungen sind **Economic Profit** (EP) oder **Residualgewinn**. Die Kennzahl wird wie folgt berechnet:

Ergebnis der gewöhnlichen Geschäftstätigkeit
+ Zinsaufwand
– adaptierte Ertragsteuern

= Brutto-Ergebnis nach Steuern (*Net operating profit after taxes*, NOPAT)
– Kapitalkosten (Investiertes Kapital × WACC)

= **Economic Value Added**

Es handelt sich dabei um die selben Basisgrößen wie beim **Return on Net Assets** (RONA) (siehe Kapitel 7.5). Den Zusammenhang erkennt man auch, wenn man den Economic Value Added wie folgt schreibt:

Economic Value Added = (RONA – WACC) × Investiertes Kapital

Der Klammerausdruck (RONA – WACC) wird auch als **Rentabilitätsspanne** bezeichnet. Der Economic Value Added kann nur dann positiv werden, wenn eine positive Rentabilitätsspanne erreicht wird (und das investierte Kapital positiv ist).

Man könnte alternativ auch vom Jahresergebnis ausgehen und die steuerbereinigten Zinsen dazu zählen; damit wird das außerordentliche Ergebnis mit berücksichtigt. Des Weiteren kann wie beim **Return on Capital Employed** (ROCE) vorgegangen werden, indem das steuerbereinigte Betriebsergebnis herangezogen wird; in diesem Fall muss aber das investierte Kapital ohne verzinsliches Vermögen gerechnet werden. Damit ergibt sich eine Größe, die den Wertbeitrag aus der operativen Geschäftstätigkeit misst.

Für die Ermittlung des Economic Value Added werden vielfach Anpassungen der Rechnungslegungsmethoden vorgeschlagen, die das Jahresergebnis adaptieren, um eine betriebswirtschaftlich besser geeignete periodische Maßgröße zu erhalten. So können Forschungs- und Entwicklungsaufwendungen oder Marketingaufwendungen nachaktiviert oder einige Periodisierungen beseitigt werden, um eher Cashflow-orientierte Größen zu erhalten.

Der Economic Value Added ist eine **absolute Kenngröße** und entspricht grundsätzlich dem **Wertbeitrag,** der in der Periode erwirtschaftet wurde. Der Wertbeitrag wird erst dann positiv, wenn die gesamten Kapitalkosten (also auch die Eigenkapitalkosten) verdient wurden.

Eine weitere **Eigenschaft** des Economic Value Added besteht darin, dass er konzeptionell direkt mit dem Marktwert des Gesamtkapitals in Verbindung steht. Der Buchwert des investierten Kapitals zuzüglich der abgezinsten künftig erwarteten EVA ergibt nämlich (unter bestimmten Voraussetzungen über die Rechnungslegung) den Marktwert des Gesamtunternehmens. Es gilt also:

$$\text{Buchwert Gesamtkapital} + \sum_{t=1}^{\infty} \frac{\text{EVA}_t}{(1+\text{WACC})^t} =$$

$$= \sum_{t=1}^{\infty} \frac{\text{Free Cashflow}}{(1+\text{WACC})} = \text{Marktwert Gesamtkapital}$$

Der Barwert der EVAs wird auch **Market Value Added** (MVA) genannt. Der Buchwert des Gesamtkapitals muss dazu allerdings zu Beginn der Periode $t = 1$ ermittelt werden; die Verwendung eines Durchschnittswertes führt dazu, dass die obige Äquivalenz nicht mehr gilt.

Zum Economic Value Added gibt es auch ein Cashflow-basiertes Pendant, den **Cash Value Added** (CVA), der vom Cashflow aus der Geschäftstätigkeit vor Zinsen eine Abschreibung und die Kapitalkosten auf das investierte Kapital (zu Anschaffungskosten) abzieht.

ÖVFA-Kennzahlen

Die **Österreichische Vereinigung für Finanzanalyse und Anlageberatung** (ÖVFA) hat Berechnungsschemata für verschiedene Kennzahlen entwickelt, die hauptsächlich für börsennotierte Unternehmen Anwendung finden. In Deutschland gibt es eine Schwestervereinigung, die Deutsche Vereinigung für Finanzanalyse (DVFA), die idR gemeinsam mit der Schmalenbach-Gesellschaft für Betriebswirtschaft (SG) Empfehlungen für Berechnungen herausgibt.

Das Ziel besteht darin, möglichst gut vergleichbare und prognosefähige Kennzahlen zu ermitteln. Dazu werden viele **Bereinigungen** und **Korrekturen** der Ausgangsgrößen aus dem Jahresabschluss vorgenommen, etwa um Unterschiede auf Grund unterschiedlicher Ausnutzung von Wahlrechten zu verringern. Soweit Wahlrechte nicht gemäß der Standardmethode genutzt wurden, wird versucht, die Auswirkungen entsprechend zu korrigieren.

Ausgangspunkt für viele dieser Kennzahlen ist das **ÖVFA-Ergebnis**, das von dem in der GuV ausgewiesenen Jahresergebnis ausgeht und dieses um in Anspruch genommene Steuerbegünstigungen, außerordentliche Sachverhalte und Wahlrechte korrigiert.

Beispiel: Hat das Unternehmen Fremdkapitalzinsen von 200 in den Herstellungskosten aktiviert, finden sich diese in den Bestandsveränderungen wieder und erhöhen entsprechend das Ergebnis vor Steuern. Die Ertragsteuern darauf betragen 25% von 200 = 50, das heißt, das Jahresergebnis (nach Steuern) ist durch die Nutzung des Bewertungswahlrechts um 150 erhöht. In Höhe dieses Betrages ist eine Korrektur nötig. Diese Bewertungsunterschiede lösen sich im Lauf der Zeit auf. Die ÖVFA-Methode nimmt pauschal eine fünfjährige Auflösung an, so dass der vom Jahresergebnis abgezogene Betrag von 50 sofort (und in den folgenden vier Jahren) um 30 zu kürzen ist.

Die wesentlichen **Korrekturen** sind die Folgenden:

Jahresüberschuss (Jahresfehlbetrag)
± **Außergewöhnliche Sachverhalte**
  ± außerordentliches Ergebnis (mal 1 – tatsächlicher Steueraufwand aus Anhang)
  + einem anderen Geschäftsjahr zuzurechnende Aufwendungen (– Erträge), ausgenommen Steuern (mal 1 – Steuersatz)
  + Steuernachforderungen (– Steuergutschriften)
  + (überdurchschnittliche) außerplanmäßige Abschreibungen (mal 1 – Steuersatz)
  + Verluste (– Gewinne) aus Anlagenabgängen (mal 1 – Steuersatz)
  + außerplanmäßige Abschreibungen (mal 1 – Steuersatz)
  + Verluste (– Gewinne) aus Abgang von Anlagevermögen (mal 1 – Steuersatz)
  + Gewinnminderungen (– Gewinnerhöhungen) aus Änderungen von Bilanzierungs- und Bewertungsmethoden (mal 1 – Steuersatz)
  + Emissionskosten für Eigenkapitalmaßnahmen (mal 1 – Steuersatz)
± **Bilanzpolitische Spielräume**
  – Zuschreibungen (mal 1 – Steuersatz)
  + Abschreibungen (– Zuschreibungen) auf Gegenstände des Umlaufvermögens, soweit sie übliche Abschreibungen übersteigen (mal 1 – Steuersatz)
  – in Herstellungskosten aktivierte Fremdkapitalzinsen (mal 1 – Steuersatz)
  – aktivierte Ingangsetzungs- und Erweiterungsaufwendungen (im Geschäftsjahr ihrer Bildung) (mal 1 – Steuersatz)
  + derivativer Firmenwert (aus Einzelabschluss), falls er nicht aktiviert wurde (mal 1 – Steuersatz)
  – 1/5 fiktive Abschreibung auf nachaktivierten Firmenwert (mal 1 – Steuersatz)
  + Abschreibungen (– Auflösungen) eines Firmenwertes, der im Zuge der Kapitalkonsolidierung entsteht
  – von verbundenen Unternehmen oder solchen, mit denen ein Beteiligungsverhältnis besteht, aktiviertes erworbenes immaterielles Anlagevermögen (mal 1 – Steuersatz)
  + 1/5 fiktive Abschreibung auf solches immaterielles Anlagevermögen (mal 1 – Steuersatz)
± **Steuerliche Korrekturen**
  – Zunahme (+ Abnahme) der unversteuerten Rücklagen (mal Steuersatz)

= **ÖVFA-Ergebnis**

Zusätzlich können selektiv besondere **individuelle Gegebenheiten** Berücksichtigung finden, sofern ihre Höhe 5% des Jahresergebnisses übersteigt (Wesentlichkeit). Manche der Korrekturen können nur mit unternehmensinternen Zusatzinformationen gemacht werden. Die Berechnung erfolgt idR bei einem Rechentermin, an dem das Unternehmen und Mitglieder der ÖVFA gemeinsam die Korrekturen vornehmen.

Mit diesen Korrekturen korrespondierend wird das im Jahresabschluss ausgewiesene Eigenkapital zum **ÖVFA-Eigenkapital** adaptiert. Die von der ÖVFA empfohlenen Kennzahlen verwenden das ÖVFA-Ergebnis und das ÖVFA-Eigenkapital an Stelle des Jahresergebnisses und des Eigenkapitals aus dem Jahresabschluss.

Durch das Um-sich-Greifen **internationaler Rechnungslegungsgrundsätze**, gerade bei den börsennotierten Unternehmen, wird die Bedeutung der ÖVFA-Kennzahlen tendenziell geringer. Internationale Investoren richten sich lieber nach Kennzahlen, die auf der Grundlage der ihnen bekannten Rechnungslegungsgrundsätze ermittelt wurden. Dennoch besteht ein gewisser Bedarf an einem möglichst **prognosefähigen Ergebnis**. Beispielsweise gibt es eine Empfehlung der DVFA und der Schmalenbach-Gesellschaft für die Bereinigung des Jahresergebnisses um **Sondereinflüsse** (Arbeitskreis DVFA/Schmalenbach-Gesellschaft 2003). Und Standard & Poor's ermittelt *core earnings* aus dem Jahresergebnis. **Anpassungen** sind zB Veräußerungsgewinne von Anlagen und Betrieben, Aufwendungen im Zusammenhang mit Unternehmenserwerben, Zahlungen zur Beendigung von Klagen oder Versicherungsleistungen, außerordentliches Ergebnis und Auswirkungen der Änderung von Bilanzierungs- und Bewertungsmethoden.

Börsenkennzahlen

Von Investoren und Analysten werden gerne zusätzliche Kennzahlen verwendet, die nicht auf das wirtschaftliche Eigenkapital oder das investierte Kapital, sondern auf den Marktwert des Unternehmens oder den Kurswert einer Aktie bezogen sind. Eine gerne verwendete Kennzahl ist der **Gewinn je Aktie** (*Earnings per share,* EPS).

$$\text{Gewinn je Aktie} = \frac{\text{Jahresergebnis}}{\text{durchschnittliche Anzahl umlaufender Aktien}}$$

Der Gewinn je Aktie ist eine **absolute Kennzahl**, die ausdrückt, wie viel vom Gewinn (hypothetisch) auf eine Aktie entfällt. Dieser Kennzahl wird von internationalen Finanzanalysten große Bedeutung beigemessen. Sie kann allerdings nur für Zeitvergleiche sinnvoll verwendet werden. Ein Vergleich des Gewinns je Aktie verschiedener Unternehmen ist nicht aussagekräftig.

Nach **internationalen Rechnungslegungsgrundsätzen** ist die Angabe des Gewinns je Aktie Bestandteil der Gewinn- und Verlustrechnung. Neben dem Gewinn je Aktie nach der obigen Definition ist ein **verwässerter Gewinn je Aktie** zu ermitteln. Dieser ergibt sich – gewissermaßen als *worst case* – unter der Annahme, dass sämtliche Ereignisse eintreten, die zu einer Erhöhung der Anzahl der Aktien führen, ohne das Jahresergebnis entsprechend zu erhöhen (zB Ausübung von Optionen, Wandelanleihen). Dadurch verringert sich der Gewinn je Aktie.

Weitere üblicherweise verwendete Kennzahlen sind das **Kurs-Gewinn-Verhältnis** (KGV) und die **Dividendenrendite**. Das KGV ist der Kehrwert einer Rentabilitätskennzahl, dh je geringer das KGV, desto höher ist die Rentabilität.

$$\text{Kurs-Gewinn-Verhältnis} = \frac{\text{Kurswert einer Aktie}}{\text{Gewinn je Aktie}}$$

$$\text{Dividendenrendite} = \frac{\text{Dividende je Aktie}}{\text{Kurswert einer Aktie}}$$

Dabei wird üblicherweise der **Stichtagskurs** an Stelle eines Durchschnittskurses zu Grunde gelegt, weil diese Information dem Investor für seine Entscheidung, Aktien zu kaufen oder zu verkaufen, dienlich sein soll, und dafür sind die aktuellen Werte relevant. Damit ist auch der Nachteil von Kennzahlen mit Kurswerten verbunden: Bei relativ stark schwankenden Kurswerten auf Grund externer Einflüsse kann es zu erheblichen Abweichungen dieser Kennzahlen kommen. Deshalb eignet sich die Börsenkapitalisierung beispielsweise auch nur sehr eingeschränkt für eine Schätzung stiller Reserven.

Das Kurs-Gewinn-Verhältnis wird öfter auch für eine einfache Abschätzung einer **Über- oder Unterbewertung** der Aktie herangezogen. Ein niedriges KGV legt nahe, dass der Kurswert der Aktie im Verhältnis zum (angenommenen) Erfolg zu niedrig ist. Dies setzt voraus, dass man Erfahrungswerte über „normale" KGV kennt und man davon ausgeht, dass der Kapitalmarkt nicht vollständig informationseffizient ist.

Das KGV kann auch zu einer Abschätzung des Unternehmenswertes verwendet werden, wenn der Kurswert eines Unternehmens nicht bekannt ist. Im Rahmen von **Multiplikatormethoden** werden oft Gewinne mit einem branchenspezifischen Multiplikator vervielfacht und das Ergebnis wird als Schätzung des Kaufpreises für ein Unternehmen verwendet. An Stelle des Gewinns können auch andere Ausgangsgrößen, wie der Umsatz (zB bei Internet-Unternehmen) oder Cashflows (vereinfachtes DCF-Verfahren) angewandt werden.

Mai 2000	Marktpreis zu Buchwert	Kurs-Gewinn-Verhältnis
Österreich (Bank Austria)	1,3	11
Großbritannien (94 Unternehmen)	6,3	21
Deutschland (35 Unternehmen)	6,0	30
Japan (149 Unternehmen)	3,5	47
Schweiz (18 Unternehmen)	6,8	28
USA (484 Unternehmen)	7,8	31
Gesamt (1000 Unternehmen)	6,4	32

Tab 7.3: Börsenorientierte Kennzahlen
(Quelle: Business Week, 10.7.2000)

8.2 Kennzahlensysteme

Aussagen über das Unternehmen auf Grund einer einzigen Kennzahl zu machen, ist meist sehr problematisch, weil dadurch ein durch verschiedenste Einflüsse verzerrtes Bild entstehen kann. Ermittelt man viele unzusammenhängende Kennzahlen, ist das Bild zwar umfassender, jedoch wird es schwerer interpretierbar. Sinnvoller ist es, mehrere verwandte Kennzahlen zu einem Kennzahlensystem zusammenzufassen.

Ein **Kennzahlensystem** ist eine Zusammenstellung mehrerer Kennzahlen, die in einer sachlichen Beziehung zueinander stehen, sich ergänzen oder erklären und auf ein übergeordnetes Ziel ausgerichtet sind. Sie sind idR so aufgebaut, dass sie eine wichtige Kennzahl definieren, die in hierarchischen Ebenen in mehrere Subkennzahlen zerlegt wird. Die Zerlegung kann sowohl den Zähler als auch den Nenner der jeweiligen Kennzahl betreffen. Damit kann eine übergeordnete Kennzahl durch die untergeordneten Kennzahlen erklärt werden, die Kennzahlen stehen nicht mehr isoliert im Raum.

Ein Beispiel für ein einfaches Kennzahlenschema ist eine Hierarchie von Rentabilitätskennzahlen auf Grundlage der **Erfolgsquellen.** Darin wird das Jahresergebnis in die Teilergebnisse Betriebsergebnis, Finanzergebnis, Ergebnis der gewöhnlichen Geschäftätigkeit und außerordentliches Ergebnis aufgespaltet. Dabei besteht zwischen den Kennzahlen ein additiver Zusammenhang. Kennzahlensysteme können aber auch andere Verknüpfungen zwischen Kennzahlen herstellen. Abbildung 7.1 zeigt die typischen Kategorien von Kennzahlensystemen.

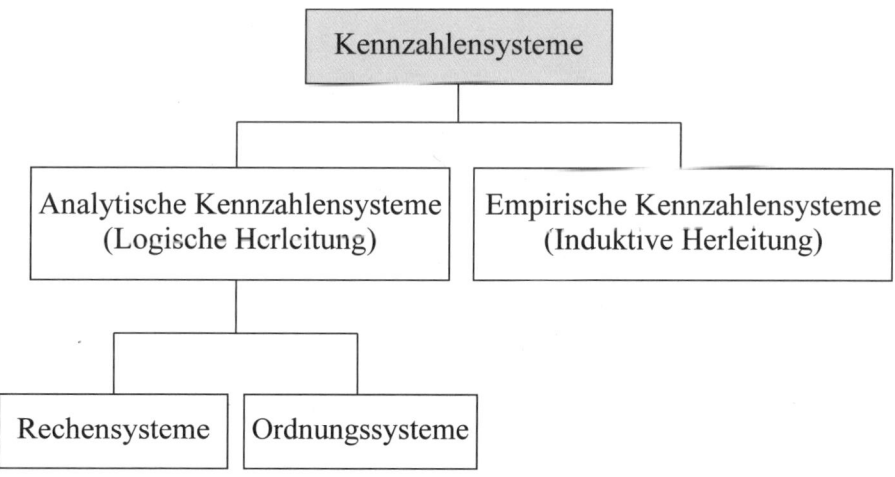

Abb 7.1: Klassifikation von Kennzahlensystemen

Analytische Kennzahlensysteme sind Zusammenstellungen von Kennzahlen auf Grund logischer Verbindungen unter ihnen. Rechensysteme stellen die mathematischen Verknüpfungen unter den einzelnen Kennzahlen gesondert dar, Ordnungssysteme enthalten demgegenüber nicht unmittelbar miteinander verknüpfte Kennzahlen. **Empirische Kennzahlensysteme** ergeben sich idR durch statistische Analysen empirischer Zusammenhänge (siehe Kapitel 8.3).

DuPont-Schema

Das bekannteste Kennzahlensystem ist das DuPont-Schema, das den **ROI** als Spitzenkennzahl aufweist und diesen nach unten in die Ausgangsgrößen des Jahresabschlusses zerlegt. Dadurch lassen sich die Ursachen einer bestimmten ROI-Entwicklung oder -Abweichung erkennen und zurückverfolgen.

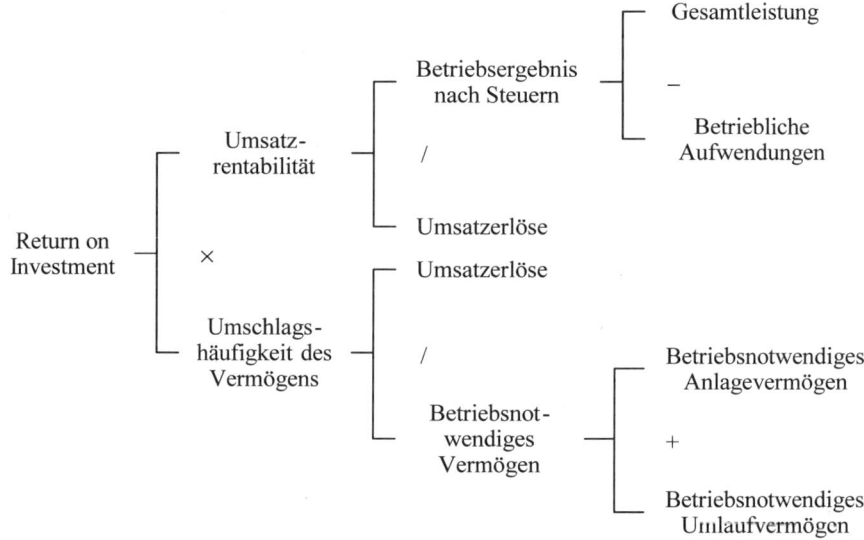

Abb 7.2: DuPont-Schema

Das DuPont-Schema weist eine Trennung in Stromgrößen aus der GuV und Bestandsgrößen aus der Bilanz auf und verknüpft sie auf mehreren Ebenen. Je nach Festlegung der einzelnen Größen können sich unterschiedliche Kennzahlen ergeben.

Grundsätzlich kann es wiederum sinnvoll sein, die Bestandsgrößen als Durchschnittswerte anzusetzen, weil dies dem Vergleich mit den jeweiligen Stromgrößen besser gerecht wird. Im hier angeführten Schema wird die Umsatzrentabilität als Betriebsergebnis nach Steuern, bezogen auf den Umsatz, definiert. Dadurch ergibt sich der ROI ebenfalls als eine auf das betriebliche Ergebnis zielende Rentabilität. Aus Konsistenzgründen muss im Nenner des ROI das betriebsnotwendige Vermögen stehen; dieses ergibt sich insbesondere ohne das verzinsliche Vermögen (da die Ertragszinsen nicht im Zähler berücksichtigt werden). Man kann das DuPont-Schema auch auf Basis innerbetrieblicher Daten, zB aus der Kosten- und Leistungsrechnung, berechnen.

Weitere Kennzahlensysteme

Ein Nachteil des DuPont-Schemas besteht darin, dass die alleinige Ausrichtung auf den ROI andere – ebenfalls wichtige – Kennzahlen außer Acht lässt. Andere Kennzahlensysteme, etwa das des deutschen Zentralverbandes der Elektrotechnischen Industrie (ZVEI), beziehen mehrere Ebenen in die Analyse mit ein. Das **ZVEI-Kennzahlensystem** besteht aus einer Strukturanalyse (mit Profitabilitätsanalyse und Risikoanalyse) und einer Wachstumsanalyse. Diesem Vorteil der Berücksichtigung mehrerer Analyseziele steht allerdings der Nachteil gegenüber, dass der Einfluss bestimmter Größen auf die Kennzahlen nicht mehr direkt ersichtlich ist.

Für die Bildung eines **Gesamturteils** über ein Unternehmen können auch einige Kennzahlen zu einer einzigen Vergleichsgröße zusammengefasst werden. Dies erfolgt idR mit Hilfe von **Scoring-Modellen**. Dabei werden Kennzahlen sowie auch **qualitative** Merkmale auf einer Punkteskala (zB Punkte von 0 bis 10) bewertet und anschließend gewichtet. Der sich daraus ergebende Wert kann dann als Urteil über das Unternehmen aufgefasst und mit den Werten anderer Unternehmen verglichen werden. Der Vorteil solcher Modelle besteht darin, dass auch qualitative Merkmale Berücksichtigung finden, der wesentliche Nachteil ist jedoch die Subjektivität der Punktevergabe und der Gewichtung.

In Deutschland ist etwa das **Saarbrücker Modell** bekannt (*Küting/Weber* 2004). Es betrachtet vier Kennzahlen, die Eigenkapitalquote, den ROI, die Cashflow-Umsatzrate und den Cashflow bezogen auf das Gesamtkapital. Der qualitative Teil umfasst die Analyse des Bilanzierungsverhaltens relativ zu einer angenommenen Normbilanzierung.

Aus der Unternehmensführung kommt ein weiteres Kennzahlensystem, die **Balanced Scorecard** (BSC). Dabei werden vier Perspektiven mit Kennzahlen hinterlegt, nämlich die finanzielle Perspektive, die Kundenperspektive, die interne Perspektive und die Lern- und Entwicklungsperspektive. Die Grundidee besteht darin, dass die finanziellen Kennzahlen Entwicklungen oft viel zu spät erkennen lassen. Deshalb werden andere Perspektiven erfasst, die schon früher Informationen über diese Entwicklungen liefern und so dem Management die Möglichkeit geben, zielgerichtet Entscheidungen zu treffen. Im Rahmen der externen Bilanzanalyse ist eine Balanced Scorecard kaum sinnvoll aufstellbar, da dem Bilanzleser die Kenntnisse über Ursache-Wirkungs-Zusammenhänge des Erfolgs des Unternehmens fehlen. Es gibt aber Unternehmen, die eine Art Balanced Scorecard im Geschäftsbericht veröffentlichen.

8.3 Insolvenzprognosen

Eine typische Fragestellung, die auch mit der Bilanzanalyse zu beantworten versucht wird, besteht darin, zu prognostizieren, ob das Unternehmen insolvent werden könnte. An einer solchen Prognose haben Kreditgeber großes Interesse, da sie ihre Kreditvergabekonditionen danach ausrichten. Ebenso wichtig ist diese Überlegung für Kapitalanleger, da sie bei der Auswahl von Anlageformen neben der erwarteten Rendite auch das Risiko des Kapitalverlustes berücksichtigen. Nicht zuletzt richtet sich auch die Bewertung der Jahresabschlusspositionen nach der Annahme des Going-concern-Prinzips, die aber nicht mehr zulässig ist, wenn ein künftiger Konkurs wahrscheinlich wird. Die Insolvenzwahrscheinlichkeit ist daher auch vom Abschlussprüfer zu beurteilen.

Methodisch wird bei Insolvenzprognosen eine **empirische Analyse** von Unternehmen vorgenommen, die insolvent wurden. Indem solche Unternehmen vergleichbaren Unternehmen gegenübergestellt werden, die nicht insolvent wurden, wird versucht, charakteristische Merkmale herauszufinden, in denen sich diese zwei Gruppen von Unternehmen unterscheiden. Die Hypothese ist, dass sich eine Insolvenzgefährdung bereits Jahre vor dem tatsächlichen Eintritt durch auffällige Kennzahlenverläufe ankündigt. Je näher die Insolvenz kommt, desto unterschiedlicher werden die Kennzahlen insolvenzgefährdeter Unternehmen und gesunder Unternehmen. Im Grunde handelt es sich um empirisch gewonnene Kennzahlensysteme.

Ein statistisches Verfahren zur Suche nach möglichst trennscharfen Kennzahlen ist die **Diskriminanzanalyse**. Dabei werden aus einer Menge vorgegebener Kennzahlen diejenigen herausgesucht, die für die Gruppe der (später) insolvent gewordenen und der nicht insolvent gewordenen Unternehmen möglichst unterschiedlich sind. Bei der univariaten Diskriminanzanalyse ist dies nur eine einzige Kennzahl, bei der üblicheren **multivariaten Diskriminanzanalyse** sind es mehrere Kennzahlen. Aus diesen wird ein gewichteter Wert, der so genannte Z-Wert, ermittelt:

$$Z = a_1 \cdot KZ_1 + a_2 \cdot KZ_2 + \ldots + a_n \cdot KZ_n$$

Z Kennzahlenkombinationswert (Z-Wert),
KZ_i i-te Kennzahl,
a_i Gewicht, mit dem die i-te Kennzahl in die Funktion eingeht (Diskriminanzkoeffizient),
n Anzahl der berücksichtigten Kennzahlen.

Angenommen, die Kennzahlen werden so gereiht, dass niedrigere Kennzahlen auf eine Insolvenzgefahr hinweisen (zB Eigenkapitalrentabilität, Eigenkapitalquote), dann wird ein **kritischer Z-Wert** so festgelegt, dass Unternehmen, deren Z-Wert darunter liegt, als **insolvenzgefährdet** und Unternehmen, deren Z-Wert darüber liegt, als **gesund** beurteilt werden. Alternativ ist es möglich, ein Rating für bestimmte Z-Wertebereiche zu erstellen.

Bei dieser Klassifikation können zwei Arten von Fehlern auftreten: Einmal kann ein Unternehmen als gesund klassifiziert werden, obwohl es insolvent wird. Zum anderen kann ein Unternehmen als insolvent eingestuft werden, obwohl es gesund bleibt. Abbildung 8.1 zeigt exemplarisch die beiden Arten von Fehlklassifikationen. Der kritische Z-Wert minimiert die Anzahl oder die bewerteten Folgen von Fehlklassifikationen. Die Insolvenzgefahr, in der sich ein Unternehmen befindet, ergibt sich durch die Lage seines Z-Wertes in Bezug auf den kritischen Z-Wert und die zugrunde liegenden Häufigkeitsverteilungen der Z-Werte der Unternehmen, aus denen er ermittelt wurde.

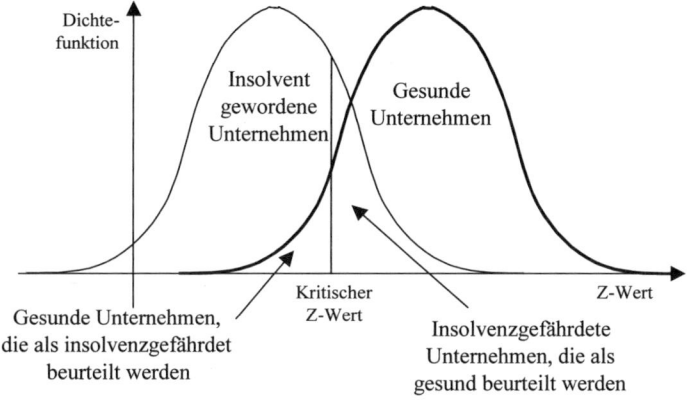

Abb 8.1: Klassifikationen von Unternehmen

Ein anderes bekanntes Verfahren sind **künstliche neuronale Netze**. Anhand von Trainingsdaten (Kennzahlen solvent gebliebener und insolvent gewordener Unternehmen) werden die Verknüpfungsparameter iterativ optimiert mit dem Ziel, eine möglichst hohe Ergebnisgenauigkeit zu erzielen. Das System „lernt" daher. Im Gegensatz zu Diskriminanzanalysen können mit künstlichen neuronalen Netzen auch nichtlineare Zusammenhänge zwischen Kennzahlen abgebildet werden. Dadurch kommt es zu einer möglicherweise besseren Mustererkennung. Auch sind weniger Voraussetzungen für die Daten notwendig. Bei einer hinreichend großzügig definierten Netzwerkstruktur kann im Prinzip jedes Unternehmen aus den Trainingsdaten exakt klassifiziert werden; dies ist jedoch nicht wünschenswert, weil es die zu Grunde liegenden Daten einschließlich ihrer spezifischen Unschärfen lernt (so genanntes *overfitting*). Ein Versuch mit Testdaten würde hier zu schlechteren Ergebnissen führen als bei einer Trennfunktion, die mit weniger Lernschritten gefunden wurde. Bisherige Studien ergaben ein – wenn auch oft nur geringfügig – besseres Prognoseergebnis als Diskriminanzanalysen.

Insolvenzprognosen auf Basis von empirischen Kennzahlensystemen werden in der Praxis vor allem von Großbanken bei Bonitätsbeurteilungen eingesetzt. Analysen zeigen, dass oft nur drei Kennzahlen, nämlich eine Rentabilitätskennzahl, eine Verschuldungskennzahl und eine Umschlagskennzahl, gute Prognosen ermöglichen. Die genauen Kennzahlendefinitionen wie die Gewichtungen hängen jedoch von der Datenbasis ab.

Ein Beispiel für ein Verfahren auf Basis sehr vieler Abschlüsse ist das **BP-14 System** (*Baetge* 1998). Dabei werden 14 Kennzahlen einbezogen, welche die Vermögenslage, die Finanzlage und die Ertragslage messen. Auffallend ist die starke Verwendung von Cashflow-basierten Daten für die Ermittlung dieser Kennzahlen. Dadurch sollen Effekte bilanzpolitischer Maßnahmen zum Teil ausgeschaltet werden. Durch Gewichtung dieser Kennzahlen (die Gewichtung wird nicht veröffentlicht) wird ein Bonitätsindex ermittelt, der in Güte- und Risikoklassen eingeteilt wird, um eine intuitiv einfache Beurteilung zu ermöglichen.

Für die meisten bisherigen Untersuchungen wurde eine **Prognosegenauigkeit** von über 90% an richtigen Klassifikationen ermittelt. Dies erscheint zwar zunächst sehr hoch, doch sind gerade die falsch eingestuften Unternehmen idR diejenigen, die eine Hilfestellung hauptsächlich benötigen. Für die richtig eingestuften Unternehmen ist die Einstufung meist ohnedies offensichtlich.

Die verwendeten Kennzahlen werden alleine auf Grund **statistischer Berechnungen** aus einer Reihe vorgegebener Möglichkeiten ausgesucht. Es lässt sich nicht oder nur schwer nachvollziehen, warum bestimmte Kennzahlen besser trennen als andere und warum die Gewichtung in einer bestimmten Weise erfolgte (sofern sie überhaupt bekannt gegeben wird). Die Aussagekraft hängt davon ab, wie viele Jahre vor einer Insolvenz man die Prognose machen möchte. Es ist unmittelbar einsichtig, dass es Kennzahlen gibt, die schon frühzeitig Fehlentwicklungen andeuten, während andere Kennzahlen erst ein Jahr vor der Insolvenz reagieren. Auf Grund der starken Abhängigkeit von der Datenbasis verwundert es nicht, dass je nach verwendeten Daten unterschiedliche Kennzahlen und Gewichtungen gefunden werden. Die Kennzahlen und Gewichtungen bleiben im Zeitablauf nicht stabil. Einen **Vorteil** haben diese Systeme jedoch vor anderen Kennzahlensystemen: Sie stammen aus empirischen Analysen und sind daher nicht so subjektiv wie die analytischen Kennzahlensysteme und insbesondere die Scoring-Verfahren.

Ein **grundlegendes Problem** von Insolvenzprognosen besteht darin, wie die Ergebnisse solcher Prognosen verwendet werden. Die Gefahr für das Unternehmen besteht etwa bei der Veröffentlichung einer Insolvenzgefährdung durch die *self-fulfilling prophecy*. Wird einem Unternehmen die baldige Insolvenz vorhergesagt, wird es wahrscheinlich insolvent, gleichgültig, ob die Prognose richtig oder falsch war.

Andere Ratings werden von **internationalen Rating-Agenturen**, wie etwa Moody's und Standard & Poor's, durchgeführt. Sie berücksichtigen stärker die Branche, die Wettbewerbsposition sowie das Management und die Strategie der Unternehmen. Die Hauptklassen der Ratings sind in Tabelle 8.1 dargestellt:

Rating	Sehr hohe Qualität	Hohe Qualität	Spekulativ	Sehr schwach
Moody's	Aaa, Aa	A, Baa	Ba, B	Caa, C
Standard & Poor's	AAA, AA	A, BBB	BB, B	CCC, C

Tab 8.1: Rating-Bezeichnungen

8.4 Zeitreihenanalysen

Eine Auswertungsmöglichkeit von Jahresabschlüssen besteht in der **Prognose**, wie sich eine bestimmte Kennzahl künftig entwickeln wird. Besonders interessant ist die Ertragsentwicklung oder Wertentwicklung des Unternehmens. Für diese Prognosen werden die Werte der betrachteten Kennzahlen aus früheren Perioden verwendet. Aus der Statistik sind viele Methoden bekannt, um Trends für künftige Entwicklungen zu ermitteln. Jede einzelne Methode impliziert dabei bestimmte Annahmen über das Verhalten der Kennzahl über die Zeit. Die Ergebnisse können daraufhin getestet werden, wie weit sie durch das Modell erklärt werden. Im Folgenden werden einige ganz einfache Methoden dargestellt.

Nachteilig ist bei den Methoden zu vermerken, dass sie nie alle Einflussgrößen, die auf die Ausprägung einer Kennzahl einwirken, erfassen können. Je mehr Daten aus der Vergangenheit vorhanden sind, desto (statistisch) besser wird die Prognose, doch muss davon ausgegangen werden, dass sich das wirtschaftliche Umfeld, in dem das Unternehmen operiert, verändert und alte Daten wenig Erklärungswert besitzen. Viele Untersuchungen verwenden daher Quartalsdaten oder sogar tägliche Daten (zB Marktrenditen), sofern diese zur Verfügung stehen.

Eine einfache Methode ist die lineare **Regressionsrechnung**. Dabei wird versucht, die tatsächlichen Kennzahlenwerte im Zeitablauf durch eine Gerade zu approximieren. Üblicherweise wird bei der Approximation von der Methode der kleinsten Fehlerquadrate ausgegangen.

$$KZ_t = a + b_t \cdot t + u_t, \ t = 1, \ldots, n$$

KZ_t	Wert der Kennzahl in Periode t (abhängige Variable),
t	Periode (unabhängige Variable),
u_t	unkorrelierte Störgröße mit Erwartungswert $E(u_t) = 0$ und Varianz σ^2,
a	(zu ermittelnder) Ordinatenwert der Regressionsgeraden,
b	(zu ermittelnde) Steigung der Regressionsgeraden,
$\sum_t u_t^2$	soll durch die Wahl von a und b minimiert werden.

Ein Maß für die Brauchbarkeit dieser Prognosemethode ist die Korrelation. Der Korrelationskoeffizient gibt dabei an, wie viel Prozent der Streuung der Kennzahlenwerte durch die Regressionsgerade erklärt werden.

Beispiel: Für die Reihe der Umsatz-Cashflow-Raten (Kehrwert der Cashflow-Umsatzrate) von 1988 bis 1998 soll eine Prognose der künftigen Entwicklung der Umsatz-Cashflow-Raten auf der Basis einer linearen Regression gemacht werden.

Geschäftsjahr	1988	1989	1990	1991	1992	1993
Umsatz-Cashflow-Rate	5,15	11,03	6,71	7,81	7,62	9,51
	1994	1995	1996	1997	1998	Mittelwert
	7,64	8,53	8,77	7,95	7,13	7,99

Die Standardabweichung beträgt 1,52 ($n - 1$ korrigiert). Die geschätzte Regressionsgleichung hat folgende Form:

$$x_t = 7,70 + 0,047t,$$

wobei $t = 1$ für das Geschäftsjahr 1988 steht. Eine Prognose zB für den Kennzahlenwert in 2000 ($t = 13$) würde 8,32% lauten. Jedoch beträgt der Korrelationskoeffizient nur 0,103, was eine sehr schlechte Anpassung bedeutet. Ein lineares Regressionsmodell ist in diesem Fall nicht besonders aussagekräftig.

Eine andere Variante ist das stationäre **Random-Walk-Modell.** Dieser Methode liegt die Annahme zu Grunde, dass die Wertentwicklung nur von dem Kennzahlenwert der letzten Periode abhängt und von früheren Werten unabhängig ist. Der beste Schätzwert für einen Periode ist der aktuelle Wert in der letzten Periode. Verwendet man dieselben Variablenbezeichnungen wie oben, ergibt sich:

$$KZ_t = KZ_{t-1} + u_t, \ t = 1, \ldots, n$$

$$E[KZ_t \,|\, KZ_{t-1}, \ldots] = KZ_{t-1}$$

Ein Gütetest, ob die Kennzahlenentwicklung einem Random-Walk-Modell folgt, besteht in der Analyse der Autokorrelationen der Wertdifferenzen in je zwei Perioden.

Beim Random-Walk-Modell gilt: Die Autokorrelation der Serie ($KZ_t - KZ_{t-i}$, $KZ_{t-1} - KZ_{t-i-1}$, $KZ_{t-2} - KZ_{t-i-2}$, …) für alle i ist gleich null; i bezeichnet die Ordnung der Autokorrelation, die angibt, mit welcher Zeitverzögerung der Werte gerechnet wird.

Diese Prognosemodelle können dahin gehend erweitert werden, dass volkswirtschaftliche und Branchen betreffende Einflüsse berücksichtigt werden. Dadurch wird es möglich, firmenspezifische Entwicklungen von externen, auch andere Marktteilnehmer treffenden **Einflüssen** zu isolieren.

Ein einfaches Modell könnte wie folgt aufgebaut sein (als Kennzahl wäre die Eigenkapitalrentabilität denkbar):

$$KZ_{it} = a + b_1 \cdot KZ_{Mt} + b_2 \cdot KZ_{It} + u_{it}, \ t = 1, \ldots, n$$

KZ_{it} Wert der Kennzahl des Unternehmens i in Periode t,
KZ_{Mt} durchschnittlicher Wert der Kennzahl der gesamten Wirtschaft in Periode t,
KZ_{It} durchschnittlicher Wert der Kennzahl der Branche I in Periode t.

Die Regressionskoeffizienten a, b_1 und b_2 können mit einem linearen Regressionsmodell geschätzt werden. Eine Prognose von KZ_{it} erfordert nun allerdings eine Vorhersage der Werte KZ_{Mt} und KZ_{It} als unabhängige Variablen. Dafür ist wiederum ein Modell erforderlich, das bestimmte Annahmen impliziert. Das Prognoseproblem wird damit nur verschoben. Aber es ist häufig einfacher, durchschnittliche Kennzahlenwerte vorauszusagen als Werte einzelner Unternehmen.

8.5 Qualitative Analysen

Die meisten Auswertungen im Rahmen der Bilanzanalyse befassen sich mit den quantitativen Informationen, die im Jahresabschluss enthalten sind. Daneben sind auch qualitative Informationen für die Urteilsbildung von Bedeutung. Solche Informationen sind unter anderem im Anhang und im Lagebericht, aber auch in den sonstigen Teilen des Geschäftsberichts enthalten. Im Anhang werden die Bilanzierungs- und Bewertungsmethoden erläutert sowie viele Zusatzinformationen quantitativer und qualitativer Art gegeben. Der Lagebericht enthält eine Darstellung des Geschäftsverlaufes und der Lage des Unternehmens, den Prognosebericht sowie Angaben zur Forschung und Entwicklung. Die **verbale Darstellung** ist hier (gesetzlich) ausreichend. Ein Grund dafür ist, dass sich die betreffenden Informationen oft gar nicht in Zahlen fassen lassen. Ein weiterer Grund ist, dass die Unternehmensplanung ein sehr sensibler Bereich ist, dessen Veröffentlichung zu Nachteilen für das Unternehmen führen könnte. Solche Angaben sind daher potenziell von großem Interesse für den Bilanzadressaten.

Eine Analyse qualitativer Informationen ist nach herkömmlichem Muster nicht möglich. Mit solchen Informationen können zB keine Kennzahlen gebildet werden. Man muss jedoch berücksichtigen, dass die Exaktheit der quantitativen Informationen des Jahresabschlusses darüber hinwegtäuscht, dass auch diese in gewissem Rahmen gestaltet werden können. Die qualitativen Informationen beinhalten diese Unschärfe bereits bei der Wortwahl (zB „zufrieden stellend", „günstig", „gut"). Man kann auch verschiedene Stufen der **Präzision** von Aussagen unterscheiden: (i) quantitative Aussagen (Beispiel: „Wir erwarten eine Umsatzsteigerung von 10%" oder „im Bereich von 10-20%"), (ii) qualitative Aussagen (Beispiel: „Wir erwarten eine Umsatzsteigerung" oder „eine positive Umsatzentwicklung"), (iii) nicht zu klassifizierende Aussagen (Beispiel: „Wir werden uns um den Umsatz bemühen"). Der skeptische Bilanzanalytiker kann die Präzision als Indiz dafür werten, inwieweit ein Unternehmen seine tatsächliche Lage darstellen oder eher verschleiern möchte (sowohl in positive als auch negative Richtung).

Sprachanalysen

Ein formales Instrument der Lageberichtsanalyse sind Sprachanalysen. Dabei ist zu berücksichtigen, dass die deutsche Sprache auch in dem Fachvokabular, wie es im Lagebericht Verwendung findet, viele inhaltlich verwandte Begriffe kennt. Die Nuancen zählen. Deshalb werden zunächst Wortfelder abgegrenzt, die im Wesentlichen denselben Inhalt haben, wie zB „Gewinn", „Verlust", „Ergebnis", „Überschuss". Die Anzahl der Nennungen im Text wird dann in Bezug zur Gesamtwortwahl des Textes gesetzt, um eine relative Größe zu erhalten. Meist unberücksichtigt dabei bleibt aber der Zusammenhang, in dem das jeweilige Wort vorkommt, es kann einen positiven oder einen negativen Sachverhalt zum Ausdruck bringen. Die technische Entwicklung auf dem EDV-Sektor hat derartige Analysen aber jedenfalls vereinfacht.

Man kann zB analysieren, welche Sachverhalte das Unternehmen im Lagebericht herausstellt und welche nicht oder nur in kurzen Worten vorkommen. Vielfach wird der Bilanzanalytiker davon ausgehen können, dass für das Unternehmen unangenehme Informationen in den Hintergrund gestellt oder überhaupt vermieden werden. Nun ist die relative Wortfrequenz nicht direkt für eine Beurteilung verwendbar, sondern es müssen **Vergleichsmaßstäbe** gebildet werden. Ein Maßstab sind die vom Unternehmen selbst gesetzten Ziele, die auch die Erwartungshaltung der Bilanzadressaten gegenüber der Entwicklung des Unternehmens mitbestimmen. Ein interessanter Maßstab ist die Veränderung des Wortfrequenzmusters gegenüber früheren Geschäftsjahren. Ebenso können die Lageberichte von Konkurrenten für einen Vergleich genutzt werden.

In einer **Wortanalyse von Lageberichten** deutscher Rückversicherungsaktiengesellschaften von 1974 bis 1985 kommt *Werner* (1990) zum Ergebnis, dass Unternehmen, die später in Krisen schlitterten, die Thematisierung von Formalzielen (Gewinn, Wachstum, Sicherheit) im Lagebericht so weit als möglich vermieden. Dies ist daher ein frühes, wenn auch unscharfes Signal. Ein spätes und viel deutlicheres Signal war dagegen, dass das Wortfeld „Sicherheit" kurz vor dem Ausbruch der Krise vermieden wurde.

Analyse der Darstellung

Wie schon in Kapitel 7.2 im Rahmen der **Bilanzpolitik** erwähnt, besteht eine Analysemöglichkeit in der Kategorisierung bilanzpolitischer Maßnahmen. Man könnte dies überspitzt auch als „Kaschierungsindex" bezeichnen (*Bötzel/Hauschildt* 1995). Daraus lassen sich qualitative Aussagen über die bilanzpolitischen Ziele des Unternehmens treffen. Ähnliche Analysen sind möglich, wenn man den Umfang der **Publizität** zu erfassen sucht. Wird nur das Minimum an Information bekannt gegeben, liegt die Vermutung nahe, dass das Unternehmen ungünstige Informationen hat, die es lieber verschweigen möchte.

Es ist oft auch interessant, **Grafiken** und **Bilder** näher zu betrachten, die in Geschäftsberichten enthalten sind. Gerade Grafiken können inhaltliche Aussagen unterstützen oder auch verzerren. Dies kann zB durch die Auswahl von Grafiken, den Maßstab oder die Verzerrung der Achsen erfolgen. So werden zum Teil Grafiken nur dann gezeigt, wenn die darauf ersichtliche Entwicklung einen positiven Trend zeigt. Verzerrungen betreffen die Wahl des Nullpunktes oder perspektivische Ausrichtungen.

Beispiel: Viele Unternehmen zeigen die Kursentwicklung der Aktie im Vergleich mit der Entwicklung eines Index in einer Abbildung, in der beide Werte mit 100 beginnen. Im Folgenden wird gezeigt, wie stark diese Darstellung von der Wahl des Beginns der Datenreihe abhängt. Abbildung 8.2 zeigt die Datenreihe über den Zeitraum von 1-40, während Abbildung 8.3 die selbe Entwicklung über den Zeitraum von 10-40 darstellt. Die Kursentwicklung des Unternehmens wird durch die stärkere Linie repräsentiert, die des Index durch die feinere Linie. In der ersten Abbildung erscheint die Kursentwicklung des Unternehmens relativ unbefriedigend, was durch die Wahl eines anderen Startpunktes völlig anders aussieht.

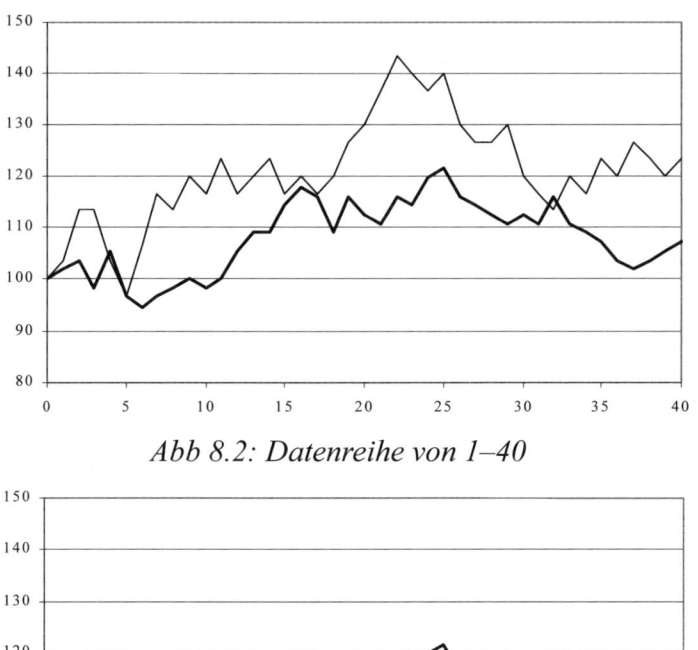

Abb 8.2: Datenreihe von 1–40

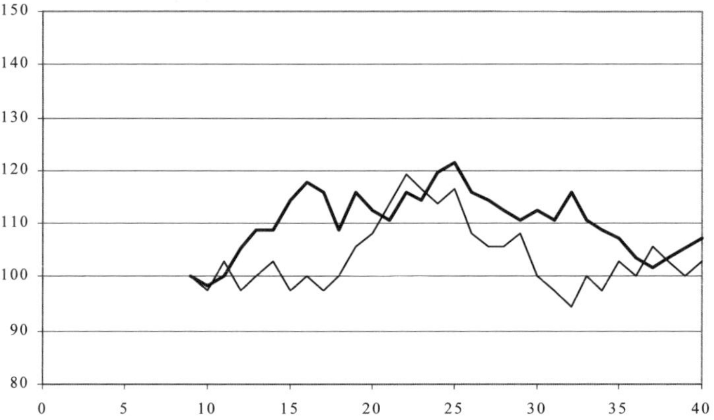

Abb 8.3: Datenreihe von 10–40

Dic Analyse qualitativer Informationen kann die Ergebnisse einer traditionellen Bilanzanalyse verstärken oder in Zweifel ziehen und zum Teil schon früh Signale für bestimmte Entwicklungen liefern. Sie ist jedoch wesentlich weniger gut standardisierbar, sondern jeweils im Einzelfall zu entwickeln.

Fragen und Beispiele
1. Ein Unternehmen plant folgendes Investitionsprojekt durchzuführen: Die Investitionsauszahlung zu Beginn des Jahres 20X1 beträgt 10.000 und an Cashflows in 20X1 bis 20X4 werden folgende Zahlungsüberschüsse erwartet: 2.800, 3.100, 3.300, 3.400. Die Investition hat eine Nutzungsdauer von 4 Jahren und wird linear abgeschrieben. Sonstige Aufwendungen und Erträge stimmen mit den Zahlungen überein. Das Unternehmen rechnet mit einem WACC von 9%.

a) Soll diese Investition durchgeführt werden?

b) Wie hoch sind die erwarteten Economic Value Added (EVA) in den vier Jahren? Wie hoch ist der Barwert der EVA-Reihe?

c) Angenommen, das Management wird an der Wertsteigerung, gemessen durch den EVA, beurteilt. Hat es einen Anreiz, die Investition durchzuführen, wenn es an den EVA der ersten beiden Jahre interessiert ist?

2. Sind die folgenden Kennzahlen für gesunde Unternehmen vermutlich eher höher oder niedriger als für Unternehmen, die bald insolvent werden?

a) $\dfrac{\text{Ergebnis der gewöhnlichen Geschäftstätigkeit}}{\text{Umsatz}}$

b) $\dfrac{\text{Vorräte}}{\text{Umsatz}}$

c) $\dfrac{\text{Eigenkapital}}{\text{Gesamtkapital}}$

d) $\dfrac{\text{Bankverbindlichkeiten}}{\text{Verbindlichkeiten}}$

3. Das Unternehmen wechselt mit Beginn des Geschäftsjahres 20X5 von FIFO auf LIFO. Gemäß § 236 Z 1 HGB gibt es im Anhang an, dass sich dadurch der Vorratsbestand um 40 verringert hat. Im Zeitablauf ergeben sich folgende Vorratsbestände:

Jahr	20X2	20X3	20X4	20X5	20X6
Bewertungsmethode	FIFO	FIFO	FIFO	LIFO	LIFO
Umlaufvermögen	500	560	570	560	570
Vorratsbestand	100	120	130	100	106
Zusatzangabe im Anhang				+40	

a) Welche Begründung könnte dafür im Anhang stehen?

b) Welchen Einfluss hat die Änderung der Bewertungsmethode auf die Kennzahl „Wachstum des Vorratsvermögens" und auf die Kennzahl „Vorräte in % des Umlaufvermögens"?

4. Ein Unternehmen weist folgende Bilanz und GuV aus; der Cashflow aus der Geschäftstätigkeit beträgt –13.770:

Bilanz zum 31.12.20X1			
Immaterielle Vermögensgegenstände	832	Eigenkapital	
Sachanlagen	565	Gezeichnetes Kapital	15.256
Vorräte	33	Kapitalrücklage	37.606
Forderungen und sonstige			
Vermögensgegenstände	6.067	Bilanzverlust	– 6.903
Wertpapiere	3.006	Kurzfristige Verbindlichkeiten	2.609
Liquide Mittel	29.950		
Latente Ertragsteuern	8.115		
Summe Aktiva	48.568	Summe Passiva	48.568

Gewinn- und Verlustrechnung	20X1
Umsatzerlöse	4.536
Herstellungskosten	– 4.128
Bruttoergebnis vom Umsatz	408
Vertriebskosten	– 10.079
Allgemeine Verwaltungskosten	– 2.659
Sonstige betriebliche Erträge	329
Sonstige betriebliche Aufwendungen	– 1.105
Betriebsergebnis	– 13.106
Zinsen und ähnliche Erträge	208
Zinsen und ähnliche Aufwendungen	–3
Ergebnis vor Steuern	– 12.901
Latenter Steuerertrag	6.586
Jahresfehlbetrag	– 6.315
Verlustvortrag	– 588
Bilanzverlust	– 6.903

a) Wie hoch ist die Eigenkapitalquote, die Eigenkapitalrentabilität und der dynamische Verschuldungsgrad?

b) Der Marktwert des Unternehmens zum 31.12.20X1 beträgt 129.700. Welche Erklärung könnte es dafür geben?

Lösungen

1. a) Der Kapitalwert der Investition ergibt sich durch Abzinsen der dadurch ausgelösten Cashflows mit dem WACC. Der Kapitalwert beträgt 135 (Zahlen gerundet). Die Investition sollte daher durchgeführt werden, weil sie den Wert des Unternehmens erhöht.

   b) Die Berechnung der EVA ergibt sich laut folgender Tabelle; der Barwert der EVA entspricht dem Kapitalwert der Investition.

Jahr	Beginn	20X1	20X2	20X3	20X4	Summe
Cashflow	– 10.000	2.800	3.100	3.300	3.400	2.600
Abschreibung		2.500	2.500	2.500	2.500	10.000
Bruttogewinn		300	600	800	900	2.600
Buchwert am Periodenende	10.000	7.500	5.000	2.500	0	
Kapitalkosten		900	675	450	225	2.250
EVA		– 600	– 75	350	675	350
Barwert der EVA	135					

   c) Misst das Management nur den EVA der ersten beiden Jahre Bedeutung zu, wird es die Investition nicht durchführen, weil beide EVA negativ sind. Dies wird extern als Wertminderung gedeutet.

2. Die folgenden Antworten sind eher nur intuitiv zu sehen. Für eine gesicherte Beurteilung müssten sehr viel mehr Daten berücksichtigt werden.

   a) Für solvente Unternehmen eher höher. Obwohl beide Größen für insolvente Unternehmen zurückgehen, sinkt der Umsatz idR relativ weniger stark.

   b) Für solvente Unternehmen eher niedriger. Wenn Umsätze bei insolventen Unternehmen sinken, können diese oft die Vorratshaltung nicht so rasch nach unten anpassen.

   c) Für solvente Unternehmen eher höher. Insolvente Unternehmen müssen meist Verbindlichkeiten aufnehmen, um ihre Liquidität zu sichern.

   d) Für solvente Unternehmen eher niedriger. Für insolvente Unternehmen steigen idR die Verbindlichkeiten, wobei aber der Anteil der Bankverbindlichkeiten zunimmt, weil sich Banken besser absichern können.

3. a) Eine mögliche Begründung wäre, dass sich das Unternehmen an konzerneinheitliche Richtlinien anpasst oder dass die meisten Unternehmen in der betreffenden Branche LIFO verwenden und das Unternehmen damit die Vergleichbarkeit mit deren Jahresabschlüssen verbessern möchte.

   b)

Jahr	20X2	20X3	20X4	20X5	20X6
Wachstum des Vorratsvermögens:					
ohne Zusatzangabe	–	20%	8,3%	– 23,1%	6%
mit Zusatzangabe	–	20%	8,3%	7,7%	6%
Vorräte in % des Umlaufvermögens:					
ohne Zusatzangabe	20%	21,4%	22,8%	17,9%	18,6%
mit Zusatzangabe	20%	21,4%	22,8%	25%	18,6%

Die Bewertungsänderung hat auf die Wachstumskennzahl durch die Verwendung der Zusatzangabe im Anhang keine Auswirkung, beim Vorratsanteil ergibt sich hingegen ein Bruch in der Vergleichbarkeit, der durch die Zusatzangabe nur hinausgeschoben, aber nicht wirklich beseitigt werden kann.

4. a) Eigenkapitalquote: 45.959 / 48.568 = 94,6%

   Eigenkapitalrentabilität (auf Basis Jahresergebnis nach Steuern):
   – 6.315 / 45.959 = – 13,7%

   Dynamischer Verschuldungsgrad: nicht sinnvoll ermittelbar, da der Cashflow negativ ist.

   b) Der Marktwert beträgt rund das Dreifache des Buchwertes des Eigenkapitals. Der Grund dafür liegt vermutlich darin, dass die Wachstumsaussichten des Unternehmens sehr hoch sind (es handelt sich um ein Unternehmen, das Handel im Internet betreibt). Aus der hohen Eigenkapitalquote und der hohen Kapitalrücklage ist zu erkennen, dass das Unternehmen offenbar erst vor kurzem einen Börsengang hinter sich hat. Über 80% der hohen Vertriebskosten sind auf Werbe- und Reisekosten zurückzuführen. Es ist davon auszugehen, dass damit massiv in die Zukunft investiert wird, diese Ausgaben jedoch nicht aktiviert werden dürfen und somit das Periodenergebnis übermäßig belasten. Wird in den nächsten Jahren weiterhin so viel investiert, wird das Eigenkapital rasch aufgebraucht. Bei einem angenommenen Cashflow-Abgang pro Jahr um die 13.770, dauert dies rund 3,3 Jahre.

   Das Beispiel zeigt, dass für ein solches Unternehmen die gängigen Kennzahlen sehr schlecht für eine sinnvolle Beurteilung geeignet sind. In der Praxis werden für solche Unternehmen das Umsatzwachstum und andere Größen (zB Besuche im Internet, Verweildauer auf einzelnen Internet-Seiten) von Bedeutung sein.

Literaturempfehlungen zum 8. Kapitel

White/Sondhi/Fried (2003) zeigen umfangreiche weitere Auswertungsmöglichkeiten. Nähere Ausführungen zu wertorientierten Kennzahlen finden sich in *Ewert/Wagenhofer* (2000), für den Bereich der Unternehmensbewertung ist *Mandl/Rabel* (1997) empfehlenswert. Vertiefend setzt sich *Penman* (2001) mit Bilanzanalyse und Bewertung auseinander. Darstellungen qualitativer Analysemöglichkeiten sowie von Scoring-Verfahren finden sich in *Küting/Weber* (2004), Insolvenzprognosen werden in *Baetge/Kirsch/Thiele* (2004b) beschrieben.

Literaturverzeichnis

Adler, H./Düring, W./Schmaltz, K.: Rechnungslegung und Prüfung der Unternehmen, bearbeitet von Forster, K.-H., ua, 6. Auflage, Stuttgart 1995ff (Loseblattausgabe).

Arbeitskreis DVFA/Schmalenbach-Gesellschaft e.V., Empfehlungen zur Ermittlung prognosefähiger Ergebnisse, *Der Betrieb* 2003, 1913–1917.

Arbeitskreis „Externe Unternehmensrechnung" der Schmalenbach-Gesellschaft: Empfehlungen zur Vereinheitlichung von Kennzahlen in Geschäftsberichten, *Der Betrieb* 1996, 1989–1994.

Auer, K.V.: Externe Rechnungslegung, Berlin et al 2000.

Baetge, J.: Möglichkeiten der Früherkennung negativer Unternehmensentwicklungen mit Hilfe statistischer Jahresabschlußanalysen, *Zeitschrift für betriebswirtschaftliche Forschung* 1989, 792–811.

Baetge, J. (Hrsg): *Die deutsche Rechnungslegung vor dem Hintergrund internationaler Entwicklungen,* Düsseldorf 1994.

Baetge, J./Kirsch, H.-J./Thiele, S.: Bilanzen, 7. Auflage, Düsseldorf 2003.

Baetge, J./Kirsch, H.-J./Thiele, S.: Konzernbilanzen, 7. Auflage, Düsseldorf 2004a.

Baetge, J./Kirsch, H.-J./Thiele, S.: Bilanzanalyse, 2. Auflage, Düsseldorf 2004b.

Bertl, R./Deutsch, E./Hirschler, K.: Buchhaltungs- und Bilanzierungshandbuch, 4. Auflage, Wien 2004.

Bertl, R./Mandl, D. (Hrsg): *Handbuch zum Rechnungslegungsgesetz,* Wien 1991ff (Loseblattausgabe).

Bötzel, S./Hauschildt, J.: Zur Analyse von Konzernbilanzen auf der Basis qualitativer Angaben, *Wirtschaftswissenschaftliches Studium* 1995, 558–563.

Born, K.: Bilanzanalyse international, 2. Auflage, Stuttgart 2000.

Buchner R.: Finanzwirtschaftliche Statistik und Kennzahlenrechnung, München 1985.

Busse von Colbe, W./Ordelheide, D./Gebhardt, G./Pellens, B.: Konzernabschlüsse, 7. Auflage, Wiesbaden 2003.

Castan, E. ua: Beck'sches Handbuch der Rechnungslegung, München 1986ff (Loseblattausgabe).

Choi, F.D.S./Meek, G.K.: International Accounting, 5. Auflage, Upper Saddle River, NJ 2005.

Christensen, J./Demski, J.S.: Accounting Theory: An Information Content Perspective, Boston et al 2003.

Coenenberg, A.G., ua: Jahresabschluss und Jahresabschlussanalyse, 19. Auflage, Stuttgart 2003.

Doralt, W./Ruppe, H.G.: Grundriss des österreichischen Steuerrechts, Band 1, 8. Auflage, Wien 2003.

DVFA/SG: Ergebnis je Aktie nach DVFA/SG. Gemeinsame Empfehlung, 3. Auflage, hrsg von W. Busse von Colbe, Stuttgart 2000.

Egger, A./Samer, H./Bertl, R.: Der Jahresabschluß nach dem Handelsgesetzbuch – Band 1: Der Einzelabschluß, 8. Auflage, Wien 2002.

Egger, A./Samer, H./Bertl, R.: Der Jahresabschluß nach dem Handelsgesetzbuch – Band 2: Der Konzernabschluß, 5. Auflage, Wien 2004.

Eisele, W.: Technik des betrieblichen Rechnungswesens, 7. Auflage, München 2002.

Ewert, R./Wagenhofer, A.: Rechnungslegung und Kennzahlen für das wertorientierte Management, in: *Wagenhofer, A./Hrebicek, G.* (Hrsg): *Wertorientiertes Management,* Stuttgart 2000, 3–68.

Foster, G.: Financial Statement Analysis, 2. Auflage, Englewood Cliffs, NJ 1986.

Fröhlich, C.: Praxis der Konzernrechnungslegung, Wien 2002.

Grohmann-Steiger, C./Schneider, W./Eberhartinger, E.: Einführung in die Buchhaltung im Selbststudium, Band 1, 16. Auflage, Wien 2004.

Haller, A./Raffournier, B./Walton, P. (Hrsg): *Unternehmenspublizität im internationalen Wettbewerb,* Stuttgart 2000.

Hassler, R./Kerschbaumer, H. (Hrsg.): *Praxisleitfaden zur internationalen Rechnungslegung (IFRS),* 3. Auflage, Wien 2005.

Hauschildt, J.: Erfolgs-, Finanz- und Bilanz-Analyse, 3. Auflage, Köln 1996.

Heinen, E.: Handelsbilanzen, 12. Auflage, Wiesbaden 1986.

Jabornegg, P. (Hrsg): *Kommentar zum HGB,* Wien/New York 1997.

Johnson, L.T., et al: Expected Values in Financial Reporting, *Accounting Horizons,* December 1993, 77–88.

Johnson, L.T./Petrone, K.R.: The FASB Cases on Recognition and Measurement, 2. Auflage, New York et al 1995.

Kastner, W./Doralt, P./Nowotny, C.: Grundriß des österreichischen Gesellschaftsrechts, 5. Auflage, Wien 1990.

Kieso, D.E./Weygandt, J.J./Warfield, T.D.: Intermediate Accounting, 11. Auflage, New York et al 2004.

Kloock, J.: Bilanz- und Erfolgsrechnung, 3. Auflage, Düsseldorf 1996.

Kofler, H./Nadvornik, W./Pernsteiner, H./Vodrazka, K. (Hrsg): *Handbuch Bilanz und Abschlußprüfung (HBA)*, 3. Auflage, Wien 1998ff (Loseblattausgabe).

Küting, K.: Grundlagen der qualitativen Bilanzanalyse, *Deutsches Steuerrecht* 1992, 691–695, 728–733.

Küting, K./Weber, C. (Hrsg): *Handbuch der Rechnungslegung – Einzelabschluss*, 5. Auflage, Stuttgart 2002ff.

Küting, K./Weber, C.: Der Konzernabschluss, 8. Auflage, Stuttgart 2003.

Küting, K./Weber, C.: Die Bilanzanalyse, 7. Auflage, Stuttgart 2004.

Lachnit, L.: Bilanzanalyse, Wiesbaden 2004.

Leffson, U.: Bilanzanalyse, 3. Auflage, Stuttgart 1984.

Leffson, U.: Die Grundsätze ordnungsmäßiger Buchführung, 7. Auflage, Düsseldorf 1987.

Mandl, G./Rabel, K.: Unternehmensbewertung, Wien 1997.

Mattessich, R.: Modern Accounting Research: History, Survey and Guide, Vancouver 1984.

Mattessich, R.: Accounting Research in the 1980s and its Future Relevance, Vancouver 1991.

Möller, H.P./Hüfner, B.: Betriebswirtschaftliches Rechnungswesen, München 2004.

Moxter, A.: Bilanzlehre, 2. Auflage, Wiesbaden 1976; *Bilanzlehre, Band 1: Einführung in die Bilanztheorie*, 3. Auflage, Wiesbaden 1984; *Bilanzlehre, Band 11: Einführung in das neue Bilanzrecht*, Wiesbaden 1986.

Nobes, C.W./Parker, R.H. (Hrsg): *Comparative International Accounting*, 8. Auflage, New York et al 2004.

Oesterreichische Nationalbank: Jahresabschlußkennzahlen österreichischer Unternehmen, http://www.oenb.at/de/stat_melders/datenangebot/realwirtschaft/realwirtschaftliche_Indikatoren.jsp (Juli 2005).

ÖVFA: ÖVFA-Ergebnisermittlung für Industrie- und Versicherungsunternehmen, ÖVFA-Kennzahlen, Schriftenreihe 4, Wien 1996 (und aktuelle Anpassungen).

Pacioli, L.: Abhandlung Über die Buchhaltung, Venedig 1494, Nachdruck Stuttgart 1997.

Pellens, B./Fülbier, R.U./Gassen, J.: Internationale Rechnungslegung, 5. Auflage, Stuttgart 2004.

Penman, S.H.: Financial Statement Analysis and Security Valuation, Boston et al 2001.

Platzer, W.: Handbuch der Sonderbilanzen, 2. Auflage, Wien 1987.

Schildbach, T.: Der Konzernabschluß nach HGB, IAS und US-GAAP, 6. Auflage, München 2001.

Schildbach, T.: Der handelsrechtliche Jahresabschluß, 7. Auflage, Berlin 2004.

Schneider, D.: Erste Schritte zu einer Theorie der Bilanzanalyse, *Die Wirtschaftsprüfung* 1989, 633–642.

Schneider, D.: Betriebswirtschaftslehre, Band 2: Rechnungswesen, 2. Auflage, München und Wien 1997.

Schuppenhauer, R.: Grundsätze für eine ordnungsmäßige Datenverarbeitung (GoDV), 5. Auflage, Düsseldorf 1998.

Seicht, G.: Die Kapitaltheoretische Bilanz und die Entwicklung der Bilanztheorien, Berlin 1970.

Seicht, G.: Bilanztheorien, Würzburg, Wien 1982.

Seicht, G.: Cash-flow-Illusionen, in: *Seicht, G. (Hrsg): Jahrbuch für Controlling und Rechnungswesen '89*, Wien 1989, 1–51.

Seicht, G.: Buchführung, Jahresabschluß und Steuern, 12. Auflage, Wien 2002.

Selchert, F.W.: Windowdressing – Grenzbereich der Jahresabschlußgestaltung, *Der Betrieb* 1996, 1933–1940.

Siegel, T.: Die Maximierung des Gewinnausweises mit dem Instrument der Vollkostenrechnung, *Wirtschaftswissenschaftliches Studium* 1981, 390–392.

Stickney, C.P.: Financial Reporting and Statement Analysis, 3. Auflage, Fort Worth et al 1996.

Straube, M. (Hrsg): Kommentar zum Handelsgesetzbuch, 2. Band Rechnungslegung, 2. Auflage, Wien 2000.

Sykora, G.: Die Konten- und Bilanztheorien, Wien 1949.

Wagenhofer, A.: Austria – Individual Accounts, in: *KPMG/Ordelheide, D. (Hrsg): Transnational Accounting,* 2. Auflage, London 2000.

Wagenhofer, A.: Internationale Rechnungslegungsstandards – IAS/IFRS, 5. Auflage, Frankfurt/Wien, 2005.

Wagenhofer, A./Ewert, R.: Externe Unternehmensrechnung, Berlin et al 2003.

Wagner, F.W. (Hrsg): Ökonomische Analyse des Bilanzrechts – Entwicklungslinien und Perspektiven, *Zeitschrift für betriebswirtschaftliche Forschung,* Sonderheft 32, 1993.

Watts, R.L./Zimmerman, J.L.: The Demand for and Supply of Accounting Theories: The Market for Excuses, *The Accounting Review* 1979, 273–305.

Watts, R.L./Zimmerman, J.L.: Positive Accounting Theory, Englewood Cliffs, NJ 1986.

Werner, U.: Die Berücksichtigung nichtnumerischer Daten im Rahmen der Bilanzanalyse, *Die Wirtschaftsprüfung* 1990, 369–376.

White, G.I./Sondhi, A.C./Fried, D.: The Analysis and Use of Financial Statements, 3. Auflage, New York et al 2003.

Wöhe, G.: Bilanzierung und Bilanzpolitik, 9. Auflage, München 1997.

Internet-Homepages mit Informationen über Rechnungslegung

Österreichische Bundesgesetze: www.ris.bka.gv.at

IASB: www.iasb.org

FASB: www.fasb.org

SEC: www.sec.gov

AICPA: www.aicpa.org

DRSC: www.drsc.de

Rechnungslegungsinformationen der EU-Kommission:
europa.eu.int/comm/internal_market/financial-reporting/index_de.htm

Aktuelle Informationen über internationale Entwicklungen im Rechnungswesen: www.accountingeducation.com

Stichwortverzeichnis